丛书总主编　陈宜瑜
丛书副总主编　于贵瑞　何洪林

中国生态系统定位观测与研究数据集

农田生态系统卷
辽宁沈阳站
（2005—2015）

郑立臣　何红波　陈　欣　主编

中国农业出版社
北　京

中国生态系统定位观测与研究数据集

丛书指导委员会

顾　　问　孙鸿烈　蒋有绪　李文华　孙九林
主　　任　陈宜瑜
委　　员　方精云　傅伯杰　周成虎　邵明安　于贵瑞　傅小峰　王瑞丹
　　　　　王树志　孙　命　封志明　冯仁国　高吉喜　李　新　廖方宇
　　　　　廖小罕　刘纪远　刘世荣　周清波

丛书编委会

主　　编　陈宜瑜
副主编　于贵瑞　何洪林
编　　委　（按拼音顺序排列）
　　　　　白永飞　曹广民　常瑞英　陈德祥　陈　隽　陈　欣　戴尔阜
　　　　　范泽鑫　方江平　郭胜利　郭学兵　何志斌　胡　波　黄　晖
　　　　　黄振英　贾小旭　金国胜　李　华　李新虎　李新荣　李玉霖
　　　　　李　哲　李中阳　林露湘　刘宏斌　潘贤章　秦伯强　沈彦俊
　　　　　石　蕾　宋长春　苏　文　隋跃宇　孙　波　孙晓霞　谭支良
　　　　　田长彦　王安志　王　兵　王传宽　王国梁　王克林　王　堃
　　　　　王清奎　王希华　王友绍　吴冬秀　项文化　谢　平　谢宗强
　　　　　辛晓平　徐　波　杨　萍　杨自辉　叶　清　于　丹　于秀波
　　　　　曾凡江　占车生　张会民　张秋良　张硕新　赵　旭　周国逸
　　　　　周　桔　朱安宁　朱　波　朱金兆

中国生态系统定位观测与研究数据集
农田生态系统卷·辽宁沈阳站

编 委 会

主 编　郑立臣　何红波　陈　欣

编 者　陈　欣　何红波　郑立臣　蒋正德
　　　　樊月玲　叶佳舒

PREFACE 1
序一

进入20世纪80年代以来，生态系统对全球变化的反馈与响应、可持续发展成为生态系统生态学研究的热点，通过观测、分析、模拟生态系统的生态学过程，可为实现生态系统可持续发展提供管理与决策依据。长期监测数据的获取与开放共享已成为生态系统研究网络的长期性、基础性工作。

国际上，美国长期生态系统研究网络（US LTER）于2004年启动了Eco Trends项目，依托US LTER站点积累的观测数据，发表了生态系统（跨站点）长期变化趋势及其对全球变化响应的科学研究报告。英国环境变化网络（UK ECN）于2016年在*Ecological Indicators*发表专辑，系统报道了UK ECN的20年长期联网监测数据推动了生态系统稳定性和恢复力研究，并发表和出版了系列的数据集和数据论文。长期生态监测数据的开放共享、出版和挖掘越来越重要。

在国内，国家生态系统观测研究网络（National Ecosystem Research Network of China，简称CNERN）及中国生态系统研究网络（Chinese Ecosystem Research Network，简称CERN）的各野外站在长期的科学观测研究中积累了丰富的科学数据，这些数据是生态系统生态学研究领域的重要资产，特别是CNERN/CERN长达20年的生态系统长期联网监测数据不仅反映了中国各类生态站水分、土壤、大气、生物要素的长期变化趋势，同时也能为生态系统过程和功能动态研究提供数据支撑，为生态学模型的验证和发展、遥感产品地面真实性检验提供数据支撑。通过集成分析这些数据，CNERN/CERN 内外的科研人员发表了很多重要科研成果，支撑了国家生态文明建设的重大需求。

近年来，数据出版已成为国内外数据发布和共享，实现"可发现、可访问、可理解、可重用"（即 FAIR）目标的重要手段和渠道。CNERN/CERN 继 2011 年出版"中国生态系统定位观测与研究数据集"丛书后再次出版新一期数据集丛书，旨在以出版方式提升数据质量、明确数据知识产权，推动融合专业理论或知识的更高层级的数据产品的开发挖掘，促进 CNERN/CERN 开放共享由数据服务向知识服务转变。

该丛书包括农田生态系统、草地与荒漠生态系统、森林生态系统以及湖泊湿地海湾生态系统共 4 卷（51 册）以及森林生态系统图集 1 册，各册收集了野外台站的观测样地与观测设施信息，水分、土壤、大气和生物联网观测数据以及特色研究数据。本次数据出版工作必将促进 CNERN/CERN 数据的长期保存、开放共享，充分发挥生态长期监测数据的价值，支撑长期生态学以及生态系统生态学的科学研究工作，为国家生态文明建设提供支撑。

2021 年 7 月

PREFACE 2
序 二

科学数据是科学发现和知识创新的重要依据与基石。大数据时代，科技创新越来越依赖于科学数据综合分析。2018 年 3 月，国家颁布了《科学数据管理办法》，提出要进一步加强和规范科学数据管理，保障科学数据安全，提高开放共享水平，更好地为国家科技创新、经济社会发展提供支撑，标志着我国正式在国家层面加强和规范科学数据管理工作。

随着全球变化、区域可持续发展等生态问题的日趋严重以及物联网、大数据和云计算技术的发展，生态学进入“大科学、大数据”时代，生态数据开放共享已经成为推动生态学科发展创新的重要动力。

国家生态系统观测研究网络（National Ecosystem Research Network of China，简称 CNERN）是一个数据密集型的野外科技平台，各野外台站在长期的科学研究中，积累了丰富的科学数据。2011 年，CNERN 组织出版了“中国生态系统定位观测与研究数据集”丛书。该丛书共 4 卷、51 册，系统收集整理了 2008 年以前的各野外台站元数据，观测样地信息与水分、土壤、大气和生物监测以及相关研究成果的数据。该丛书的出版，拓展了 CNERN 生态数据资源共享模式，为我国生态系统研究、资源环境的保护利用与治理以及农、林、牧、渔业相关生产活动提供了重要的数据支撑。

2009 年以来，CNERN 又积累了 10 年的观测与研究数据，同时国家生态科学数据中心于 2019 年正式成立。中心以 CNERN 野外台站为基础，生态系统观测研究数据为核心，拓展部门台站、专项观测网络、科技计划项目、科研团队等数据来源渠道，推进生态科学数据开放共享、产品加工和分析应用。为了开发特色数据资源产品、整合与挖掘生态数据，国家生态科学数据中心立足国家野外生态观测台站长期监测数据，组织开展了新一版的观测与研究数据集的出版工作。

本次出版的数据集主要围绕"生态系统服务功能评估""生态系统过程与变化"等主题进行了指标筛选，规范了数据的质控、处理方法，并参考数据论文的体例进行编写，以翔实地展现数据产生过程，拓展数据的应用范围。

该丛书包括农田生态系统、草地与荒漠生态系统、森林生态系统以及湖泊湿地海湾生态系统共 4 卷（51 册）以及图集 1 本，各册收集了野外台站的观测样地与观测设施信息，水分、土壤、大气和生物联网观测数据以及特色研究数据。该套丛书的再一次出版，必将更好地发挥野外台站长期观测数据的价值，推动我国生态科学数据的开放共享和科研范式的转变，为国家生态文明建设提供支撑。

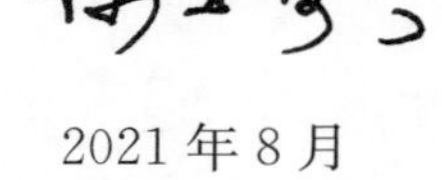

2021 年 8 月

FOREWORD
前言

在国家科技基础条件平台建设项目“生态系统网络的联网观测研究及数据共享系统建设”的支撑下，为了进一步推动国家野外台站对历史资料的挖掘与整理，强化国家野外台站信息共享系统建设，丰富和完善国家野外台站数据库的内容，国家野外科学观测研究网络（CNERN）决定出版“中国生态系统定位观测与研究数据集”丛书。

为使沈阳站数据资源规范化保存，更好地为科研和农业生产服务，发布沈阳站历年监测数据，为跨台站和跨时间尺度的生态学研究提供数据支持。以陈欣站长为领导的沈阳站全体工作人员在国家生态系统研究网络综合中心的资助和技术指导下，编写了《中国生态系统定位观测与研究数据集·农田生态系统卷·辽宁沈阳站 2005—2015)》。按照数据来源清楚、原始记录全面连续系统、数据质量可靠、标准规范统一的原则整理数据。本数据集对沈阳站大量的野外实测数据进行统计汇编和精简整合，内容涵盖沈阳站主要数据资源目录、观测场地和样地信息、2005—2015 年的监测数据（生物、土壤、水分和气象）以及部分科研数据。

在本数据集的编写过程中我们得到全站职工的大力帮助和各课题主持人的无私奉献。本书第一章、第二章 、第四章由郑立臣整编，第三章由蒋正德、樊月玲整编。本数据集由陈欣、何红波审核定稿，由于编写仓促，存在问题在所难免，敬请读者批评指正。

本数据集可供大专院校、科研院所和对相关研究领域感兴趣的广大科技工作者等参考使用，如果在使用过程中存在疑虑或者尚需共享，请直接联系本站数据管理人员或者访问本站数据库网址（http：//sya. cern. ac. cn）。

最后，在本数据集整理完成之际，我们要对长期以来指导和支持沈阳站的各位专家表示崇高的敬意和衷心的感谢！同时，我们也要感谢常年坚守在监测一线的监测人员，正是他们的辛勤耕耘和无私奉献，为我们取得了大量宝贵的第一手资料，奠定了本数据集的基础。

编　者

2020 年 6 月

CONTENTS
目 录

第1章

引　言

1.1　沈阳站简介

中国科学院沈阳农业生态实验站（以下简称沈阳站）地处松辽平原南部的中心地带，位于沈阳南郊苏家屯区十里河镇（123°24′E，41°31′N）。沈阳站处于辽河下游平原南部、东北老工业基地的核心区域，具有很好的区域代表性和网络研究的重要性。松辽平原南部不仅是辽宁省中部城市群所在地，还是我国重要的商品粮基地。高投入农业和工业污染给本区农业的持续发展带来一系列亟待解决的生态环境问题。针对松辽平原南部特定生物地域和大工业城镇密集、工农业发达地区农业发展和生态建设的实际，考虑到松辽平原南部在我国经济建设中的重要地位和这一区域在发展中出现的一系列生态和环境问题，也考虑到在今后的发展中迫切需要——长期稳定地开展应用生态研究的综合试验研究基地，中国科学院林业土壤研究所于 1985 年向院部提出建立沈阳生态实验站的申请，1986 年（86）科发计字 1397 号文件批复建站；1987 年后选址、征地、规划和建设，1989 年首批进入中国科学院生态系统研究网络（CERN），1990 年投入使用；1992 年 5 月经专家评审，沈阳站被批准为 CERN 重点站；1997 年 12 月被批准为中国科学院野外开放实验站。2005 年，中华人民共和国科学技术部发国科发基字〔2005〕494 号文件正式批准中国科学院沈阳站为国家野外科学观测研究站，并命名为辽宁沈阳农田生态系统国家野外科学观测研究站。自建站以来，沈阳站在生态系统观测、试验、研究、示范、人才培养等方面作出了很大贡献。图 1-1 为沈阳站景观。

图 1-1　沈阳站景观

1.1.1　自然概况

沈阳站位于辽河下游平原南部，辽河下游平原地区位于辽东丘陵与辽西丘陵之间，铁岭—彰武之南，直至辽东湾，为一长期沉降区。地势低平，海拔一般在 50 m 以下，沈阳以北较高，辽河三角洲近海部分仅 2～10 m。该区域属温带大陆性季风气候，四季分明，雨热同期，夏季炎热多雨，冬季干燥寒冷，冬季、春季多大风。年均温 7～8 ℃，大于 10 ℃ 的年活动积温 3 100～3 400 ℃，无霜期 147～164 d，年降水量 650～700 mm。有辽河、太子河、浑河、大凌河、小凌河、沙河等，各河中下游比降小，水流缓慢，多河曲和沙洲，港汊纵横，堆积旺盛，河床不断抬高，汛期常导致排水不畅或河堤决溃，酿成洪涝灾害。河曲发育，河道中沙洲众多，河床不断淤积，河水宣泄不畅。滨海的盘锦地区 5 000 km² 范围内，是一片沼泽盐碱地，过去常发生水灾，有东北"南大荒"之称。经过不断治理，该区域现已成为东北水稻的重要产区。该区域交通发达，形成以沈阳为中心的交通网络。处在该区域的主要城市有沈阳、大连、鞍山、营口等。辽河平原矿产资源丰富，有全国第四大油田辽河油田。

1.1.2　社会经济状况

沈阳站所处的苏家屯区隶属于辽宁省沈阳市，位于浑河南岸，距沈阳市中心 10 km，下辖 12 个街道，行政区域总面积为 782 km²，常住人口 52 万（2020 年）。苏家屯区是国务院批准的沈阳南部副城，是沈阳这座区域性中心城市连接辽宁中部城市群的一个战略门户。2011 年，在辽宁省第三届县市区生活质量排行榜中，苏家屯区位列辽宁省郊区第五。2016 年，苏家屯区地区生产总值实现 249 亿元。2016 年入选首批国家级产城融合示范区。

苏家屯区是国家商品粮基地和粮食自给工程项目示范区，还是辽宁省农业标准化生产示范区和沈阳市水稻优质米基地、城郊型农业示范区。截至 2012 年 3 月，苏家屯区共有省级现代农业园区、示范基地 10 个，位居辽宁省之首。规模以上农事龙头企业 194 家，居沈阳市前列。其中农产品加工企业 110 家，国家级农业产业化重点龙头企业 1 家、省级农业产业化重点龙头企业 6 家、市级农业产业化重点龙头企业 18 家，年产值超亿元的企业 8 家。

2012 年苏家屯区粮食产量为 2.28 亿 kg，蔬菜产量为 4.07 亿 kg，造林栽果 1 813 hm²，水果产量为 0.51 亿 kg，年产鱼 0.125 亿 kg。

1.2　研究方向

1.2.1　重点学科方向

沈阳生态站以农业生态学为主学科，涵盖土壤生态学、污染生态学、微生物生态学等学科，开展农业生态与农业生态工程、污染生态与环境生态工程研究和示范。主要研究复杂的多介质农田生态系统中的关键生态过程和相关机理，以过程和机理研究推动农业生态学的研究，为开发研究和实践提供理论和技术支持，最终服务于农业生态环境建设和农业的可持续发展。

1.2.2　主要研究领域

1.2.2.1　辽河平原农田生态系统结构和功能的比较研究

在深入开展不同类型农业生态子系统（复合生态系统、稻田生态系统、旱田生态系统、饲养系统）的结构功能、物质循环、能量流动和优化模式等的研究，做好先进农业科技成果示范推广的同时，积极开展不同施肥制度、不同耕作轮作方式、有机无机污染物等与其他生物气候地域的比较研究，探索其生态效应的地域分异规律，为本区和全国农业持续发展服务。

1.2.2.2 农田生态过程及其调控途径研究

主要开展土壤有机质分解积累与平衡、土壤潜在养分释放与土壤有效磷钾库动态变化、农田温室效应气体排放的微生物过程与调控、稻田氮素的氨挥发与调控、不同施肥方法与温室气体排放的关系及减排技术、农田水肥耦合作用、营养元素在土壤-植物-喂饲系统中的循环规律等的研究。目的是探讨提高农田生态系统生产潜力的理论，建立资源高效利用的技术措施。

1.2.2.3 重工业城市群污染物复合生态效应与修复技术研究

针对本区的石油化工、金属冶炼等工业三废排放和农药、化肥的过量使用，主要开展多环芳烃、农药和洗涤剂等有机污染物在土壤-植物系统中的迁移、降解、积累规律及其对环境的长期影响，重金属元素在土壤-植物系统中的迁移、积累规律及其对环境的长期影响，以及污水无害化、资源化和污染土壤修复技术等的研究。为农产品的安全生产提供理论和技术依据。

1.2.2.4 环境质量变化及系统演替的长期观测

对松辽平原特定区域的土壤环境质量和土壤肥力本底，松辽平原农业生态系统结构及其发展演替，大气中若干微量温室气体浓度、大气干湿沉降中的有机和无机污染物、降水酸度等进行了长期观测。为土壤质量和环境质量变化积累宝贵的科学资料，为地方和国家决策提供科学依据。此外，沈阳生态站在开展上述基础性研究的同时，从当地生产实际需要出发，加强高集约化农田生态系统的应用研究，重视无公害农业的研究与应用。进一步加强与地方的合作，大力做好研究成果的示范推广工作，促进科研成果的转化，为地方经济的发展作出了贡献。

1.3 研究成果

沈阳站以农田生态系统长期定位试验为平台，阐明了农田潮棕壤肥力演变规律及其关键控制因子。同时结合新型肥料研发、生产与应用，通过理论创新、技术模式的创建和示范推广，促进了区域农田生态系统可持续发展。

（1）解析了不同养分管理措施下潮棕壤的综合肥力演变规律，为耕地质量评价和地力定向培育提供了理论依据和思路。

（2）揭示了辽河平原农田生态系统养分循环特征及其高效利用机理，明确了微生物过程对农田生态系统中肥料氮素的保持和转化的调控作用，为制定农田水肥高效利用策略提供了重要理论基础。

（3）建立了雨养旱地农业保护性耕作综合配套栽培技术体系，为区域现代农业发展和生态环境建设提供了科技支撑。

（4）率先研发肥料改性技术，大力推广环境友好型稳定性肥料，为实现化肥减施增效、降低面源污染风险作出了重要贡献。

（5）解析了区域农田土壤镉污染来源，建立了农作物吸收/积累重金属的指标体系，为实现东北老工业基地重金属污染源头防控和污染土地安全利用奠定了坚实基础。

建站以来沈阳站共获得国家级、中国科学院、省级科技成果奖 30 余项，其中有国家科技进步一等奖、国家科技进步奖二等奖各一项；已发表论文 619 篇（SCI 论文 336 篇）；共出版论著 10 余部；被授权国内专利 24 项，美国专利 1 项。另外，沈阳站积极为国家相关决策献计献策，共有 6 项建议得到国家领导人的重视或被中共中央办公厅和国务院办公厅采纳。

1.4 支撑条件

沈阳站总建筑面积超过 1 800 m²，有综合办公楼 700 m²，包括办公室、学术报告厅、机房、资料档案室、文体活动室等；有 7 间设施较齐备的客座宿舍（150 m²）、5 间标准宿舍（105 m²）、职工宿舍（135 m²）。实验室和样品处理室（360 m²）、食堂（153 m²）、库房（231 m²）、车库（59 m²）、门卫室（22 m²）、水房 47 m²。站区内有完善的供电、供暖、饮用深水井及其配套的自动供水系统，站区还建有篮球场、乒乓球室、综合娱乐室。

　　沈阳站总面积为 14.4 hm²，具有永久土地使用权（有土地管理部门颁发的土地使用证），其中试验用地 12 hm²。试验场地设有旱田试验区、水田试验区、污染生态试验区、人工林试验区、生态养殖试验区及自动气象观测场。旱田试验区设有养分循环和肥料长期定位试验，占地 1.5 hm²，长期定位试验从 1990 年建站时开始，至今一直在进行。沈阳站设有 3 个观测场，分别是自动气象观测场（包括小气候综合观测场）、农田生态系统综合观测场（包括水肥耦合平衡场）、长期辅助观测场（包括样品处理场地等）。设有 4 套观测系统，分别是水面蒸发观测系统地下水位观测系统、污染物渗滤系统、稻田生态系统氨挥发观测系统。建成开顶箱 11 个，主要用于观测农田生态系统中植物和微生物对 CO_2 浓度升高的响应，建成日光温室 2 座，面积为 600 m²，用于模拟试验研究，新建一座玻璃智能温室和 2 个人工气候室。自建站以来，沈阳站在水、土、气、生等方面进行了大量的观测工作，拥有分析测试仪器设备和观测设施，形成了长期气象观测数据集、水分观测数据集、生物观测数据集和土壤观测数据集，为生态学、环境学和相关的资源学科积累了大量的基础数据。

　　根据发展需要，沈阳站目前建了一个副站区（图 1-2）。副站区距主站区约 40 km，位于沈阳市新民屯镇宽场村，属于典型城市群郊区工业与农业污染叠加区，总面积为 2.2 hm²，以水稻、玉米等大宗农产品为风险受体，采用"防-阻-控"的综合技术，长期观测评价重金属污染农用地修复后的安全性，为城郊重金属污染农用地安全利用与农产品安全保障提供试验数据与科技支撑。

图 1-2　沈阳站新民屯副站区

第2章 主要样地和观测设施

2.1 概述

沈阳站的主要土地利用方式为旱田和水田，长期观测的农作物主要是玉米和水稻。根据沈阳站的研究方向和 CERN 要求建立了水、土、气、生各生态要素的综合观测场和辅助观测场（表 2－1）。

表 2－1 沈阳站观测场、采样地一览

观测场名称	观测场代码	采样地名称	采样地代码
沈阳站气象观测场	SYAQX01	沈阳站气象观测场中子管采样地	SYAQX01CTS_01
		沈阳站气象观测场 E601 水面蒸发器采样地	SYAQX01CZF_01
		沈阳站气象观测场雨水采集器采样地	SYAQX01CYS_01
		沈阳站气象观测场地下水水质、水位长期监测采样地	SYAQX01CDX_01
		沈阳站气象观测场小型蒸发器采样地	SYAQX01CZF_02
		沈阳站气象观测场人工气象观测场地	SYAQX01DRG_01
		沈阳站气象场观测自动气象观测场地	SYAQX01DZD_01
沈阳站综合观测场	SYAZH01	沈阳站综合观测场土壤生物采样地 01	SYAZH01ABC_01
		沈阳站综合观测场土壤生物采样地 02	SYAZH01ABC_02
		沈阳站综合观测场中子管采样地	SYAZH01CTS_01
		沈阳站综合观测场烘干法采样地	SYAZH01CHG_01
沈阳站辅助观测场 01	SYAFZ01	沈阳站农田土壤生物要素辅助长期观测采样地（CK）	SYAFZ01AB0_01
沈阳站辅助观测场 02	SYAFZ02	沈阳站农田土壤生物要素辅助长期观测采样地（NPK+M）	SYAFZ02AB0_01
沈阳站辅助观测场 03	SYAFZ03	沈阳站农田土壤生物要素辅助长期观测采样地	SYAFZ03AB0_01
沈阳站辅助观测场 04	SYAFZ04	沈阳站农田土壤生物要素辅助长期观测采样地	SYAFZ04AB0_01
沈阳站辅助观测场 05	SYAFZ05	沈阳站农田土壤生物要素辅助长期观测采样地	SYAFZ05AB0_01
沈阳站苏家屯区十里河镇新庄村农田	SYAZQ01	沈阳站站区调查点 01（旱田）	SYAZQ01AB0_01
沈阳站苏家屯区十里河镇（乡）十里河村农田	SYAZQ02	沈阳站站区调查点 02（水田）	SYAZQ02AB0_01
沈阳站苏家屯区十里河镇（乡）李双村农田	SYAZQ03	沈阳站站区调查点 03（旱田）	SYAZQ03AB0_01
沈阳站水分辅助观测场	SYAFZ08	沈阳站水分辅助观测场烘干法采样地	SYAZH01CHG_02
	SYAFZ09	沈阳站水分辅助观测场中子管采样地	SYAZH01CTS_02
沈阳站静止地表水观测点	SYAFZ10	沈阳站静止地表水水质长期监测采样地	SYAFZ10CJB_01
沈阳站流动地表水观测点	SYAFZ11	沈阳站地表流动水水质长期监测采样地	SYAFZ11CLB_01

2.2 主要样地

2.2.1 沈阳站气象观测场（SYAQX01）

沈阳站气象观测场（图 2-1）在 1990 年设置，设置为 48 m×28 m，中心坐标为 123°22′E，41°31′N，高程为 41 m。设置目的是长期对生态系统的气象、辐射、大气化学成分以及水文等要素进行监测，为生态科学、环境学、全球变化以及相关研究提供基础可靠的观测数据。

图 2-1 沈阳站气象观测场

气象观测场内主要安装了自动气象站（2004—2015 年维萨拉公司 M520）和人工气象要素观测仪器，兼顾水分观测的部分设备。场内设有综合气象要素观测场、中子管采样地（SYAQX01CTS_01)、E601 蒸发皿采样地（SYAQX01CZF_01)、雨水采集器采样地（SYAQX01CYS_01)、地下水水质、水位监测长期采样地（SYAQX01CDX_01）等。中子管 2005—2014 年为人工观测，2014 年后升级为传感器自动监测。地下水水质、水位长期监测采样地主要研究地下水水位的变化以及该水体水质的变化，1998 年开始观测部分指标：地下水水位动态变化及其水质变化。2005 年开始按照网络中心的要求观测全部指标，2014 年观测井塌陷，水位水质波动较大，在附近新建观测井，其编号延续以前的观测井。

观测的主要气象要素和水分要素如下：

人工观测要素：风速、风向、干球温度、湿球温度、气压、日照、地表温度、最高温度、最低温度、蒸发、降水。

自动气象站观测要素：风速、风向、干球温度、湿球温度、气压、日照、降水、总辐射、净辐射、紫外辐射、反射辐射、光合有效辐射、土壤热通量、土壤温度。

水分观测要素：土壤水分、蒸发、降水及其水质、地下水水位及其水质。

2.2.2 沈阳站综合观测场（SYAZH01）

沈阳站代表下辽河平原典型的农田生态系统。观测场所代表区域的土壤类型为潮棕壤，养分水平较高，旱田以雨水为主，耕作上采用小型拖拉机。周围地势比较平坦，主要农作物为玉米和水稻。

土壤生物采样地 01（SYAZH01ABC_01）建立前种植水稻，土壤生物采样地 02（SYAZH01ABC_02）建立前种植玉米。观测场建立后采用玉米—玉米—大豆轮作，每年种植一季，小型拖拉机耕作，施用肥料为磷肥、钾肥和氮肥，其中磷肥和钾肥为基肥，尿素为基肥加追肥，播种前一般作基肥（撒施），雨养为主。

SYAZH01ABC_01 在 1998 年建立，由水田改为农用旱田，一年种一季玉米或大豆，设计使用年数为 100 年以上，样地近似长方形，规格接近 40 m×40 m；SYAZH01ABC_02 在 2008 年建立，一年种一季玉米或大豆，设计使用年数为 100 年以上，样地近似长方形，规格大于 40 m×40 m。SYAZH01ABC_01 和 SYAZH01ABC_02 的观测内容包括生物、水分、土壤数据。

沈阳站综合观测场采样地包括沈阳站综合观测场土壤生物采样地、沈阳站综合观测场中子管采样地、沈阳站综合观测场烘干法采样地。

2.2.2.1　沈阳站综合观测场土壤生物采样地 01（SYAZH01ABC_01）

该样地位于沈阳南郊苏家屯区十里河镇十里河村，地理坐标为 123°22′05″E，41°31′05″N，海拔为 42 m。

SYAZH01ABC_01 面积为 1 559 m²。该观测场属温带半湿润大陆性季风气候，四季分明，雨热同期，夏季炎热多雨，冬季干燥寒冷。年均温为 7～8 ℃，大于 10 ℃ 的年活动积温为 3 300～3 400 ℃，年总辐射量为 5 023～5 651 MJ/m²，年日照时数平均为 2 372.5 h，无霜期为 147～164 d，年降水量为 650～700 mm，属于冲积平原地貌。根据全国第二次土壤普查结果，土类为棕壤，亚类为潮棕壤；根据中国土壤系统分类属于简育湿润淋溶土，土壤母质为黄土状母质，轻度风蚀。养分水平较高；水田灌溉以地下水为主，旱田则以雨水为主；轮作体系为玉米—玉米—大豆；耕作制度为单作玉米或大豆；磷肥和钾肥为基肥，尿素为基肥加追肥，雨养为主。

该样地的试验设计为土壤、生物、水分采样地（图 2-2）。其中，土壤监测指标为交换量、土壤养分、矿质全量、微量元素、重金属、土壤速效微量元素、机械组成、容重等。生物监测指标为作物

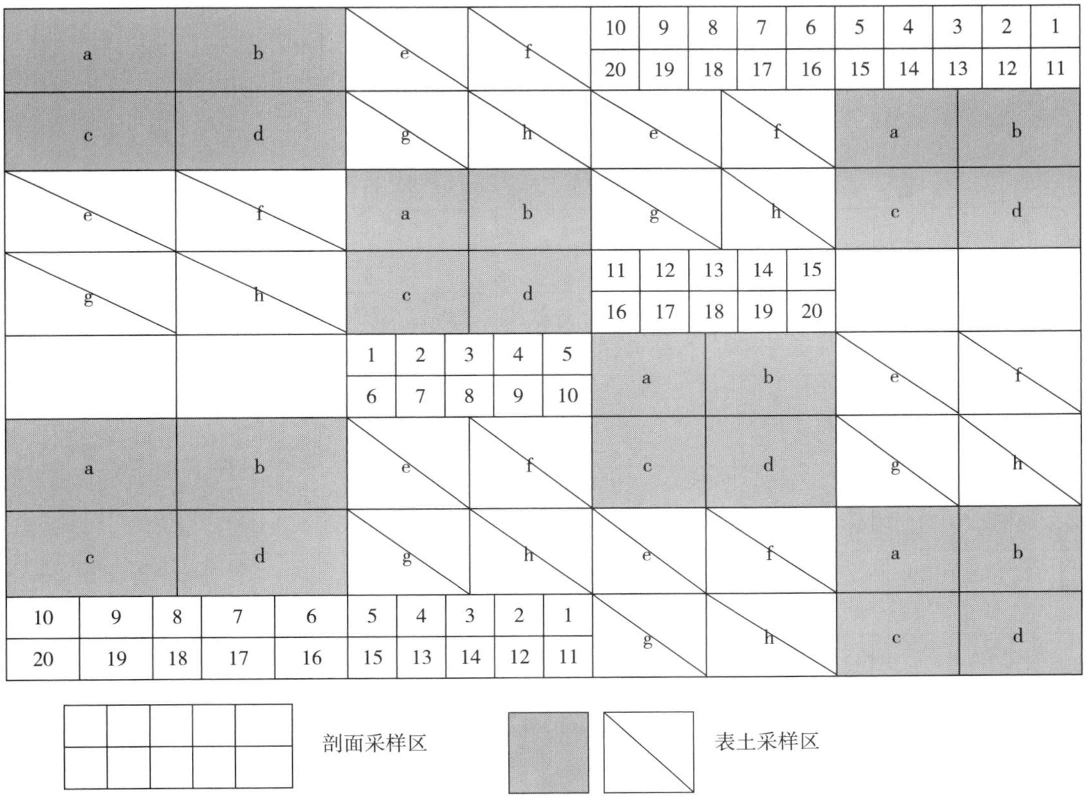

图 2-2　综合观测场土壤生物采样地 01 土壤生物样方及编码示意图

种类组成、复种指数与作物轮作体系、主要作物肥料农药除草剂等的投入、主要作物灌溉制度、作物生育动态、作物叶面积指数、作物地上部生物量、作物耕作层根生物量、作物收获期性状、作物产量、作物元素含量与能值、土壤微生物生物量碳、农田病虫害等。

2.2.2.2　沈阳站综合观测场土壤生物采样地 02（SYAZH01ABC_02）

该样地位于沈阳南郊苏家屯区十里河镇十里河村，地理坐标为123°21′54″E，41°31′03″N，海拔为42 m。

SYAZH01ABC_02 在 2008 年建立，样地建立前为旱田种植玉米。面积为 3 595 m²，该观测场属温带半湿润大陆性季风气候，四季分明，雨热同期，夏季炎热多雨，冬季干燥寒冷。年均温为 7～8 ℃，大于 10 ℃的年活动积温为 3 300～3 400 ℃，年总辐射量为 5 023～5 651 MJ/m²，年日照时数平均为 2 372.5 h，无霜期为 147～164 d，年降水量为 650～700 mm，属于冲积平原地貌。根据全国第二次土壤普查结果，土类为棕壤，亚类为潮棕壤；根据中国土壤系统分类属于简育湿润淋溶土，土壤母质为黄土状母质，轻度风蚀。养分水平较高；水田灌溉以地下水为主，旱田则以雨水为主；轮作体系为玉米—玉米—大豆；耕作制度为单作玉米或大豆；磷肥和钾肥为基肥，尿素为基肥加追肥，雨养为主。

该样地的试验设计为土壤、生物、水分采样地（图 2-3）。其中，土壤监测指标为交换量、土壤养分、矿质全量、微量元素、重金属、土壤速效微量元素、机械组成、容重等。生物监测指标为作物种类组成、复种指数与作物轮作体系、主要作物肥料农药除草剂等的投入、主要作物灌溉制度、作物生育动态、作物叶面积指数、作物地上部生物量、作物耕作层根生物量、作物收获期性状、作物产量、作物元素含量与能值、土壤微生物生物量碳、农田病虫害等。

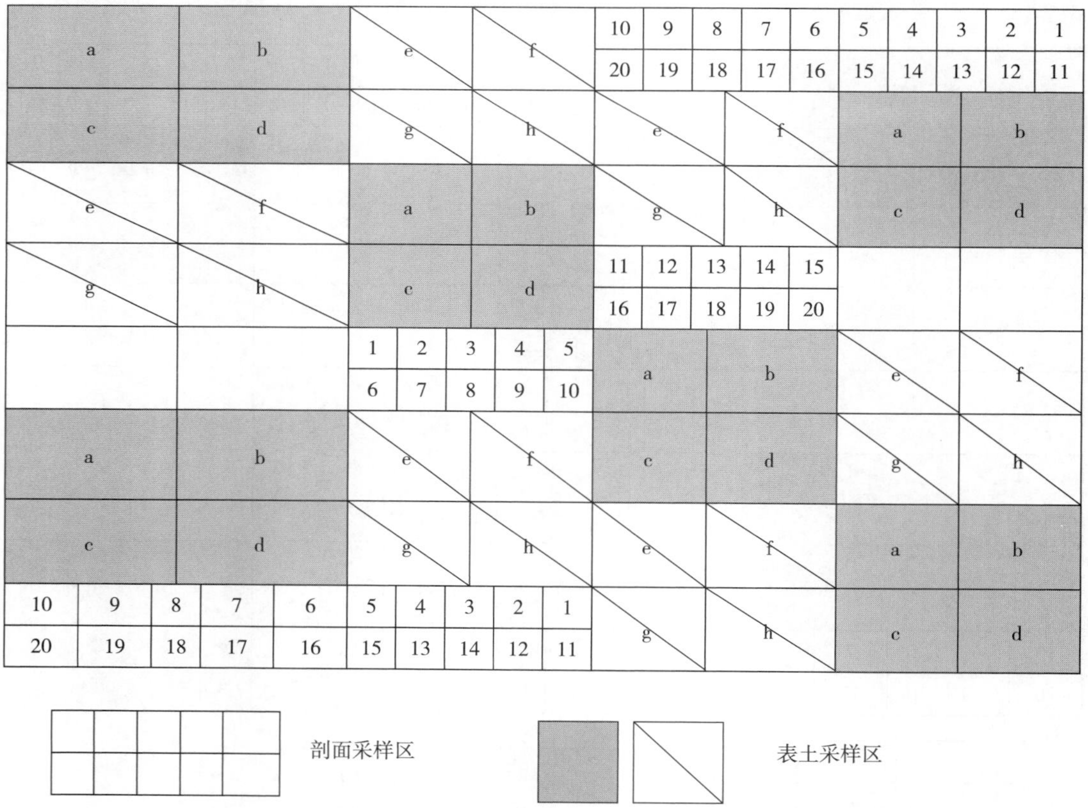

图 2-3　综合观测场土壤生物采样地 02 土壤生物样方及编码示意图

2.2.2.3 沈阳站综合观测场中子管采样地（SYAZH01CTS_01）

沈阳站综合观测场中子管采样地（SYAZH01CTS_01）主要观测土壤剖面含水量，位于辽宁省沈阳市苏家屯区十里河镇十里河村，地理坐标：123°22′03″—123°22′06″E，41°31′05″—41°31′06″N，该综合观测场从 1998 年开始对水、土、气、生进行观测，面积为 1 559 m²，长方形。观测深度为150 cm，10 cm 为一个层次，观测频率为 5 d 一次，因为沈阳站属于北方农田生态系统，冬季土壤冻期较长，因此观测期为农作物生长期：每年的 3 月底至 10 月中旬，1998—2012 年使用中子土壤水分仪（北京超能科技有限公司）测定，2012—2015 年使用 TDR 测定（TRIME-PICO，德国），2015—2018 年使用 Hydra Probe Ⅱ（美国）测定，完成了自动测定的升级改造，改造后实现全年的自动观测，观测层次也做了微调，观测深度为 180 cm。

样方设计（水分监测）情况见图 2-4。

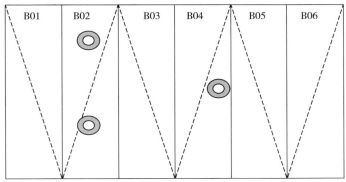

图 2-4　综合观测场水分观测采样地

B01~B06. 采样小区编号

2.2.2.4 沈阳站综合观测场烘干法采样地（SYAZH01CHG_01）

沈阳站综合观测场烘干法采样地主要观测土壤剖面含水量，位于辽宁省沈阳市苏家屯区十里河镇十里河村，经度范围：123°22′04″—123°22′06″E，纬度范围：41°31′05″—41°31′06″N，该综合观测场从 1998 年开始对水、土、气、生进行观测，设计年限为 100 年，面积为 1 559 m²，长方形。观测期为农作物生长期，观测深度为 150 cm，10 cm 为 1 个层次，采取 3 个重复，观测频率为 2 个月 1 次，因为沈阳站属于北方农田生态系统，冬季土壤冻期较长，因此观测期为农作物生长期：每年的 4 月、6 月、8 月、10 月。

人工观测湿土含水率采样点相对随机性大，每 10 cm 为一个采样层次，3 次重复，共 15 个层次分别对应 0~150 cm，为了配合及校对中子仪水分监测以及其他设备，每次采样时采样点大都分布在水分观测点（3 个点）周围，每点设 3 次重复采样。采样布置如图 2-5 所示。

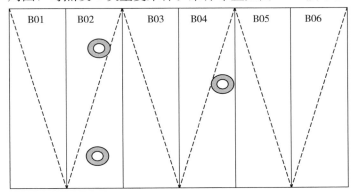

图 2-5　综合观测场烘干法采样地

B01~B06. 采样小区编号

2.2.2.5　沈阳站水分辅助观测场中子管采样地（SYAZH01CTS_02）

该观测场地位于新的综合观测场内，对于水分观测而言，为了区别于沈阳站综合观测场中子管采样地，取名沈阳站水分辅助观测场中子管采样地（SYAZH01CTS_02），位于辽宁省沈阳市苏家屯区十里河镇十里河村，经度范围：123°21′53″—123°21′56″E，纬度范围：41°31′02″—41°31′05″N。该样地2008年建立，规格为64.2 m×41.5 m，核心区为40.0 m×40.0 m，四周为保护行。从水分方面来说主要是对原来的观测场的比较与补充，对水分观测来说是一个辅助水分观测场。两者数据资料相结合与补充，更能说明该地区土壤水分的变化，更具有代表性，使用年限为100年，为监测需要在样地中间部位均匀分布安装3个中子观测管，同SYAZH01CTS_01场地一样，在农作物生长物候期内，使用中子仪观测土壤含水率的变化（在作物生长季5 d 1次），2012—2015年使用TDR设备代替中子设备观测，2015—2016年有一个观测点使用传感器实现全自动观测，2016年3个观测点全部实现传感器自动观测，田间布置见图2-6。

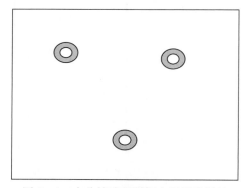

图2-6　水分辅助观测场中子管采样地

2.2.2.6　沈阳站水分辅助观测场烘干法采样地（SYAZH01CHG_02）

该观测场位于新的沈阳站综合观测场内，该样地2008年建立，规格为64.2 m×41.5 m，核心区为40 m×40 m，四周为保护行。烘干法采样只是对中子仪方法数据曲线的制定和校正，因此每次烘干法采样是分别在该场地的每个中子管周围布点采样，该新建场地的水分观测项目只是对原来综合观测场水分观测的补充，上报数据时，作为沈阳站水分辅助观测场烘干法采样地（SYAZH01CHG_02）的监测数据上报。

2.2.3　沈阳站辅助观测场01（SYAFZ01）

代表下辽河平原典型的农田生态系统，监测该区典型农田不施肥管理模式下土壤要素的演变，并与长期观测采样地（施化肥）形成对比。土壤类型为潮棕壤；养分水平较高；旱田以雨水为主。周围地势比较平坦，主要是粮田。

沈阳站辅助观测场01（CK），代码为SYAFZ01AB0_01，位于辽宁省沈阳市苏家屯区十里河镇十里河村，经度范围：123°22′04″—123°22′05″E，纬度范围：41°31′04″—41°31′05″N。SYAFZ01B00_01建立前种植玉米（1988年以前作水田，1988年以后一直作旱田）。观测场建立后采用玉米—玉米—大豆轮作，每年种植一季，小型拖拉机耕作，不施用任何肥料，雨养为主。

SYAFZ01AB0_01在2004年建立，一年种一季玉米或大豆，设计使用年数为100年以上，海拔为42 m，样地近似长方形，面积为260 m²。年均温7～8 ℃，大于10 ℃的年活动积温为3 300～3 400 ℃，年总辐射量为5 023～5 651 MJ/m²，年日照时数平均为2 372.5 h，无霜期为147～164 d，年降水量为650～700 mm，属于冲积平原地貌。根据全国第二次土壤普查结果，土类为棕壤，亚类为潮棕壤；根据中国土壤系统分类属于简育湿润淋溶土，土壤母质为黄土状母质，轻度风蚀。

该样地的试验设计为土壤、生物采样地。其中，土壤监测指标为阳离子交换量、土壤养分、矿质全量、微量元素、重金属、土壤速效微量元素、机械组成、容重等。生物监测指标为作物种类组成、复种指数与作物轮作体系、主要作物肥料农药等的投入、主要作物灌溉制度、作物生育动态、作物叶面积指数、作物地上部生物量、作物耕作层根生物量、作物收获期性状、作物产量、作物元素含量与能值、土壤微生物生物量碳、农田病虫害等。

生物采样将采样区划分为 3 个 5 m×14 m 的采样区（图 2-7）。每年在每区中随机取得一份样品。采样设计编码：SYA（站名）-年份-作物-样号。

图 2-7　辅助观测场 01 土壤生物样方及编码图

土壤采样分两种情况：

（1）土壤剖面（0～10 cm、>10～20 cm、>20～40 cm、>40～60 cm、>60～100 cm）采样：在样地边缘采集，采集 3 个样点。

（2）表层（0～20 cm）土壤每年采样一次：每年在 3 个采样区各采集一个混合土壤样品。

2.2.4　沈阳站辅助观测场 02（SYAFZ02）

代表下辽河平原典型的农田生态系统，监测该区典型农田在秸秆还田管理模式下土壤要素的演变，并与长期观测采样地（只施用化肥）形成对比。土壤类型为潮棕壤；养分水平较高；旱田以雨水为主。周围地势比较平坦，主要是粮田。

沈阳站辅助观测场 02（NPK+M），代码为：SYAFZ02B00_01，位于辽宁省沈阳市苏家屯区十里河镇十里河村，经度范围：123°22′04″—123°22′05″E，纬度范围：41°31′04″—41°31′05″N。SYAFZ02B00_01 建立前种植玉米（1988 年以前作水田，1988 年以后一直作旱田）。观测场建立后采用玉米—玉米—大豆轮作，每年种植一季，用小型拖拉机耕作，施用肥料为磷肥、钾肥和氮肥以及秸秆，其中磷肥和钾肥为基施肥，尿素为基施肥加追肥，每年耘地前把秸秆施入，雨养为主。

SYAFZ02B00_01 在 2004 年建立，一年种一季玉米或大豆，设计使用年数为 100 年以上，海拔为 42 m，样地近似长方形，面积为 260 m^2。年均温为 7～8 ℃，大于 10 ℃的年活动积温为 3 300～3 400 ℃，年总辐射量为 5 023～5 651 MJ/m^2，年日照时数平均为 2 372.5 h，无霜期为 147～164 d，年降水量为 650～700 mm，属于冲积平原地貌。根据全国第二次土壤普查结果，土类为棕壤，亚类为潮棕壤；根据中国土壤系统分类属于简育湿润淋溶土，土壤母质为黄土状母质，轻度风蚀。

该样地的试验设计为土壤、生物采样地。其中，土壤监测指标为交换量、土壤养分、矿质全量、微量元素、重金属、土壤速效微量元素、机械组成、容重等。生物监测指标为作物种类组成、复种指数与作物轮作体系、主要作物肥料农药除草剂等的投入、主要作物灌溉制度、作物生育动态、作物叶面积指数、作物地上部生物量、作物耕作层根生物量、作物收获期性状、作物产量、作物元素含量与能值、土壤微生物生物量碳、农田病虫害等。

生物采样将采样区划分为 3 个 5 m×14 m 的采样区（图 2-8）。每年在每区随机取得一份样品。采样设计编码：SYA（站名）-年份-作物-样号。

图 2-8　辅助观测场 02 土壤生物样方及编码图

土壤采样分两种情况：

（1）土壤剖面（0～10 cm、>10～20 cm、>20～40 cm、>40～60 cm、>60～100 cm）采样：在样地边缘采集，采集 3 个样点。

（2）表层（0～20 cm）土壤每年采样一次：每年在 3 个采样区各采集一个混合土壤样品。

2.2.5　沈阳站辅助观测场 03（SYAFZ03）

沈阳站辅助观测场 03，代码为 SYAFZ03AB0_01，位于辽宁省沈阳市苏家屯区十里河镇十里河村，经度范围：123°22′04″—123°22′05″E，纬度范围：41°31′04″—41°31′05″N。SYAFZ03AB0_01 建立前种植玉米（1988 年以前作水田，1988 年以后一直作旱田）。观测场建立后采用玉米—玉米—大豆轮作，每年种植一季，用小型拖拉机耕作，施用肥料为磷肥、钾肥和氮肥。肥料在每年耘地前一次性全部施入，雨养为主。

SYAFZ03AB0_01 在 2004 年建立，一年种一季玉米或大豆，设计使用年数为 100 年以上，海拔为 42 m，样地近似长方形，面积为 260 m²。年均温 7～8 ℃，大于 10 ℃的年活动积温为 3 300～3 400 ℃，年总辐射量为 5 023～5 651 MJ/m²，年日照时数平均为 2 372.5h，无霜期为 147～164 d，年降水量为 650～700 mm，属于冲积平原地貌。根据全国第二次土壤普查结果，土类为棕壤，亚类为潮棕壤；根据中国土壤系统分类属于简育湿润淋溶土，土壤母质为黄土状母质，轻度风蚀。

该样地的试验设计为土壤、生物采样地。其中，土壤监测指标为交换量、土壤养分、矿质全量、微量元素、重金属、土壤速效微量元素、机械组成、容重等。生物监测指标为作物种类组成、复种指数与作物轮作体系、主要作物肥料农药等的投入、主要作物灌溉制度、作物生育动态、作物叶面积指数、作物地上部生物量、作物耕作层根生物量、作物收获期性状、作物产量、作物元素含量与能值、土壤微生物生物量碳、农田病虫害等。

生物采样将采样区划分为 3 个 5 m×14 m 的采样区（图 2-9）。每年在每区随机取一份样品。采样设计编码：SYA（站名）-年份-作物-样号。

| 1区 | 2区 | 3区 |

图 2-9　辅助观测场 03 土壤生物样方及编码图

土壤采样分两种情况：

（1）土壤剖面（0～10 cm、>10～20 cm、>20～40 cm、>40～60 cm、>60～100 cm）采样：在样地边缘采集，采集 3 个样点。

（2）表层（0～20 cm）土壤每年采样一次：每年在 3 个采样区各采集一个混合土壤样品。

2.2.6　沈阳站辅助观测场 04（SYAFZ04）

代表下辽河平原典型的农田生态系统，监测该区典型农田玉米连作施肥管理模式下土壤要素的演变。土壤类型为潮棕壤；养分水平较高；旱田以雨水为主；耕作上采用小型拖拉机。周围地势比较平坦，主要是粮田。

沈阳站辅助观测场 04，代码为 SYAFZ04AB0_01，位于辽宁省沈阳市苏家屯区十里河镇十里河村，经度范围：123°22′04″—123°22′05″E，纬度范围：41°31′04″—41°31′05″N。SYAFZ04AB0_01 建立前种植玉米（1988 年以前作水田，1988 年以后一直作旱田）。观测场建立后采用玉米连作的方式，每年种植一季，用小型拖拉机耕作，施用肥料为磷肥、钾肥和氮肥。其中磷肥和钾肥为基肥，尿素为基肥加追肥，雨养为主。

　　SYAFZ04AB0＿01 在 2004 年建立，一年种一季玉米或大豆，设计使用年数为 100 年以上，海拔为 42 m，样地近似长方形，面积为 260 m²。年均温 7～8 ℃，大于 10 ℃的年活动积温为 3 300～3 400 ℃，年总辐射量为 5 023～5 651 MJ/m²，年日照时数平均为 2 372.5h，无霜期为 147～164 d，年降水量为 650～700 mm，属于冲积平原地貌。根据全国第二次土壤普查结果，土类为棕壤，亚类为潮棕壤；根据中国土壤系统分类属于简育湿润淋溶土，土壤母质为黄土状母质，轻度风蚀。

　　该样地的试验设计为土壤、生物采样地。其中，土壤监测指标为交换量、土壤养分、矿质全量、微量元素、重金属、土壤速效微量元素、机械组成、容重等。生物监测指标为作物种类组成、复种指数与作物轮作体系、主要作物肥料农药等的投入、主要作物灌溉制度、作物生育动态、作物叶面积指数、作物地上部生物量、作物耕作层根生物量、作物收获期性状、作物产量、作物元素含量与能值、土壤微生物生物量碳、农田病虫害等。

　　生物采样将采样区划分为 3 个 5 m×14 m 的采样区（图 2-10）。每年在每区中随机取得一份样品。采样设计编码：SYA（站名）-年份-作物-样号。

| 1区 | 2区 | 3区 |

图 2-10　辅助观测场 04 土壤生物样方及编码图

土壤采样分两种情况：

　　（1）土壤剖面（0～10 cm、＞10～20 cm、＞20～40 cm、＞40～60 cm、＞60～100 cm）采样：在样地边缘采集，采集 3 个样点。

　　（2）表层（0～20 cm）土壤每年采样一次：每年在 3 个采样区各采集一个混合土壤样品。

2.2.7　沈阳站辅助观测场 05（SYAFZ05）

　　代表下辽河平原典型的农田生态系统，监测该区典型农田在水稻连作管理模式下土壤要素的演变。土壤类型为水稻土；养分水平较高；水田以灌溉为主。周围地势比较平坦，主要是粮田。

　　沈阳站辅助观测场 05 位于辽宁省沈阳市苏家屯区十里河镇十里河村，经度范围：123°22′06″—123°22′08″E，纬度范围：41°31′03″—41°31′04″N。SYAFZ05AB0＿01 建立前种植水稻，建立后仍采用水稻连作，每年种植一季，小型拖拉机耕作，施用肥料为磷肥、钾肥和氮肥。灌溉为主。

　　SYAFZ05AB0＿01 在 2004 年建立，一年种一季水稻，设计使用年数为 100 年以上，海拔为 42 m，样地近似长方形，面积为 1 287 m²。年均温 7～8 ℃，大于 10 ℃的年活动积温为 3 300～3 400 ℃，年总辐射量为 5 023～5 651 MJ/m²，年日照时数平均为 2 372.5 h，无霜期为 147～164 d，年降水量为 650～700 mm，属于冲积平原地貌。根据全国第二次土壤普查结果，土类为水稻土，亚类为淹育水稻土；根据中国土壤系统分类属于简育水耕人为土。土壤母质为黄土状母质，轻度风蚀。

　　该样地的试验设计为土壤、生物采样地。其中，土壤监测指标为交换量、土壤养分、矿质全量、微量元素、重金属、土壤速效微量元素、机械组成、容重等。生物监测指标为作物种类组成、复种指数与作物轮作体系、主要作物肥料农药等的投入、主要作物灌溉制度、作物生育动态、作物叶面积指数、作物地上部生物量、作物耕作层根生物量、作物收获期性状、作物产量、作物元素含量与能值、土壤微生物生物量碳、农田病虫害等。

　　生物采样将采样区划分为 6 个 19 m×10 m 的采样区（图 2-11）。每年在每区中随机取得一份样品。采样设计编码：SYA（站名）-年份-作物-样号。

6区 △	5区 △	4区 △
1区 △	2区 △	3区 △

图 2-11　辅助观测场 05 土壤生物样方及编码图

土壤采样分两种情况：

（1）土壤剖面（0～10 cm、>10～20 cm、>20～40 cm、>40～60 cm、>60～100 cm）采样：在样地边缘采集，采集 3 个样点。

（2）表层（0～20 cm）土壤每年采样一次：每年在 6 个采样区中各采集一个混合土壤样品。

2.2.8　沈阳站站区调查点 01（SYAZQ01AB0_01）

为了在区域尺度上全面了解不同农田管理方式下土壤生态过程的演变，同时验证主要长期采样地的观测结果，选择耕作、轮作以及土壤类型和主要长期采样地一致或者相近的、有代表性的农户田块作为区域调查点，监测该区典型农田土壤要素的演变。土壤类型为潮棕壤；养分水平较高；旱田以雨水为主；耕作上采用小型拖拉机。周围地势比较平坦，主要是粮田。

沈阳站站区调查点 01 位于辽宁省沈阳市苏家屯区十里河镇新庄村，经度范围：123°23′13″—123°23′17″E，纬度范围：41°31′26″—41°31′34″N。调查点建立前种植玉米，建立后至 2009 年是玉米—玉米—大豆轮作，2010 年后农户改为玉米连作。每年种植一季，施用肥料为磷肥、钾肥和氮肥。其中磷肥和钾肥为基肥，尿素为基肥加追肥，雨养为主。

SYAZQ01AB0_01 在 2004 年建立，一年种一季玉米或大豆，设计使用年数为 100 年以上，海拔为 42 m，样地近似长方形，面积为 5 400 m²。年均温 7～8 ℃，大于 10 ℃的年活动积温为 3 300～3 400 ℃，年总辐射量为 5 023～5 651 MJ/m²，年日照时数平均为 2 372.5 h，无霜期为 147～164 d，年降水量为 650～700 mm，属于冲积平原地貌。根据全国第二次土壤普查结果，土类为棕壤，亚类为潮棕壤；根据中国土壤系统分类属于简育湿润淋溶土。土壤母质为黄土状母质，轻度风蚀。

该样地的试验设计为土壤、生物采样地。其中，土壤监测指标为交换量、土壤养分、矿质全量、微量元素、重金属、土壤速效微量元素、机械组成、容重等。生物监测指标为作物种类组成、复种指数与作物轮作体系、主要作物肥料农药除草剂等的投入、主要作物灌溉制度、作物生育动态、作物叶面积指数、作物地上部生物量、作物耕作层根生物量、作物收获期性状、作物产量、作物元素含量与能值、土壤微生物生物量碳、农田病虫害等。

生物采样将采样区划分为 6 个 30 m×10 m 的采样区（图 2-12）。每年在每区随机取一份样品。采样设计编码：SYA（站名）-年份-作物-样号。

4区 △	5区 △	6区 △
3区 △	2区 △	1区 △

图 2-12　站区调查点 01 土壤生物样方及编码图

土壤采样分两种情况：

（1）土壤剖面（0～10 cm、>10～20 cm、>20～40 cm、>40～60 cm、>60～100 cm）采样：在样地边缘采集，采集 3 个样点。

（2）表层（0～20 cm）土壤每年采样一次：每年在 6 个采样区中各采集一个混合土壤样品。

2.2.9　沈阳站站区调查点 02（SYAZQ02AB0 _ 01）

为了在区域尺度上全面了解不同农田管理方式下土壤生态过程的演变，同时验证主要长期采样地的观测结果，选择耕作、轮作以及土壤类型和主要长期采样地一致或者相近的、有代表性的农户田块作为区域调查点，监测该区典型农田土壤要素的演变。土壤类型为水稻土；养分水平较高；水田以灌溉为主；耕作上采用小型拖拉机。周围地势比较平坦，主要是粮田。

沈阳站站区调查点 02 位于辽宁省沈阳市苏家屯区十里河镇十里河村，经度范围：123°21′50″—123°21′53″E，纬度范围：41°31′19″—41°31′20″N。调查点建立前种植水稻，建立后仍采用水稻连作的方式，每年种植一季，施用肥料为磷肥、钾肥和氮肥，灌溉为主。

SYAZQ02AB0 _ 01 在 2004 年建立，一年种一季玉米或大豆，设计使用年数为 100 年以上，海拔为 42 m，样地近似长方形，面积为 5 400 m²。年均温 7～8 ℃，大于 10 ℃的年活动积温为 3 300～3 400 ℃，年总辐射量为 5 023～5 651 MJ/m²，年日照时数平均为 2 372.5 h，无霜期为 147～164 d，年降水量为 650～700 mm，属于冲积平原地貌。根据全国第二次土壤普查结果，土类为水稻土，亚类为淹育水稻土；根据中国土壤系统分类属于简育水耕人为土。土壤母质为黄土状母质，轻度风蚀，轻度片蚀。

该样地的试验设计为土壤、生物采样地。其中，土壤监测指标为交换量、土壤养分、矿质全量、微量元素、重金属、土壤速效微量元素、机械组成、容重等。生物监测指标为作物种类组成、复种指数与作物轮作体系、主要作物肥料农药等的投入、主要作物灌溉制度、作物生育动态、作物叶面积指数、作物地上部生物量、作物耕作层根生物量、作物收获期性状、作物产量、作物元素含量与能值、土壤微生物生物量碳、农田病虫害等。

生物采样将采样区划分为 3 个 20 m×30 m 的采样区（图 2-13）。每年在每区随机取一份样品。采样设计编码：SYA（站名）-年份-作物-样号。

| 1区 | 2区 | 3区 |

图 2-13　站区调查点 02 土壤生物样方及编码图

土壤采样分两种情况：

（1）土壤剖面（0～10 cm、>10～20 cm、>20～40 cm、>40～60 cm、>60～100 cm）采样：在样地边缘采集，采集 3 个样点。

（2）表层（0～20 cm）土壤每年采样一次：每年在 3 个采样区各采集一个混合土壤样品。

2.2.10　沈阳站站区调查点 03（SYAZQ03AB0 _ 01）

为了在区域尺度上全面了解不同农田管理方式下土壤生态过程的演变，同时验证主要长期采样地的观测结果，选择耕作、轮作以及土壤类型和主要长期采样地一致或者相近的、有代表性的农户田块作为区域调查点，监测该区典型农田土壤要素的演变。土壤类型为潮棕壤；养分水平较高；旱田以雨水为主；耕作上采用小型拖拉机。周围地势比较平坦，主要是粮田。

　　沈阳站站区调查点 03 位于辽宁省沈阳市苏家屯区十里河镇李双村，经度范围：123°24′31″—123°24′34″E，纬度范围：41°31′55″—41°31′59″N。调查点建立前种植玉米，建立后采用玉米连作的方式，每年种植一季，施用肥料为磷肥、钾肥和氮肥。其中磷肥和钾肥为基肥，尿素为基肥加追肥，雨养为主。

　　SYAZQ03AB0_01 在 2004 年建立，一年种一季玉米，设计使用年数为 100 年以上，海拔为 42 m，样地近似长方形，面积为 11 465 m²。年均温 7～8 ℃，大于 10 ℃ 的年活动积温为 3 300～3 400 ℃，年总辐射量为 5 023～5 651 MJ/m²，年日照时数平均为 2 372.5 h，无霜期为 147～164 d，年降水量为 650～700 mm，属于冲积平原地貌。根据全国第二次土壤普查结果，土类为棕壤，亚类为潮棕壤；根据中国土壤系统分类属于简育湿润淋溶土。土壤母质为黄土状母质，轻度风蚀。

　　该样地的试验设计为土壤、生物采样地。其中，土壤监测指标为交换量、土壤养分、矿质全量、微量元素、重金属、土壤速效微量元素、机械组成、容重等。生物监测指标为作物种类组成、复种指数与作物轮作体系、主要作物肥料农药等的投入、主要作物灌溉制度、作物生育动态、作物叶面积指数、作物地上部生物量、作物耕作层根生物量、作物收获期性状、作物产量、作物元素含量与能值、土壤微生物生物量碳、农田病虫害等。

　　生物采样将采样区划分为 6 个 30 m×30 m 的采样区（图 2-14）。每年在每区随机取一份样品。采样设计编码：SYA（站名）-年份-作物-样号。

图 2-14　站区调查点 03 土壤生物样方及编码图

　　土壤采样分两种情况：

　　（1）土壤剖面（0～10 cm、>10～20 cm、>20～40 cm、>40～60 cm、>60～100 cm）采样：在样地边缘采集，采集 3 个样点。

　　（2）表层（0～20 cm）土壤每年采样一次：每年在 6 个采样区中各采集一个混合土壤样品。

2.2.11　沈阳站静止地表水观测点（SYAFZ10）

　　该观测场地理坐标为 123°21′54″E，41°31′02″N，1999 年开始监测部分水质指标，监测频率按照网络中心的要求为每年两次（旱季、雨季）。监测静止地表水水质变化，分析人为因素及自然因素对静止水水体的影响。通过对近些年的部分指标进行分析可知：该样地静止水水体受人为因素影响较大，因为沈阳站静止水水体周围是大面积的水田，加之该地地势相对较低，每年 4 月至 9 月，周围水田中的水及水中溶解的肥就会渗入静止水水体，因此从周围水田渗入的水是影响沈阳站静止水水体的主要水源之一。

2.2.12　沈阳站流动地表水观测点（SYAFZ11）

　　该观测场地理坐标为 123°22′08″E，41°30′59″N，位于沈阳站气象观测场内，属于长期采样地，沈阳站在 2005 年开始设置此观测项目，站区附近的河流在一年中水量以及水体水质的变化特别大，站区位于重工业城市密集群，其水体水质受沿河流厂矿、企业的污水排放的影响特别大，因此没有可比性，所以沈阳站把此类观测项目从 2005 年开始设定为对站区生活饮用水水井水质的观测，监测其深层引用地下水水体水质。

2.3　观测设施

2.3.1　沈阳站气象观测场 E601 水面蒸发器（SYAQX01CZF_01）

蒸发量是气象观测和水分监测的基本要素之一，是计算水量平衡不可缺少的指标，可为各项在该区域进行的科学研究提供基础数据。

沈阳站 E601 水面蒸发器位于气象观测场，观测场中心点坐标为 123°22′04″E，41°31′06″N，E601位于观测场的中偏右位置，四面无设备遮挡、自然植被。该设施于 2004 年 11 月建立自动监测蒸发量设施并试运行，2005 年正式开始自动监测蒸发量，同时进行人工观测。自动监测每小时记录一次数据，人工观测每天记录一次。数据可以相互补充并对照。

E601 水面蒸发器为测量设备（图 2-15），基本观测项目是蒸发量、降水量、水面温度。自动扣除降雨使水面上升对蒸发的影响，并记录上升的值作为降水参考。主要观测仪器及设备包括 FS-01型数字式水面蒸发传感器、E601 型直径为 618 mm 的蒸发桶、E601B 水面蒸发器和 CR200 数据采集器，各部分配套协调使用监测水面蒸发量。但实际运行受外界的影响较大，数据波动异常值较多。因此，2007 年取消了自动加水设置，改为人工加水或在降水较大有溢流情况时结合自动气象站数据进行差减，计算蒸发量。人工观测为每天 20：00 测量一次。

图 2-15　E601 蒸发皿

2.3.2　沈阳站自动和人工气象站设施

自动气象站位于气象观测场内中心位置（123°22′04″E，41°31′06″N），主要是完成气象要素的自动收集工作，观测要素：风速、风向、干球温度、湿球温度、气压、日照、降水量、总辐射、净辐射、紫外辐射、反射辐射、光合有效辐射、土壤热通量、土壤温度；2004 年以前为长春气象仪器厂的自动设备，2004—2015 年为 CERN 统一配发的维萨拉公司 M520 自动观测设备，2015 年以后采用维萨拉公司 W301 自动观测设备，2004 年以后的运行以及数据整理由台站人员负责，设备维修和仪器校准由大气分中心两年统一校准一次，共获得有效数据 250 MB，使用数据发表 SCI 文章 60 余篇，发表其他论文 80 余篇，培养研究生 100 余名。

人工气象站位于气象观测场中心偏左位置，主要完成人工观测要素收集工作：风速、风向、干球温度、湿球温度、气压、日照、地表温度、最高温度、最低温度、蒸发、降水量，2005 年以后由于自动设备的改善，数据质量较高，人工数据主要用来参考，因此，以后的人工设备的仪器没有经过校准（图 2-16）。

图 2-16　人工气象站（百叶箱）

2.3.3　沈阳站地下水水质、水位长期监测采样地（SYAQX01CDX＿01）

地下水水质、水位长期监测采样地设施位于气象观测场内，1990 年设置，用来监测地下水水位和水质的长期变化，多年来积累了大量的有效数据，为科研提供了有力的数据支撑；由于设置时水位较高，观测井深度在 15 m 左右，能满足当时的观测需求，但近年来，该地区的地下水开采严重，导致水位明显下降，在用水量较大月份（5 月），水位下降较快，个别年份发生枯井现象，在 2014 年，该观测井发生塌方，已无法进行常规观测，因此在 2014 年 12 月在其附近新建了一口井，延续以前的编号（SYAQX01CDX＿01）（图 2-17）。

图 2-17　观测井

2.3.4　沈阳站中子管土壤水分观测设施

中子管土壤水分观测设施是 1998 年设置的观测设施，在综合观测场共设置了 3 个观测点位，其观测编号分别是 SYAZH01CTS＿01＿01、SYAZH01CTS＿01＿02 和 SYAZH01CTS＿01＿03，使用中子仪器进行土壤体积水含量的观测，在作物生长季（4—10 月）连续观测，5 d 1 次，数据质量采用土壤烘干法结合层次土壤容重进行标定控制。2008 年为了完善监测指标和观测样地的代表性，增加水分辅助观测场，分别在气象观测场和水分辅助观测场设置了 6 个观测点位进行土壤含水量的观测，对其观测编码分别为 SYAQX01CTS＿01＿01、SYAQX01CTS＿01＿02、SYAQX01CTS＿01＿03、SYAZH01CTS＿02＿01、SYAZH01CTS＿02＿02、SYAZH01CTS＿02＿03。在 2012 年由于中子仪设备老化以及对环保的考虑，其观测点位进行设备改造，使用 TDR 设备代替中子设备观测。2014 年结合国家"十二五"规划，对其中的 3 个观测点位观测设施进行升级，实现连续实时自动化观测，分别是综合观测场 SYAZH01CTS＿01＿02、气象观测场 SYAQX01CTS＿01＿02、水分辅助观测场 SYAZH01CTS＿02＿01。2016 年对剩余的 6 个观测点位进行统一升级，实现了在线观测，减少了人为的干扰因素，数据量和数据质量得到大幅度的提升（图 2-18）。

图 2-18　土壤水自动测量系统

2.3.5　沈阳站二氧化碳和水通量观测设施

二氧化碳和水通量观测设施是研究农田生态系统碳水通量和能量通量的一种高通量新模式，设备采用基因公司的 LI7500A 观测，设置在综合观测场观测样地里，其主要观测指标为碳通量、水通量、能量通量、降水、地温和土壤热通量等，在 2014 年 9 月开始安装观测，实现了数据的在线观测，目前已获得大量的观测数据，其中 2015—2016 年的观测数据已经被纳入国家碳通量观测网，图 2-19 为二氧化碳和水通量观测系统。

图 2-19　二氧化碳和水通量观测系统

第3章

长期观测数据

3.1 生物观测数据

3.1.1 农田复种指数数据集

3.1.1.1 概述

本数据集包括沈阳站 2005—2015 年 10 个长期监测样地的年尺度观测数据（农田类型、复种指数、轮作体系、当年作物），其中"→"表示"隔年"。结果用百分数表示（%）。数据采集时间：每年秋季作物收获时，即 9 月下旬和 10 月上旬。

3.1.1.2 数据采集和处理方法

3 个站区调查点的数据采集方法农户调查和自测相结合的方法，2 个综合观测场和 5 个辅助观测场的数据为自测获取。每年于收获季节详细记录农田类型、作物复种指数、轮作体系、当年作物，复种指数（%）＝全年农作物收获面积/耕地面积×100%。

3.1.1.3 数据质量控制和评估

（1）数据获取过程的质量控制

对于农户调查获取的数据，尽量进行多人次重复验证调查，并与对应田间调查地块进行自测，对比两种方法获取数据的吻合程度，避免人为原因导致产生错误数据。对于自测数据，严格翔实地记录调查时间、核查并记录样地名称、代码，真实记录每季作物种类及品种。

（2）规范原始数据记录的质控措施

原始数据记录是各种数据问题的溯源依据，要求做到：数据真实、记录规范、书写清晰、数据及辅助信息完整等。使用专用、规范的数据记录表和记录本，根据本站调查任务制定年度工作调查记录本，按照调查内容和时间顺序依次排列、装订、定制成本。使用铅笔或黑色碳素笔规范整齐填写，原始数据不准删除或涂改，如记录或观测有误，需轻画横线标记原有数据，并将审核后正确的数据记录在原数据旁或备注栏，并签名。

（3）数据辅助信息记录的质控措施

在进行农户或田间自测调查时，要求对样地位置、调查日期、调查农户信息、样地环境状况做翔实描述与记录，并对相关的样地管理措施、病虫害、灾害等信息进行记录。

（4）数据质量评估

将获取的数据与各项辅助信息数据以及历史数据信息进行比较，评价数据的正确性、一致性、完整性、可比性和连续性，经站长和数据管理员审核认定后由站长批准上报。

3.1.1.4 数据价值/数据使用方法和建议

复种指数是指全年农作物总收获面积占耕地面积的百分比，是衡量耕地集约化利用程度的基础性指标，复种指数受当地热量、土壤、水分、肥料、作物品种、科技水平等条件的影响，对保障中国粮食安全发挥着重要作用。

　　沈阳站复种指数数据集从时间尺度上体现了下辽河平原农业的种植制度变化情况。本区域作物一年一熟，所以数据集所代表的东北下辽河平原潮棕壤农田复种指数比较稳定，但受科技水平以及政策的影响，仍有相当大的提高潜力。

3.1.1.5 数据

　　表 3-1 至表 3-10 中为农田复种指数据数。

表 3-1　综合观测场土壤生物采样地 01 农田复种指数

年份	农田类型	复种指数/%	轮作体系	当年作物
2005	旱地	100.0	玉米→玉米→大豆	春玉米
2006	旱地	100.0	玉米→玉米→大豆	春玉米
2007	旱地	100.0	玉米→玉米→大豆	春大豆
2008	旱地	100.0	玉米→玉米→大豆	春玉米
2009	旱地	100.0	玉米→玉米→大豆	春玉米
2010	旱地	100.0	玉米→玉米→大豆	春大豆
2011	旱地	100.0	玉米→玉米→大豆	春玉米
2012	旱地	100.0	玉米→玉米→大豆	春玉米
2013	旱地	100.0	玉米→玉米→大豆	春大豆
2014	旱地	100.0	玉米→玉米→大豆	春玉米
2015	旱地	100.0	玉米→玉米→大豆	春玉米

表 3-2　综合观测场土壤生物采样地 02 农田复种指数

年份	农田类型	复种指数/%	轮作体系	当年作物
2008	旱地	100.0	玉米→玉米→大豆	春玉米
2009	旱地	100.0	玉米→玉米→大豆	春玉米
2010	旱地	100.0	玉米→玉米→大豆	春大豆
2011	旱地	100.0	玉米→玉米→大豆	春玉米
2012	旱地	100.0	玉米→玉米→大豆	春玉米
2013	旱地	100.0	玉米→玉米→大豆	春大豆
2014	旱地	100.0	玉米→玉米→大豆	春玉米
2015	旱地	100.0	玉米→玉米→大豆	春玉米

表 3-3　辅助观测场 01 土壤生物要素辅助长期观测采样地（CK）农田复种指数

年份	农田类型	复种指数/%	轮作体系	当年作物
2005	旱地	100.0	玉米→玉米→大豆	春玉米
2006	旱地	100.0	玉米→玉米→大豆	春玉米
2007	旱地	100.0	玉米→玉米→大豆	春大豆
2008	旱地	100.0	玉米→玉米→大豆	春玉米
2009	旱地	100.0	玉米→玉米→大豆	春玉米
2010	旱地	100.0	玉米→玉米→大豆	春大豆
2011	旱地	100.0	玉米→玉米→大豆	春玉米
2012	旱地	100.0	玉米→玉米→大豆	春玉米
2013	旱地	100.0	玉米→玉米→大豆	春大豆
2014	旱地	100.0	玉米→玉米→大豆	春玉米
2015	旱地	100.0	玉米→玉米→大豆	春玉米

表 3-4　辅助观测场 02 土壤生物要素辅助长期观测采样地（秸秆还田）农田复种指数

年份	农田类型	复种指数/%	轮作体系	当年作物
2005	旱地	100.0	玉米→玉米→大豆	春玉米
2006	旱地	100.0	玉米→玉米→大豆	春玉米
2007	旱地	100.0	玉米→玉米→大豆	春大豆
2008	旱地	100.0	玉米→玉米→大豆	春玉米
2009	旱地	100.0	玉米→玉米→大豆	春玉米
2010	旱地	100.0	玉米→玉米→大豆	春大豆
2011	旱地	100.0	玉米→玉米→大豆	春玉米
2012	旱地	100.0	玉米→玉米→大豆	春玉米
2013	旱地	100.0	玉米→玉米→大豆	春大豆
2014	旱地	100.0	玉米→玉米→大豆	春玉米
2015	旱地	100.0	玉米→玉米→大豆	春玉米

表 3-5　辅助观测场 03 土壤生物要素辅助长期观测采样地（一次性施肥）农田复种指数

年份	农田类型	复种指数/%	轮作体系	当年作物
2005	旱地	100.0	玉米→玉米→大豆	春玉米
2006	旱地	100.0	玉米→玉米→大豆	春玉米
2007	旱地	100.0	玉米→玉米→大豆	春大豆
2008	旱地	100.0	玉米→玉米→大豆	春玉米
2009	旱地	100.0	玉米→玉米→大豆	春玉米
2010	旱地	100.0	玉米→玉米→大豆	春大豆
2011	旱地	100.0	玉米→玉米→大豆	春玉米
2012	旱地	100.0	玉米→玉米→大豆	春玉米
2013	旱地	100.0	玉米→玉米→大豆	春大豆
2014	旱地	100.0	玉米→玉米→大豆	春玉米
2015	旱地	100.0	玉米→玉米→大豆	春玉米

表 3-6　辅助观测场 04 土壤生物要素辅助长期观测采样地（常规施肥）农田复种指数

年份	农田类型	复种指数/%	轮作体系	当年作物
2005	旱地	100.0	玉米	春玉米
2006	旱地	100.0	玉米	春玉米
2007	旱地	100.0	玉米	春玉米
2008	旱地	100.0	玉米	春玉米
2009	旱地	100.0	玉米	春玉米
2010	旱地	100.0	玉米	春玉米
2011	旱地	100.0	玉米	春玉米
2012	旱地	100.0	玉米	春玉米
2013	旱地	100.0	玉米	春玉米
2014	旱地	100.0	玉米	春玉米
2015	旱地	100.0	玉米	春玉米

表 3 - 7　辅助观测场 05 土壤生物要素辅助长期观测采样地（水田）农田复种指数

年份	农田类型	复种指数/%	轮作体系	当年作物
2005	旱地	100.0	水稻	晚稻
2006	旱地	100.0	水稻	晚稻
2007	旱地	100.0	水稻	晚稻
2008	旱地	100.0	水稻	晚稻
2009	旱地	100.0	水稻	晚稻
2010	旱地	100.0	水稻	晚稻
2011	旱地	100.0	水稻	晚稻
2012	旱地	100.0	水稻	晚稻
2013	旱地	100.0	水稻	晚稻
2014	旱地	100.0	水稻	晚稻
2015	旱地	100.0	水稻	晚稻

表 3 - 8　站区调查点 01 采样地农田复种指数

年份	农田类型	复种指数/%	轮作体系	当年作物
2005	旱地	100.0	玉米→玉米→大豆	春玉米
2006	旱地	100.0	玉米→玉米→大豆	春玉米
2007	旱地	100.0	玉米→玉米→大豆	春大豆
2008	旱地	100.0	玉米→玉米→大豆	春玉米
2009	旱地	100.0	玉米→玉米→大豆	春玉米
2010	旱地	100.0	玉米	春玉米
2011	旱地	100.0	玉米	春玉米
2012	旱地	100.0	玉米	春玉米
2013	旱地	100.0	玉米	春玉米
2014	旱地	100.0	玉米	春玉米
2015	旱地	100.0	玉米	春玉米

表 3 - 9　站区调查点 02 采样地农田复种指数

年份	农田类型	复种指数/%	轮作体系	当年作物
2005	旱地	100.0	水稻	晚稻
2006	旱地	100.0	水稻	晚稻
2007	旱地	100.0	水稻	晚稻
2008	旱地	100.0	水稻	晚稻
2009	旱地	100.0	水稻	晚稻
2010	旱地	100.0	水稻	晚稻
2011	旱地	100.0	水稻	晚稻
2012	旱地	100.0	水稻	晚稻
2013	旱地	100.0	水稻	晚稻
2014	旱地	100.0	玉米	春玉米
2015	旱地	100.0	玉米	春玉米

表 3-10　站区调查点 03 采样地农田复种指数

年份	农田类型	复种指数/%	轮作体系	当年作物
2005	旱地	100.0	玉米	春玉米
2006	旱地	100.0	玉米	春玉米
2007	旱地	100.0	玉米	春玉米
2008	旱地	100.0	玉米	春玉米
2009	旱地	100.0	玉米	春玉米
2010	旱地	100.0	玉米	春玉米
2011	旱地	100.0	玉米	春玉米
2012	旱地	100.0	玉米	春玉米
2013	旱地	100.0	玉米	春玉米
2014	旱地	100.0	玉米	春玉米
2015	旱地	100.0	玉米	春玉米

3.1.2　作物耕层生物量数据集

3.1.2.1　概述

本数据集包括沈阳站 2005—2015 年 10 个长期观测样地的年尺度观测数据（作物名称、作物品种、作物生育期、样方面积、耕层深度、根干重、约占总根干重比例）。数据采集时间：每年秋季作物收获时，即 9 月下旬和 10 月上旬。

3.1.2.2　数据采集和处理方法

根据每个观测场的设计规范，结合当年土壤取样位置相应地在取样小区内取有代表性的样品（数量因作物不同而异），每年从样地中采集 3～6 份样品，即 3～6 次重复。本数据集的观测频度为每年 2 次（根系生长盛期及收获期），在长期观测过程中，对每一次采样点的地理位置、采样情况和采样条件进行详细的定位记录，并在相应的土壤或地形图上作出标识。

玉米数据采集和处理方法：在抽雄期和收获期取样。在每个采样地上选择 3～6 个有代表性的采样点（作物无缺苗、生长均一），挖取 1 株玉米植株，根部挖取深度为 20 cm。用水冲洗干净根部，然后 105 ℃杀青，80 ℃条件下烘干称重。

大豆数据采集和处理方法：在开花期和收获期取样。在每个采样地上选择 3～6 个有代表性的采样点（作物无缺苗、生长均一），挖取 5 株大豆植株，根部挖取深度为 20 cm。用水冲洗干净根部，然后 105 ℃杀青，80 ℃条件下烘干称重。

水稻数据采集和处理方法：在抽穗期和收获期取样。在每个采样地上选择 6 个有代表性的采样点（作物无缺苗、生长均一），挖取 3 穴大豆植株，根部挖取深度为 20 cm。用水冲洗干净根部，然后 105 ℃杀青，80 ℃条件下烘干称重。

本数据集的耕层根系不区分活根和死根。

3.1.2.3　数据质量控制和评估

（1）田间取样过程的质量控制

挖取过程中尽量保证耕层根系完整，样品根部洗净后尽快放在通风阴凉处，在底部垫报纸去除水滴，防止根部腐烂。

（2）数据录入过程的质量控制

及时分析数据，检查、筛选异常值，对明显异常数据进行补充测定。严格避免原始数据录入报表过程中产生的误差。

（3）数据质量评估

将获取的数据与各项辅助信息数据以及历史数据进行比较，评价数据的正确性、一致性、完整性、可比性和连续性，经站长和数据管理员审核认定后由站长批准上报。

3.1.2.4　数据价值/数据使用方法和建议

根系作为作物生长发育的基础器官，对作物的产量、品质具有不可替代的重要作用。然而土壤环境的复杂性以及研究手段的限制影响了根系研究的稳定性和准确性，增加了相关研究的难度。大量的研究结果显示，根系生长不良直接制约作物地上部的生长，而发达的根系能促进作物产量的提高，这是由于强大的根系在土壤中有助于吸收养分和水分，为作物地上部生长提供更好的基础。

本数据集以13年的连续观测工作为基础，提供了不同施肥处理条件下黑土农田生态系统作物耕层根系变化的数据，为作物根系研究工作提供了时间和空间序列的研究基础。

3.1.2.5　数据

表3-11至表3-20中为作物耕层生物量数据。

表3-11　综合观测场土壤生物采样地01作物耕层生物量

时间（年-月）	作物名称	作物品种	作物生育时期	样方规格/（cm×cm）	耕层深度/cm	根干重/（g/m²）	约占总根干重比例/%
2005-07	春玉米	富友1号	抽雄期	30×30	20	143.53	88.5
2005-10	春玉米	富友1号	收获期	30×30	20	126.55	88.5
2006-07	春玉米	东单60	抽雄期	30×30	20	147.24	86.0
2006-09	春玉米	东单60	收获期	30×30	20	175.86	86.2
2007-06	春大豆	铁丰29	开花期	14×30	20	42.32	75.0
2007-09	春大豆	铁丰29	收获期	14×30	20	80.99	75.0
2008-07	春玉米	富友1号	抽雄期	40×55	20	60.91	89.0
2008-09	春玉米	富友1号	收获期	40×55	20	124.03	90.4
2009-07	春玉米	富友1号	抽雄期	40×55	20	114.90	91.3
2009-09	春玉米	富友1号	收获期	40×55	20	127.46	91.7
2010-07	春大豆	铁丰29	开花期	45×55	20	46.68	77.7
2010-09	春大豆	铁丰29	收获期	45×55	20	51.54	80.1
2011-07	春玉米	东单90	抽雄期	45×55	20	91.02	90.0
2011-09	春玉米	东单90	收获期	45×55	20	107.77	90.0
2012-07	春玉米	富友9号	抽雄期	40×55	20	116.05	90.5
2012-09	春玉米	富友9号	收获期	40×55	20	122.45	90.4
2013-07	春大豆	东豆339	开花期	45×55	20	50.52	90.6
2013-09	春大豆	东豆339	收获期	45×55	20	66.95	94.4
2014-07	春玉米	富友9号	抽雄期	35×55	20	103.41	89.8
2014-09	春玉米	富友9号	收获期	35×55	20	150.25	91.7
2015-07	春玉米	富友9号	抽雄期	35×55	20	128.44	86.0
2015-09	春玉米	富友9号	收获期	35×55	20	113.27	87.7

表3-12　综合观测场土壤生物采样地02作物耕层生物量

时间（年-月）	作物名称	作物品种	作物生育时期	样方规格/（cm×cm）	耕层深度/cm	根干重/（g/m²）	约占总根干重比例/%
2008-07	春玉米	富友1号	抽雄期	40×55	20	61.59	89.6
2008-09	春玉米	富友1号	收获期	40×55	20	126.83	87.9
2009-07	春玉米	富友1号	抽雄期	40×55	20	156.41	93.6

（续）

时间（年-月）	作物名称	作物品种	作物生育时期	样方规格/（cm×cm）	耕层深度/cm	根干重/（g/m²）	约占总根干重比例/%
2009 - 09	春玉米	富友 1 号	收获期	40×55	20	129.94	91.8
2010 - 07	春大豆	铁丰 29	开花期	45×55	20	41.03	76.0
2010 - 09	春大豆	铁丰 29	收获期	45×55	20	68.56	82.9
2011 - 07	春玉米	东单 90	抽雄期	45×55	20	119.94	91.2
2011 - 09	春玉米	东单 90	收获期	45×55	20	75.14	88.6
2012 - 07	春玉米	富友 9 号	抽雄期	40×55	20	121.06	90.4
2012 - 09	春玉米	富友 9 号	收获期	40×55	20	110.94	89.3
2013 - 07	春大豆	东豆 339	开花期	45×55	20	45.45	86.8
2013 - 09	春大豆	东豆 339	收获期	45×55	20	66.93	95.6
2014 - 07	春玉米	富友 9 号	抽雄期	35×55	20	98.45	89.6
2014 - 09	春玉米	富友 9 号	收获期	35×55	20	155.01	91.2
2015 - 07	春玉米	富友 9 号	抽雄期	35×55	20	125.27	85.6
2015 - 09	春玉米	富友 9 号	收获期	35×55	20	97.96	86.6

表 3-13　辅助观测场 01 土壤生物要素辅助长期观测采样地（CK）作物耕层生物量

时间（年-月）	作物名称	作物品种	作物生育时期	样方规格/（cm×cm）	耕层深度/cm	根干重/（g/m²）	约占总根干重比例/%
2005 - 07	春玉米	富友 1 号	抽雄期	30×30	20	116.55	71.9
2005 - 10	春玉米	富友 1 号	收获期	30×30	20	108.20	82.0
2006 - 08	春玉米	东单 60	抽雄期	30×30	20	135.85	88.2
2006 - 10	春玉米	东单 60	收获期	30×30	20	120.72	84.1
2007 - 07	春大豆	铁丰 29	开花期	14×30	20	37.44	73.8
2007 - 09	春大豆	铁丰 29	收获期	14×30	20	71.30	73.8
2008 - 07	春玉米	富友 1 号	抽雄期	40×55	20	62.32	91.9
2008 - 09	春玉米	富友 1 号	收获期	40×55	20	67.58	90.1
2009 - 07	春玉米	富友 1 号	抽雄期	40×55	20	140.73	92.8
2009 - 09	春玉米	富友 1 号	收获期	40×55	20	109.60	90.6
2010 - 07	春大豆	铁丰 29	开花期	45×55	20	21.34	70.9
2010 - 09	春大豆	铁丰 29	收获期	45×55	20	71.93	83.4
2011 - 07	春玉米	东单 90	抽雄期	45×55	20	114.21	91.0
2011 - 09	春玉米	东单 90	收获期	45×55	20	95.84	89.5
2012 - 07	春玉米	富友 9 号	抽雄期	40×55	20	125.67	91.1
2012 - 09	春玉米	富友 9 号	收获期	40×55	20	131.26	90.7
2013 - 07	春大豆	东豆 339	开花期	45×55	20	37.25	85.1
2013 - 09	春大豆	东豆 339	收获期	45×55	20	55.16	91.1
2014 - 07	春玉米	富友 9 号	抽雄期	35×55	20	74.48	88.0
2014 - 09	春玉米	富友 9 号	收获期	35×55	20	76.08	89.5
2015 - 07	春玉米	富友 9 号	抽雄期	35×55	20	74.18	84.7
2015 - 09	春玉米	富友 9 号	收获期	35×55	20	88.78	85.2

表 3 - 14　辅助观测场 02 土壤生物要素辅助长期观测采样地（秸秆还田）作物耕层生物量

时间（年-月）	作物名称	作物品种	作物生育时期	样方规格/（cm×cm）	耕层深度/cm	根干重/（g/m²）	约占总根干重比例/%
2006 - 07	春玉米	东单 60	抽雄期	30×30	20	150.01	73.7
2006 - 09	春玉米	东单 60	收获期	30×30	20	160.36	78.2
2007 - 07	春大豆	铁丰 29	开花期	14×30	20	49.08	77.7
2007 - 09	春大豆	铁丰 29	收获期	14×30	20	85.43	76.1
2008 - 07	春玉米	富友 1 号	抽雄期	40×55	20	57.06	87.0
2008 - 09	春玉米	富友 1 号	收获期	40×55	20	172.44	87.9
2009 - 07	春玉米	富友 1 号	抽雄期	40×55	20	111.70	91.0
2009 - 09	春玉米	富友 1 号	收获期	40×55	20	99.94	90.2
2010 - 07	春大豆	铁丰 29	开花期	45×55	20	27.92	71.7
2010 - 09	春大豆	铁丰 29	收获期	45×55	20	41.66	75.9
2011 - 07	春玉米	东单 90	抽雄期	45×55	20	142.34	92.2
2011 - 09	春玉米	东单 90	收获期	45×55	20	107.17	90.0
2012 - 07	春玉米	富友 9 号	抽雄期	40×55	20	117.46	90.7
2012 - 09	春玉米	富友 9 号	收获期	40×55	20	117.18	90.0
2013 - 07	春大豆	东豆 339	开花期	45×55	20	46.90	87.6
2013 - 09	春大豆	东豆 339	收获期	45×55	20	63.62	90.4
2014 - 07	春玉米	富友 9 号	抽雄期	35×55	20	112.85	90.2
2014 - 09	春玉米	富友 9 号	收获期	35×55	20	135.61	91.1
2015 - 07	春玉米	富友 9 号	抽雄期	35×55	20	113.53	85.2
2015 - 09	春玉米	富友 9 号	收获期	35×55	20	97.05	86.8

表 3 - 15　辅助观测场 03 土壤生物要素辅助长期观测采样地（一次性施肥）作物耕层生物量

时间（年-月）	作物名称	作物品种	作物生育时期	样方规格/（cm×cm）	耕层深度/cm	根干重/（g/m²）	约占总根干重比例/%
2006 - 07	春玉米	东单 60	抽雄期	30×30	20	150.37	84.0
2006 - 09	春玉米	东单 60	收获期	30×30	20	201.75	84.6
2007 - 07	春大豆	铁丰 29	开花期	14×30	20	39.24	75.6
2007 - 09	春大豆	铁丰 29	收获期	14×30	20	75.41	73.7
2008 - 07	春玉米	富友 1 号	抽雄期	40×55	20	55.30	89.7
2008 - 09	春玉米	富友 1 号	收获期	40×55	20	93.01	90.2
2009 - 07	春玉米	富友 1 号	抽雄期	40×55	20	102.35	90.2
2009 - 09	春玉米	富友 1 号	收获期	40×55	20	115.64	91.4
2010 - 07	春大豆	铁丰 29	开花期	45×55	20	41.70	75.5
2010 - 09	春大豆	铁丰 29	收获期	45×55	20	82.01	84.3
2011 - 08	春玉米	东单 90	抽雄期	45×55	20	92.30	90.1
2011 - 09	春玉米	东单 90	收获期	45×55	20	110.71	90.1
2012 - 07	春玉米	富友 9 号	抽雄期	40×55	20	105.02	90.0
2012 - 09	春玉米	富友 9 号	收获期	40×55	20	131.77	91.1

（续）

时间（年-月）	作物名称	作物品种	作物生育时期	样方规格/（cm×cm）	耕层深度/cm	根干重/（g/m²）	约占总根干重比例/%
2013－07	春大豆	东豆 339	开花期	45×55	20	39.84	83.3
2013－09	春大豆	东豆 339	收获期	45×55	20	55.39	89.1
2014－07	春玉米	富友 9 号	抽雄期	35×55	20	100.85	89.4
2014－09	春玉米	富友 9 号	收获期	35×55	20	147.64	91.4
2015－07	春玉米	富友 9 号	抽雄期	35×55	20	68.51	85.6
2015－09	春玉米	富友 9 号	收获期	35×55	20	97.00	87.6
2006－07	春玉米	东单 60	抽雄期	30×30	20	150.37	84.0
2006－09	春玉米	东单 60	收获期	30×30	20	201.75	84.6

表 3－16　辅助观测场 04 土壤生物要素辅助长期观测采样地（常规施肥）作物耕层生物量

时间（年-月）	作物名称	作物品种	作物生育时期	样方规格/（cm×cm）	耕层深度/cm	根干重/（g/m²）	约占总根干重比例/%
2005－07	春玉米	富友 1 号	抽雄期	30×30	20	129.12	79.6
2005－10	春玉米	富友 1 号	收获期	30×30	20	120.38	85.3
2006－07	春玉米	东单 60	抽雄期	30×30	20	140.23	86.3
2006－09	春玉米	东单 60	收获期	30×30	20	129.20	84.6
2007－07	春玉米	富友 1 号	抽雄期	30×30	20	139.12	81.9
2007－09	春玉米	富友 1 号	收获期	30×30	30	197.29	80.9
2008－07	春玉米	富友 1 号	抽雄期	40×55	20	52.71	88.3
2008－09	春玉米	富友 1 号	收获期	40×55	20	150.50	89.9
2009－07	春玉米	富友 1 号	抽雄期	40×55	20	129.71	92.1
2009－09	春玉米	富友 1 号	收获期	40×55	20	105.23	90.6
2010－07	春玉米	富友 9 号	抽雄期	40×55	20	155.41	90.0
2010－09	春玉米	富友 9 号	收获期	40×55	20	129.56	88.4
2011－08	春玉米	东单 90	抽雄期	45×55	20	105.72	90.6
2011－09	春玉米	东单 90	收获期	45×55	20	106.99	90.0
2012－07	春玉米	富友 9 号	抽雄期	40×55	20	111.31	90.5
2012－09	春玉米	富友 9 号	收获期	40×55	20	120.87	90.4
2013－07	春玉米	富友 9 号	抽雄期	35×55	20	114.17	91.2
2013－09	春玉米	富友 9 号	收获期	35×55	20	124.34	87.5
2014－07	春玉米	富友 9 号	抽雄期	35×55	20	118.35	90.6
2014－09	春玉米	富友 9 号	收获期	35×55	20	142.61	90.9
2015－07	春玉米	富友 9 号	抽雄期	35×55	20	73.51	86.7
2015－09	春玉米	富友 9 号	收获期	35×55	20	97.87	87.2

表 3-17　辅助观测场 05 土壤生物要素辅助长期观测采样地（水田）作物耕层生物量

时间（年-月）	作物名称	作物品种	作物生育时期	样方规格/（cm×cm）	耕层深度/cm	根干重/（g/m²）	约占总根干重比例/%
2005-08	晚稻	辽粳 294-4	抽穗期	30×30	30	75.16	93.0
2005-10	晚稻	辽粳 294-4	收获期	30×30	30	74.45	93.1
2006-08	晚稻	辽粳 294	抽穗期	30×30	30	161.78	92.3
2006-10	晚稻	辽粳 294	收获期	30×30	30	261.94	95.0
2007-08	晚稻	辽粳 294	抽穗期	30×30	30	486.43	91.5
2007-10	晚稻	辽粳 294	收获期	30×30	30	543.50	91.3
2008-08	晚稻	辽粳 294	抽穗期	20×30	20	205.61	86.9
2008-10	晚稻	辽粳 294	收获期	20×30	20	152.21	89.2
2009-08	晚稻	辽粳 294	抽穗期	20×30	20	351.85	89.2
2009-10	晚稻	辽粳 294	收获期	20×30	20	205.62	91.0
2010-08	晚稻	沈稻 2 号	抽穗期	20×30	20	129.43	87.3
2010-10	晚稻	沈稻 2 号	收获期	20×30	20	188.49	91.0
2011-08	晚稻	沈稻 4 号	抽穗期	20×30	20	345.44	89.3
2011-10	晚稻	沈稻 4 号	收获期	20×30	20	229.19	88.6
2012-08	晚稻	富禾 998	抽穗期	20×30	20	234.44	89.8
2012-10	晚稻	富禾 998	收获期	20×30	20	177.15	88.2
2013-08	晚稻	富禾 77	抽穗期	20×30	20	167.75	89.3
2013-10	晚稻	富禾 77	收获期	20×30	20	175.52	89.9
2014-08	晚稻	丰锦	抽穗期	20×30	20	176.61	91.4
2014-10	晚稻	丰锦	收获期	20×30	20	169.10	91.3
2015-08	晚稻	铁粳 11	抽穗期	20×30	20	282.85	89.7
2015-10	晚稻	铁粳 11	收获期	20×30	20	212.41	86.9

表 3-18　站区调查点 01 采样地作物耕层生物量

时间（年-月）	作物名称	作物品种	作物生育时期	样方规格/（cm×cm）	耕层深度/cm	根干重/（g/m²）	约占总根干重比例/%
2006-10	春玉米	东单 60	收获期	30×30	20	198.73	86.5
2007-09	春大豆	铁丰 29	收获期	14×30	20	126.55	80.5
2009-09	春玉米	东单 90	收获期	40×60	20	142.31	93.2
2010-09	春玉米	东单 90	收获期	40×60	20	163.30	90.8
2011-09	春玉米	美丰 33	收获期	45×55	20	101.42	89.7
2012-09	春玉米	美丰 33、廉盛 1 号	收获期	40×55	20	129.41	90.9
2013-09	春玉米	富友 99	收获期	35×55	20	124.88	87.4
2014-09	春玉米	鑫玉 518	收获期	35×55	20	179.04	91.8
2015-09	春玉米	科泰 6	收获期	35×55	20	88.53	86.9

表 3-19　站区调查点 02 采样地作物耕层生物量

时间（年-月）	作物名称	作物品种	作物生育时期	样方规格/（cm×cm）	耕层深度/cm	根干重/（g/m²）	约占总根干重比例/%
2006-08	晚稻	辽粳 294	抽穗期	30×30	30	151.50	92.1
2006-10	晚稻	辽粳 294	收获期	30×30	30	432.23	97.7
2007-08	晚稻	辽粳 294	抽穗期	30×30	30	485.25	92.1
2007-10	晚稻	辽粳 294	收获期	30×30	30	429.45	89.3
2008-08	晚稻	辽粳 294	抽穗期	20×30	20	198.65	84.9
2008-10	晚稻	辽粳 294	收获期	20×30	20	206.94	90.3
2009-08	晚稻	辽粳 968	抽穗期	20×30	20	391.97	89.5
2009-10	晚稻	辽粳 968	收获期	20×30	20	201.56	90.7
2010-08	晚稻	辽星 20	抽穗期	20×30	20	135.07	87.7
2010-10	晚稻	辽星 20	收获期	20×30	20	182.32	89.9
2011-08	晚稻	千重浪 2 号	抽穗期	20×30	20	449.57	90.4
2011-10	晚稻	千重浪 2 号	收获期	20×30	20	302.26	91.0
2012-08	晚稻	富粳 357	抽穗期	20×30	20	376.52	91.2
2012-09	晚稻	富粳 357	收获期	20×30	20	198.78	90.5
2013-08	晚稻	华美 88	抽穗期	20×30	20	292.62	90.8
2013-10	晚稻	华美 88	收获期	20×30	20	213.56	90.7
2014-09	春玉米	老本 55	收获期	35×55	20	151.42	91.1
2015-09	春玉米	锦丹 18	收获期	35×55	20	111.38	87.1

表 3-20　站区调查点 03 采样地作物耕层生物量

时间（年-月）	作物名称	作物品种	作物生育时期	样方规格/（cm×cm）	耕层深度/cm	根干重/（g/m²）	约占总根干重比例/%
2005-08	晚稻	辽粳 294-4	抽穗期	30×30	30	75.16	93.0
2005-10	晚稻	辽粳 294-4	收获期	30×30	30	74.45	93.1
2006-08	晚稻	辽粳 294	抽穗期	30×30	30	161.78	92.3
2006-10	晚稻	辽粳 294	收获期	30×30	30	261.94	95.0
2007-08	晚稻	辽粳 294	抽穗期	30×30	30	486.43	91.5
2007-10	晚稻	辽粳 294	收获期	30×30	30	543.50	91.3
2008-08	晚稻	辽粳 294	抽穗期	20×30	20	205.61	86.9
2008-10	晚稻	辽粳 294	收获期	20×30	20	152.21	89.2
2009-08	晚稻	辽粳 294	抽穗期	20×30	20	351.85	89.2
2009-10	晚稻	辽粳 294	收获期	20×30	20	205.62	91.0
2010-08	晚稻	沈稻 2 号	抽穗期	20×30	20	129.43	87.3
2010-10	晚稻	沈稻 2 号	收获期	20×30	20	188.49	91.0
2011-08	晚稻	沈稻 4 号	抽穗期	20×30	20	345.44	89.3
2011-10	晚稻	沈稻 4 号	收获期	20×30	20	229.19	88.6
2012-08	晚稻	富禾 998	抽穗期	20×30	20	234.44	89.8
2012-10	晚稻	富禾 998	收获期	20×30	20	177.15	88.2

（续）

时间（年-月）	作物名称	作物品种	作物生育时期	样方规格/（cm×cm）	耕层深度/cm	根干重/（g/m²）	约占总根干重比例/%
2013-08	晚稻	富禾77	抽穗期	20×30	20	167.75	89.3
2013-10	晚稻	富禾77	收获期	20×30	20	175.52	89.9
2014-08	晚稻	丰锦	抽穗期	20×30	20	176.61	91.4
2014-10	晚稻	丰锦	收获期	20×30	20	169.10	91.3
2015-08	晚稻	铁梗11	抽穗期	20×30	20	282.85	89.7
2015-10	晚稻	铁梗11	收获期	20×30	20	212.41	86.9

3.1.3　主要作物收获期植株性状数据集

3.1.3.1　概述

本数据集包括沈阳站2005—2015年10个长期监测样地的年尺度观测数据，样地玉米—玉米—大豆轮作种植，还有水田的连作。大豆的植株性状包括作物品种、调查株数、株高（cm）、茎粗（cm）、单株荚数、每荚粒数、百粒重（g）、地上部总干重（g/株）、籽实干重（g/株）；玉米的植株性状包括作物品种、调查株数、株高（cm）、结穗高度（cm）、茎粗（cm）、空秆率（%）、果穗长度（cm）、果穗结实长度（cm）、穗粗（cm）、穗行数、行粒数、百粒重（g）、地上部总干重（g/株）、籽实干重（g/株）；水稻的植株性状包括作物品种、调查株数、株高（cm）、穗数、每穗小穗数、每穗结实小穗数、穗粒数、千粒重、地上部总干重（g/穴）、籽实干重（g/穴）。数据采集时间：每年秋季作物收获时，即9月下旬和10月上旬。

3.1.3.2　数据采集和处理方法

根据每个观测场的设计规范，结合当年土壤取样位置相应地在取样小区内取有代表性的样品（数量因作物不同而异），每年从样地中采集3～6份样品，即3～6次重复。

对于选定的样株，先分别对作物群体有关的性状指标进行调查（如群体株高等），然后将各样株地上部收割并按照不同样点分别装入样品袋，保存于通风、干燥处，尽快进行其他植株性状指标的测定。

本数据集的观测频度为每年一次（作物收获期），在长期监测过程中，对每一个采样点的地理位置、采样情况和采样条件进行详细的定位记录，并在相应的土壤或地形图上作出标识。

3.1.3.3　数据质量控制和评估

（1）田间取样过程的质量控制

根据每个采样点的整体长势，选择长势均匀处的代表性植株。注意对样品保存地点的通风、湿度、鼠害等环境因子的控制。

（2）数据录入过程的质量控制

及时分析数据，检查、筛选异常值，对明显异常的数据进行补充测定。严格避免原始数据录入报表过程中产生的误差。

（3）数据质量评估

将获取的数据与各项辅助信息数据以及历史数据进行比较，评价数据的正确性、一致性、完整性、可比性和连续性，经站长和数据管理员审核认定后由站长批准上报。

3.1.3.4　数据价值/数据使用方法和建议

为了应对国家对粮食不断增长的需求，农业技术领域也需要不断增强农业系统的抗风险能力，增强水土保持能力，提高土壤肥力，抑制病虫草害的发生等。而收获期地上部植株性状是作物对环境中的光、温、水、肥有效利用状况的最直观体现。已有很多相关研究针对短期内施肥种类、施肥水平、种植方式、耕作方法等对作物植株性状的影响进行了研究，但缺乏在较长时间（10年以上）尺度上的相关研究，因此，本数据集能够为黑土农田生态系统主要作物收获期植株性状的研究提供较长时间尺度的连续监测数据。

3.1.3.5 数据

表3-21至表3-37中为主要作物收获期植株性状数据。

表3-21 综合观测场土壤生物采样地01玉米收获期植株性状

年份	作物品种	考种调查株数	群体株高/cm	结穗高度/cm	茎粗/cm	空秆率/%	果穗长度/cm	果穗结实长度/cm	穗粗/cm	穗行数	行粒数	百粒重/g	地上部总干重/(g/株)	籽实干重/(g/株)
2005	富友1号	28	299.1	127.6	2.1	5.3	17.4	14.8	5.4	17.0	30.0	29.11	352.35	147.52
2006	东单60	10	337.5	155.0	2.7	7.0	19.1	17.0	5.6	18.6	37.1	28.22	491.08	194.92
2008	富友1号	44	301.9	135.0	2.5	3.7	21.0	19.3	5.7	17.4	41.1	32.67	474.94	222.27
2009	富友1号	10	281.7	130.3	2.8	1.9	20.4	18.3	5.5	17.7	42.8	28.20	398.45	213.11
2011	东单90	10	325.8	149.6	2.4	1.7	19.0	15.8	5.5	17.1	38.3	27.91	357.59	182.28
2012	富友9号	10	332.4	150.3	2.4	4.4	18.9	15.0	5.3	18.2	36.2	26.04	387.19	171.00
2014	富友9号	60	301.7	130.3	2.5	0.3	19.5	17.3	5.1	17.7	41.9	28.59	434.14	211.71
2015	富友9号	53	265.4	115.1	2.2	7.9	18.7	18.0	5.0	15.3	40.5	36.21	432.28	209.91

表3-22 综合观测场土壤生物采样地02大豆收获期植株性状

时间（年-月）	作物品种	调查株数	株高/cm	茎粗/cm	单株荚数	每荚粒数	百粒重/g	地上部总干重/(g/株)	籽实干重/(g/株)
2007-09	铁丰29	10	95.9	1.0	56.3	2.5	21.80	55.11	29.67
2010-09	铁丰29	10	79.2	0.9	36.8	1.8	23.02	36.43	15.09
2013-09	东豆339	10	72.7	0.8	48.7	1.9	19.83	29.32	15.35

表3-23 综合观测场土壤生物采样地02玉米收获期植株性状

年份	作物品种	考种调查株数	群体株高/cm	结穗高度/cm	茎粗/cm	空秆率/%	果穗长度/cm	果穗结实长度/cm	穗粗/cm	穗行数	行粒数	百粒重/g	地上部总干重/(g/株)	籽实干重/(g/株)
2008	富友1号	40	310.3	141.0	2.5	5.1	21.4	19.2	5.6	17.5	41.7	32.45	504.08	224.58
2009	富友1号	10	292.1	138.3	2.6	0.5	18.9	16.8	5.5	18.1	41.4	26.71	389.99	199.49
2011	东单90	10	318.5	145.6	2.6	4.5	20.0	17.3	5.7	17.3	40.4	30.78	421.04	215.12
2012	富友9号	10	312.9	137.5	2.5	1.4	19.4	16.0	5.5	17.9	38.6	28.88	424.63	199.35
2014	富友9号	60	309.5	134.5	2.4	0.8	19.3	16.9	5.1	18.3	40.6	27.57	408.16	203.89
2015	富友9号	53	257.4	110.9	2.3	2.5	17.9	17.1	5.0	15.1	38.3	37.39	392.84	200.68

表3-24 综合观测场土壤生物采样地02大豆收获期植株性状

时间（年-月）	作物品种	调查株数	株高/cm	茎粗/cm	单株荚数	每荚粒数	百粒重/g	地上部总干重/(g/株)	籽实干重/(g/株)
2010-09	铁丰29	10	77.4	0.9	42.4	1.8	25.66	41.62	18.99
2013-09	东豆339	10	70.3	0.8	50.1	1.8	23.47	39.90	20.68

表 3-25　辅助观测场 01 土壤生物要素辅助长期观测采样地（CK）玉米收获期植株性状

年份	作物品种	考种调查株数	群体株高/cm	结穗高度/cm	茎粗/cm	空秆率/%	果穗长度/cm	果穗结实长度/cm	穗粗/cm	穗行数	行粒数	百粒重/g	地上部总干重/(g/株)	籽实干重/(g/株)
2005	富友 1 号	26	284.3	105.4	1.7	7.0	15.4	13.6	4.7	15.8	27.8	21.88	263.35	99.32
2006	东单 60	10	279.0	119.3	2.0	25.0	10.4	8.7	4.4	21.4	16.8	21.77	221.39	66.85
2008	富友 1 号	39	268.4	107.2	2.1	5.5	19.0	15.9	5.1	17.1	37.1	24.43	354.26	154.93
2009	富友 1 号	10	273.8	128.8	2.3	6.2	16.3	13.1	5.1	16.5	33.0	23.68	271.61	129.11
2011	东单 90	10	311.4	137.5	2.3	4.3	18.1	13.8	5.3	17.1	33.6	25.32	318.61	144.88
2012	富友 9 号	10	280.3	107.9	2.1	13.3	14.4	12.3	4.5	15.5	31.0	16.87	259.21	81.19
2014	富友 9 号	60	251.3	95.3	2.0	0.0	15.6	11.0	4.6	16.2	27.3	21.25	241.11	94.30
2015	富友 9 号	57	202.6	68.9	1.7	7.0	13.6	11.9	3.9	13.7	24.3	23.82	170.46	72.57

表 3-26　辅助观测场 01 土壤生物要素辅助长期观测采样地（CK）大豆收获期植株性状

时间（年-月）	作物品种	调查株数	株高/cm	茎粗/cm	单株荚数	每荚粒数	百粒重/g	地上部总干重/(g/株)	籽实干重/(g/株)
2007-09	铁丰 29	10	58.4	0.6	43.7	2.0	20.29	30.80	16.22
2010-09	铁丰 29	10	67.9	0.7	38.4	1.8	19.87	31.27	13.79
2013-09	东豆 339	10	60.6	0.6	49.4	1.8	19.02	28.42	15.13

表 3-27　辅助观测场 02 土壤生物要素辅助长期观测采样地（秸秆还田）玉米收获期植株性状

年份	作物品种	考种调查株数	群体株高/cm	结穗高度/cm	茎粗/cm	空秆率/%	果穗长度/cm	果穗结实长度/cm	穗粗/cm	穗行数	行粒数	百粒重/g	地上部总干重/(g/株)	籽实干重/(g/株)
2005	富友 1 号	26	292.9	122.3	2.3	5.8	17.8	14.9	5.2	15.8	31.2	29.70	325.93	145.05
2006	东单 60	10	322.0	147.8	2.5	3.1	18.1	15.6	5.4	18.8	36.4	26.75	427.53	182.48
2008	富友 1 号	36	307.5	139.1	2.5	0.0	21.5	19.1	5.7	16.9	42.7	33.56	482.41	250.41
2009	富友 1 号	10	288.6	137.2	2.7	0.7	18.8	16.6	5.4	17.5	41.9	26.87	384.86	195.86
2011	东单 90	10	335.2	144.1	2.4	2.0	18.0	14.2	5.5	16.5	37.6	25.87	351.89	160.32
2012	富友 9 号	10	333.6	142.1	2.3	0.0	19.0	15.1	5.1	18.8	37.5	21.71	348.44	152.00
2014	富友 9 号	60	305.3	128.7	2.5	0.0	19.2	17.1	5.0	17.3	41.2	27.73	415.70	197.40
2015	富友 9 号	54	270.7	116.2	2.3	0.0	18.4	17.6	5.0	14.9	39.9	38.04	455.29	213.61

表 3-28　辅助观测场 02 土壤生物要素辅助长期观测采样地（秸秆还田）大豆收获期植株性状

时间（年-月）	作物品种	调查株数	株高/cm	茎粗/cm	单株荚数	每荚粒数	百粒重/g	地上部总干重/(g/株)	籽实干重/(g/株)
2007-09	铁丰 29	10	74.7	0.8	63.5	2.4	20.23	43.51	23.60
2010-09	铁丰 29	10	75.9	0.9	45.7	1.6	26.77	44.26	19.22
2013-09	东豆 339	10	74.1	0.9	52.1	1.9	21.53	39.38	20.23

表 3-29　辅助观测场 03 土壤生物要素辅助长期观测采样地（一次性施肥）玉米收获期植株性状

年份	作物品种	考种调查株数	群体株高/cm	结穗高度/cm	茎粗/cm	空秆率/%	果穗长度/cm	果穗结实长度/cm	穗粗/cm	穗行数	行粒数	百粒重/g	地上部总干重/(g/株)	籽实干重/(g/株)
2005	富友 1 号	26	295.0	121.9	2.1	5.8	17.2	14.5	5.2	15.8	30.2	28.79	348.11	136.40
2006	东单 60	10	350.0	153.2	2.5	6.1	16.8	13.2	5.3	18.0	31.3	25.16	414.61	140.54
2008	富友 1 号	41	268.4	107.2	2.4	5.8	21.1	18.8	5.6	18.0	42.0	31.61	435.46	219.46
2009	富友 1 号	10	293.7	136.0	2.5	2.4	18.8	15.8	5.4	17.9	37.0	25.92	345.06	171.06
2011	东单 90	10	333.2	144.4	2.3	7.0	18.5	14.6	5.4	16.9	35.5	26.01	341.92	156.16
2012	富友 9 号	10	313.4	139.0	2.3	3.4	18.6	15.2	5.2	18.0	37.3	24.75	375.31	166.10
2014	富友 9 号	60	296.0	129.3	2.4	0.6	18.7	16.6	4.9	17.1	40.9	26.15	390.36	182.00
2015	富友 9 号	57	258.9	109.2	2.2	0.0	18.7	17.8	5.0	15.1	40.1	34.88	359.25	198.82

表 3-30　辅助观测场 03 土壤生物要素辅助长期观测采样地（一次性施肥）大豆收获期植株性状

时间（年-月）	作物品种	调查株数	株高/cm	茎粗/cm	单株荚数	每荚粒数	百粒重/g	地上部总干重/(g/株)	籽实干重/(g/株)
2007-09	铁丰 29	10	98.5	1.0	55.3	2.0	21.65	43.11	22.45
2010-09	铁丰 29	10	83.9	0.7	29.5	1.7	22.01	29.24	11.09
2013-09	东豆 339	10	78.6	0.7	56.2	1.5	22.00	28.26	14.93

表 3-31　辅助观测场 04 土壤生物要素辅助长期观测采样地（常规施肥）玉米收获期植株性状

年份	作物品种	考种调查株数	群体株高/cm	结穗高度/cm	茎粗/cm	空秆率/%	果穗长度/cm	果穗结实长度/cm	穗粗/cm	穗行数	行粒数	百粒重/g	地上部总干重/(g/株)	籽实干重/(g/株)
2005	富友 1 号	26	299.9	126.3	2.3	5.8	18.8	15.8	5.6	16.0	32.3	31.57	365.72	163.46
2006	东单 60	10	340.7	157.1	2.5	14.7	18.7	16.6	5.5	18.4	38.3	26.75	415.95	188.32
2007	富友 1 号	10	310.4	137.9	2.1	1.9	18.4	16.2	5.4	16.7	37.2	27.83	313.59	174.74
2008	富友 1 号	38	300.3	131.2	2.4	6.8	20.2	17.6	5.4	16.7	40.9	28.17	493.10	175.22
2009	富友 1 号	10	280.6	123.9	2.8	0.8	20.6	18.1	5.2	17.9	42.2	27.32	378.95	205.61
2010	富友 9 号	10	306.3	126.4	2.5	5.1	17.1	15.8	5.1	17.9	35.0	24.15	359.39	151.42
2011	东单 90	10	323.7	148.0	2.3	4.4	17.6	14.8	5.1	16.8	35.6	23.09	314.01	136.83
2012	富友 9 号	10	308.9	128.6	2.2	3.3	18.0	14.9	4.9	17.5	36.5	22.58	324.89	143.89
2013	富友 9 号	10	290.0	125.3	2.2	1.6	17.6	14.5	4.9	16.6	35.7	25.14	328.23	148.75
2014	富友 9 号	60	290.0	125.3	2.3	0.0	18.5	16.1	4.9	17.1	40.8	24.28	356.44	169.31

表 3-32　辅助观测场 05 土壤生物要素辅助观测长期采样地水稻收获期植株性状

时间（年-月）	作物品种	调查株数	株高/cm	单穴总茎数	单穴总穗数	每穗粒数	每穗实粒数	千粒重/g	地上部总干重/(g/穴)	籽实干重/(g/穴)
2005-10	辽粳 294-4	26	97.8	16.6	16.3	94.2	85.3	22.33	68.79	34.89
2006-10	辽粳 294	5	88.0	13.4	13.4	89.2	85.9	23.63	55.37	27.66

（续）

时间（年-月）	作物品种	调查株数	株高/cm	单穴总茎数	单穴总穗数	每穗粒数	每穗实粒数	千粒重/g	地上部总干重/（g/穴）	籽实干重/（g/穴）
2007 – 10	辽粳294	5	98.5	21.1	21.1	96.0	90.5	21.14	89.46	45.56
2008 – 10	辽粳294	5	98.0	22.2	22.2	104.7	98.8	24.50	105.75	54.60
2009 – 10	辽粳294	5	99.6	20.7	20.4	93.7	89.1	25.24	92.72	47.00
2010 – 10	沈稻2号	27	97.3	25.4	24.7	80.9	79.6	27.58	98.71	53.94
2011 – 10	沈稻4号	5	92.3	22.8	22.6	101.2	92.4	24.71	95.56	53.28
2012 – 10	富禾998	5	108.8	20.8	20.6	142.5	133.3	21.97	116.95	61.06
2013 – 10	富禾77	16	101.0	20.8	20.8	148.2	133.0	21.99	113.09	61.83
2014 – 10	丰锦	23	102.8	36.7	36.7	90.4	83.6	21.99	128.73	68.11
2015 – 10	铁粳11	16	109.3	23.6	23.6	141.7	133.2	25.09	136.55	74.82

表 3 - 33　站区调查点 01 采样地玉米收获期植株性状

年份	作物品种	考种调查株数	群体株高/cm	结穗高度/cm	茎粗/cm	空秆率/%	果穗长度/cm	果穗结实长度/cm	穗粗/cm	穗行数	行粒数	百粒重/g	地上部总干重/（g/株）	籽实干重/（g/株）
2005	富友1号	31	285.0	125.2	2.1	4.3	18.1	16.3	4.6	15.5	31.5	26.90	310.18	128.70
2006	东单60	10	306.7	149.6	2.7	11.9	17.3	15.4	5.4	18.7	37.0	27.93	398.76	190.68
2008	富友1号	47	320.2	152.0	2.5	2.0	21.7	19.5	5.7	22.7	43.4	31.31	435.73	239.50
2009	富友1号	10	300.6	135.2	2.5	3.1	20.1	17.6	5.4	18.9	40.1	28.25	421.14	214.48
2011	东单90	10	339.5	143.4	2.5	8.5	17.0	16.6	5.3	19.3	33.4	32.65	545.76	211.69
2012	富友9号	10	309.5	149.6	3.0	1.2	23.5	22.1	6.1	20.0	43.4	35.91	583.08	310.63
2014	富友9号	10	328.2	156.4	2.4	0.8	20.8	20.2	5.2	16.2	45.2	26.60	457.02	219.94
2015	富友9号	10	268.5	122.7	2.4	3.0	19.1	18.3	4.8	15.2	38.7	32.03	353.49	188.40

表 3 - 34　站区调查点 01 采样地大豆收获期植株性状

时间（年-月）	作物品种	调查株数	株高/cm	茎粗/cm	单株荚数	每荚粒数	百粒重/g	地上部总干重/（g/株）	籽实干重/（g/株）
2007 – 09	铁丰29	10	65.2	0.7	50.4	1.9	21.31	37.73	20.47

表 3 - 35　站区调查点 02 采样地水稻收获期植株性状

时间（年-月）	作物品种	调查株数	株高/cm	单穴总茎数	单穴总穗数	每穗粒数	每穗实粒数	千粒重/g	地上部总干重/（g/穴）	籽实干重/（g/穴）
2005 – 10	辽粳294 – 4	30	97.9	23.0	22.1	93.8	71.5	19.90	83.00	41.23
2006 – 10	辽粳294	5	91.4	21.4	21.3	87.6	82.6	21.26	54.73	38.51
2007 – 10	辽粳294	5	96.8	28.0	27.6	76.3	71.2	20.55	88.39	42.34
2008 – 10	辽粳294	5	89.8	20.3	20.3	80.8	76.5	22.82	70.32	36.06
2009 – 10	辽粳968	5	102.1	22.8	22.8	122.3	110.9	19.84	109.88	53.95
2010 – 10	辽星20	29	114.0	21.3	20.9	95.4	94.0	20.46	94.38	40.60

（续）

时间（年-月）	作物品种	调查株数	株高/cm	单穴总茎数	单穴总穗数	每穗粒数	每穗实粒数	千粒重/g	地上部总干重/(g/穴)	籽实干重/(g/穴)
2011-10	千重浪 2 号	5	107.1	21.7	21.5	126.8	107.6	18.43	98.62	43.74
2012-09	富粳 357	5	107.3	27.9	27.7	122.0	110.3	20.53	124.26	64.18
2013-10	华美 88	16	103.3	21.0	20.9	127.5	118.6	21.33	108.39	53.47

表 3-36　站区调查点 02 采样地玉米收获期植株性状

年份	作物品种	考种调查株数	群体株高/cm	结穗高度/cm	茎粗/cm	空秆率/%	果穗长度/cm	果穗结实长度/cm	穗粗/cm	穗行数	行粒数	百粒重/g	地上部总干重/(g/株)	籽实干重/(g/株)
2014	老本 55	64	334.3	140.0	2.5	1.6	20.1	18.5	5.0	15.3	40.5	37.28	427.44	230.48
2015	锦丹 18	59	278.4	87.0	2.9	0.0	19.8	17.5	4.9	15.9	38.1	37.45	409.79	215.01

表 3-37　站区调查点 03 采样地玉米收获期植株性状

年份	作物品种	考种调查株数	群体株高/cm	结穗高度/cm	茎粗/cm	空秆率/%	果穗长度/cm	果穗结实长度/cm	穗粗/cm	穗行数	行粒数	百粒重/g	地上部总干重/(g/株)	籽实干重/(g/株)
2005	富友 1 号	33	314.5	133.4	2.6	10.8	19.2	16.0	5.5	18.3	37.0	27.06	417.95	183.96
2006	东单 60	10	341.3	167.2	3.1	19.1	18.3	13.2	5.6	18.5	36.6	31.31	488.42	211.37
2008	东单 60	10	315.1	141.9	2.5	5.2	18.4	16.1	5.7	18.4	38.9	29.90	389.47	213.87
2009	单玉 401	53	298.8	142.9	2.4	0.9	19.6	17.4	5.5	16.7	38.7	33.18	457.60	217.27
2011	东单 90	10	294.4	141.3	2.7	22.6	17.4	15.8	5.2	18.5	33.6	27.09	405.79	168.62
2012	沈玉 21	10	292.8	148.4	2.0	1.1	17.2	16.5	5.0	15.7	34.3	34.66	334.00	185.93
2014	沈玉 21	10	272.0	135.3	2.4	2.1	20.8	20.6	5.5	17.2	39.0	33.79	408.63	225.96
2015	豫得 7 号	10	321.2	154.2	2.3	12.7	18.0	14.8	5.0	14.9	35.7	32.30	362.52	170.79

3.1.4　作物收获期测产数据集

3.1.4.1　概述

本数据集包括沈阳站 2005—2015 年 10 个长期监测样地的年尺度观测数据，样地玉米—玉米—大豆轮作种植，还有水田的连作。观测内容包括作物名称、作物品种、样方面积（m^2）、群体株高（cm）、密度（株/m^2）、地上部总干重（g/m^2）、产量（g/m^2）。

3.1.4.2　数据采集和处理方法

根据每个观测场的设计规范，结合当年土壤取样位置相应地在取样小区内取有代表性的样品（数量因作物不同而异），每年从样地中采集 3～6 份样品，即 3～6 次重复。

对于选定的测产区域，先分别对作物群体有关的性状指标进行调查（如群体株高等），然后采收玉米或者大豆地上部样品，保存于通风、干燥处，尽快进行人工脱粒测产。样品保存过程中注意防虫、防鼠。

本数据集的观测频度为每年一次（作物收获期），在长期监测过程中，对每一个采样点的地理位置、采样情况和采样条件进行详细的定位记录，并在相应的土壤或地形图上作出标识。

3.1.4.3　数据质量控制和评估

（1）田间取样过程的质量控制

根据每个采样点的整体长势，选择长势均匀处的代表性植株。注意对样品保存地点的通风、湿度、鼠害等环境因子的控制。

（2）数据录入过程的质量控制

及时分析数据，检查、筛选异常值，对明显异常数据进行补充测定。严格避免原始数据录入报表过程中产生的误差。

（3）数据质量评估

将获取的数据与各项辅助信息数据以及历史数据进行比较，评价数据的正确性、一致性、完整性、可比性和连续性，经站长和数据管理员审核认定后由站长批准上报。

3.1.4.4　数据价值/数据使用方法和建议

粮食是国家的战略物资，是人民的生活必需品，故有"民以食为天"之说，是国家稳定的基本条件。因此，作物的产量成为国家粮食安全、社会稳定和经济发展的最重要影响因子。没有充足的粮食，基本温饱将无法保障，其他发展将是一纸空谈。

本数据集提供了下辽河平原农田区进行的无肥区、秸秆还田＋化肥、一次性施肥等条件下作物的产量数据及地上部生物量数据，为掌握下辽河平原区农田主要作物产量变化情况提供了长期稳定的监测数据。

3.1.4.5　数据

表 3-38 至表 3-47 中为作物收获期测产数据。

表 3-38　综合观测场土壤生物采样地 01 作物收获期测产

时间（年-月）	作物名称	作物品种	样方面积/m²	群体株高/cm	密度/（株/m²）	穗数/（穗/m²）	地上部总干重/（g/m²）	产量/（g/m²）
2005 - 10	春玉米	富友 1 号	6.3	299.1	4.4	4.2	1 560.84	655.28
2006 - 09	春玉米	东单 60	11.2	337.5	4.8	4.4	2 344.83	934.63
2007 - 09	春大豆	铁丰 29	3.4	95.9	12.9	—	700.35	377.84
2008 - 09	春玉米	富友 1 号	10.3	301.9	4.3	4.1	2 028.20	916.60
2009 - 09	春玉米	富友 1 号	13.3	281.7	4.6	4.5	1 814.68	1 051.80
2010 - 09	春大豆	铁丰 29	3.5	79.2	19.0	—	693.09	287.11
2011 - 09	春玉米	东单 90	12.8	325.8	4.3	4.3	1 528.71	788.87
2012 - 09	春玉米	富友 9 号	13.6	332.4	4.4	4.2	1 707.84	718.74
2013 - 09	春大豆	东豆 339	1.3	72.7	19.8	—	580.77	304.00
2014 - 09	春玉米	富友 9 号	12.7	301.6	4.8	4.8	2 062.63	1 005.83
2015 - 09	春玉米	富友 9 号	11.5	265.4	4.6	4.6	2 034.90	1 019.97

表 3-39　综合观测场土壤生物采样地 02 作物收获期测产

时间（年-月）	作物名称	作物品种	样方面积/m²	群体株高/cm	密度/（株/m²）	穗数/（穗/m²）	地上部总干重/（g/m²）	产量/（g/m²）
2008 - 09	春玉米	富友 1 号	10.4	310.3	3.8	3.7	1 910.81	833.61
2009 - 09	春玉米	富友 1 号	11.7	292.1	5.2	5.2	2 043.69	1 142.30
2010 - 09	春大豆	铁丰 29	3.2	77.4	18.7	—	775.84	354.20
2011 - 09	春玉米	东单 90	13.0	318.5	4.2	4.0	1 777.93	867.58
2012 - 09	春玉米	富友 9 号	14.0	312.9	4.3	4.2	1 823.01	843.56
2013 - 09	春大豆	东豆 339	1.4	70.3	18.4	—	731.28	379.33

（续）

时间 （年-月）	作物名称	作物品种	样方面积/ m²	群体株高/ cm	密度/ （株/m²）	穗数/ （穗/m²）	地上部总干重/ （g/m²）	产量/ （g/m²）
2014 - 09	春玉米	富友 9 号	12.4	309.3	4.9	4.8	1 985.43	992.00
2015 - 09	春玉米	富友 9 号	12.0	257.4	4.4	4.4	1 814.23	958.54

表 3-40　辅助观测场 01 土壤生物要素辅助长期观测采样地（CK）作物收获期测产

时间（年-月）	作物名称	作物品种	样方面积/ m²	群体株高/ cm	密度/ （株/m²）	穗数/ （穗/m²）	地上部总干重/ （g/m²）	产量/ （g/m²）
2005 - 10	春玉米	富友 1 号	5.9	284.3	4.4	4.1	1 166.12	439.84
2006 - 10	春玉米	东单 60	10.7	279.0	5.1	3.8	1 129.91	341.75
2007 - 09	春大豆	铁丰 29	3.0	58.4	18.2	—	559.48	294.43
2008 - 09	春玉米	富友 1 号	10.4	268.4	3.7	3.5	1 327.04	546.40
2009 - 09	春玉米	富友 1 号	8.5	273.8	5.0	4.7	1 358.72	656.30
2010 - 09	春大豆	铁丰 29	3.3	67.9	19.2	—	596.93	263.03
2011 - 09	春玉米	东单 90	9.7	311.4	4.8	4.6	1 518.86	660.84
2012 - 09	春玉米	富友 9 号	12.7	280.3	4.7	4.1	1 226.33	333.77
2013 - 09	春大豆	东豆 339	1.4	60.6	18.1	—	516.99	275.00
2014 - 09	春玉米	富友 9 号	12.8	251.2	4.7	4.7	1 135.21	443.67
2015 - 09	春玉米	富友 9 号	11.8	202.6	4.8	4.5	854.63	381.65

表 3-41　辅助观测场 02 土壤生物要素辅助长期观测采样地（秸秆还田）作物收获期测产

时间（年-月）	作物名称	作物品种	样方面积/ m²	群体株高/ cm	密度/ （株/m²）	穗数/ （穗/m²）	地上部总干重/ （g/m²）	产量/ （g/m²）
2005 - 10	春玉米	富友 1 号	6.0	292.9	4.3	4.1	1 412.14	628.49
2006 - 09	春玉米	东单 60	10.4	322.0	5.1	4.9	2 171.24	928.15
2007 - 09	春大豆	铁丰 29	2.9	74.7	13.0	—	567.04	307.38
2008 - 09	春玉米	富友 1 号	9.5	307.5	3.8	3.9	1 835.52	970.85
2009 - 09	春玉米	富友 1 号	8.7	288.6	4.8	4.7	1 836.23	1 003.57
2010 - 09	春大豆	铁丰 29	3.6	75.9	15.6	—	688.85	299.23
2011 - 09	春玉米	东单 90	10.7	335.2	4.7	4.8	1 644.59	761.17
2012 - 09	春玉米	富友 9 号	13.1	333.6	4.6	4.6	1 599.17	696.66
2013 - 09	春大豆	东豆 339	1.4	74.1	18.3	—	718.57	369.00
2014 - 09	春玉米	富友 9 号	12.8	305.3	4.7	4.7	1 946.12	924.00
2015 - 09	春玉米	富友 9 号	12.0	270.7	4.5	4.8	2 075.72	1 004.64

表 3-42　辅助观测场 03 土壤生物要素辅助长期观测采样地（一次性施肥）作物收获期测产

时间（年-月）	作物名称	作物品种	样方面积/ m²	群体株高/ cm	密度/ （株/m²）	穗数/ （穗/m²）	地上部总干重/ （g/m²）	产量/ （g/m²）
2005-10	春玉米	富友 1 号	6.0	295.0	4.3	4.1	1 509.72	590.62
2006-09	春玉米	东单 60	10.5	350.0	4.7	4.5	1 963.83	665.67
2007-09	春大豆	铁丰 29	3.1	98.5	14.7	—	634.58	330.52
2008-09	春玉米	富友 1 号	10.3	268.4	4.0	3.8	1 751.49	831.78
2009-09	春玉米	富友 1 号	9.1	293.7	4.7	4.8	1 631.95	906.57
2010-09	春大豆	铁丰 29	3.3	83.9	26.8	—	782.23	297.34
2011-09	春玉米	东单 90	10.0	333.2	4.9	4.5	1 660.52	708.01
2012-09	春玉米	富友 9 号	12.9	313.4	4.7	4.5	1 740.06	743.64
2013-09	春大豆	东豆 339	1.4	78.6	21.0	—	585.04	309.33
2014-09	春玉米	富友 9 号	12.5	296.1	4.8	4.8	1 875.09	873.33
2015-09	春玉米	富友 9 号	12.0	258.9	4.8	5.0	1 765.10	1 002.30

表 3-43　辅助观测场 04 土壤生物要素辅助长期观测采样地（常规施肥）作物收获期测产

时间（年-月）	作物名称	作物品种	样方面积/ m²	群体株高/ cm	密度/ （株/m²）	穗数/ （穗/m²）	地上部总干重/ （g/m²）	产量/ （g/m²）
2005-10	春玉米	富友 1 号	6.0	299.9	4.3	4.1	1 584.79	708.15
2006-09	春玉米	东单 60	10.6	340.7	4.7	4.0	1 962.39	887.67
2007-09	春大豆	富友 1 号	5.0	310.4	5.2	5.1	1 627.41	907.82
2008-09	春玉米	富友 1 号	9.6	300.3	4.0	3.7	1 968.71	650.18
2009-09	春玉米	富友 1 号	8.6	280.6	4.5	4.5	1 685.24	999.67
2010-09	春大豆	富友 9 号	11.8	306.3	3.7	3.5	1 328.35	523.42
2011-09	春玉米	东单 90	10.8	323.7	4.9	4.6	1 524.89	635.74
2012-09	春玉米	富友 9 号	13.0	308.9	4.6	4.5	1 501.58	642.93
2013-09	春大豆	富友 9 号	8.1	290.2	4.9	4.8	1 605.16	716.00
2014-09	春玉米	富友 9 号	12.2	290.2	4.9	5.0	1 759.96	835.00
2015-09	春玉米	富友 9 号	11.1	253.6	4.6	4.5	1 547.85	910.50

表 3-44　辅助观测场 05 土壤生物要素辅助长期观测采样地（水田）作物收获期测产

时间（年-月）	作物名称	作物品种	样方面积/ m²	群体株高/ cm	密度/ （株/m²）	穗数/ （穗/m²）	地上部总干重/ （g/m²）	产量/ （g/m²）
2005-10	晚稻	辽粳 294-4	6.0	292.9	4.3	4.1	1 412.14	628.49
2006-10	晚稻	辽粳 294	10.4	322.0	5.1	4.9	2 171.24	928.15
2007-10	晚稻	辽粳 294	2.9	74.7	13.0	—	567.04	307.38
2008-10	晚稻	辽粳 294	9.5	307.5	3.8	3.9	1 835.52	970.85
2009-10	晚稻	辽粳 294	8.7	288.6	4.8	4.7	1 836.23	1 003.57
2010-10	晚稻	沈稻 2 号	3.6	75.9	15.6	—	688.85	299.23
2011-10	晚稻	沈稻 4 号	10.7	335.2	4.7	4.8	1 644.59	761.17

（续）

时间（年-月）	作物名称	作物品种	样方面积/ m²	群体株高/ cm	密度/ （株/m²）	穗数/ （穗/m²）	地上部总干重/ （g/m²）	产量/ （g/m²）
2012 - 10	晚稻	富禾 998	13.1	333.6	4.6	4.6	1 599.17	696.66
2013 - 10	晚稻	富禾 77	1.4	74.1	18.3	—	718.57	369.00
2014 - 10	晚稻	丰锦	12.8	305.3	4.7	4.7	1 946.12	924.00
2015 - 10	晚稻	铁粳 11	12.0	270.7	4.5	4.8	2 075.72	1 004.64

表 3-45　站区调查点 01 采样地作物收获期测产

时间（年-月）	作物名称	作物品种	样方面积/ m²	群体株高/ cm	密度/ （株/m²）	穗数/ （穗/m²）	地上部总干重/ （g/m²）	产量/ （g/m²）
2005 - 10	春玉米	富友 1 号	7.3	285.0	4.2	4.1	1 315.73	544.83
2006 - 10	春玉米	东单 60	10.7	306.7	5.5	4.8	2 202.43	1 054.58
2007 - 09	春大豆	铁丰 29	3.6	65.2	22.9	—	857.32	464.83
2008 - 09	春玉米	富友 9 号	11.1	320.0	4.2	4.2	1 854.28	998.07
2009 - 09	春玉米	东单 90	13.5	300.6	4.0	3.9	1 691.18	900.24
2010 - 09	春玉米	东单 90	12.6	339.5	3.1	2.8	1 682.81	599.56
2011 - 09	春玉米	美丰 33	12.5	309.5	3.2	3.2	1 857.59	982.98
2012 - 09	春玉米	美丰 33、廉盛 1 号	15.4	328.2	3.8	3.9	1 756.13	844.56
2013 - 09	春玉米	富友 99	11.1	268.6	5.3	5.2	1 860.40	963.83
2014 - 09	春玉米	鑫玉 518	13.4	278.5	4.6	4.7	1 881.83	934.83
2015 - 09	春玉米	科泰 6	12.2	238.8	4.6	4.4	1 542.83	773.81

表 3-46　站区调查点 02 采样地作物收获期测产

时间（年-月）	作物名称	作物品种	样方面积/ m²	群体株高/ cm	密度/ （株/m²）	穗数/ （穗/m²）	地上部总干重/ （g/m²）	产量/ （g/m²）
2005 - 10	晚稻	辽粳 294 - 4	1.6	97.9	19.0	431.1	1 550.70	768.49
2006 - 10	晚稻	辽粳 294	5.1	91.4	19.6	415.5	1 065.40	749.49
2007 - 10	晚稻	辽粳 294	1.8	96.8	19.1	524.3	1 671.55	803.06
2008 - 10	晚稻	辽粳 294	1.6	89.8	19.3	392.6	1 361.48	698.08
2009 - 10	晚稻	辽粳 968	1.6	18.0	68.3	409.5	1 984.08	973.26
2010 - 10	晚稻	辽星 20	1.8	114.0	15.9	332.9	1 498.95	645.18
2011 - 10	晚稻	千重浪 2 号	7.9	218.9	11.8	206.1	1 832.36	800.68
2012 - 09	晚稻	富粳 357	2.0	107.3	16.1	443.7	1 989.42	1 028.06
2013 - 10	晚稻	华美 88	1.0	103.3	16.2	337.6	1 755.06	865.67
2014 - 09	晚稻	老本 55	12.6	334.3	5.1	5.0	2 176.73	1 174.00
2015 - 09	春玉米	锦丹 18	12.2	278.4	4.9	5.0	2 040.93	1 095.19

表 3 - 47　站区调查点 03 采样地作物收获期测产

时间（年-月）	作物名称	作物品种	样方面积/ m²	群体株高/ cm	密度/ （株/m²）	穗数/ （穗/m²）	地上部总干重/ （g/m²）	产量/ （g/m²）
2005 - 10	春玉米	富友 1 号	6.8	314.5	4.8	4.3	2 007.59	883.66
2006 - 10	春玉米	东单 60	10.7	341.3	5.6	4.6	2 742.66	1 195.30
2007 - 09	春玉米	东单 60	10.4	315.1	4.8	4.6	1 867.64	1 028.18
2008 - 09	春玉米	单玉 401	12.0	298.8	4.4	4.4	1 999.36	956.87
2009 - 09	春玉米	东单 90	14.4	294.4	4.1	3.2	1 653.60	581.11
2010 - 09	春玉米	沈玉 21	11.9	292.8	4.6	4.7	1 528.52	861.92
2011 - 09	春玉米	沈玉 21	13.7	272.0	4.6	4.5	1 880.91	1 018.25
2012 - 09	春玉米	豫得 7 号	11.2	321.2	5.4	4.7	1 965.74	809.67
2013 - 09	春玉米	创奇 518	10.7	321.7	5.1	4.9	2 302.86	1 045.50
2014 - 09	春玉米	富友 968、美锋 969	11.9	331.1	4.2	4.3	2 094.38	1 010.67
2015 - 09	春玉米	DHDT2015	11.9	254.9	6.9	6.4	2 134.74	1 126.51

3.1.5　主要生育期动态数据集

3.1.5.1　概述

本数据集包括沈阳站 2005—2015 年 10 个长期监测样地的年尺度观测数据，样地玉米—玉米—大豆轮作种植，还有水田的连作。大豆的生育期动态数据包括作物品种、播种期（年-月-日）、出苗期（年-月-日）、开花期（年-月-日）、结荚期（年-月-日）、鼓粒期（年-月-日）、成熟期（年-月-日）、收获期（年-月-日）；玉米的生育期动态数据包括作物品种、播种期（年-月-日）、出苗期（年-月-日）、五叶期（年-月-日）、拔节期（年-月-日）、抽雄期（年-月-日）、吐丝期（年-月-日）、成熟期（年-月-日）、收获期（年-月-日）。水稻的生育期动态数据包括播种期（年-月-日）、出苗期（年-月-日）、三叶期（年-月-日）、移栽期（年-月-日）、返青期（年-月-日）、分蘖期（年-月-日）、拔节期（年-月-日）、抽穗期（年-月-日）、蜡熟期（年-月-日）、收获期（年-月-日）。

3.1.5.2　数据采集和处理方法

选择具有代表性、长势均匀的地块进行多点观测。根据每年大致观测日期范围，提前 2～3 d 到田间观测，等到符合观测条件后，及时记录数据。记录某个生育期，以 50% 的植株达到该生育阶段的日期为记录标准（董鸣，1996；曹卫星等，2001）。作物播种期指实际播种日期，收获期指实际收获的日期，其他生育时期，以超过 50% 以上的作物植株呈现该生育时期特有的外部形态特征为准。

玉米

播种期：实际播种的日期；出苗期：幼苗出土 2～3 cm 的日期；五叶期：第五片叶完全展开的日期；拔节期：茎基部第一节伸出地面 1～2 cm，手触可见的日期；抽雄期：雄穗顶端露出叶鞘的日期；吐丝期：雌蕊花丝露出、苞叶变黄、籽实变硬的日期；收获期：实际收获的日期。

大豆

播种期：实际播种的日期；出苗期：子叶出土并展开的日期；开花期：花开放的日期；结荚期：幼荚长 1.0～1.5 cm 的日期；鼓粒期：豆荚中部籽实明显鼓起的日期；成熟期：荚果具有品种固有色泽、粒形、粒色，豆粒用指甲无法划伤，摇动植株有响声的日期；收获期：实际收获的日期。

水稻

播种期：实际播种的日期；出苗期：第一完全叶伸出叶鞘，微展成喇叭口状的日期；三叶期：第三叶片完全展开的日期；移栽期：实际移栽日期；返青期：插秧后，秧苗由黄转绿并生出新叶的日期；分蘖期：分蘖茎叶尖露出叶鞘的日期；拔节期：基部第一伸长节露出地面 0.5～1.0 cm 的日期；

抽穗期：穗顶部伸出剑叶叶鞘 0.5～1.0 cm 的日期；蜡熟期：穗中部籽的胚乳多数呈蜡状，穗子开始褪绿变黄的日期；收获期：实际收获的日期。

3.1.5.3 数据质量控制和评估

（1）调查过程的质量控制

尽量选择下午观测，多点、定位观测和记录。至少选择 3 点观测，采用对角线法布点，每点大约调查 30 株。

（2）数据录入过程的质量控制

及时分析数据，检查、筛选异常值，对明显异常数据进行补充测定。严格避免原始数据录入报表过程中产生的误差。观测内容要立刻记录，不可事后补记。

（3）数据质量评估

将获取的数据与各项辅助信息数据以及历史数据进行比较，评价数据的正确、一致性、完整性、可比性和连续性，经站长和数据管理员审核认定后由站长批准上报。

3.1.5.4 数据价值/数据使用方法和建议

本数据集体现了较长时间尺度下，年际作物生育时期的变化情况，为相关生育时期的科研工作提供了基础数据。

3.1.5.5 数据

表 3－48 至表 3－59 中为主要生育期动态数据。

表 3－48 综合观测场土壤生物采样地 01 玉米生育时期动态

作物品种	播种期	出苗期	五叶期	拔节期	抽雄期	吐丝期	成熟期	收获期
富友 1 号	2005－05－04	2005－05－17	2005－06－08	2005－06－22	2005－07－19	2005－07－26	2005－09－24	2005－10－04
东单 60	2006－05－11	2006－05－20	2006－06－09	2006－06－21	2006－07－26	2006－08－01	2006－09－20	2006－09－30
富友 1 号	2008－04－29	2008－05－12	2008－06－10	2008－06－20	2008－07－21	2008－07－26	2008－09－18	2008－09－26
富友 1 号	2009－04－28	2009－05－11	2009－06－03	2009－06－10	2009－07－15	2009－07－21	2009－09－16	2009－09－26
东单 90	2011－04－27	2011－05－11	2011－06－07	2011－06－17	2011－07－17	2011－07－25	2011－09－16	2011－09－27
富友 9 号	2012－04－28	2012－05－09	2012－06－01	2012－06－11	2012－07－15	2012－07－20	2012－09－05	2012－09－05
富友 9 号	2014－04－21	2014－05－02	2014－05－29	2014－06－13	2014－07－11	2014－07－16	2014－09－09	2014－09－15
富友 9 号	2015－04－18	2015－04－30	2015－05－28	2015－06－14	2015－07－13	2015－07－18	2015－09－16	2015－09－22

注：表中生育时期格式为“年-月-日”。

表 3－49 综合观测场土壤生物采样地 01 大豆生育时期动态

作物品种	播种期	出苗期	开花期	结荚期	鼓粒期	成熟期	收获期
铁丰 29	2007－04－26	2007－05－05	2007－06－27	2007－07－06	2007－08－03	2007－09－14	2007－09－24
铁丰 29	2010－05－14	2010－05－26	2010－07－05	2010－07－25	2010－08－06	2010－09－16	2010－09－28
东豆 339	2013－05－12	2013－05－22	2013－07－12	2013－07－26	2013－08－09	2013－09－25	2013－09－29

注：表中生育时期格式为“年-月-日”。

表 3－50 综合观测场土壤生物采样地 02 玉米生育时期动态

作物品种	播种期	出苗期	五叶期	拔节期	抽雄期	吐丝期	成熟期	收获期
富友 1 号	2008－04－28	2008－05－12	2008－06－10	2008－06－20	2008－07－18	2008－07－23	2008－09－17	2008－09－26
富友 1 号	2009－04－29	2009－05－11	2009－06－03	2009－06－10	2009－07－15	2009－07－21	2009－09－16	2009－09－26
东单 90	2011－04－27	2011－05－11	2011－06－07	2011－06－17	2011－07－17	2011－07－25	2011－09－16	2011－09－27

（续）

作物品种	播种期	出苗期	五叶期	拔节期	抽雄期	吐丝期	成熟期	收获期
富友 9 号	2012-04-28	2012-05-09	2012-06-01	2012-06-11	2012-07-15	2012-07-20	2012-09-06	2012-09-06
富友 9 号	2014-04-21	2014-05-02	2014-05-29	2014-06-13	2014-07-10	2014-07-16	2014-09-09	2014-09-15
富友 9 号	2015-04-18	2015-04-30	2015-05-28	2015-06-14	2015-07-13	2015-07-18	2015-09-16	2015-09-22

注：表中生育时期格式为“年-月-日”。

表 3-51　综合观测场土壤生物采样地 02 大豆生育时期动态

作物品种	播种期	出苗期	开花期	结荚期	鼓粒期	成熟期	收获期
铁丰 29	2010-05-14	2010-05-26	2010-07-05	2010-07-25	2010-08-06	2010-09-16	2010-09-28
东豆 339	2013-05-12	2013-05-22	2013-07-12	2013-07-26	2013-08-09	2013-09-27	2013-09-29

注：表中生育时期格式为“年-月-日”。

表 3-52　辅助观测场 01 土壤生物要素辅助长期观测采样地玉米生育时期动态

作物品种	播种期	出苗期	五叶期	拔节期	抽雄期	吐丝期	成熟期	收获期
富友 1 号	2005-05-04	2005-05-17	2005-06-08	2005-06-22	2005-07-19	2005-07-26	2005-09-24	2005-10-04
东单 60	2006-05-09	2006-05-19	2006-06-09	2006-06-21	2006-08-04	2006-08-10	2006-09-30	2006-10-04
富友 1 号	2008-04-29	2008-05-12	2008-06-12	2008-06-24	2008-07-26	2008-08-01	2008-09-26	2008-09-26
富友 1 号	2009-04-28	2009-05-11	2009-06-04	2009-06-12	2009-07-20	2009-07-25	2009-09-23	2009-09-26
东单 90	2011-04-27	2011-05-11	2011-06-07	2011-06-20	2011-07-21	2011-07-30	2011-09-21	2011-09-27
富友 9 号	2012-04-28	2012-05-09	2012-06-01	2012-06-13	2012-07-20	2012-07-28	2012-09-05	2012-09-05
富友 9 号	2014-04-21	2014-05-02	2014-05-29	2014-06-20	2014-07-23	2014-07-30	2014-09-12	2014-09-16
富友 9 号	2015-04-18	2015-04-30	2015-05-31	2015-06-18	2015-07-22	2015-07-28	2015-09-20	2015-09-22

注：表中生育时期格式为“年-月-日”。

表 3-53　辅助观测场 01 土壤生物要素辅助长期观测采样地大豆生育时期动态

作物品种	播种期	出苗期	开花期	结荚期	鼓粒期	成熟期	收获期
铁丰 29	2007-04-28	2007-05-07	2007-07-04	2007-07-16	2007-08-11	2007-09-23	2007-09-26
铁丰 29	2010-05-14	2010-05-26	2010-07-07	2010-07-26	2010-08-11	2010-09-20	2010-09-28
东豆 339	2013-05-12	2013-05-22	2013-07-12	2013-07-29	2013-08-10	2013-09-25	2013-09-29

注：表中生育时期格式为“年-月-日”。

表 3-54　辅助观测场 02 土壤生物要素辅助长期观测采样地玉米生育时期动态

作物品种	播种期	出苗期	五叶期	拔节期	抽雄期	吐丝期	成熟期	收获期
富友 1 号	2005-05-04	2005-05-17	2005-06-08	2005-06-22	2005-07-19	2005-07-26	2005-09-24	2005-10-04
东单 60	2006-05-09	2006-05-19	2006-06-08	2006-06-20	2006-07-26	2006-08-01	2006-09-20	2006-09-30
富友 1 号	2008-04-29	2008-05-12	2008-06-10	2008-06-20	2008-07-21	2008-07-26	2008-09-17	2008-09-26
富友 1 号	2009-04-28	2009-05-11	2009-06-03	2009-06-10	2009-07-15	2009-07-21	2009-09-16	2009-09-26
东单 90	2011-04-27	2011-05-11	2011-06-07	2011-06-17	2011-07-17	2011-07-25	2011-09-16	2011-09-26

（续）

作物品种	播种期	出苗期	五叶期	拔节期	抽雄期	吐丝期	成熟期	收获期
富友 9 号	2012-04-28	2012-05-09	2012-06-01	2012-06-11	2012-07-15	2012-07-20	2012-09-05	2012-09-05
富友 9 号	2014-04-21	2014-05-02	2014-06-05	2014-06-13	2014-07-11	2014-07-16	2014-09-09	2014-09-15
富友 9 号	2015-04-18	2015-04-30	2015-04-30	2015-06-14	2015-07-13	2015-07-18	2015-09-16	2015-09-16

注：表中生育时期格式为“年-月-日”。

表 3-55　辅助观测场 02 土壤生物要素辅助长期观测采样地大豆生育时期动态

作物品种	播种期	出苗期	开花期	结荚期	鼓粒期	成熟期	收获期
铁丰 29	2007-04-28	2007-05-07	2007-07-02	2007-07-11	2007-08-08	2007-09-19	2007-09-26
铁丰 29	2010-05-14	2010-05-26	2010-07-05	2010-07-25	2010-08-06	2010-09-16	2010-09-28
东豆 339	2013-05-12	2013-05-22	2013-07-12	2013-07-26	2013-08-09	2013-09-25	2013-09-29

注：表中生育时期格式为“年-月-日”。

表 3-56　辅助观测场 03 土壤生物要素辅助长期观测采样地玉米生育时期动态

作物品种	播种期	出苗期	五叶期	拔节期	抽雄期	吐丝期	成熟期	收获期
富友 1 号	2005-05-04	2005-05-17	2005-06-08	2005-06-22	2005-07-19	2005-07-26	2005-09-24	2005-10-04
东单 60	2006-05-09	2006-05-19	2006-06-08	2006-06-20	2006-07-26	2006-08-01	2006-09-20	2006-09-30
富友 1 号	2008-04-29	2008-05-12	2008-06-12	2008-06-21	2008-07-23	2008-07-30	2008-09-22	2008-09-26
富友 1 号	2009-04-28	2009-05-11	2009-06-04	2009-06-12	2009-07-17	2009-07-22	2009-09-18	2009-09-26
东单 90	2011-04-27	2011-05-11	2011-06-07	2011-06-20	2011-07-20	2011-07-29	2011-09-21	2011-09-27
富友 9 号	2012-04-28	2012-05-09	2012-06-01	2012-06-13	2012-07-18	2012-07-25	2012-09-05	2012-09-05
富友 9 号	2014-04-21	2014-05-02	2014-05-29	2014-06-15	2014-07-13	2014-07-19	2014-09-10	2014-09-16
富友 9 号	2015-04-18	2015-04-30	2015-05-29	2015-06-15	2015-07-14	2015-07-19	2015-09-17	2015-09-22

注：表中生育时期格式为“年-月-日”。

表 3-57　辅助观测场 03 土壤生物要素辅助长期观测采样地大豆生育时期动态

作物品种	播种期	出苗期	开花期	结荚期	鼓粒期	成熟期	收获期
铁丰 29	2007-04-28	2007-05-07	2007-07-02	2007-07-11	2007-08-08	2007-09-19	2007-09-26
铁丰 29	2010-05-14	2010-05-26	2010-07-05	2010-07-25	2010-08-06	2010-09-16	2010-09-28
东豆 339	2013-05-12	2013-05-22	2013-07-15	2013-07-29	2013-08-10	2013-09-28	2013-09-29

注：表中生育时期格式为“年-月-日”。

表 3-58　辅助观测场 04 土壤生物要素辅助长期观测采样地玉米生育时期动态

作物品种	播种期	出苗期	五叶期	拔节期	抽雄期	吐丝期	成熟期	收获期
富友 1 号	2005-05-04	2005-05-17	2005-06-08	2005-06-22	2005-07-19	2005-07-26	2005-09-24	2005-10-04
东单 60	2006-05-09	2006-05-19	2006-06-08	2006-06-20	2006-07-26	2006-08-01	2006-09-20	2006-09-30
富友 1 号	2007-04-28	2007-05-07	2007-06-01	2007-06-08	2007-07-15	2007-07-20	2007-09-17	2007-09-24

（续）

作物品种	播种期	出苗期	五叶期	拔节期	抽雄期	吐丝期	成熟期	收获期
富友 1 号	2008-04-29	2008-05-12	2008-06-12	2008-06-21	2008-07-23	2008-07-30	2008-09-22	2008-09-26
富友 1 号	2009-04-28	2009-05-11	2009-06-04	2009-06-12	2009-07-17	2009-07-22	2009-09-18	2009-09-26
富友 9 号	2010-05-14	2010-05-26	2010-06-13	2010-06-20	2010-07-16	2010-07-23	2010-08-30	2010-09-20
东单 90	2011-04-27	2011-05-11	2011-06-07	2011-06-20	2011-07-21	2011-07-29	2011-09-21	2011-09-27
富友 9 号	2012-04-28	2012-05-09	2012-06-01	2012-06-13	2012-07-18	2012-07-25	2012-09-05	2012-09-05
富友 9 号	2013-05-03	2013-05-15	2013-06-05	2013-06-21	2013-07-17	2013-07-22	2013-09-10	2013-09-18
富友 9 号	2014-04-21	2014-05-02	2014-05-29	2014-06-15	2014-07-13	2014-07-19	2014-09-10	2014-09-16
富友 9 号	2015-04-18	2015-04-30	2015-05-29	2015-06-15	2015-07-14	2015-07-19	2015-09-17	2015-09-22

注：表中生育时期格式为“年-月-日”。

表 3-59 辅助观测场 05 土壤生物要素辅助长期观测采样地水稻生育时期动态

作物品种	播种期	出苗期	三叶期	移栽期	返青期	分蘖期	拔节期	抽穗期	蜡熟期	收获期
辽粳 294-4	2005-04-16	2005-04-28	2005-05-22	2005-05-28	2005-06-05	2005-06-18	2005-07-10	2005-08-03	2005-09-15	2005-10-02
辽粳 294	2006-04-20	2006-05-03	2006-05-19	2006-06-04	2006-06-11	2006-06-18	2006-07-21	2006-08-15	2006-09-21	2006-10-11
辽粳 294	2007-04-15	2007-04-23	2007-05-05	2007-05-16	2007-05-25	2007-06-08	2007-07-03	2007-08-11	2007-09-14	2007-10-08
辽粳 294	2008-04-13	2008-04-21	2008-05-05	2008-05-16	2008-05-24	2008-06-15	2008-07-13	2008-08-04	2008-09-08	2008-10-06
辽粳 294	2009-04-11	2009-04-20	2009-05-08	2009-05-22	2009-05-30	2009-06-17	2009-07-07	2009-08-08	2009-08-31	2009-10-09
沈稻 2 号	2010-04-22	2010-05-02	2010-05-26	2010-05-30	2010-06-07	2010-06-23	2010-07-09	2010-08-13	2010-09-10	2010-10-08
沈稻 4 号	2011-04-17	2011-05-02	2011-05-16	2011-05-22	2011-06-01	2011-06-22	2011-07-13	2011-08-07	2011-09-05	2011-10-10
富禾 998	2012-04-17	2012-05-02	2012-05-16	2012-06-01	2012-06-08	2012-06-18	2012-07-13	2012-08-07	2012-09-06	2012-10-10
富禾 77	2013-04-18	2013-05-01	2013-05-13	2013-05-25	2013-06-03	2013-06-17	2013-07-06	2013-08-04	2013-09-02	2013-10-09
丰锦	2014-04-13	2014-04-20	2014-05-03	2014-05-22	2014-05-30	2014-06-12	2014-07-08	2014-08-01	2014-08-29	2014-10-08
铁梗 11	2015-04-10	2015-04-18	2015-05-01	2015-05-18	2015-05-28	2015-06-17	2015-07-08	2015-08-05	2015-08-30	2015-10-08

注：表中生育时期格式为“年-月-日”。

3.1.6 元素含量数据集

3.1.6.1 概述

本数据集包括沈阳站 2005—2015 年 10 个长期监测样地的年尺度观测数据，样地玉米—玉米—大豆轮作种植，观测项目包括作物名称、作物品种、采样部位、全碳（g/kg）、全氮（g/kg）、全磷（g/kg）、全钾（g/kg）、全硫（g/kg）、全钙（g/kg）、全镁（g/kg）、全铁（g/kg）、全锰（mg/kg）、全铜（mg/kg）、全锌（mg/kg）、全钼（mg/kg）、全硼（mg/kg）、全硅（g/kg）。

3.1.6.2 数据采集和处理方法

根据每个观测场的设计规范，结合当年土壤取样位置相应地在取样小区内取有代表性的样品（数量因作物不同而异），每次采样设 3～6 次重复。将各样株地上部收割并按照不同样点分别装入样品袋，保存于通风、干燥处。将风干后的样株区分根、茎、叶、籽实分别于 65 ℃条件下烘干，研磨粉碎并混匀，其中玉米由于取样量较大，尽可能用粉碎机将所取样品按部位分别粉碎，混合均匀后用四分法取所需数量的样品进行分析。

本数据集的观测频度为每年一次（作物收获期），在长期监测过程中，对每一次采样点的地理位置、采样情况和采样条件进行详细的定位记录，并在相应的土壤或地形图上作出标识。

3.1.6.3 数据质量控制和评估

（1）数据获取过程的质量控制

观测人员熟练掌握野外观测规范及相关科学技术知识，严格执行各观测项目的操作规程进行采样。采集作物样品进行分析时，严格按照观测规范要求，保证样品的代表性，完成规定的采样点数、样方重复数。

（2）室内分析环节的质量控制

严格检查实验环境条件、仪器和各种实验耗材的性能和状态、试剂和药品纯度、分析人员的实验素质、所采取的分析方法等，同时对室内分析方法以及每一个环节进行详细记录（鲍士旦，1999；鲁如坤，1999）。

（3）数据录入过程的质量控制

及时分析数据，检查、筛选异常值，对明显异常数据进行补充测定。严格避免原始数据录入报表过程中产生的误差。观测内容要立刻记录表格，不可事后补记。

（4）数据质量评估

将获取的数据与各项辅助信息数据以及历史数据进行比较，评价数据的正确性、一致性、完整性、可比性和连续性，经站长和数据管理员审核认定后由站长批准上报。

3.1.6.4 数据价值/数据使用方法和建议

作物茎秆各部位的各种元素含量情况能够直接反映农药残留状况，可以作为环境保护的重要参考指标，也能反映作物前期生长的养分状况，结合不同施肥处理条件下的时间尺度元素含量的变化情况，也能够得知作物的肥料利用效率，同时籽实部分元素含量还可以直接反映作物的营养品质情况。人体所摄入的微量元素主要是直接或间接地来源于植物。研究粮食中微量元素的变化情况对人类健康具有非常重大的意义，当某种微量元素长期缺乏时，就会造成该营养元素缺乏导致的营养不良，进而引发多种疾患。相反，若长期食用某种微量元素含量过高的食物则会出现相应的中毒状况。因此，研究和评价作物中微量元素的含量水平具有重要意义，本数据集提供每5年一次的作物体内微量元素监测分析数据，为进行相关研究的科研人员提供了数据基础。

3.1.6.5 数据

表 3-60 至表 3-99 中为作物元素含量等数据。

表 3-60 综合观测场土壤生物采样地 01 作物主要元素含量

年份	作物名称	作物品种	采样部位	全碳/（g/kg）		全氮/（g/kg）		全磷/（g/kg）		全钾/（g/kg）		重复数
				平均值	标准差	平均值	标准差	平均值	标准差	平均值	标准差	
2005	春玉米	富友1号	茎叶	448.35	4.32	5.20	0.24	0.44	0.05	6.01	0.67	6
2005	春玉米	富友1号	籽实	447.32	3.69	12.96	2.10	2.57	0.14	3.03	0.23	6
2005	春玉米	富友1号	根	420.40	31.35	5.70	0.42	0.74	0.06	6.64	0.85	6
2005	春玉米	富友1号	玉米芯	461.23	1.45	4.99	0.22	0.70	0.04	4.61	0.65	6
2007	春大豆	铁丰29	茎叶	452.17	3.56	6.39	0.44	0.63	0.06	7.98	1.62	4
2007	春大豆	铁丰29	籽实	512.75	3.10	61.95	1.41	5.49	0.19	17.31	0.37	4
2007	春大豆	铁丰29	根	451.62	8.49	8.33	0.79	0.54	0.10	2.20	0.33	4
2009	春玉米	富友1号	茎叶	429.25	3.83	8.19	0.41	0.47	0.03	7.62	1.29	6
2009	春玉米	富友1号	籽实	445.50	1.89	14.64	0.71	2.30	0.23	2.58	0.11	6
2009	春玉米	富友1号	根	422.08	6.74	9.89	0.98	0.49	0.15	7.63	1.91	6
2010	春大豆	铁丰29	茎叶	447.17	4.75	8.94	0.98	1.07	0.16	6.39	1.49	6
2010	春大豆	铁丰29	籽实	509.33	1.70	58.79	2.03	6.62	0.63	13.52	0.38	6
2010	春大豆	铁丰29	根	435.25	12.48	8.80	0.78	0.80	0.17	1.72	0.56	6
2011	春玉米	东单90	茎叶	—	—	8.46	0.94	0.49	0.07	6.25	1.06	6

（续）

年份	作物名称	作物品种	采样部位	全碳/（g/kg）		全氮/（g/kg）		全磷/（g/kg）		全钾/（g/kg）		重复数
				平均值	标准差	平均值	标准差	平均值	标准差	平均值	标准差	
2011	春玉米	东单90	籽实	—	—	13.47	1.03	2.66	0.25	1.98	0.07	6
2011	春玉米	东单90	根	—	—	7.91	0.50	0.43	0.07	4.67	0.99	6
2012	春玉米	富友9号	茎叶	435.67	9.10	7.41	1.24	0.44	0.05	7.83	0.39	6
2012	春玉米	富友9号	籽实	437.58	6.07	14.28	0.94	2.13	0.14	3.57	0.11	6
2012	春玉米	富友9号	根	398.92	8.85	5.05	1.25	0.43	0.03	3.18	1.10	6
2013	春大豆	东豆339	茎叶	456.12	2.42	6.85	0.61	0.79	0.08	11.58	1.61	6
2013	春大豆	东豆339	籽实	507.10	4.11	59.35	1.47	6.00	0.24	19.60	0.64	6
2013	春大豆	东豆339	根	458.58	27.13	5.97	1.82	0.45	0.15	1.34	0.55	6
2015	春玉米	富友9号	茎叶	427.85	1.70	7.54	1.55	0.68	0.08	8.52	0.64	6
2015	春玉米	富友9号	籽实	448.90	1.02	14.43	0.98	3.00	0.11	4.72	0.26	6
2015	春玉米	富友9号	根	454.76	11.63	9.77	1.61	0.58	0.09	6.18	2.37	6

表3-61　综合观测场土壤生物采样地01作物微量元素含量

年份	作物名称	作物品种	采样部位	全硫/（g/kg）		全钙/（g/kg）		全镁/（g/kg）		全铁/（g/kg）		重复数
				平均值	标准差	平均值	标准差	平均值	标准差	平均值	标准差	
2005	春玉米	富友1号	茎叶	1.54	0.18	2.32	0.22	1.83	0.40	0.56	0.11	6
2005	春玉米	富友1号	籽实	1.75	0.11	1.03	0.04	1.06	0.11	0.07	0.02	6
2005	春玉米	富友1号	根	2.61	0.34	2.37	0.04	1.88	0.26	4.57	1.52	6
2005	春玉米	富友1号	玉米芯	3.33	0.04	0.96	0.24	0.55	0.12	0.48	0.02	6
2010	春大豆	铁丰29	茎叶	1.79	0.20	7.49	1.58	4.87	0.65	0.59	0.13	6
2010	春大豆	铁丰29	籽实	2.50	0.41	5.06	1.32	2.83	0.24	0.15	0.05	6
2010	春大豆	铁丰29	根	1.39	0.40	6.03	0.56	1.94	0.26	4.29	0.96	6
2015	春玉米	富友9号	茎叶	1.18	0.14	14.29	1.99	1.60	0.41	0.46	0.05	6
2015	春玉米	富友9号	籽实	1.44	0.10	0.37	0.04	0.43	0.08	0.05	0.01	6
2015	春玉米	富友9号	根	1.66	0.14	7.44	1.11	0.87	0.16	3.39	0.98	6

表3-62　综合观测场土壤生物采样地01作物微量元素含量

年份	作物名称	作物品种	采样部位	全锰/（mg/kg）		全铜/（mg/kg）		全锌/（mg/kg）		全钼/（mg/kg）		重复数
				平均值	标准差	平均值	标准差	平均值	标准差	平均值	标准差	
2005	春玉米	富友1号	茎叶	48.206	7.75	7.878	1.50	18.777	1.01	0.405	0.05	6
2005	春玉米	富友1号	籽实	3.794	1.20	2.235	0.36	5.677	0.75	0.372	0.06	6
2005	春玉米	富友1号	根	65.741	16.90	13.94	2.38	61.581	9.23	0.397	0.05	6
2005	春玉米	富友1号	玉米芯	8.704	1.39	0.393	0.05	25.821	0.96	0.313	0.05	6
2010	春大豆	铁丰29	茎叶	172.694	39.18	6.940	0.97	17.494	2.88	0.285	0.14	6
2010	春大豆	铁丰29	籽实	46.040	8.05	13.804	2.11	56.286	8.21	4.860	1.92	6
2010	春大豆	铁丰29	根	140.074	30.00	11.209	1.02	21.453	2.49	1.449	0.26	6

（续）

年份	作物名称	作物品种	采样部位	全锰/（mg/kg）		全铜/（mg/kg）		全锌/（mg/kg）		全钼/（mg/kg）		重复数
				平均值	标准差	平均值	标准差	平均值	标准差	平均值	标准差	
2015	春玉米	富友9号	茎叶	58.498	11.05	7.306	1.22	24.561	5.04	9.373	1.73	6
2015	春玉米	富友9号	籽实	1.641	0.25	2.126	1.92	12.200	1.17	9.237	1.87	6
2015	春玉米	富友9号	根	85.888	17.86	20.995	6.28	11.404	2.39	4.032	0.62	6

表 3 - 63　综合观测场土壤生物采样地 01 作物微量元素、热值、灰分含量

年份	作物名称	作物品种	采样部位	全硼/（mg/kg）		全硅/（mg/kg）		干重热值/（MJ/kg）		灰分/%		重复数
				平均值	标准差	平均值	标准差	平均值	标准差	平均值	标准差	
2005	春玉米	富友1号	茎叶	30.361	3.23	28.92	4.91	17.89	0.15	6.50	0.12	6
2005	春玉米	富友1号	籽实	23.019	1.58	0.32	0.09	18.32	0.24	0.30	0.07	6
2005	春玉米	富友1号	根	6.610	0.20	54.73	5.63	18.17	0.11	5.70	0.07	6
2005	春玉米	富友1号	玉米芯	21.313	1.80	6.33	1.67	18.50	0.52	2.60	0.07	6
2010	春大豆	铁丰29	茎叶	73.978	3.90	1.10	0.33	17.03	0.14	4.90	1.40	6
2010	春大豆	铁丰29	籽实	59.397	3.25	0.62	0.22	22.89	0.12	5.30	0.33	6
2010	春大豆	铁丰29	根	14.755	3.57	19.51	7.55	16.30	1.04	8.70	3.00	6
2015	春玉米	富友9号	茎叶	0.332	0.11	30.90	2.95	16.28	0.15	6.30	0.48	6
2015	春玉米	富友9号	籽实	0.155	0.04	0.56	0.12	17.34	0.22	1.20	0.07	6
2015	春玉米	富友9号	根	0.159	0.02	45.92	13.81	17.02	0.44	7.50	2.05	6

表 3 - 64　综合观测场土壤生物采样地 02 作物主要元素含量

年份	作物名称	作物品种	采样部位	全碳/（g/kg）		全氮/（g/kg）		全磷/（g/kg）		全钾/（g/kg）		重复数
				平均值	标准差	平均值	标准差	平均值	标准差	平均值	标准差	
2009	春玉米	富友1号	茎叶	423.67	8.24	8.36	0.22	0.46	0.03	6.66	1.37	6
2009	春玉米	富友1号	籽实	444.17	1.21	13.82	1.53	2.26	0.08	2.50	0.11	6
2009	春玉米	富友1号	根	398.33	35.34	10.72	1.14	0.46	0.03	7.20	1.39	6
2010	春大豆	铁丰29	茎叶	445.17	2.19	9.19	0.69	0.99	0.17	6.39	1.06	6
2010	春大豆	铁丰29	籽实	507.00	1.15	63.54	1.72	6.29	0.27	13.22	0.32	6
2010	春大豆	铁丰29	根	448.67	7.29	6.97	0.94	0.75	0.08	1.14	0.25	6
2011	春玉米	东单90	茎叶	—	—	7.64	0.45	0.45	0.04	5.05	0.50	6
2011	春玉米	东单90	籽实	—	—	14.04	0.92	2.29	0.12	1.99	0.12	6
2011	春玉米	东单90	根	—	—	8.75	0.44	0.40	0.02	3.81	0.60	6
2012	春玉米	富友9号	茎叶	444.25	5.01	8.43	1.60	0.54	0.05	8.38	0.39	6
2012	春玉米	富友9号	籽实	438.83	5.84	16.23	1.52	2.24	0.14	3.76	0.16	6
2012	春玉米	富友9号	根	402.17	7.10	5.76	0.95	0.42	0.03	4.54	2.02	6
2013	春大豆	东豆339	茎叶	456.47	2.16	7.70	0.39	0.95	0.15	11.11	1.15	6
2013	春大豆	东豆339	籽实	509.98	7.27	59.16	2.14	5.79	0.14	19.21	0.17	6
2013	春大豆	东豆339	根	476.23	7.03	5.32	0.38	0.37	0.01	0.81	0.20	6

（续）

年份	作物名称	作物品种	采样部位	全碳/（g/kg）		全氮/（g/kg）		全磷/（g/kg）		全钾/（g/kg）		重复数
				平均值	标准差	平均值	标准差	平均值	标准差	平均值	标准差	
2015	春玉米	富友9号	茎叶	440.73	4.90	8.26	0.96	0.57	0.10	7.41	0.55	6
2015	春玉米	富友9号	籽实	448.91	0.89	15.57	0.29	2.98	0.17	4.72	0.25	6
2015	春玉米	富友9号	根	463.67	3.38	12.32	1.12	0.66	0.08	5.20	0.62	6

表 3-65　综合观测场土壤生物采样地 02 作物微量元素含量

年份	作物名称	作物品种	采样部位	全硫/（g/kg）		全钙/（g/kg）		全镁/（g/kg）		全铁/（g/kg）		重复数
				平均值	标准差	平均值	标准差	平均值	标准差	平均值	标准差	
2010	春大豆	铁丰29	茎叶	1.43	0.11	7.86	2.09	4.88	0.34	0.47	0.04	6
2010	春大豆	铁丰29	籽实	2.53	0.30	6.97	2.18	2.88	0.23	0.11	0.05	6
2010	春大豆	铁丰29	根	0.99	0.12	5.10	0.45	2.73	0.15	2.23	0.73	6
2015	春玉米	富友9号	茎叶	1.20	0.05	13.71	1.04	1.70	0.18	0.47	0.04	6
2015	春玉米	富友9号	籽实	1.40	0.04	0.40	0.05	0.48	0.03	0.04	0.00	6
2015	春玉米	富友9号	根	1.78	0.09	6.36	0.61	0.87	0.07	2.72	0.36	6

表 3-66　综合观测场土壤生物采样地 02 作物微量元素含量

年份	作物名称	作物品种	采样部位	全锰/（mg/kg）		全铜/（mg/kg）		全锌/（mg/kg）		全钼/（mg/kg）		重复数
				平均值	标准差	平均值	标准差	平均值	标准差	平均值	标准差	
2010	春大豆	铁丰29	茎叶	155.525	24.62	8.331	0.71	16.631	3.44	0.130	0.03	6
2010	春大豆	铁丰29	籽实	37.047	10.64	18.502	1.82	50.620	6.05	1.433	0.41	6
2010	春大豆	铁丰29	根	69.897	11.87	8.046	1.01	14.613	1.77	0.887	0.26	6
2015	春玉米	富友9号	茎叶	102.235	18.95	8.440	1.13	22.114	0.86	9.235	1.15	6
2015	春玉米	富友9号	籽实	2.038	0.54	1.712	0.45	10.846	0.74	7.139	0.74	6
2015	春玉米	富友9号	根	111.194	38.69	26.528	2.66	10.442	1.48	2.855	1.33	6

表 3-67　综合观测场土壤生物采样地 02 作物微量元素、热值、灰分含量

年份	作物名称	作物品种	采样部位	全硼/（mg/kg）		全硅/（mg/kg）		干重热值/（MJ/kg）		灰分/%		重复数
				平均值	标准差	平均值	标准差	平均值	标准差	平均值	标准差	
2010	春大豆	铁丰29	茎叶	77.684	4.69	1.13	0.18	16.97	0.50	4.30	0.81	6
2010	春大豆	铁丰29	籽实	35.071	11.92	0.68	0.11	22.84	0.15	5.00	0.63	6
2010	春大豆	铁丰29	根	17.929	2.51	18.85	5.97	16.84	0.56	5.20	1.29	6
2015	春玉米	富友9号	茎叶	0.131	0.05	23.95	2.17	16.77	0.12	5.40	0.33	6
2015	春玉米	富友9号	籽实	0.091	0.04	0.57	0.19	17.34	0.10	1.20	0.07	6
2015	春玉米	富友9号	根	0.191	0.07	34.66	4.28	17.80	0.23	5.70	0.35	6

表 3-68　辅助观测场 01 土壤生物要素辅助长期观测采样地作物主要元素含量

年份	作物名称	作物品种	采样部位	全碳/（g/kg）		全氮/（g/kg）		全磷/（g/kg）		全钾/（g/kg）		重复数
				平均值	标准差	平均值	标准差	平均值	标准差	平均值	标准差	
2005	春玉米	富友 1 号	茎叶	445.17	4.65	4.76	0.17	1.01	0.02	3.80	0.08	6
2005	春玉米	富友 1 号	籽实	442.22	2.69	12.06	1.52	2.84	0.15	2.98	0.27	6
2005	春玉米	富友 1 号	根	434.04	37.92	3.45	0.29	0.75	0.06	6.68	0.63	6
2005	春玉米	富友 1 号	玉米芯	456.76	5.50	5.03	0.31	0.65	0.02	4.40	0.22	6
2007	春大豆	铁丰 29	茎叶	459.07	1.35	7.42	0.68	0.54	0.06	4.32	0.44	3
2007	春大豆	铁丰 29	籽实	508.36	1.38	65.13	0.26	4.80	0.08	16.59	0.51	3
2007	春大豆	铁丰 29	根	460.13	6.57	4.52	0.48	0.45	0.07	1.00	0.34	3
2009	春玉米	富友 1 号	茎叶	422.67	2.49	5.68	0.10	0.48	0.02	6.31	0.66	3
2009	春玉米	富友 1 号	籽实	441.00	0.82	11.60	0.94	2.45	0.05	2.54	0.04	3
2009	春玉米	富友 1 号	根	413.67	14.82	5.29	0.91	0.38	0.01	8.78	0.53	3
2010	春大豆	铁丰 29	茎叶	440.67	4.37	6.94	0.72	0.66	0.03	4.01	0.43	3
2010	春大豆	铁丰 29	籽实	511.67	0.47	54.96	1.48	6.15	0.32	13.47	0.28	3
2010	春大豆	铁丰 29	根	443.83	1.55	7.59	0.36	0.67	0.06	1.16	0.06	3
2011	春玉米	东单 90	茎叶	—	—	6.44	0.51	0.51	0.02	3.93	0.33	3
2011	春玉米	东单 90	籽实	—	—	12.36	1.11	2.45	0.17	2.01	0.00	3
2011	春玉米	东单 90	根	—	—	5.60	0.23	0.37	0.03	3.14	0.61	3
2012	春玉米	富友 9 号	茎叶	432.50	7.82	4.40	0.33	0.50	0.05	4.81	0.26	3
2012	春玉米	富友 9 号	籽实	440.00	2.55	10.30	0.95	2.20	0.01	4.32	0.17	3
2012	春玉米	富友 9 号	根	394.17	2.95	4.99	0.24	0.42	0.05	2.86	0.30	3
2013	春大豆	东豆 339	茎叶	460.55	1.85	7.33	0.67	0.52	0.04	5.48	0.25	3
2013	春大豆	东豆 339	籽实	503.93	1.15	61.53	0.08	5.39	0.19	18.63	0.13	3
2013	春大豆	东豆 339	根	466.22	6.36	4.24	0.50	0.25	0.02	0.39	0.09	3
2015	春玉米	富友 9 号	茎叶	436.86	4.92	4.62	0.32	0.57	0.22	7.13	0.08	3
2015	春玉米	富友 9 号	籽实	443.67	0.71	10.35	0.73	2.88	0.22	4.48	0.17	3
2015	春玉米	富友 9 号	根	457.41	8.37	5.81	0.39	0.52	0.06	3.53	0.98	3

表 3-69　辅助观测场 01 土壤生物要素辅助长期观测采样地作物微量元素含量

年份	作物名称	作物品种	采样部位	全硫/（g/kg）		全钙/（g/kg）		全镁/（g/kg）		全铁/（g/kg）		重复数
				平均值	标准差	平均值	标准差	平均值	标准差	平均值	标准差	
2005	春玉米	富友 1 号	茎叶	1.73	0.06	2.72	0.07	2.17	0.03	0.37	0.01	6
2005	春玉米	富友 1 号	籽实	1.75	0.08	1.27	0.32	1.19	0.03	0.08	0.02	6
2005	春玉米	富友 1 号	根	3.24	0.11	2.46	0.08	1.22	0.35	2.52	0.06	6
2005	春玉米	富友 1 号	玉米芯	3.39	0.06	0.56	0.08	0.60	0.03	0.46	0.01	6
2010	春大豆	铁丰 29	茎叶	2.14	0.16	8.31	1.49	5.81	0.38	0.51	0.07	3
2010	春大豆	铁丰 29	籽实	2.72	0.04	7.57	0.31	2.51	0.07	0.07	0.01	3
2010	春大豆	铁丰 29	根	1.49	0.22	5.78	0.13	2.25	0.12	3.81	0.25	3
2015	春玉米	富友 9 号	茎叶	1.56	0.29	14.30	0.40	2.27	0.06	0.61	0.13	3

（续）

年份	作物名称	作物品种	采样部位	全硫/（g/kg）		全钙/（g/kg）		全镁/（g/kg）		全铁/（g/kg）		重复数
				平均值	标准差	平均值	标准差	平均值	标准差	平均值	标准差	
2015	春玉米	富友 9 号	籽实	1.18	0.07	0.37	0.07	0.43	0.04	0.03	0.00	3
2015	春玉米	富友 9 号	根	1.45	0.04	6.46	1.03	0.59	0.09	3.16	1.03	3

表 3－70　辅助观测场 01 土壤生物要素辅助长期观测采样地作物微量元素含量

年份	作物名称	作物品种	采样部位	全锰/（mg/kg）		全铜/（mg/kg）		全锌/（mg/kg）		全钼/（mg/kg）		重复数
				平均值	标准差	平均值	标准差	平均值	标准差	平均值	标准差	
2005	春玉米	富友 1 号	茎叶	32.812	1.18	5.159	0.15	17.091	0.79	0.393	0.09	6
2005	春玉米	富友 1 号	籽实	1.008	0.01	2.151	0.23	7.993	0.98	0.386	0.02	6
2005	春玉米	富友 1 号	根	28.381	1.26	12.634	0.78	14.663	1.29	0.350	0.02	6
2005	春玉米	富友 1 号	玉米芯	5.211	0.90	0.387	0.05	12.087	1.01	0.301	0.05	6
2010	春大豆	铁丰 29	茎叶	144.480	34.88	8.753	1.96	16.536	2.95	0.288	0.05	3
2010	春大豆	铁丰 29	籽实	31.558	4.39	15.983	0.74	46.285	0.63	5.969	0.66	3
2010	春大豆	铁丰 29	根	125.304	5.98	12.814	1.04	19.847	2.16	1.113	0.13	3
2015	春玉米	富友 9 号	茎叶	35.364	5.13	5.322	1.60	30.092	2.47	9.606	1.57	3
2015	春玉米	富友 9 号	籽实	1.446	0.32	2.066	0.69	10.926	1.13	5.458	1.46	3
2015	春玉米	富友 9 号	根	83.257	22.93	18.792	1.40	15.385	3.01	1.449	0.48	3

表 3－71　辅助观测场 01 土壤生物要素辅助长期观测采样地作物微量元素、热值、灰分含量

年份	作物名称	作物品种	采样部位	全硼/（mg/kg）		全硅/（mg/kg）		干重热值/（MJ/kg）		灰分/%		重复数
				平均值	标准差	平均值	标准差	平均值	标准差	平均值	标准差	
2005	春玉米	富友 1 号	茎叶	60.479	1.95	29.08	0.92	17.78	0.25	6.10	0.13	6
2005	春玉米	富友 1 号	籽实	20.341	0.99	0.60	0.02	18.54	0.52	0.40	0.07	6
2005	春玉米	富友 1 号	根	12.874	0.41	41.94	9.48	17.07	0.54	5.70	0.07	6
2005	春玉米	富友 1 号	玉米芯	18.632	1.17	8.34	1.25	18.40	0.56	2.60	0.07	6
2010	春大豆	铁丰 29	茎叶	77.273	3.52	0.54	0.15	16.74	0.63	4.20	0.83	3
2010	春大豆	铁丰 29	籽实	26.089	0.83	0.69	0.10	23.30	0.12	4.80	1.16	3
2010	春大豆	铁丰 29	根	22.658	3.93	16.77	2.88	16.97	0.38	6.40	0.77	3
2015	春玉米	富友 9 号	茎叶	0.193	0.02	34.05	5.11	16.22	0.13	6.60	0.39	3
2015	春玉米	富友 9 号	籽实	0.134	0.03	0.48	0.04	16.98	0.05	1.20	0.05	3
2015	春玉米	富友 9 号	根	0.198	0.06	41.42	15.51	17.35	0.30	6.40	2.05	6

表 3－72　辅助观测场 02 土壤生物长期要素辅助观测采样地作物主要元素含量

年份	作物名称	作物品种	采样部位	全碳/（g/kg）		全氮/（g/kg）		全磷/（g/kg）		全钾/（g/kg）		重复数
				平均值	标准差	平均值	标准差	平均值	标准差	平均值	标准差	
2005	春玉米	富友 1 号	茎叶	441.75	4.32	7.85	0.39	0.95	0.02	5.71	0.63	6

（续）

年份	作物名称	作物品种	采样部位	全碳/（g/kg）		全氮/（g/kg）		全磷/（g/kg）		全钾/（g/kg）		重复数
				平均值	标准差	平均值	标准差	平均值	标准差	平均值	标准差	
2005	春玉米	富友1号	籽实	444.87	2.71	12.13	1.53	2.55	0.14	2.96	0.23	6
2005	春玉米	富友1号	根	435.76	38.10	5.71	0.43	0.73	0.06	6.28	0.59	6
2005	春玉米	富友1号	玉米芯	465.34	5.43	4.88	1.12	0.70	0.04	4.33	0.22	6
2007	春大豆	铁丰29	茎叶	449.07	3.04	7.68	0.97	0.79	0.06	8.09	0.41	3
2007	春大豆	铁丰29	籽实	502.69	3.64	63.58	1.07	5.49	0.05	17.15	0.26	3
2007	春大豆	铁丰29	根	456.41	3.66	7.97	0.39	0.56	0.01	1.23	0.11	3
2009	春玉米	富友1号	茎叶	427.00	4.24	7.46	0.23	0.48	0.05	7.40	0.45	3
2009	春玉米	富友1号	籽实	442.00	0.82	13.44	0.91	2.23	0.09	2.45	0.08	3
2009	春玉米	富友1号	根	418.00	24.78	9.32	1.07	0.43	0.05	9.15	0.97	3
2010	春大豆	铁丰29	茎叶	443.50	0.82	9.14	1.00	1.04	0.07	6.18	0.55	3
2010	春大豆	铁丰29	籽实	510.67	0.47	57.79	3.09	7.03	0.41	13.58	0.38	3
2010	春大豆	铁丰29	根	434.00	13.44	8.27	0.16	1.00	0.03	1.82	0.35	3
2011	春玉米	东单90	茎叶	—	—	7.91	0.16	0.51	0.16	4.93	0.25	3
2011	春玉米	东单90	籽实	—	—	15.49	0.40	2.50	0.43	2.02	0.17	3
2011	春玉米	东单90	根	—	—	8.07	0.46	0.44	0.03	4.43	0.41	3
2012	春玉米	富友9号	茎叶	437.83	7.35	6.32	1.32	0.45	0.02	10.01	0.67	3
2012	春玉米	富友9号	籽实	435.83	2.72	14.57	1.92	2.41	0.19	3.75	0.10	3
2012	春玉米	富友9号	根	395.67	4.50	6.70	0.99	0.46	0.07	2.33	0.56	3
2013	春大豆	东豆339	茎叶	457.75	1.65	6.99	1.00	0.85	0.15	13.11	0.60	3
2013	春大豆	东豆339	籽实	505.49	3.14	58.68	2.67	5.88	0.05	19.73	0.05	3
2013	春大豆	东豆339	根	454.84	12.75	6.42	1.22	0.41	0.08	1.27	0.42	3
2015	春玉米	富友9号	茎叶	434.41	1.17	8.39	0.29	0.70	0.01	7.58	0.64	3
2015	春玉米	富友9号	籽实	448.78	0.94	13.99	0.99	2.62	0.21	4.29	0.10	3
2015	春玉米	富友9号	根	463.53	2.86	11.07	0.41	0.65	0.06	5.31	1.46	3

表3-73 辅助观测场02土壤生物长期要素辅助观测采样地作物微量元素含量

年份	作物名称	作物品种	采样部位	全硫/（g/kg）		全钙/（g/kg）		全镁/（g/kg）		全铁/（g/kg）		重复数
				平均值	标准差	平均值	标准差	平均值	标准差	平均值	标准差	
2005	春玉米	富友1号	茎叶	1.70	0.06	3.02	0.07	2.21	0.05	0.51	0.07	6
2005	春玉米	富友1号	籽实	1.73	0.06	1.02	0.04	1.10	0.03	0.09	0.01	6
2005	春玉米	富友1号	根	3.30	0.08	2.45	0.10	1.93	0.10	2.55	0.06	6
2005	春玉米	富友1号	玉米芯	3.35	0.06	0.70	0.02	0.60	0.03	0.46	0.03	6
2010	春大豆	铁丰29	茎叶	1.64	0.14	9.55	1.60	5.02	0.56	0.54	0.04	3
2010	春大豆	铁丰29	籽实	2.82	0.15	3.47	1.39	2.96	0.16	0.13	0.03	3
2010	春大豆	铁丰29	根	1.41	0.26	5.58	0.04	2.41	0.21	4.11	1.13	3
2015	春玉米	富友9号	茎叶	1.15	0.04	13.07	1.20	1.83	0.23	0.49	0.05	3
2015	春玉米	富友9号	籽实	1.25	0.07	0.36	0.05	0.42	0.03	0.04	0.01	3
2015	春玉米	富友9号	根	1.64	0.11	6.25	0.49	0.84	0.13	2.43	0.40	3

表 3-74　辅助观测场 02 土壤生物要素辅助长期观测采样地作物微量元素含量

年份	作物名称	作物品种	采样部位	全锰/（mg/kg）		全铜/（mg/kg）		全锌/（mg/kg）		全钼/（mg/kg）		重复数
				平均值	标准差	平均值	标准差	平均值	标准差	平均值	标准差	
2005	春玉米	富友 1 号	茎叶	48.385	6.83	6.459	0.41	18.780	1.15	0.462	0.06	6
2005	春玉米	富友 1 号	籽实	2.917	0.12	2.098	0.15	8.341	2.21	0.390	0.03	6
2005	春玉米	富友 1 号	根	62.710	10.13	12.244	0.60	55.422	8.31	0.453	0.04	6
2005	春玉米	富友 1 号	玉米芯	7.963	1.23	0.368	0.02	12.151	1.24	0.386	0.03	6
2010	春大豆	铁丰 29	茎叶	195.689	24.80	7.355	1.69	14.990	0.51	0.440	0.18	3
2010	春大豆	铁丰 29	籽实	59.168	20.19	14.619	1.61	43.628	1.92	6.344	1.80	3
2010	春大豆	铁丰 29	根	119.552	12.27	10.891	1.62	18.756	1.23	1.540	0.17	3
2015	春玉米	富友 9 号	茎叶	46.897	1.89	7.872	0.72	25.552	2.03	7.136	0.87	3
2015	春玉米	富友 9 号	籽实	1.063	0.21	2.915	0.35	9.802	0.30	5.190	0.63	3
2015	春玉米	富友 9 号	根	68.568	10.32	19.222	4.53	11.945	2.07	1.538	0.51	3

表 3-75　辅助观测场 02 土壤生物要素辅助长期观测采样地作物微量元素、热值、灰分含量

年份	作物名称	作物品种	采样部位	全硼/（mg/kg）		全硅/（mg/kg）		干重热值/（MJ/kg）		灰分/%		重复数
				平均值	标准差	平均值	标准差	平均值	标准差	平均值	标准差	
2005	春玉米	富友 1 号	茎叶	54.202	4.71	27.77	1.32	17.83	0.22	6.40	0.09	6
2005	春玉米	富友 1 号	籽实	21.950	1.15	0.59	0.04	18.25	0.50	0.40	0.10	6
2005	春玉米	富友 1 号	根	6.550	0.65	46.11	9.66	16.69	0.30	5.80	0.05	6
2005	春玉米	富友 1 号	玉米芯	20.674	1.61	8.58	0.90	18.02	0.49	2.60	0.05	6
2010	春大豆	铁丰 29	茎叶	74.194	3.05	0.62	0.10	16.60	0.65	5.10	0.35	3
2010	春大豆	铁丰 29	籽实	32.626	4.58	0.56	0.21	23.21	0.07	5.10	0.76	3
2010	春大豆	铁丰 29	根	19.738	4.83	23.04	7.40	16.30	0.59	8.30	2.90	3
2015	春玉米	富友 9 号	茎叶	0.128	0.02	34.90	1.04	16.11	0.25	7.20	0.65	3
2015	春玉米	富友 9 号	籽实	0.090	0.01	0.39	0.01	17.23	0.05	1.10	0.05	3
2015	春玉米	富友 9 号	根	0.127	0.02	32.99	6.48	17.55	0.22	5.30	0.33	3

表 3-76　辅助观测场 03 土壤生物要素辅助长期观测采样地作物主要元素含量

年份	作物名称	作物品种	采样部位	全碳/（g/kg）		全氮/（g/kg）		全磷/（g/kg）		全钾/（g/kg）		重复数
				平均值	标准差	平均值	标准差	平均值	标准差	平均值	标准差	
2005	春玉米	富友 1 号	茎叶	444.17	5.68	7.81	0.39	0.66	0.03	5.95	0.66	6
2005	春玉米	富友 1 号	籽实	450.03	1.51	15.63	0.94	2.86	0.09	3.00	0.23	6
2005	春玉米	富友 1 号	根	441.89	9.50	5.70	0.43	0.69	0.06	6.38	0.82	6
2005	春玉米	富友 1 号	玉米芯	464.41	5.41	4.88	1.12	0.79	0.23	4.74	0.36	6
2007	春大豆	铁丰 29	茎叶	455.91	1.74	7.01	0.89	0.63	0.08	5.54	0.66	3
2007	春大豆	铁丰 29	籽实	510.59	4.44	64.76	1.17	5.36	0.30	17.85	0.44	3
2007	春大豆	铁丰 29	根	456.62	1.41	5.44	1.37	0.46	0.06	1.25	0.51	3
2009	春玉米	富友 1 号	茎叶	432.00	0.00	6.97	0.36	0.56	0.03	5.89	0.42	3

（续）

年份	作物名称	作物品种	采样部位	全碳/（g/kg）		全氮/（g/kg）		全磷/（g/kg）		全钾/（g/kg）		重复数
				平均值	标准差	平均值	标准差	平均值	标准差	平均值	标准差	
2009	春玉米	富友 1 号	籽实	440.67	1.25	12.98	1.05	2.67	0.17	2.64	0.17	3
2009	春玉米	富友 1 号	根	419.00	10.23	7.18	0.39	0.43	0.03	5.96	1.17	3
2010	春大豆	铁丰 29	茎叶	446.83	2.72	6.77	0.38	0.66	0.05	4.45	0.42	3
2010	春大豆	铁丰 29	籽实	509.33	1.25	56.58	0.90	6.75	0.16	13.32	0.30	3
2010	春大豆	铁丰 29	根	413.83	11.48	9.40	0.58	0.80	0.04	2.25	0.06	3
2011	春玉米	东单 90	茎叶	—	—	7.92	0.56	0.47	0.04	3.37	0.40	3
2011	春玉米	东单 90	籽实	—	—	14.56	0.44	2.32	0.04	1.81	0.08	3
2011	春玉米	东单 90	根	—	—	6.46	0.91	0.41	0.09	3.03	0.17	3
2012	春玉米	富友 9 号	茎叶	440.17	4.99	5.80	0.79	0.40	0.03	5.02	0.34	3
2012	春玉米	富友 9 号	籽实	435.50	0.71	13.79	1.28	2.04	0.12	3.59	0.10	3
2012	春玉米	富友 9 号	根	396.00	3.74	4.69	0.36	0.39	0.02	2.20	0.95	3
2013	春大豆	东豆 339	茎叶	462.45	2.90	7.25	0.82	0.58	0.07	6.89	0.53	3
2013	春大豆	东豆 339	籽实	501.92	2.09	64.26	0.45	5.63	0.25	18.52	0.80	3
2013	春大豆	东豆 339	根	465.68	15.54	7.53	1.26	0.66	0.17	1.17	0.26	3
2015	春玉米	富友 9 号	茎叶	442.11	2.66	6.30	0.83	0.56	0.04	7.45	1.24	3
2015	春玉米	富友 9 号	籽实	447.73	0.26	13.26	1.09	2.76	0.19	4.56	0.10	3
2015	春玉米	富友 9 号	根	459.65	8.74	8.80	1.48	0.57	0.04	4.24	0.99	3

表 3-77　辅助观测场 03 土壤生物要素辅助长期观测采样地作物微量元素含量

年份	作物名称	作物品种	采样部位	全硫/（g/kg）		全钙/（g/kg）		全镁/（g/kg）		全铁/（g/kg）		重复数
				平均值	标准差	平均值	标准差	平均值	标准差	平均值	标准差	
2005	春玉米	富友 1 号	茎叶	1.50	0.17	3.15	0.11	2.60	0.07	0.50	0.03	6
2005	春玉米	富友 1 号	籽实	1.71	0.07	0.87	0.35	0.98	0.02	0.11	0.02	6
2005	春玉米	富友 1 号	根	3.24	0.10	2.48	0.10	1.89	0.10	2.66	0.15	6
2005	春玉米	富友 1 号	玉米芯	3.18	0.12	0.71	0.02	0.52	0.07	0.61	0.05	6
2010	春大豆	铁丰 29	茎叶	1.92	0.33	7.90	1.22	4.53	0.34	0.42	0.07	3
2010	春大豆	铁丰 29	籽实	2.71	0.07	2.58	0.10	2.69	0.15	0.16	0.05	3
2010	春大豆	铁丰 29	根	1.92	0.15	7.03	2.08	1.96	0.15	6.84	0.38	3
2015	春玉米	富友 9 号	茎叶	1.23	0.13	11.45	0.78	1.35	0.18	0.48	0.01	3
2015	春玉米	富友 9 号	籽实	1.18	0.08	0.39	0.03	0.43	0.02	0.03	0.00	3
2015	春玉米	富友 9 号	根	1.76	0.29	7.99	0.37	0.71	0.07	2.96	0.52	3

表 3－78　辅助观测场 03 土壤生物要素辅助长期观测采样地作物微量元素含量

年份	作物名称	作物品种	采样部位	全锰/（mg/kg）		全铜/（mg/kg）		全锌/（mg/kg）		全钼/（mg/kg）		重复数
				平均值	标准差	平均值	标准差	平均值	标准差	平均值	标准差	
2005	春玉米	富友 1 号	茎叶	41.548	1.94	6.192	0.18	17.366	1.12	0.534	0.06	6
2005	春玉米	富友 1 号	籽实	2.888	0.21	2.074	0.15	7.730	1.28	0.369	0.03	6
2005	春玉米	富友 1 号	根	52.985	4.40	13.044	0.25	51.258	4.53	0.566	0.04	6
2005	春玉米	富友 1 号	玉米芯	7.576	0.38	0.409	0.04	11.672	1.16	0.327	0.04	6
2010	春大豆	铁丰 29	茎叶	86.393	8.50	6.215	0.91	13.300	0.57	0.451	0.31	3
2010	春大豆	铁丰 29	籽实	54.207	3.51	13.841	0.76	47.329	0.45	6.367	1.11	3
2010	春大豆	铁丰 29	根	163.702	10.98	14.002	1.68	24.682	3.19	1.804	0.06	3
2015	春玉米	富友 9 号	茎叶	41.241	8.84	10.003	2.81	19.669	1.69	9.090	1.67	3
2015	春玉米	富友 9 号	籽实	1.222	0.38	3.624	0.53	9.286	1.74	5.995	1.34	3
2015	春玉米	富友 9 号	根	79.437	9.28	15.676	1.83	9.076	1.26	1.813	0.31	3

表 3－79　辅助观测场 03 土壤生物要素辅助长期观测采样地作物微量元素含量

年份	作物名称	作物品种	采样部位	全硼/（mg/kg）		全硅/（mg/kg）		干重热值/（MJ/kg）		灰分/%		重复数
				平均值	标准差	平均值	标准差	平均值	标准差	平均值	标准差	
2005	春玉米	富友 1 号	茎叶	43.164	3.58	32.34	2.27	17.89	0.91	6.50	0.13	6
2005	春玉米	富友 1 号	籽实	26.006	1.72	0.45	0.04	18.32	0.28	0.30	0.07	6
2005	春玉米	富友 1 号	根	6.463	0.50	48.44	8.45	16.77	0.29	5.80	0.10	6
2005	春玉米	富友 1 号	玉米芯	20.498	1.10	7.53	1.03	18.25	0.39	2.60	0.07	6
2010	春大豆	铁丰 29	茎叶	73.932	2.27	0.64	0.17	17.20	0.09	4.30	0.19	3
2010	春大豆	铁丰 29	籽实	32.162	3.42	0.30	0.09	23.06	0.08	5.30	0.36	3
2010	春大豆	铁丰 29	根	24.465	3.89	31.29	1.18	15.98	0.54	11.70	1.59	3
2015	春玉米	富友 9 号	茎叶	0.210	0.08	27.30	0.51	16.40	0.13	5.90	0.08	3
2015	春玉米	富友 9 号	籽实	0.229	0.11	0.50	0.05	17.39	0.07	1.20	0.05	3
2015	春玉米	富友 9 号	根	0.207	0.05	39.84	7.34	17.42	0.31	6.70	1.14	3

表 3－80　辅助观测场 04 土壤生物要素辅助长期观测采样地作物主要元素含量

年份	作物名称	作物品种	采样部位	全碳/（g/kg）		全氮/（g/kg）		全磷/（g/kg）		全钾/（g/kg）		重复数
				平均值	标准差	平均值	标准差	平均值	标准差	平均值	标准差	
2005	春玉米	富友 1 号	茎叶	448.63	2.04	7.14	0.83	0.59	0.17	4.67	0.51	6
2005	春玉米	富友 1 号	籽实	445.59	2.39	13.79	0.50	2.63	0.27	3.06	0.09	6
2005	春玉米	富友 1 号	根	445.61	5.47	5.50	1.30	0.63	0.03	4.60	0.97	6
2005	春玉米	富友 1 号	玉米芯	461.49	2.18	7.02	0.16	1.32	0.19	5.47	0.14	6
2007	春玉米	富友 1 号	茎叶	452.14	2.06	5.01	0.48	0.35	0.02	5.84	0.63	4
2007	春玉米	富友 1 号	籽实	443.67	0.92	13.60	0.59	2.17	0.12	2.21	0.06	4
2007	春玉米	富友 1 号	根	422.95	13.89	5.63	0.57	0.41	0.06	5.79	0.46	4
2009	春玉米	富友 1 号	茎叶	435.00	0.82	7.75	0.48	0.48	0.03	6.54	1.32	3

（续）

年份	作物名称	作物品种	采样部位	全碳/（g/kg）		全氮/（g/kg）		全磷/（g/kg）		全钾/（g/kg）		重复数
				平均值	标准差	平均值	标准差	平均值	标准差	平均值	标准差	
2009	春玉米	富友1号	籽实	441.33	0.47	14.34	0.49	2.44	0.19	2.54	0.05	3
2009	春玉米	富友1号	根	423.00	7.35	9.78	0.63	0.47	0.06	4.31	0.93	3
2010	春玉米	富友9号	茎叶	444.67	4.09	7.38	0.68	0.47	0.06	4.13	0.47	3
2010	春玉米	富友9号	籽实	438.00	0.82	15.54	1.42	2.36	0.28	2.41	0.15	3
2010	春玉米	富友9号	根	369.83	21.41	6.83	0.41	0.58	0.08	3.41	1.09	3
2011	春玉米	东单90	茎叶	—	—	7.99	0.71	0.42	0.09	3.30	0.29	3
2011	春玉米	东单90	籽实	—	—	13.99	0.75	1.89	0.10	1.74	0.24	3
2011	春玉米	东单90	根	—	—	8.28	1.59	0.48	0.02	3.81	0.16	3
2012	春玉米	富友9号	茎叶	439.50	3.08	6.40	1.58	0.42	0.02	7.51	0.78	3
2012	春玉米	富友9号	籽实	438.00	2.04	15.27	1.04	2.17	0.11	3.72	0.07	3
2012	春玉米	富友9号	根	394.33	4.50	6.43	0.79	0.45	0.03	2.45	0.41	3
2013	春玉米	富友9号	茎叶	451.67	3.49	6.28	0.52	0.53	0.01	6.80	0.38	3
2013	春玉米	富友9号	籽实	447.36	1.62	11.42	0.72	2.32	0.07	3.62	0.16	3
2013	春玉米	富友9号	根	418.42	14.76	5.95	0.74	0.59	0.06	4.70	0.57	3
2015	春玉米	富友9号	茎叶	445.23	3.43	6.54	0.83	0.65	0.04	7.93	0.32	3
2015	春玉米	富友9号	籽实	445.86	1.45	13.28	1.47	2.96	0.08	4.72	0.27	3
2015	春玉米	富友9号	根	453.56	9.03	8.97	1.21	0.63	0.07	5.42	1.06	3

表 3-81　辅助观测场 04 土壤生物要素辅助长期观测采样地作物微量元素含量

年份	作物名称	作物品种	采样部位	全硫/（g/kg）		全钙/（g/kg）		全镁/（g/kg）		全铁/（g/kg）		重复数
				平均值	标准差	平均值	标准差	平均值	标准差	平均值	标准差	
2005	春玉米	富友1号	茎叶	1.73	0.07	3.12	0.08	2.58	0.08	0.52	0.03	6
2005	春玉米	富友1号	籽实	1.76	0.06	0.98	0.10	1.03	0.02	0.14	0.02	6
2005	春玉米	富友1号	根	3.66	0.05	5.06	0.15	1.93	0.06	3.62	0.16	6
2005	春玉米	富友1号	玉米芯	3.33	0.10	0.74	0.03	0.62	0.04	0.52	0.06	6
2010	春玉米	富友9号	茎叶	0.78	0.20	10.34	1.44	2.25	0.18	1.27	0.22	3
2010	春玉米	富友9号	籽实	1.16	0.10	0.79	0.06	1.25	0.13	0.16	0.06	3
2010	春玉米	富友9号	根	0.94	0.08	4.33	0.39	2.42	0.27	7.51	1.20	3
2015	春玉米	富友9号	茎叶	1.22	0.06	10.62	0.64	1.14	0.01	0.46	0.04	3
2015	春玉米	富友9号	籽实	1.18	0.06	0.40	0.02	0.42	0.04	0.03	0.01	3
2015	春玉米	富友9号	根	1.97	0.35	6.77	0.94	0.65	0.06	4.03	0.90	3

表 3-82 辅助观测场 04 土壤生物要素辅助长期观测采样地作物微量元素含量

年份	作物名称	作物品种	采样部位	全锰/（mg/kg）		全铜/（mg/kg）		全锌/（mg/kg）		全钼/（mg/kg）		重复数
				平均值	标准差	平均值	标准差	平均值	标准差	平均值	标准差	
2005	春玉米	富友1号	茎叶	51.219	2.75	6.552	0.28	4.818	1.00	0.317	0.02	6
2005	春玉米	富友1号	籽实	2.724	0.25	2.329	0.06	4.093	0.66	0.390	0.02	6
2005	春玉米	富友1号	根	73.919	6.45	14.323	2.62	18.245	5.66	0.441	0.04	6
2005	春玉米	富友1号	玉米芯	7.895	0.19	0.451	0.07	23.107	1.75	0.264	0.02	6
2010	春玉米	富友9号	茎叶	142.266	22.91	12.700	0.64	35.321	5.09	0.245	0.03	3
2010	春玉米	富友9号	籽实	13.579	3.07	2.811	0.42	24.530	0.88	0.326	0.08	3
2010	春玉米	富友9号	根	172.420	38.32	14.824	2.71	28.375	4.35	0.625	0.06	3
2015	春玉米	富友9号	茎叶	39.588	5.46	7.872	0.72	21.132	4.03	8.339	0.04	3
2015	春玉米	富友9号	籽实	0.877	0.27	3.623	0.72	10.751	1.46	4.995	0.50	3
2015	春玉米	富友9号	根	104.339	24.13	21.633	3.31	6.519	1.99	4.245	0.40	3

表 3-83 辅助观测场 04 土壤生物要素辅助长期观测采样地作物微量元素、热值、灰分含量

年份	作物名称	作物品种	采样部位	全硼/（mg/kg）		全硅/（mg/kg）		干重热值/（MJ/kg）		灰分/%		重复数
				平均值	标准差	平均值	标准差	平均值	标准差	平均值	标准差	
2005	春玉米	富友1号	茎叶	19.251	0.95	38.60	4.53	17.79	0.23	6.50	0.13	6
2005	春玉米	富友1号	籽实	23.480	0.76	0.29	0.08	18.39	0.46	0.30	0.09	6
2005	春玉米	富友1号	根	2.001	0.26	58.50	3.31	17.35	0.20	5.70	0.07	6
2005	春玉米	富友1号	玉米芯	20.262	0.56	6.88	0.90	18.68	0.19	2.60	0.07	6
2010	春玉米	富友9号	茎叶	53.863	2.44	11.75	1.59	16.56	0.27	5.10	1.31	3
2010	春玉米	富友9号	籽实	13.925	2.76	0.11	0.04	17.84	0.08	1.00	0.56	3
2010	春玉米	富友9号	根	16.681	3.00	75.93	17.88	14.15	0.68	19.50	5.10	3
2015	春玉米	富友9号	茎叶	0.170	0.05	24.27	0.96	16.27	0.26	5.60	0.14	3
2015	春玉米	富友9号	籽实	0.247	0.07	0.51	0.09	17.28	0.04	1.10	0.05	3
2015	春玉米	富友9号	根	0.260	0.07	50.98	11.76	16.91	0.37	8.10	1.70	3

表 3-84 辅助观测场 05 土壤生物要素辅助长期观测采样地作物主要元素含量

年份	作物名称	作物品种	采样部位	全碳/（g/kg）		全氮/（g/kg）		全磷/（g/kg）		全钾/（g/kg）		重复数
				平均值	标准差	平均值	标准差	平均值	标准差	平均值	标准差	
2005	晚稻	辽粳294-4	茎叶	415.61	3.25	7.63	0.46	1.23	0.01	5.80	0.77	6
2005	晚稻	辽粳294-4	籽实	432.13	1.96	11.32	0.60	2.67	0.05	4.51	0.35	6
2005	晚稻	辽粳294-4	根	396.34	14.72	8.15	0.85	1.94	0.17	2.35	0.43	6
2005	晚稻	辽粳294	茎叶	412.45	3.94	5.96	0.79	1.72	0.14	7.73	0.55	3
2007	晚稻	辽粳294	籽实	431.31	1.01	12.30	0.83	2.34	0.10	1.67	0.05	3
2007	晚稻	辽粳294	根	393.15	9.27	6.98	0.14	1.50	0.11	1.71	0.12	3
2007	晚稻	辽粳294	茎叶	409.50	4.25	8.91	1.36	1.53	0.19	8.26	0.30	6
2009	晚稻	辽粳294	籽实	426.00	1.29	11.71	0.74	2.72	0.09	2.51	0.11	6

（续）

年份	作物名称	作物品种	采样部位	全碳/（g/kg）		全氮/（g/kg）		全磷/（g/kg）		全钾/（g/kg）		重复数
				平均值	标准差	平均值	标准差	平均值	标准差	平均值	标准差	
2009	晚稻	辽粳 294	根	320.92	19.61	10.38	0.57	2.22	0.14	2.54	0.19	6
2009	晚稻	沈稻 2 号	茎叶	399.25	4.97	8.43	0.79	1.23	0.11	8.09	0.60	6
2010	晚稻	沈稻 2 号	籽实	418.83	7.15	12.26	1.01	2.44	0.06	1.66	0.10	6
2010	晚稻	沈稻 2 号	根	275.00	13.57	8.50	0.65	2.14	0.11	2.68	0.39	6
2010	晚稻	沈稻 4 号	茎叶	—	—	8.28	0.22	1.22	0.14	5.12	0.52	6
2011	晚稻	沈稻 4 号	籽实	—	—	11.26	1.10	2.38	0.17	1.73	0.11	6
2011	晚稻	沈稻 4 号	根	—	—	10.37	0.59	2.51	0.22	2.48	0.14	6
2011	晚稻	富禾 998	茎叶	402.25	3.24	6.95	0.92	0.87	0.06	10.24	0.48	6
2012	晚稻	富禾 998	籽实	428.00	4.01	12.75	0.50	2.50	0.20	3.02	0.12	6
2012	晚稻	富禾 998	根	388.08	3.79	9.65	0.97	1.90	0.21	4.76	0.44	6
2012	晚稻	富禾 77	茎叶	418.07	1.29	7.10	0.63	0.99	0.07	10.19	0.39	6
2013	晚稻	富禾 77	籽实	430.77	2.21	11.01	0.38	2.30	0.18	3.36	0.15	6
2013	晚稻	富禾 77	根	343.12	9.03	7.69	0.48	2.25	0.18	4.20	0.28	6
2013	晚稻	铁粳 11	茎叶	421.50	3.32	6.51	1.22	1.00	0.24	15.67	1.51	6
2015	晚稻	铁粳 11	籽实	428.40	0.94	11.21	0.41	3.10	0.14	3.83	0.31	6
2015	晚稻	铁粳 11	根	378.35	11.22	7.91	0.67	1.89	0.39	4.01	0.49	6
2015	晚稻	辽粳 294 - 4	茎叶	415.61	3.25	7.63	0.46	1.23	0.01	5.80	0.77	6

表 3 - 85　辅助观测场 05 土壤生物要素辅助长期观测采样地作物微量元素含量

年份	作物名称	作物品种	采样部位	全硫/（g/kg）		全钙/（g/kg）		全镁/（g/kg）		全铁/（g/kg）		重复数
				平均值	标准差	平均值	标准差	平均值	标准差	平均值	标准差	
2005	晚稻	辽粳 294 - 4	茎叶	2.57	0.21	2.57	0.21	1.04	0.02	0.80	0.15	6
2005	晚稻	辽粳 294 - 4	籽实	1.33	0.08	1.07	0.11	1.02	0.03	0.73	0.13	6
2005	晚稻	辽粳 294 - 4	根	2.52	0.20	2.76	0.12	1.23	0.03	5.94	0.61	6
2009	晚稻	沈稻 2 号	茎叶	1.00	0.15	4.80	0.68	2.23	0.48	0.91	0.13	6
2010	晚稻	沈稻 2 号	籽实	1.07	0.18	1.54	0.13	1.26	0.03	0.61	0.15	6
2010	晚稻	沈稻 2 号	根	2.29	0.34	8.05	1.49	3.69	1.03	27.99	1.91	6
2013	晚稻	铁粳 11	茎叶	1.46	0.15	12.56	1.20	0.91	0.08	0.78	0.16	6
2015	晚稻	铁粳 11	籽实	0.99	0.03	2.06	0.20	0.58	0.02	0.15	0.01	6
2015	晚稻	铁粳 11	根	2.45	0.23	9.48	0.62	0.83	0.31	8.33	0.33	6
2015	晚稻	辽粳 294 - 4	茎叶	2.57	0.21	2.57	0.21	1.04	0.02	0.80	0.15	6

表 3-86 辅助观测场 05 土壤生物要素辅助长期观测采样地作物微量元素含量

年份	作物名称	作物品种	采样部位	全锰/（mg/kg）		全铜/（mg/kg）		全锌/（mg/kg）		全钼/（mg/kg）		重复数
				平均值	标准差	平均值	标准差	平均值	标准差	平均值	标准差	
2005	晚稻	辽粳 294-4	茎叶	444.094	10.07	5.422	0.55	54.818	3.80	0.881	0.13	6
2005	晚稻	辽粳 294-4	籽实	61.503	1.24	5.535	0.11	14.582	0.86	0.782	0.01	6
2005	晚稻	辽粳 294-4	根	664.323	28.44	9.115	0.53	37.038	5.97	0.451	0.02	6
2009	晚稻	沈稻 2 号	茎叶	614.109	68.98	3.336	0.86	29.239	4.95	0.273	0.08	6
2010	晚稻	沈稻 2 号	籽实	93.342	9.23	2.159	0.41	25.212	1.95	0.412	0.08	6
2010	晚稻	沈稻 2 号	根	1 052.147	138.14	25.174	4.64	53.481	4.16	0.824	0.04	6
2013	晚稻	铁梗 11	茎叶	972.946	207.22	3.340	1.01	29.842	3.16	5.064	0.32	6
2015	晚稻	铁梗 11	籽实	87.284	17.58	5.535	0.38	11.947	0.69	5.934	0.97	6
2015	晚稻	铁梗 11	根	839.903	163.84	12.299	2.18	32.981	1.62	12.053	1.58	6
2015	晚稻	辽粳 294-4	茎叶	444.094	10.07	5.422	0.55	54.818	3.80	0.881	0.13	6

表 3-87 辅助观测场 05 土壤生物要素辅助长期观测采样地作物微量元素、热值、灰分含量

年份	作物名称	作物品种	采样部位	全硼/（mg/kg）		全硅/(mg/kg)		干重热值/(MJ/kg)		灰分/%		重复数
				平均值	标准差	平均值	标准差	平均值	标准差	平均值	标准差	
2005	晚稻	辽粳 294-4	茎叶	16.881	2.94	78.14	1.45	17.74	0.74	11.50	0.16	6
2005	晚稻	辽粳 294-4	籽实	16.168	0.28	32.46	2.15	17.96	0.20	3.30	0.07	6
2005	晚稻	辽粳 294-4	根	1.781	0.10	137.60	13.39	15.49	0.14	20.10	0.11	6
2009	晚稻	沈稻 2 号	茎叶	44.638	1.67	41.20	5.26	14.76	1.01	13.30	1.26	6
2010	晚稻	沈稻 2 号	籽实	8.399	2.33	14.09	1.24	17.03	0.31	4.40	0.57	6
2010	晚稻	沈稻 2 号	根	25.069	2.09	121.04	20.92	10.39	0.58	40.30	1.84	6
2013	晚稻	铁梗 11	茎叶	0.414	0.08	63.34	6.69	16.21	0.22	10.60	0.51	6
2015	晚稻	铁梗 11	籽实	0.362	0.07	32.68	2.94	16.50	0.10	5.00	0.41	6
2015	晚稻	铁梗 11	根	0.596	0.14	125.80	20.08	14.49	0.55	20.50	2.58	6
2015	晚稻	辽粳 294-4	茎叶	16.881	2.94	78.14	1.45	17.74	0.74	11.50	0.16	6

表 3-88 站区调查点 01 采样地作物主要元素含量

年份	作物名称	作物品种	采样部位	全碳/（g/kg）		全氮/（g/kg）		全磷/（g/kg）		全钾/（g/kg）		重复数
				平均值	标准差	平均值	标准差	平均值	标准差	平均值	标准差	
2005	春玉米	富友 1 号	茎叶	449.10	1.46	7.73	0.38	0.72	0.03	3.36	0.83	6
2005	春玉米	富友 1 号	籽实	449.05	1.43	15.95	0.96	3.01	0.09	2.96	0.06	6
2005	春玉米	富友 1 号	根	441.45	9.49	7.12	0.28	0.70	0.06	2.76	0.04	6
2005	春玉米	富友 1 号	玉米芯	463.95	5.41	4.86	1.11	0.80	0.23	4.23	0.50	6
2007	春大豆	铁丰 29	茎叶	456.87	1.96	7.95	0.23	0.59	0.03	5.50	0.39	3
2007	春大豆	铁丰 29	籽实	511.73	3.72	67.87	2.13	5.78	0.19	16.96	0.50	3
2007	春大豆	铁丰 29	根	444.77	23.66	7.09	1.62	0.54	0.20	0.84	0.39	3
2009	春玉米	东单 90	茎叶	438.17	1.07	9.47	0.72	0.88	0.07	4.62	1.07	6

（续）

年份	作物名称	作物品种	采样部位	全碳/（g/kg）		全氮/（g/kg）		全磷/（g/kg）		全钾/（g/kg）		重复数
				平均值	标准差	平均值	标准差	平均值	标准差	平均值	标准差	
2009	春玉米	东单90	籽实	438.83	1.86	14.50	0.39	2.76	0.27	2.62	0.19	6
2009	春玉米	东单90	根	409.50	12.71	11.34	0.85	0.52	0.05	4.77	0.69	6
2010	春玉米	东单90	茎叶	442.33	1.18	8.67	0.73	0.90	0.17	3.61	0.71	6
2010	春玉米	东单90	籽实	436.67	1.37	14.36	1.01	3.03	0.21	2.68	0.11	6
2010	春玉米	东单90	根	366.08	24.59	10.45	2.24	0.63	0.07	5.30	0.82	6
2011	春玉米	美丰33	茎叶	—	—	9.32	0.36	0.77	0.12	4.96	0.51	3
2011	春玉米	美丰33	籽实	—	—	14.23	0.78	2.90	0.22	2.11	0.08	3
2011	春玉米	美丰33	根	—	—	12.01	3.02	0.52	0.08	5.44	0.85	3
2012	春玉米	美丰33、廉盛1号	茎叶	443.50	1.96	7.98	1.40	0.89	0.18	8.27	1.12	6
2012	春玉米	美丰33、廉盛1号	籽实	436.92	3.48	14.56	1.31	2.72	0.08	3.98	0.12	6
2012	春玉米	美丰33、廉盛1号	根	404.83	5.52	7.80	1.39	0.49	0.08	9.86	1.84	6
2013	春玉米	富友99	茎叶	444.35	3.06	7.26	1.14	0.59	0.12	10.09	1.45	6
2013	春玉米	富友99	籽实	447.29	2.92	14.04	1.40	2.71	0.31	3.88	0.25	6
2013	春玉米	富友99	根	427.63	15.98	8.51	1.23	0.54	0.06	13.21	3.03	6
2015	春玉米	科泰6	茎叶	446.86	0.63	8.28	0.84	0.76	0.23	7.77	0.74	6
2015	春玉米	科泰6	籽实	444.29	0.97	17.02	1.00	3.13	0.41	4.02	0.29	6
2015	春玉米	科泰6	根	450.20	10.84	13.00	0.86	0.88	0.15	6.09	1.07	6

表 3-89　站区调查点 01 采样地作物微量元素含量

年份	作物名称	作物品种	采样部位	全硫/（g/kg）		全钙/（g/kg）		全镁/（g/kg）		全铁/（g/kg）		重复数
				平均值	标准差	平均值	标准差	平均值	标准差	平均值	标准差	
2005	春玉米	富友1号	茎叶	3.93	0.13	3.93	0.13	3.48	0.49	0.50	0.03	6
2005	春玉米	富友1号	籽实	1.51	0.13	0.72	0.06	0.97	0.02	0.17	0.04	6
2005	春玉米	富友1号	根	1.93	0.03	3.50	0.79	1.75	0.08	2.98	0.95	6
2005	春玉米	富友1号	玉米芯	3.14	0.05	0.79	0.02	0.34	0.06	0.64	0.06	6
2010	春玉米	东单90	茎叶	0.83	0.10	8.87	2.06	3.10	0.41	0.89	0.18	6
2010	春玉米	东单90	籽实	1.16	0.03	0.79	0.21	1.38	0.14	0.15	0.05	6
2010	春玉米	东单90	根	0.89	0.13	4.28	0.55	3.16	0.33	7.47	1.75	6
2015	春玉米	科泰6	茎叶	1.53	0.11	11.33	1.92	2.09	0.23	0.45	0.09	6
2015	春玉米	科泰6	籽实	1.35	0.06	0.55	0.17	0.51	0.09	0.04	0.01	6
2015	春玉米	科泰6	根	1.94	0.11	6.17	0.72	1.47	0.22	3.12	0.62	6

表 3 – 90　站区调查点 01 采样地作物微量元素含量

年份	作物名称	作物品种	采样部位	全锰/（mg/kg）		全铜/（mg/kg）		全锌/（mg/kg）		全钼/（mg/kg）		重复数
				平均值	标准差	平均值	标准差	平均值	标准差	平均值	标准差	
2005	春玉米	富友1号	茎叶	71.275	1.05	8.610	0.47	11.686	2.81	0.415	0.03	6
2005	春玉米	富友1号	籽实	3.657	1.14	2.910	0.34	7.335	1.69	0.376	0.02	6
2005	春玉米	富友1号	根	48.178	4.00	6.790	0.59	62.204	17.46	0.414	0.03	6
2005	春玉米	富友1号	玉米芯	7.451	0.88	0.366	0.04	11.659	2.28	0.260	0.03	6
2010	春玉米	东单90	茎叶	166.635	41.88	11.940	1.91	18.984	3.60	0.162	0.04	6
2010	春玉米	东单90	籽实	15.827	2.67	1.873	0.52	19.835	1.14	0.261	0.13	6
2010	春玉米	东单90	根	208.312	37.37	20.204	4.59	26.376	4.92	0.426	0.04	6
2015	春玉米	科泰6	茎叶	243.091	41.28	9.432	0.64	20.794	2.04	9.506	2.20	6
2015	春玉米	科泰6	籽实	3.805	1.58	3.198	0.40	11.408	0.75	5.872	0.63	6
2015	春玉米	科泰6	根	197.861	31.71	32.636	16.85	8.048	1.53	4.444	0.48	6

表 3 – 91　站区调查点 01 采样地作物微量元素、热值、灰分含量

年份	作物名称	作物品种	采样部位	全硼/（mg/kg）		全硅/（mg/kg）		干重热值/（MJ/kg）		灰分/%		重复数
				平均值	标准差	平均值	标准差	平均值	标准差	平均值	标准差	
2005	春玉米	富友1号	茎叶	41.855	1.65	37.69	2.93	17.89	0.43	6.50	0.09	6
2005	春玉米	富友1号	籽实	22.811	1.73	0.48	0.15	18.39	0.21	0.40	0.10	6
2005	春玉米	富友1号	根	4.062	2.21	49.34	20.31	17.02	0.14	5.80	0.10	6
2005	春玉米	富友1号	玉米芯	20.279	1.10	7.66	1.06	18.48	0.08	2.60	0.05	6
2010	春玉米	东单90	茎叶	52.556	4.23	10.29	0.79	16.80	0.23	4.80	0.46	6
2010	春玉米	东单90	籽实	14.984	1.84	0.11	0.02	17.79	0.03	1.80	0.07	6
2010	春玉米	东单90	根	18.531	4.26	73.66	15.85	13.93	0.95	21.20	5.51	6
2015	春玉米	科泰6	茎叶	0.134	0.07	18.54	1.87	16.50	0.41	5.30	0.36	6
2015	春玉米	科泰6	籽实	0.084	0.02	0.46	0.08	16.99	0.18	1.10	0.09	6
2015	春玉米	科泰6	根	0.123	0.04	43.36	12.36	16.67	0.30	7.80	1.66	6

表 3 – 92　站区调查点 02 采样地作物主要元素含量

年份	作物名称	作物品种	采样部位	全碳/（g/kg）		全氮/（g/kg）		全磷/（g/kg）		全钾/（g/kg）		重复数
				平均值	标准差	平均值	标准差	平均值	标准差	平均值	标准差	
2005	晚稻	辽粳294-4	茎叶	425.58	4.81	8.98	0.80	1.57	0.27	5.39	0.35	6
2005	晚稻	辽粳294-4	籽实	436.03	2.88	11.28	0.60	2.43	0.13	3.36	0.17	6
2005	晚稻	辽粳294-4	根	436.03	14.69	8.32	0.86	1.98	0.17	2.33	0.43	6
2007	晚稻	辽粳294	茎叶	436.03	3.52	7.79	0.24	1.50	0.24	6.76	0.20	3
2007	晚稻	辽粳294	籽实	436.03	0.43	12.86	1.06	2.39	0.04	1.68	0.04	3
2007	晚稻	辽粳294	根	436.03	1.89	7.01	0.79	1.45	0.11	1.83	0.09	3
2009	晚稻	辽粳968	茎叶	436.03	0.85	9.20	1.32	1.24	0.21	6.53	0.66	6
2009	晚稻	辽粳968	籽实	436.03	0.47	13.55	0.57	3.30	0.06	2.93	0.25	3

（续）

年份	作物名称	作物品种	采样部位	全碳/（g/kg）		全氮/（g/kg）		全磷/（g/kg）		全钾/（g/kg）		重复数
				平均值	标准差	平均值	标准差	平均值	标准差	平均值	标准差	
2009	晚稻	辽粳 968	根	436.03	11.32	10.89	0.09	1.69	0.16	2.39	0.18	3
2010	晚稻	辽星 20	茎叶	436.03	2.05	11.11	0.95	1.54	0.06	6.92	0.29	3
2010	晚稻	辽星 20	籽实	436.03	0.94	12.66	0.15	2.90	0.13	1.68	0.09	3
2010	晚稻	辽星 20	根	436.03	33.59	10.03	1.43	1.56	0.10	3.04	0.19	3
2011	晚稻	千重浪 2 号	茎叶	—	—	10.47	0.45	1.44	0.17	5.86	0.60	3
2011	晚稻	千重浪 2 号	籽实	—	—	15.27	1.63	2.62	0.07	1.78	0.12	3
2011	晚稻	千重浪 2 号	根	—	—	10.87	0.79	2.10	0.17	2.51	0.22	3
2012	晚稻	富粳 357	茎叶	406.50	4.32	6.11	0.78	1.57	0.21	12.48	0.58	3
2012	晚稻	富粳 357	籽实	428.00	4.60	11.67	0.77	2.47	0.14	3.55	0.05	3
2012	晚稻	富粳 357	根	394.17	2.01	11.44	1.31	2.35	0.21	5.34	1.19	3
2013	晚稻	华美 88	茎叶	424.37	1.70	7.74	0.90	1.32	0.27	13.10	0.39	3
2013	晚稻	华美 88	籽实	434.08	0.19	10.52	0.38	2.19	0.08	3.57	0.06	3
2013	晚稻	华美 88	根	345.94	12.53	9.59	1.00	2.10	0.46	7.77	0.91	3
2015	春玉米	锦丹 18	茎叶	449.03	2.40	7.22	0.95	1.31	0.27	10.74	2.53	3
2015	春玉米	锦丹 18	籽实	445.19	1.92	16.52	1.14	3.84	0.06	4.21	0.20	3
2015	春玉米	锦丹 18	根	435.09	6.51	8.29	1.05	1.07	0.24	9.68	2.59	3

表 3-93　站区调查点 02 采样地作物微量元素含量

年份	作物名称	作物品种	采样部位	全硫/（g/kg）		全钙/（g/kg）		全镁/（g/kg）		全铁/（g/kg）		重复数
				平均值	标准差	平均值	标准差	平均值	标准差	平均值	标准差	
2005	晚稻	辽粳 294-4	茎叶	2.97	0.17	2.97	0.17	1.58	0.03	0.91	0.41	6
2005	晚稻	辽粳 294-4	籽实	1.58	0.11	0.35	0.26	1.07	0.10	0.48	0.09	6
2005	晚稻	辽粳 294-4	根	2.55	0.21	2.79	0.12	1.24	0.03	6.58	0.69	6
2010	晚稻	辽星 20	茎叶	1.46	0.07	3.55	0.15	2.41	0.06	0.63	0.03	3
2010	晚稻	辽星 20	籽实	0.94	0.05	1.13	0.06	1.18	0.05	0.34	0.06	3
2010	晚稻	辽星 20	根	1.63	0.23	5.85	0.33	3.78	0.26	27.61	1.57	3
2015	春玉米	锦丹 18	茎叶	1.32	0.05	9.98	0.51	1.60	0.18	0.39	0.03	6
2015	春玉米	锦丹 18	籽实	1.27	0.11	0.63	0.32	0.60	0.01	0.03	0.00	3
2015	春玉米	锦丹 18	根	1.81	0.27	6.75	1.02	1.54	0.23	4.96	0.47	3

表 3-94　站区调查点 02 采样地作物微量元素含量

年份	作物名称	作物品种	采样部位	全锰/（mg/kg）		全铜/（mg/kg）		全锌/（mg/kg）		全钼/（mg/kg）		重复数
				平均值	标准差	平均值	标准差	平均值	标准差	平均值	标准差	
2005	晚稻	辽粳 294-4	茎叶	756.814	70.76	4.846	0.56	22.151	7.50	0.805	0.12	6
2005	晚稻	辽粳 294-4	籽实	66.705	9.43	3.786	0.42	13.402	1.19	0.622	0.07	6
2005	晚稻	辽粳 294-4	根	665.723	29.87	8.294	0.49	33.223	8.23	0.453	0.02	6

（续）

年份	作物名称	作物品种	采样部位	全锰/（mg/kg）		全铜/（mg/kg）		全锌/（mg/kg）		全钼/（mg/kg）		重复数
				平均值	标准差	平均值	标准差	平均值	标准差	平均值	标准差	
2010	晚稻	辽星 20	茎叶	1 875.667	76.73	4.666	0.86	56.246	4.72	0.585	0.13	3
2010	晚稻	辽星 20	籽实	214.047	14.75	3.848	0.81	34.074	4.50	0.377	0.14	3
2010	晚稻	辽星 20	根	950.489	77.28	22.987	0.41	57.288	4.11	0.678	0.03	3
2015	春玉米	锦丹 18	茎叶	59.476	2.07	9.573	0.53	15.623	1.60	9.881	0.71	6
2015	春玉米	锦丹 18	籽实	3.421	1.55	4.332	0.72	12.157	0.62	7.611	0.43	3
2015	春玉米	锦丹 18	根	179.920	32.87	30.573	4.78	9.333	1.36	10.180	3.08	3

表 3-95 站区调查点 02 采样地作物微量元素、热值、灰分含量

年份	作物名称	作物品种	采样部位	全硼/（mg/kg）		全硅/(mg/kg)		干重热值/(MJ/kg)		灰分/%		重复数
				平均值	标准差	平均值	标准差	平均值	标准差	平均值	标准差	
2005	晚稻	辽粳 294-4	茎叶	25.196	6.36	67.17	6.79	17.56	0.26	11.70	0.10	6
2005	晚稻	辽粳 294-4	籽实	18.319	0.63	22.80	2.67	17.82	0.41	3.40	0.10	6
2005	晚稻	辽粳 294-4	根	1.485	0.09	136.69	21.22	15.75	0.14	20.10	0.10	6
2010	晚稻	辽星 20	茎叶	40.270	0.08	26.73	1.93	15.72	0.42	10.10	0.16	3
2010	晚稻	辽星 20	籽实	5.610	0.69	13.53	2.17	17.12	0.02	4.50	0.12	3
2010	晚稻	辽星 20	根	33.147	2.96	142.18	20.22	8.86	1.18	45.00	5.82	3
2015	春玉米	锦丹 18	茎叶	0.288	0.10	17.21	0.52	16.84	0.25	4.90	0.37	6
2015	春玉米	锦丹 18	籽实	0.107	0.02	0.39	0.13	17.11	0.17	1.40	0.12	3
2015	春玉米	锦丹 18	根	0.184	0.07	61.34	7.91	16.30	0.23	10.60	1.10	3

表 3-96 站区调查点 03 采样地作物主要元素含量

年份	作物名称	作物品种	采样部位	全碳/（g/kg）		全氮/（g/kg）		全磷/（g/kg）		全钾/（g/kg）		重复数
				平均值	标准差	平均值	标准差	平均值	标准差	平均值	标准差	
2005	春玉米	富友 1 号	茎叶	451.00	4.14	8.14	1.26	0.65	0.20	5.03	0.55	6
2005	春玉米	富友 1 号	籽实	444.50	2.09	13.93	0.45	2.78	0.29	3.45	0.32	6
2005	春玉米	富友 1 号	根	440.26	10.29	7.86	0.82	0.69	0.02	5.44	0.21	6
2005	春玉米	富友 1 号	玉米芯	462.78	2.43	6.75	0.13	1.06	0.21	5.48	0.18	6
2007	春玉米	东单 60	茎叶	447.07	2.65	7.40	0.27	0.27	0.03	8.15	0.62	3
2007	春玉米	东单 60	籽实	437.87	2.77	13.78	0.54	2.71	0.26	2.50	0.13	3
2007	春玉米	东单 60	根	440.51	16.35	8.06	0.30	0.51	0.01	8.07	1.29	3
2009	春玉米	东单 90	茎叶	438.92	0.45	9.68	0.55	0.90	0.09	5.24	0.45	6
2009	春玉米	东单 90	籽实	439.67	0.94	14.20	0.24	2.79	0.12	2.55	0.14	6
2009	春玉米	东单 90	根	424.08	5.07	11.77	0.61	0.51	0.05	7.34	1.03	6
2010	春玉米	沈玉 21	茎叶	440.58	8.73	7.18	0.40	0.59	0.04	6.50	1.52	6
2010	春玉米	沈玉 21	籽实	434.33	0.94	13.94	0.78	2.97	0.33	2.21	0.15	6
2010	春玉米	沈玉 21	根	380.92	41.32	7.75	1.02	0.67	0.09	6.02	1.13	6

（续）

年份	作物名称	作物品种	采样部位	全碳/（g/kg）		全氮/（g/kg）		全磷/（g/kg）		全钾/（g/kg）		重复数
				平均值	标准差	平均值	标准差	平均值	标准差	平均值	标准差	
2011	春玉米	沈玉21	茎叶	—	—	7.83	0.25	0.66	0.11	4.97	0.28	6
2011	春玉米	沈玉21	籽实	—	—	15.50	0.64	3.15	0.19	1.88	0.25	6
2011	春玉米	沈玉21	根	—	—	9.14	0.35	0.44	0.02	5.45	0.88	6
2012	春玉米	豫得7号	茎叶	440.00	2.58	6.79	1.27	0.85	0.08	6.54	1.06	6
2012	春玉米	豫得7号	籽实	437.42	4.94	15.52	1.05	2.65	0.18	3.94	0.30	6
2012	春玉米	豫得7号	根	401.92	6.72	6.82	1.07	0.55	0.04	8.56	1.10	6
2013	春玉米	创奇518	茎叶	445.68	2.59	6.87	0.57	0.65	0.14	7.18	0.92	6
2013	春玉米	创奇518	籽实	442.63	2.85	14.39	0.58	2.79	0.05	3.69	0.09	6
2013	春玉米	创奇518	根	439.87	8.19	8.31	0.50	0.58	0.06	8.48	1.21	6
2015	春玉米	DHDT2015	茎叶	444.75	3.57	6.64	1.02	0.84	0.28	8.45	0.98	6
2015	春玉米	DHDT2015	籽实	444.20	1.73	15.66	0.45	3.42	0.25	4.28	0.16	6
2015	春玉米	DHDT2015	根	430.96	11.37	9.36	1.09	0.71	0.07	9.07	1.87	6

表 3-97　站区调查点 03 采样地作物微量元素含量

年份	作物名称	作物品种	采样部位	全硫/（g/kg）		全钙/（g/kg）		全镁/（g/kg）		全铁/（g/kg）		重复数
				平均值	标准差	平均值	标准差	平均值	标准差	平均值	标准差	
2005	春玉米	富友1号	茎叶	3.71	0.24	3.71	0.24	2.83	0.11	0.55	0.04	6
2005	春玉米	富友1号	籽实	1.51	0.05	1.09	0.14	1.09	0.09	0.11	0.00	6
2005	春玉米	富友1号	根	2.08	0.09	2.07	0.05	1.91	0.05	3.32	0.75	6
2005	春玉米	富友1号	玉米芯	3.26	0.04	0.59	0.08	0.42	0.06	0.40	0.15	6
2010	春玉米	沈玉21	茎叶	0.70	0.07	7.06	3.13	2.41	0.34	0.92	0.26	6
2010	春玉米	沈玉21	籽实	1.11	0.14	0.88	0.19	1.37	0.11	0.24	0.08	6
2010	春玉米	沈玉21	根	0.89	0.17	5.18	0.83	3.00	0.42	5.97	0.98	6
2015	春玉米	DHDT2015	茎叶	1.19	0.15	10.12	0.58	2.20	0.13	0.42	0.06	6
2015	春玉米	DHDT2015	籽实	1.19	0.07	0.69	0.24	0.53	0.05	0.04	0.00	6
2015	春玉米	DHDT2015	根	1.50	0.11	7.54	1.17	1.48	0.35	4.73	0.70	6

表 3-98　站区调查点 03 采样地作物微量元素含量

年份	作物名称	作物品种	采样部位	全锰/（mg/kg）		全铜/（mg/kg）		全锌/（mg/kg）		全钼/（mg/kg）		重复数
				平均值	标准差	平均值	标准差	平均值	标准差	平均值	标准差	
2005	春玉米	富友1号	茎叶	57.564	11.19	8.258	0.48	9.770	1.45	0.376	0.03	6
2005	春玉米	富友1号	籽实	3.683	0.51	2.307	0.10	4.628	0.66	0.379	0.07	6
2005	春玉米	富友1号	根	53.491	9.92	9.297	0.67	66.584	1.32	0.354	0.02	6
2005	春玉米	富友1号	玉米芯	7.402	0.16	0.460	0.06	7.865	1.89	0.250	0.02	6
2010	春玉米	沈玉21	茎叶	157.543	61.03	8.169	0.84	15.133	2.19	0.275	0.10	6
2010	春玉米	沈玉21	籽实	16.805	2.41	2.765	1.18	21.162	2.51	0.340	0.05	6

（续）

年份	作物名称	作物品种	采样部位	全锰/（mg/kg）		全铜/（mg/kg）		全锌/（mg/kg）		全钼/（mg/kg）		重复数
				平均值	标准差	平均值	标准差	平均值	标准差	平均值	标准差	
2010	春玉米	沈玉 21	根	336.121	144.43	14.170	2.84	26.504	5.87	0.467	0.06	6
2015	春玉米	DHDT2015	茎叶	186.420	16.95	10.001	2.21	18.292	3.71	11.351	2.12	6
2015	春玉米	DHDT2015	籽实	3.287	0.89	4.473	0.32	16.016	1.20	7.549	0.89	6
2015	春玉米	DHDT2015	根	205.331	74.98	24.047	3.02	10.321	2.03	6.867	0.89	6

表 3-99　站区调查点 03 采样地作物微量元素含量

年份	作物名称	作物品种	采样部位	全硼/（mg/kg）		全硅/（mg/kg）		干重热值/（MJ/kg）		灰分/%		重复数
				平均值	标准差	平均值	标准差	平均值	标准差	平均值	标准差	
2005	春玉米	富友 1 号	茎叶	36.939	2.75	29.84	3.99	17.80	0.17	6.50	0.11	6
2005	春玉米	富友 1 号	籽实	23.892	1.00	0.56	0.22	18.88	0.12	0.40	0.07	6
2005	春玉米	富友 1 号	根	25.086	0.62	59.49	17.01	17.97	0.12	5.80	0.10	6
2005	春玉米	富友 1 号	玉米芯	15.807	1.70	6.60	1.23	18.55	0.17	2.60	0.07	6
2010	春玉米	沈玉 21	茎叶	49.989	2.40	11.11	2.18	16.74	0.33	5.60	1.42	6
2010	春玉米	沈玉 21	籽实	14.138	2.07	0.17	0.08	17.63	0.05	1.60	0.42	6
2010	春玉米	沈玉 21	根	19.716	4.80	53.81	14.47	13.83	1.21	20.50	8.60	6
2015	春玉米	DHDT2015	茎叶	0.109	0.03	25.04	1.03	16.58	0.26	5.70	0.39	6
2015	春玉米	DHDT2015	籽实	0.092	0.03	0.35	0.14	17.15	0.14	1.30	0.11	6
2015	春玉米	DHDT2015	根	0.125	0.02	71.36	14.64	16.16	0.38	11.30	2.01	6

3.2　土壤观测数据

3.2.1　土壤交换量

3.2.1.1　概述

土壤交换性能对植物营养和施肥具有重要意义，它能调节土壤溶液的浓度，保持土壤溶液成分的多样性，减少土壤中养分离子的淋失。本数据集包括沈阳站 2005—2015 年 6 个长期监测样地的年尺度土壤交换量监测数据，包括交换性钙、交换性镁、交换性钾、交换性钠和阳离子交换量 5 项指标。

3.2.1.2　数据采集和处理方法

按照中国生态系统研究网络（CERN）长期观测规范，土壤交换量数据监测频率为 5 年 1 次。每年秋季作物收获后，用取土铲在采样区内取 0～20 cm 土层土壤，每个重复由 10～12 个按 W 形采样方式采集的样品混合而成（约 1 kg），将取回的土样置于干净的白纸上风干，挑除根系和石子，用四分法取适量研磨后，过 2 mm 筛，进行测定，测定方法为乙酸铵交换法。

3.2.1.3　数据质量控制和评估

（1）测定时插入国家标准样品进行质控。

（2）分析时进行 3 次平行样品测定。

（3）利用校验软件检查每个监测数据是否超出相同土壤类型和采样深度的历史数据范围、每个观测场监测项目均值是否超出该样地相同深度历史数据均值的 2 倍标准差、每个观测场监测项目标准差是否超出该样地相同深度历史数据的 2 倍标准差或者样地空间变异调查的 2 倍标准差等。对超出范围的数据进行核实或再次测定。

3.2.1.4 数据价值/数据使用方法和建议

土壤交换性能是改良土壤和合理施肥的重要依据，该数据包含了沈阳站不同农田类型或同一农田类型的不同施肥处理以及 3 个典型站区调查点的土壤阳离子交换量和 4 种交换性阳离子的含量，可为下辽河平原潮棕壤土养分管理提供数据支持。

3.2.1.5 数据

表 3-100 至表 3-109 中为土壤交换量数据。

表 3-100 综合观测场土壤生物采样地 01 土壤交换量

时间 (年-月)	观测层次/ cm	交换性钙/ (mmol/kg, 1/2Ca²⁺)		交换性镁/ (mmol/kg, 1/2 Mg²⁺)		交换性钾/ (mmol/kg, K⁺)		交换性钠/ (mmol/kg, Na⁺)		阳离子交换量/ (mmol/kg)		重复数
		平均值	标准差	平均值	标准差	平均值	标准差	平均值	标准差	平均值	标准差	
2005-10	0~20	102.2	13.6	27.3	6.3	3.74	0.24	3.24	0.56	159.7	6.1	6
2010-10	0~20	88.1	9.6	30.4	1.4	3.33	0.30	5.85	1.02	161.8	5.3	6
2015-10	0~20	115.5	1.2	22.8	2.0	3.09	0.34	8.48	1.33	169.3	6.5	6

表 3-101 综合观测场土壤生物采样地 02 土壤交换量

时间 (年-月)	观测层次/ cm	交换性钙/ (mmol/kg, 1/2Ca²⁺)		交换性镁/ (mmol/kg, 1/2 Mg²⁺)		交换性钾/ (mmol/kg, K⁺)		交换性钠/ (mmol/kg, Na⁺)		阳离子交换量/ (mmol/kg)		重复数
		平均值	标准差	平均值	标准差	平均值	标准差	平均值	标准差	平均值	标准差	
2005-10	0~20	75.5	9.9	29.2	3.1	3.20	0.00	6.07	1.26	162.5	4.0	6
2010-10	0~20	92.5	4.7	16.7	3.2	2.93	0.18	5.13	2.47	144.9	3.1	6

表 3-102 辅助观测场 01（CK）土壤交换量

时间 (年-月)	观测层次/ cm	交换性钙/ (mmol/kg, 1/2Ca²⁺)		交换性镁/ (mmol/kg, 1/2 Mg²⁺)		交换性钾/ (mmol/kg, K⁺)		交换性钠/ (mmol/kg, Na⁺)		阳离子交换量/ (mmol/kg)		重复数
		平均值	标准差	平均值	标准差	平均值	标准差	平均值	标准差	平均值	标准差	
2005-10	0~20	90.6	5.2	27.3	2.3	3.87	0.57	5.42	0.26	159.7	1.8	6
2010-10	0~20	81.1	0.8	31.5	0.2	3.20	0.00	5.18	0.00	156.3	0.7	6
2015-10	0~20	106.3	2.9	24.3	1.1	1.98	0.18	1.87	0.46	160.5	0.1	6

表 3-103 辅助观测场 02（秸秆还田）土壤交换量

时间 (年-月)	观测层次/ cm	交换性钙/ (mmol/kg, 1/2Ca²⁺)		交换性镁/ (mmol/kg, 1/2 Mg²⁺)		交换性钾/ (mmol/kg, K⁺)		交换性钠/ (mmol/kg, Na⁺)		阳离子交换量/ (mmol/kg)		重复数
		平均值	标准差	平均值	标准差	平均值	标准差	平均值	标准差	平均值	标准差	
2005-10	0~20	92.3	13.3	32.5	8.7	3.36	0.31	3.63	1.40	161.4	5.2	6
2010-10	0~20	88.5	8.4	33.7	2.0	3.47	0.38	4.29	1.26	162.1	5.2	6
2015-10	0~20	115.4	8.2	28.5	0.5	2.41	0.37	1.44	0.19	168.2	10.0	6

表 3－104　辅助观测场 03（一次性施肥）土壤交换量

时间（年-月）	观测层次/cm	交换性钙/(mmol/kg, 1/2Ca²⁺)		交换性镁/(mmol/kg, 1/2 Mg²⁺)		交换性钾/(mmol/kg, K⁺)		交换性钠/(mmol/kg, Na⁺)		阳离子交换量/(mmol/kg)		重复数
		平均值	标准差	平均值	标准差	平均值	标准差	平均值	标准差	平均值	标准差	
2005-10	0~20	89.3	7.2	33.2	8.9	3.32	0.30	3.59	1.38	159.4	5.1	6
2010-10	0~20	93.9	2.7	34.9	0.9	3.20	0.00	5.18	0.00	155.8	1.5	6
2015-10	0~20	104.6	3.5	31.3	1.1	1.69	0.08	3.91	0.40	161.5	1.1	6

表 3－105　辅助观测场 04（常规施肥）土壤交换量

时间（年-月）	观测层次/cm	交换性钙/(mmol/kg, 1/2Ca²⁺)		交换性镁/(mmol/kg, 1/2 Mg²⁺)		交换性钾/(mmol/kg, K⁺)		交换性钠/(mmol/kg, Na⁺)		阳离子交换量/(mmol/kg)		重复数
		平均值	标准差	平均值	标准差	平均值	标准差	平均值	标准差	平均值	标准差	
2005-10	0~20	79.8	4.0	37.9	1.6	3.47	0.51	3.36	0.83	154.6	5.8	6
2010-10	0~20	96.7	10.5	33.3	3.6	2.93	0.38	6.52	1.09	158.8	18.3	6
2015-10	0~20	103.0	6.4	32.2	1.3	1.84	0.06	2.47	0.79	163.8	1.7	6

表 3－106　辅助观测场 05（水田）土壤交换量

时间（年-月）	观测层次/cm	交换性钙/(mmol/kg, 1/2Ca²⁺)		交换性镁/(mmol/kg, 1/2 Mg²⁺)		交换性钾/(mmol/kg, K⁺)		交换性钠/(mmol/kg, Na⁺)		阳离子交换量/(mmol/kg)		重复数
		平均值	标准差	平均值	标准差	平均值	标准差	平均值	标准差	平均值	标准差	
2005-10	0~20	80.6	3.3	39.4	3.7	2.49	0.63	5.26	0.88	142.0	2.5	6
2010-10	0~20	88.7	1.5	38.1	2.7	3.20	0.00	5.18	0.77	153.7	5.3	6
2015-10	0~20	109.3	5.6	27.8	3.4	1.71	0.08	3.08	0.39	156.7	3.6	6

表 3－107　站区调查点 01 土壤交换量

时间（年-月）	观测层次/cm	交换性钙/(mmol/kg, 1/2Ca²⁺)		交换性镁/(mmol/kg, 1/2 Mg²⁺)		交换性钾/(mmol/kg, K⁺)		交换性钠/(mmol/kg, Na⁺)		阳离子交换量/(mmol/kg)		重复数
		平均值	标准差	平均值	标准差	平均值	标准差	平均值	标准差	平均值	标准差	
2005-10	0~20	80.0	4.6	41.6	9.5	2.53	0.77	2.67	0.68	151.8	21.9	6
2010-10	0~20	79.8	4.1	33.5	5.8	2.93	0.38	4.29	2.00	147.3	8.4	6
2015-10	0~20	83.0	6.8	22.6	5.5	2.81	0.41	2.02	0.47	159.7	2.8	6

表 3－108　站区调查点 02 土壤交换量

时间（年-月）	观测层次/cm	交换性钙/(mmol/kg, 1/2Ca²⁺)		交换性镁/(mmol/kg, 1/2 Mg²⁺)		交换性钾/(mmol/kg, K⁺)		交换性钠/(mmol/kg, Na⁺)		阳离子交换量/(mmol/kg)		重复数
		平均值	标准差	平均值	标准差	平均值	标准差	平均值	标准差	平均值	标准差	
2005-10	0~20	73.5	6.8	35.4	4.2	1.78	0.09	4.20	0.78	129.1	6.5	6
2010-10	0~20	84.5	4.1	35.9	2.9	1.60	0.00	2.50	0.00	145.6	7.6	6
2015-10	0~20	100.2	3.7	20.0	1.6	2.12	0.10	3.02	0.36	141.6	2.7	6

表 3 - 109　站区调查点 03 土壤交换量

时间 （年-月）	观测层次/ cm	交换性钙/ (mmol/kg, 1/2Ca²⁺)		交换性镁/ (mmol/kg, 1/2 Mg²⁺)		交换性钾/ (mmol/kg, K⁺)		交换性钠/ (mmol/kg, Na⁺)		阳离子交换量/ (mmol/kg)		重复数
		平均值	标准差	平均值	标准差	平均值	标准差	平均值	标准差	平均值	标准差	
2005 - 10	0~20	75.5	2.5	50.6	4.6	3.99	0.84	2.98	0.74	162.7	6.5	6
2010 - 10	0~20	81.1	4.1	44.1	4.0	3.20	0.00	3.17	1.02	163.8	4.0	6
2015 - 10	0~20	114.0	5.3	22.3	1.0	2.20	0.20	1.78	0.67	172.9	3.1	6

3.2.2　土壤养分

3.2.2.1　概述

本数据集包括沈阳站 2005—2015 年 10 个长期监测样地的年尺度土壤养分数据，包括有机质、全氮、全磷、全钾、碱解氮、有效磷、速效钾、缓效钾和 pH 9 项指标。

3.2.2.2　数据采集和处理方法

按照 CERN 长期观测规范，表层（0~20 cm）土壤的碱解氮、有效磷和速效钾的监测频率为 1 年 1 次，有机质、全氮、全磷、全钾、缓效钾和 pH 的监测频率为 2~3 年 1 次。在实际监测时，沈阳站根据监测工作量，适当提高了有机质、全氮和 pH 的监测频率。每年秋季作物收获后，采集各观测场 0~20 cm 土壤样品，用土钻在采样区内取 0~20 cm 表层土壤，每个重复由 10~12 个按 W 形采样方式采集的样品混合而成（约 1 kg），将取回的土样置于干净的白纸上风干，挑除根系和石子，用四分法取适量研磨后过 2 mm 筛，再用四分法从全部过 2 mm 筛的土样中取适量，磨细后过 0.25 mm 和 0.149 mm 筛。2 mm 土样用于分析有效磷、速效钾、缓效钾和 pH，0.25 mm 土样用于分析碱解氮，0.149 mm 土样用于分析有机质、全氮、全磷和全钾。

土壤有机质采用重铬酸钾氧化法或元素分析仪法测定，全氮采用半微量凯式法或元素分析仪法测定，全磷采用酸熔-钼锑抗比色法测定，全钾采用酸熔-火焰光度法测定，碱解氮采用碱解扩散法测定，有效磷采用碳酸氢钠浸提-钼锑抗比色法测定，速效钾采用乙酸铵浸提-火焰光度法测定，缓效钾采用硝酸浸提-火焰光度法测定，pH 采用电位法测定。

3.2.2.3　数据质量控制和评估

（1）测定时插入国家标准样品进行质控。

（2）分析时进行 3 次平行样品测定。

（3）利用校验软件检查每个监测数据是否超出相同土壤类型和采样深度的历史数据范围、每个观测场监测项目均值是否超出该样地相同深度历史数据均值的 2 倍标准差、每个观测场监测项目标准差是否超出该样地相同深度历史数据的 2 倍标准差或者样地空间变异调查的 2 倍标准差等。对超出范围的数据进行核实或再次测定。

3.2.2.4　数据价值/数据使用方法和建议

土壤有机质不仅能保持土壤肥力、改善土壤结构、提高土壤缓冲性，而且在全球碳循环中都发挥着至关重要的作用；土壤氮、磷、钾 3 种元素是植物需要量较大和收获时带走较多的营养元素，它们在土壤肥力中起着关键作用；pH 是反映土壤形成过程和熟化程度的一个重要指标，它对土壤养分存在的形态和有效性、微生物活动以及植物生长发育都有很大影响。以上指标都是土壤属性中基本的化学指标，是我们研究土壤肥力演变的重要依据。

该数据集包含沈阳站 7 个不同的观测场以及 3 个典型站区调查点连续 10 年的土壤养分指标，可为下辽河平原潮棕壤肥力演变和优化潮棕壤施肥措施提供数据支持。

3.2.2.5　数据

表 3 - 110 至表 3 - 139 中为土壤养分数据。

表 3 - 110　综合观测场土壤生物采样地 01 表层土壤全量养分

时间 （年-月）	观测层次/ cm	有机质/（g/kg）		全氮/（g/kg）		重复数
		平均值	标准差	平均值	标准差	
2005 - 10	0～20	—	—	—	—	—
2006 - 10	0～20	19.7	0.6	1.07	0.05	6
2007 - 10	0～20	19.4	0.7	1.11	0.01	6
2008 - 10	0～20	—	—	—	—	
2009 - 10	0～20	18.5	0.5	1.19	0.12	6
2010 - 10	0～20	18.7	0.7	1.08	0.07	6
2011 - 10	0～20	—	—	—	—	
2012 - 10	0～20	—	—	—	—	
2013 - 10	0～20	20.2	0.8	0.92	0.04	6
2014 - 10	0～20	—	—	—	—	
2015 - 10	0～20	20.9	1.0	1.08	0.04	6

表 3 - 111　综合观测场土壤生物采样地 01 表层土壤速效养分和 pH

时间 （年-月）	观测层次/ cm	碱解氮/ （mg/kg，N）		有效磷/ （mg/kg，P）		速效钾/ （mg/kg，K）		缓效钾/ （mg/kg，K）		pH		重复数
		平均值	标准差	平均值	标准差	平均值	标准差	平均值	标准差	平均值	标准差	
2005 - 10	0～20	84.1	6.29	12.2	3.67	72.0	4.07	478	20.42	5.92	0.19	6
2006 - 10	0～20	89.2	4.08	15.0	3.42	74.2	8.94	—	—	5.47	0.16	6
2007 - 10	0～20	85.1	6.31	15.6	3.37	69.7	7.37	510	12.95	5.47	0.22	6
2008 - 10	0～20	103.0	8.37	14.3	1.93	78.0	7.73	—	—	—	—	6
2009 - 10	0～20	125.7	18.42	14.9	5.09	84.5	8.47	—	—	5.37	0.17	6
2010 - 10	0～20	91.6	4.49	14.7	2.45	77.2	2.24	512	15.70	5.54	0.14	6
2011 - 10	0～20	107.3	4.58	18.1	2.26	79.5	4.85	—	—	5.46	0.13	6
2012 - 10	0～20	92.1	4.82	15.6	1.55	82.3	6.70	—	—	5.68	0.25	6
2013 - 10	0～20	99.8	3.66	14.8	0.52	81.0	8.23	579	24.87	5.76	0.17	6
2014 - 10	0～20	124.7	2.41	19.2	2.28	86.8	9.69	—	—	—	—	6
2015 - 10	0～20	105.9	8.14	14.5	2.50	71.7	4.17	541	18.79	5.59	0.23	6

表 3 - 112　综合观测场土壤生物采样地 01 分层土壤全量养分

时间 （年-月）	观测层次/ cm	有机质/（g/kg）		全氮/（g/kg）		全磷/（g/kg）		全钾/（g/kg）		复数
		平均值	标准差	平均值	标准差	平均值	标准差	平均值	标准差	
2005 - 10	0～10	22.4	0.41	1.26	0.12	0.545	0.006	14.9	0.33	3
2005 - 10	＞10～20	18.2	2.20	1.10	0.13	0.474	0.018	13.9	0.49	3
2005 - 10	＞20～30	13.9	1.83	0.82	0.13	0.475	0.008	14.7	0.17	3
2005 - 10	＞30～40	11.9	2.17	0.80	0.11	0.490	0.016	15.0	0.19	3
2005 - 10	＞40～60	14.2	1.70	0.87	0.08	0.479	0.012	14.3	0.17	3
2005 - 10	＞60～100	11.8	1.04	0.79	0.02	0.605	0.005	14.7	0.16	3

（续）

| 时间
（年-月） | 观测层次/
cm | 有机质/（g/kg） | | 全氮/（g/kg） | | 全磷/（g/kg） | | 全钾/（g/kg） | | 复数 |
		平均值	标准差	平均值	标准差	平均值	标准差	平均值	标准差	
2010 - 10	0～10	20.0	0.37	1.18	0.02	0.540	0.019	15.9	0.19	3
2010 - 10	＞10～20	17.5	0.62	1.01	0.02	0.452	0.018	16.2	0.27	3
2010 - 10	＞20～30	14.9	0.77	0.87	0.04	0.443	0.007	15.8	0.33	3
2010 - 10	＞30～40	13.8	1.45	0.86	0.02	0.445	0.023	16.0	0.40	3
2010 - 10	＞40～60	15.5	0.77	0.90	0.09	0.476	0.020	14.9	0.50	3
2010 - 10	＞60～100	13.3	2.01	0.81	0.06	0.602	0.012	14.9	0.82	3
2015 - 10	0～10	21.7	0.87	1.18	0.06	0.602	0.023	18.6	0.40	3
2015 - 10	＞10～20	19.6	0.50	1.00	0.06	0.538	0.004	18.7	0.34	3
2015 - 10	＞20～40	14.2	1.01	0.77	0.06	0.480	0.012	18.8	0.53	3
2015 - 10	＞40～60	15.0	0.31	0.85	0.03	0.544	0.013	18.3	0.25	3
2015 - 10	＞60～100	13.5	1.37	0.77	0.06	0.686	0.027	18.5	0.20	3

表 3 - 113　综合观测场土壤生物采样地 02 表层土壤全量养分

| 时间
（年-月） | 观测层次/
cm | 有机质/（g/kg） | | 全氮/（g/kg） | | 重复数 |
		平均值	标准差	平均值	标准差	
2008 - 10	0～20	—	—	—	—	—
2009 - 10	0～20	16.0	0.75	1.10	0.12	6
2010 - 10	0～20	17.6	0.56	1.02	0.06	6
2011 - 10	0～20	—	—	—	—	—
2012 - 10	0～20	—	—	—	—	—
2013 - 10	0～20	18.2	0.59	0.93	0.05	6
2014 - 10	0～20	—	—	—	—	—
2015 - 10	0～20	18.8	0.40	1.09	0.03	6

表 3 - 114　综合观测场土壤生物采样地 02 表层土壤速效养分和 pH

| 时间
（年-月） | 观测层次/
cm | 碱解氮/
（mg/kg，N） | | 有效磷/
（mg/kg，P） | | 速效钾/
（mg/kg，K） | | 缓效钾/
（mg/kg，K） | | pH | | 重复数 |
		平均值	标准差	平均值	标准差	平均值	标准差	平均值	标准差	平均值	标准差	
2008 - 10	0～20	118.6	7.10	19.5	4.55	84.2	4.12	—	—	—	—	6
2009 - 10	0～20	125.7	3.30	17.1	3.84	79.8	7.51	—	—	5.40	0.11	6
2010 - 10	0～20	101.8	3.76	17.5	3.37	73.5	4.71	524	25.48	5.23	0.15	6
2011 - 10	0～20	111.0	6.91	18.3	3.28	71.7	3.06	—	—	5.20	0.06	6
2012 - 10	0～20	92.6	8.35	15.8	2.87	77.8	3.14	—	—	5.28	0.11	6
2013 - 10	0～20	102.3	4.03	17.5	3.18	77.3	4.65	555	21.79	5.39	0.08	6
2014 - 10	0～20	129.6	4.60	20.0	1.94	78.9	6.32	—	—	—	—	6
2015 - 10	0～20	129.3	6.65	20.3	3.06	68.1	5.08	527	23.65	5.16	0.12	6

表 3 - 115　综合观测场土壤生物采样地 02 分层土壤全量养分

| 时间
（年-月） | 观测层次/
cm | 有机质/（g/kg） | | 全氮/（g/kg） | | 全磷/（g/kg） | | 全钾/（g/kg） | | 复数 |
		平均值	标准差	平均值	标准差	平均值	标准差	平均值	标准差	
2010 - 10	0～10	17.7	0.39	1.13	0.02	0.556	0.011	15.7	0.49	3
2010 - 10	>10～20	16.2	0.70	1.03	0.07	0.523	0.010	15.7	0.59	3
2010 - 10	>20～30	12.1	0.41	0.78	0.05	0.457	0.008	15.8	0.37	3
2010 - 10	>30～40	11.2	0.78	0.79	0.02	0.445	0.014	15.3	0.44	3
2010 - 10	>40～60	11.9	1.33	0.87	0.07	0.474	0.009	16.2	0.35	3
2010 - 10	>60～100	9.2	0.68	0.72	0.04	0.522	0.015	16.1	0.77	3
2015 - 10	0～10	18.8	0.92	1.09	0.06	0.635	0.044	18.9	0.11	3
2015 - 10	>10～20	18.7	0.28	1.04	0.07	0.578	0.015	18.5	0.28	3
2015 - 10	>20～40	13.0	0.20	0.80	0.03	0.458	0.009	18.5	0.17	3
2015 - 10	>40～60	12.0	0.20	0.74	0.02	0.459	0.001	18.4	0.11	3
2015 - 10	>60～100	9.7	1.13	0.62	0.06	0.525	0.032	18.4	0.12	3

表 3 - 116　辅助观测场 01（CK）表层土壤全量养分

| 时间
（年-月） | 观测层次/
cm | 有机质/（g/kg） | | 全氮/（g/kg） | | 重复数 |
		平均值	标准差	平均值	标准差	
2005 - 10	0～20	—	—	—	—	—
2006 - 10	0～20	20.1	0.74	1.02	0.06	6
2007 - 10	0～20	19.6	0.30	1.04	0.03	3
2008 - 10	0～20	—	—	—	—	—
2009 - 10	0～20	17.4	0.07	1.00	0.10	3
2010 - 10	0～20	17.8	0.04	0.97	0.02	3
2011 - 10	0～20	—	—	—	—	—
2012 - 10	0～20	—	—	—	—	—
2013 - 10	0～20	19.8	0.50	0.90	0.01	3
2014 - 10	0～20	—	—	—	—	—
2015 - 10	0～20	20.8	0.49	1.06	0.03	3

表 3 - 117　辅助观测场 01（CK）表层土壤速效养分和 pH

| 时间
（年-月） | 观测层次/
cm | 碱解氮/
（mg/kg，N） | | 有效磷/
（mg/kg，P） | | 速效钾/
（mg/kg，K） | | 缓效钾/
（mg/kg，K） | | pH | | 重复数 |
		平均值	标准差	平均值	标准差	平均值	标准差	平均值	标准差	平均值	标准差	
2005 - 10	0～20	83.2	4.32	9.5	1.80	64.5	3.46	466	24.93	6.24	0.08	6
2006 - 10	0～20	82.9	7.85	5.5	1.10	37.1	5.67	—	—	5.97	0.06	6
2007 - 10	0～20	75.2	4.27	5.6	0.74	56.3	3.34	512	7.54	5.95	0.06	3
2008 - 10	0～20	75.1	1.75	3.8	0.23	60.0	1.16	—	—			3
2009 - 10	0～20	77.1	3.27	4.5	0.81	67.7	2.03	—	—	6.07	0.05	3
2010 - 10	0～20	79.4	0.68	3.9	0.75	65.1	0.00	510	5.88	6.05	0.06	3

（续）

时间 （年-月）	观测层次/ cm	碱解氮/ （mg/kg，N）		有效磷/ （mg/kg，P）		速效钾/ （mg/kg，K）		缓效钾/ （mg/kg，K）		pH		重复数
		平均值	标准差	平均值	标准差	平均值	标准差	平均值	标准差	平均值	标准差	
2011－10	0～20	88.6	3.16	4.9	0.38	64.3	2.31	—	—	6.17	0.05	3
2012－10	0～20	75.4	3.92	5.1	0.11	69.9	2.35	—	—	6.33	0.09	3
2013－10	0～20	81.1	0.51	7.4	0.30	66.1	2.35	540	17.27	6.46	0.03	3
2014－10	0～20	82.8	3.69	5.2	0.23	68.6	4.06	—	—	—	—	3
2015－10	0～20	85.3	2.89	9.2	0.49	63.6	5.16	505	12.12	6.80	0.09	3

表 3－118　辅助观测场 01（CK）分层土壤全量养分

时间 （年-月）	观测层次/ cm	有机质/（g/kg）		全氮/（g/kg）		全磷/（g/kg）		全钾/（g/kg）		复数
		平均值	标准差	平均值	标准差	平均值	标准差	平均值	标准差	
2005－10	0～10	19.3	0.90	1.03	0.05	0.582	0.027	14.5	0.23	3
2005－10	>10～20	14.7	0.11	0.86	0.03	0.579	0.046	14.8	0.00	3
2005－10	>20～30	12.1	0.54	0.72	0.01	0.551	0.031	13.5	0.95	3
2005－10	>30～40	14.2	0.30	0.80	0.04	0.545	0.007	13.7	0.47	3
2005－10	>40～60	13.7	0.57	0.79	0.01	0.606	0.032	13.8	0.09	3
2005－10	>60～100	8.7	0.40	0.53	0.08	0.676	0.039	14.0	0.63	3
2010－10	0～10	19.9	0.11	1.18	0.02	0.541	0.035	15.6	0.50	3
2010－10	>10～20	18.1	0.94	1.12	0.06	0.490	0.045	15.1	0.32	3
2010－10	>20～30	12.6	0.46	0.88	0.02	0.493	0.020	15.7	0.30	3
2010－10	>30～40	14.1	0.95	0.98	0.11	0.498	0.007	15.4	0.35	3
2010－10	>40～60	15.5	0.58	1.05	0.03	0.568	0.027	15.7	0.63	3
2010－10	>60～100	10.6	0.45	0.81	0.04	0.554	0.037	15.7	0.42	3
2015－10	0～10	20.9	0.79	1.02	0.05	0.534	0.009	18.4	0.48	3
2015－10	>10～20	20.6	1.04	0.98	0.03	0.479	0.029	18.7	0.25	3
2015－10	>20～40	14.1	0.73	0.75	0.01	0.479	0.007	18.4	0.18	3
2015－10	>40～60	15.7	0.36	0.86	0.03	0.497	0.022	19.0	0.46	3
2015－10	>60～100	12.3	1.13	0.71	0.05	0.699	0.020	18.5	0.81	3

表 3－119　辅助观测场 02（秸秆还田）表层土壤全量养分

时间 （年-月）	观测层次/ cm	有机质/（g/kg）		全氮/（g/kg）		重复数
		平均值	标准差	平均值	标准差	
2005－10	0～20	—	—	—	—	—
2006－10	0～20	20.1	0.81	1.07	0.06	6
2007－10	0～20	20.1	0.17	1.08	0.02	3
2008－10	0～20	—	—	—	—	—
2009－10	0～20	21.1	0.60	1.14	0.02	3
2010－10	0～20	20.2	0.81	1.09	0.01	3

（续）

时间（年-月）	观测层次/cm	有机质/（g/kg）		全氮/（g/kg）		重复数
		平均值	标准差	平均值	标准差	
2011-10	0～20	—	—	—	—	—
2012-10	0～20	—	—	—	—	—
2013-10	0～20	21.3	0.15	1.02	0.01	3
2014-10	0～20	—	—	—	—	—
2015-10	0～20	21.8	0.80	1.08	0.06	3

表 3-120 辅助观测场 02（秸秆还田）表层土壤速效养分和 pH

时间（年-月）	观测层次/cm	碱解氮/（mg/kg，N）		有效磷/（mg/kg，P）		速效钾/（mg/kg，K）		缓效钾/（mg/kg，K）		pH		重复数
		平均值	标准差	平均值	标准差	平均值	标准差	平均值	标准差	平均值	标准差	
2005-10	0～20	85.9	5.94	12.5	3.67	73.4	4.02	496	22.45	6.04	0.20	6
2006-10	0～20	89.5	7.54	14.6	2.98	42.1	6.18	—	—	5.74	0.16	6
2007-10	0～20	83.4	0.88	11.0	0.50	74.2	6.69	555	14.18	5.91	0.16	3
2008-10	0～20	100.0	4.13	11.4	0.31	88.7	3.48	—	—	—	—	3
2009-10	0～20	116.8	12.18	12.1	0.88	88.2	2.01	—	—	5.74	0.06	3
2010-10	0～20	94.0	1.26	10.3	1.15	88.4	2.35	549	18.94	5.93	0.05	3
2011-10	0～20	107.4	6.90	11.5	0.70	86.4	4.17	—	—	5.93	0.10	3
2012-10	0～20	95.9	1.76	10.7	1.59	93.1	1.18	—	—	6.09	0.11	3
2013-10	0～20	105.0	3.77	15.4	0.78	88.5	1.18	597	14.80	6.07	0.14	3
2014-10	0～20	128.8	8.80	14.7	0.93	95.1	6.20	—	—	—	—	3
2015-10	0～20	95.6	3.09	12.7	0.39	76.7	0.00	600	9.63	6.28	0.19	3

表 3-121 辅助观测场 02（秸秆还田）分层土壤全量养分

时间（年-月）	观测层次/cm	有机质/（g/kg）		全氮/（g/kg）		全磷/（g/kg）		全钾/（g/kg）		复数
		平均值	标准差	平均值	标准差	平均值	标准差	平均值	标准差	
2005-10	0～10	22.3	0.32	1.29	0.12	0.575	0.025	15.2	0.33	3
2005-10	>10～20	18.1	2.12	1.11	0.13	0.505	0.041	14.4	0.66	3
2005-10	>20～30	15.1	1.60	0.92	0.09	0.501	0.016	15.2	0.01	3
2005-10	>30～40	14.6	1.22	0.89	0.04	0.498	0.011	15.1	0.35	3
2005-10	>40～60	13.0	1.21	0.77	0.10	0.490	0.012	14.8	0.00	3
2005-10	>60～100	10.6	1.19	0.71	0.06	0.521	0.067	14.5	0.17	3
2010-10	0～10	21.7	0.91	1.28	0.04	0.527	0.045	15.7	0.50	3
2010-10	>10～20	16.5	0.64	0.94	0.07	0.457	0.059	14.9	0.41	3
2010-10	>20～30	13.1	0.24	0.89	0.02	0.448	0.076	15.0	0.12	3
2010-10	>30～40	13.3	0.59	0.92	0.04	0.430	0.020	15.6	0.70	3
2010-10	>40～60	14.3	0.93	0.91	0.01	0.476	0.027	16.5	0.50	3
2010-10	>60～100	11.9	1.01	0.82	0.01	0.557	0.025	15.9	1.14	3

(续)

时间 （年-月）	观测层次/ cm	有机质/（g/kg）		全氮/（g/kg）		全磷/（g/kg）		全钾/（g/kg）		复数
		平均值	标准差	平均值	标准差	平均值	标准差	平均值	标准差	
2015 - 10	0～10	24.9	0.18	1.29	0.02	0.638	0.007	18.6	0.65	3
2015 - 10	>10～20	21.0	0.79	1.08	0.03	0.564	0.038	18.6	0.77	3
2015 - 10	>20～40	14.5	0.64	0.78	0.03	0.505	0.016	18.2	0.23	3
2015 - 10	>40～60	15.2	0.49	0.85	0.03	0.566	0.043	18.0	0.15	3
2015 - 10	>60～100	12.5	0.04	0.77	0.04	0.710	0.049	18.3	0.53	3

表 3 - 122 辅助观测场 03（一次性施肥）表层土壤全量养分

时间 （年-月）	观测层次/ cm	有机质/（g/kg）		全氮/（g/kg）		重复数
		平均值	标准差	平均值	标准差	
2005 - 10	0～20	—	—	—	—	—
2006 - 10	0～20	19.5	0.35	1.04	0.03	6
2007 - 10	0～20	20.1	0.49	1.03	0.05	3
2008 - 10	0～20	—	—	—	—	—
2009 - 10	0～20	17.5	0.65	0.92	0.03	3
2010 - 10	0～20	17.8	0.35	0.92	0.00	3
2011 - 10	0～20	—	—	—	—	—
2012 - 10	0～20	—	—	—	—	—
2013 - 10	0～20	20.0	0.27	0.89	0.02	3
2014 - 10	0～20	—	—	—	—	—
2015 - 10	0～20	21.3	0.44	1.04	0.05	3

表 3 - 123 辅助观测场 03（一次性施肥）表层土壤速效养分和 pH

时间 （年-月）	观测层次/ cm	碱解氮/ （mg/kg，N）		有效磷/ （mg/kg，P）		速效钾/ （mg/kg，K）		缓效钾/ （mg/kg，K）		pH		重复数
		平均值	标准差	平均值	标准差	平均值	标准差	平均值	标准差	平均值	标准差	
2005 - 10	0～20	78.1	2.21	6.6	1.42	66.8	3.70	457	19.29	6.38	0.09	6
2006 - 10	0～20	84.8	2.55	11.9	1.11	42.6	5.69	—	—	6.32	0.10	6
2007 - 10	0～20	77.5	0.56	10.4	1.17	59.9	2.19	500	11.91	6.56	0.11	3
2008 - 10	0～20	79.7	4.04	8.7	1.20	61.6	2.01					3
2009 - 10	0～20	78.2	2.87	8.0	0.78	58.5	2.43	—	—	6.43	0.21	3
2010 - 10	0～20	79.4	3.49	8.8	0.46	58.5	2.35	492	5.13	6.28	0.05	3
2011 - 10	0～20	91.2	0.34	11.2	0.39	67.6	2.31	—	—	6.31	0.06	3
2012 - 10	0～20	80.8	0.88	8.2	0.98	69.0	2.04			6.47	0.10	3
2013 - 10	0～20	90.2	3.33	10.9	0.80	62.8	1.18	566	12.83	6.52	0.12	3
2014 - 10	0～20	104.6	10.14	12.6	1.49	73.6	3.51	—	—			3
2015 - 10	0～20	79.0	6.06	13.2	2.00	59.5	3.78	502	12.99	6.59	0.49	3

表 3 - 124　辅助观测场 03（一次性施肥）分层土壤全量养分

时间 （年-月）	观测层次/ cm	有机质/（g/kg）		全氮/（g/kg）		全磷/（g/kg）		全钾/（g/kg）		复数
		平均值	标准差	平均值	标准差	平均值	标准差	平均值	标准差	
2005 - 10	0～10	18.4	0.66	1.01	0.07	0.519	0.038	13.7	1.32	3
2005 - 10	>10～20	14.0	0.26	0.80	0.05	0.463	0.036	13.3	1.12	3
2005 - 10	>20～30	11.9	0.15	0.71	0.01	0.489	0.035	13.3	0.41	3
2005 - 10	>30～40	13.9	0.62	0.81	0.04	0.499	0.004	13.5	0.25	3
2005 - 10	>40～60	14.6	0.35	0.77	0.01	0.600	0.017	13.0	0.96	3
2005 - 10	>60～100	8.4	0.64	0.58	0.01	0.680	0.043	12.3	0.42	3
2010 - 10	0～10	19.9	0.04	1.11	0.03	0.472	0.002	16.0	0.85	3
2010 - 10	>10～20	16.7	0.82	0.94	0.02	0.404	0.023	16.2	0.88	3
2010 - 10	>20～30	13.3	1.34	0.84	0.08	0.378	0.003	16.2	1.27	3
2010 - 10	>30～40	13.8	0.42	0.86	0.06	0.418	0.026	15.5	1.23	3
2010 - 10	>40～60	13.6	0.23	0.90	0.03	0.443	0.006	16.5	1.39	3
2010 - 10	>60～100	9.3	0.32	0.72	0.01	0.518	0.041	15.5	1.06	3
2015 - 10	0～10	23.7	0.88	1.13	0.04	0.616	0.021	17.9	0.30	3
2015 - 10	>10～20	20.6	0.59	1.02	0.06	0.545	0.030	18.3	0.57	3
2015 - 10	>20～40	14.6	0.24	0.76	0.02	0.497	0.004	17.8	0.22	3
2015 - 10	>40～60	15.0	0.37	0.86	0.06	0.548	0.054	18.5	0.48	3
2015 - 10	>60～100	11.0	1.03	0.68	0.04	0.659	0.013	18.3	0.14	3

表 3 - 125　辅助观测场 04（常规施肥）表层土壤全量养分

时间 （年-月）	观测层次/ cm	有机质/（g/kg）		全氮/（g/kg）		重复数
		平均值	标准差	平均值	标准差	
2005 - 10	0～20	—	—	—	—	—
2006 - 10	0～20	19.4	0.99	1.04	0.04	6
2007 - 10	0～20	18.9	1.08	1.02	0.04	3
2008 - 10	0～20	—	—	—	—	—
2009 - 10	0～20	17.4	0.21	0.98	0.04	3
2010 - 10	0～20	17.8	0.40	0.96	0.02	3
2011 - 10	0～20	—	—	—	—	—
2012 - 10	0～20	—	—	—	—	—
2013 - 10	0～20	19.6	0.61	0.96	0.04	3
2014 - 10	0～20	—	—	—	—	—
2015 - 10	0～20	20.8	0.75	1.07	0.03	3

表 3 - 126　辅助观测场 04（常规施肥）表层土壤速效养分和 pH

时间（年-月）	观测层次/cm	碱解氮/（mg/kg，N）		有效磷/（mg/kg，P）		速效钾/（mg/kg，K）		缓效钾/（mg/kg，K）		pH		重复数
		平均值	标准差	平均值	标准差	平均值	标准差	平均值	标准差	平均值	标准差	
2005 - 10	0～20	79.2	2.44	12.8	2.49	79.6	7.59	485	15.14	6.24	0.17	6
2006 - 10	0～20	83.9	12.64	13.6	2.84	39.6	3.78	—	—	6.10	0.11	6
2007 - 10	0～20	78.4	7.78	12.0	3.28	60.7	2.53	442	10.67	5.90	0.16	3
2008 - 10	0～20	85.3	4.30	8.7	0.73	71.5	2.01	—	—	—	—	3
2009 - 10	0～20	98.0	10.03	9.0	0.81	68.5	2.40	—	—	5.92	0.19	3
2010 - 10	0～20	81.7	2.29	7.4	0.68	63.5	2.35	503	3.53	6.13	0.21	3
2011 - 10	0～20	92.0	1.38	11.6	1.55	69.3	4.63	—	—	6.16	0.06	3
2012 - 10	0～20	84.6	2.73	10.0	1.88	73.2	2.35	—	—	6.33	0.18	3
2013 - 10	0～20	91.3	6.07	11.1	1.72	66.9	3.53	596	24.68	6.42	0.22	3
2014 - 10	0～20	107.9	14.13	11.1	0.92	71.1	0.00	—	—	—	—	3
2015 - 10	0～20	86.3	5.00	12.8	1.54	60.5	2.86	508	11.33	6.47	0.46	3

表 3 - 127　辅助观测场 04（常规施肥）分层土壤全量养分

时间（年-月）	观测层次/cm	有机质/（g/kg）		全氮/（g/kg）		全磷/（g/kg）		全钾/（g/kg）		复数
		平均值	标准差	平均值	标准差	平均值	标准差	平均值	标准差	
2005 - 10	0～10	19.5	0.14	0.94	0.04	0.547	0.008	14.8	0.00	3
2005 - 10	>10～20	14.7	0.52	0.80	0.01	0.459	0.034	14.8	0.00	3
2005 - 10	>20～30	11.2	0.34	0.73	0.00	0.501	0.013	14.7	0.24	3
2005 - 10	>30～40	12.4	0.75	0.75	0.03	0.498	0.019	14.7	0.23	3
2005 - 10	>40～60	15.6	0.52	0.70	0.05	0.541	0.003	14.3	0.71	3
2005 - 10	>60～100	10.0	0.67	0.60	0.06	0.610	0.046	14.7	0.63	3
2010 - 10	0～10	19.9	0.31	1.20	0.01	0.437	0.058	15.8	1.30	3
2010 - 10	>10～20	16.9	0.58	1.02	0.02	0.366	0.027	16.1	1.03	3
2010 - 10	>20～30	12.8	0.61	0.85	0.01	0.406	0.013	16.2	1.40	3
2010 - 10	>30～40	12.4	0.34	0.89	0.04	0.435	0.046	15.2	1.26	3
2010 - 10	>40～60	13.2	0.23	0.89	0.02	0.512	0.033	16.6	0.70	3
2010 - 10	>60～100	9.3	0.44	0.74	0.01	0.519	0.052	16.4	0.66	3
2015 - 10	0～10	22.5	1.01	1.09	0.03	0.574	0.015	18.2	0.20	3
2015 - 10	>10～20	18.7	1.17	0.94	0.10	0.528	0.040	18.7	0.24	3
2015 - 10	>20～40	13.7	0.60	0.72	0.01	0.487	0.029	18.4	0.63	3
2015 - 10	>40～60	14.3	0.21	0.81	0.07	0.565	0.026	18.7	0.81	3
2015 - 10	>60～100	10.1	0.40	0.67	0.03	0.672	0.018	18.4	0.45	3

表 3-128　辅助观测场 05 表层土壤全量养分

时间 （年-月）	观测层次/ cm	有机质/（g/kg）		全氮/（g/kg）		重复数
		平均值	标准差	平均值	标准差	
2005 - 10	0～20	—	—	—	—	—
2006 - 10	0～20	21.6	1.88	1.10	0.07	6
2007 - 10	0～20	20.9	1.14	1.06	0.04	6
2008 - 10	0～20	—	—	—	—	
2009 - 10	0～20	19.1	1.61	1.01	0.09	6
2010 - 10	0～20	20.0	1.02	1.07	0.04	6
2011 - 10	0～20	—	—	—	—	
2012 - 10	0～20	—	—	—	—	
2013 - 10	0～20	22.3	1.10	1.03	0.05	6
2014 - 10	0～20	—	—	—	—	
2015 - 10	0～20	22.6	0.93	1.11	0.08	6

表 3-129　辅助观测场 05 表层土壤速效养分和 pH

时间 （年-月）	观测层次/ cm	碱解氮/ (mg/kg, N)		有效磷/ (mg/kg, P)		速效钾/ (mg/kg, K)		缓效钾/ (mg/kg, K)		pH		重复数
		平均值	标准差	平均值	标准差	平均值	标准差	平均值	标准差	平均值	标准差	
2005 - 10	0～20	81.1	1.69	30.8	3.04	68.3	3.38	483	16.99	6.82	0.10	6
2006 - 10	0～20	80.3	8.28	26.7	5.38	41.6	1.12	—		6.82	0.10	6
2007 - 10	0～20	84.4	3.68	27.1	2.86	59.4	1.84	517	12.31	6.67	0.13	6
2008 - 10	0～20	83.8	4.71	25.1	5.20	61.6	4.49	—	—	—	—	6
2009 - 10	0～20	81.9	2.91	28.9	5.78	55.8	4.21			6.63	0.19	6
2010 - 10	0～20	90.3	2.83	28.8	2.73	71.0	3.43	479	7.98	6.47	0.11	6
2011 - 10	0～20	90.5	4.43	30.2	2.04	64.3	1.83			6.51	0.08	6
2012 - 10	0～20	74.6	2.47	29.9	5.09	64.9	1.18	—	—	6.65	0.07	6
2013 - 10	0～20	91.7	4.65	33.2	5.80	63.2	2.79	524	32.13	6.80	0.09	6
2014 - 10	0～20	84.2	2.47	34.0	5.10	65.3	2.34	—	—			6
2015 - 10	0～20	76.0	2.77	38.3	4.80	65.6	5.16	526	15.79	6.93	0.34	6

表 3-130　辅助观测场 05 分层土壤全量养分

时间 （年-月）	观测层次/ cm	有机质/（g/kg）		全氮/（g/kg）		全磷/（g/kg）		全钾/（g/kg）		复数
		平均值	标准差	平均值	标准差	平均值	标准差	平均值	标准差	
2005 - 10	0～10	22.7	0.90	1.08	0.01	0.539	0.052	16.4	1.54	3
2005 - 10	>10～20	16.4	1.26	0.82	0.06	0.491	0.017	16.9	2.77	3
2005 - 10	>20～30	13.0	1.43	0.71	0.00	0.462	0.026	15.1	2.18	3
2005 - 10	>30～40	12.0	0.37	0.74	0.03	0.503	0.016	16.2	1.87	3
2005 - 10	>40～60	11.5	0.71	0.67	0.01	0.520	0.033	15.6	1.30	3

（续）

时间 （年-月）	观测层次/ cm	有机质/（g/kg）		全氮/（g/kg）		全磷/（g/kg）		全钾/（g/kg）		复数
		平均值	标准差	平均值	标准差	平均值	标准差	平均值	标准差	
2005 - 10	>60~100	6.1	0.31	0.57	0.00	0.566	0.005	16.0	1.68	3
2010 - 10	0~10	20.6	0.57	1.09	0.08	0.601	0.043	16.3	1.18	3
2010 - 10	>10~20	17.4	1.19	0.92	0.04	0.515	0.020	16.5	0.48	3
2010 - 10	>20~30	12.2	0.46	0.72	0.02	0.399	0.006	16.0	0.70	3
2010 - 10	>30~40	12.0	1.32	0.77	0.06	0.405	0.027	15.6	0.36	3
2010 - 10	>40~60	12.1	0.70	0.75	0.03	0.470	0.012	16.7	0.85	3
2010 - 10	>60~100	6.6	0.71	0.60	0.04	0.537	0.100	16.3	1.06	3
2015 - 10	0~10	26.7	1.16	1.24	0.05	0.636	0.022	17.8	0.32	3
2015 - 10	>10~20	22.9	1.87	1.00	0.10	0.599	0.013	18.1	0.18	3
2015 - 10	>20~40	14.0	0.13	0.75	0.04	0.441	0.019	18.2	0.15	3
2015 - 10	>40~60	13.8	0.78	0.77	0.04	0.512	0.011	18.0	0.28	3
2015 - 10	>60~100	6.9	1.00	0.54	0.06	0.542	0.022	18.2	0.27	3

表 3-131　站区调查点 01 表层土壤全量养分

时间 （年-月）	观测层次/ cm	有机质/（g/kg）		全氮/（g/kg）		重复数
		平均值	标准差	平均值	标准差	
2005 - 10	0~20	—	—	—	—	—
2006 - 10	0~20	16.4	0.47	1.09	0.06	3
2007 - 10	0~20	16.0	0.52	1.07	0.02	3
2008 - 10	0~20					
2009 - 10	0~20	14.8	0.53	1.03	0.07	6
2010 - 10	0~20	15.5	0.20	1.00	0.06	6
2011 - 10	0~20	—	—	—	—	—
2012 - 10	0~20					
2013 - 10	0~20	15.3	0.16	0.91	0.04	6
2014 - 10	0~20					
2015 - 10	0~20	18.8	0.64	1.28	0.09	6

表 3-132　站区调查点 01 表层土壤速效养分和 pH

时间 （年-月）	观测层次/ cm	碱解氮/ （mg/kg，N）		有效磷/ （mg/kg，P）		速效钾/ （mg/kg，K）		缓效钾/ （mg/kg，K）		pH		重复数
		平均值	标准差	平均值	标准差	平均值	标准差	平均值	标准差	平均值	标准差	
2005 - 10	0~20	78.1	8.57	8.9	1.92	57.7	5.23	450	29.30	6.15	0.20	6
2006 - 10	0~20	86.0	5.50	29.9	4.59	48.2	7.50	—	—	5.18	0.04	3
2007 - 10	0~20	84.7	2.15	16.5	2.17	56.3	6.32	538	2.53	5.34	0.04	3
2008 - 10	0~20	113.6	8.97	22.9	5.53	67.4	2.72	—	—	—	—	6

（续）

时间 （年-月）	观测层次/ cm	碱解氮/ （mg/kg，N）		有效磷/ （mg/kg，P）		速效钾/ （mg/kg，K）		缓效钾/ （mg/kg，K）		pH		重复数
		平均值	标准差	平均值	标准差	平均值	标准差	平均值	标准差	平均值	标准差	
2009 - 10	0～20	154.4	7.08	33.7	3.08	68.3	3.16	—	—	5.18	0.05	6
2010 - 10	0～20	99.1	8.20	33.9	3.70	65.1	4.07	487	20.59	5.36	0.38	6
2011 - 10	0～20	114.0	5.10	40.0	5.85	94.8	6.92			5.16	0.05	6
2012 - 10	0～20	93.7	3.98	40.5	4.77	97.3	6.70	—		5.26	0.07	6
2013 - 10	0～20	99.0	6.58	30.2	4.60	94.3	8.52	475	16.11	5.30	0.10	6
2014 - 10	0～20	125.8	5.96	35.8	2.10	118.3	9.62	—	—	—	—	6
2015 - 10	0～20	231.4	35.55	49.4	5.50	102.5	16.03	483	15.40	5.02	0.06	6

表 3 - 133　站区调查点 01 分层土壤全量养分

时间 （年-月）	观测层次/ cm	有机质/（g/kg）		全氮/（g/kg）		全磷/（g/kg）		全钾/（g/kg）		复数
		平均值	标准差	平均值	标准差	平均值	标准差	平均值	标准差	
2005 - 10	0～10	15.7	0.50	0.94	0.01	0.568	0.038	13.2	1.25	3
2005 - 10	>10～20	11.5	0.36	0.78	0.06	0.510	0.032	12.3	1.88	3
2005 - 10	>20～30	11.4	2.02	0.76	0.07	0.474	0.067	11.7	0.95	3
2005 - 10	>30～40	8.6	2.22	0.70	0.05	0.515	0.069	12.2	0.95	3
2005 - 10	>40～60	4.8	1.87	0.49	0.10	0.528	0.039	12.2	1.85	3
2005 - 10	>60～100	2.9	0.15	0.37	0.02	0.579	0.057	12.7	1.03	3
2010 - 10	0～10	16.0	0.56	1.09	0.09	0.600	0.071	16.3	0.95	3
2010 - 10	>10～20	13.0	0.68	0.93	0.04	0.357	0.027	14.8	0.40	3
2010 - 10	>20～30	9.9	0.20	0.74	0.01	0.324	0.011	14.8	0.29	3
2010 - 10	>30～40	10.8	0.60	0.86	0.03	0.345	0.013	14.8	0.91	3
2010 - 10	>40～60	7.9	0.98	0.73	0.06	0.379	0.036	15.6	1.06	3
2010 - 10	>60～100	4.3	0.29	0.46	0.01	0.368	0.013	15.1	0.77	3
2015 - 10	0～10	20.3	0.52	1.61	0.14	0.904	0.032	17.8	0.19	3
2015 - 10	>10～20	17.2	1.51	1.25	0.14	0.664	0.079	17.6	0.09	3
2015 - 10	>20～40	14.1	0.61	0.93	0.01	0.536	0.011	17.5	0.26	3
2015 - 10	>40～60	13.9	0.30	0.97	0.04	0.604	0.020	17.7	0.34	3
2015 - 10	>60～100	7.2	0.17	0.65	0.04	0.570	0.042	18.1	0.42	3

表 3 - 134　站区调查点 02 表层土壤全量养分

时间 （年-月）	观测层次/ cm	有机质/（g/kg）		全氮/（g/kg）		重复数
		平均值	标准差	平均值	标准差	
2005 - 10	0～20	—	—	—	—	—
2006 - 10	0～20	18.6	0.23	1.07	0.02	3
2007 - 10	0～20	18.1	0.25	1.02	0.01	3
2008 - 10	0～20					

（续）

时间 （年-月）	观测层次/ cm	有机质/（g/kg）		全氮/（g/kg）		重复数
		平均值	标准差	平均值	标准差	
2009 - 10	0～20	18.1	0.08	0.85	0.11	3
2010 - 10	0～20	18.0	0.06	0.82	0.09	3
2011 - 10	0～20	—	—	—	—	—
2012 - 10	0～20	—	—	—	—	—
2013 - 10	0～20	19.9	0.09	0.90	0.02	3
2014 - 10	0～20	—	—	—	—	—
2015 - 10	0～20	22.1	0.80	1.15	0.02	3

表 3 - 135　站区调查点 02 表层土壤速效养分和 pH

时间 （年-月）	观测层次/ cm	碱解氮/ （mg/kg，N）		有效磷/ （mg/kg，P）		速效钾/ （mg/kg，K）		缓效钾/ （mg/kg，K）		pH		重复数
		平均值	标准差	平均值	标准差	平均值	标准差	平均值	标准差	平均值	标准差	
2005 - 10	0～20	79.2	2.26	21.0	2.17	62.7	7.60	441	15.03	6.72	0.23	6
2006 - 10	0～20	76.0	5.60	15.5	0.59	29.1	0.00	—	—	6.79	0.21	3
2007 - 10	0～20	83.9	4.06	14.2	2.14	41.1	0.00	458	12.31	6.68	0.09	3
2008 - 10	0～20	73.5	1.04	13.5	2.25	40.3	3.07	—	—	—	—	3
2009 - 10	0～20	77.0	0.77	14.6	1.07	46.9	4.30	—	—	6.80	0.04	3
2010 - 10	0～20	83.6	4.05	16.7	2.41	50.2	4.07	442	3.11	6.61	0.12	3
2011 - 10	0～20	83.5	1.65	21.3	1.74	54.5	2.31	—	—	6.64	0.03	3
2012 - 10	0～20	70.5	0.29	17.4	1.46	59.9	2.35	—	—	6.74	0.23	3
2013 - 10	0～20	86.9	3.72	15.9	1.80	59.4	4.07	434	4.07	6.72	0.06	3
2014 - 10	0～20	89.1	4.43	22.3	5.89	73.6	7.03	—	—	—	—	3
2015 - 10	0～20	96.0	4.61	28.7	3.84	76.7	0.00	478	9.63	6.19	0.21	3

表 3 - 136　站区调查点 02 分层土壤全量养分

时间 （年-月）	观测层次/ cm	有机质/（g/kg）		全氮/（g/kg）		全磷/（g/kg）		全钾/（g/kg）		复数
		平均值	标准差	平均值	标准差	平均值	标准差	平均值	标准差	
2005 - 10	0～10	19.1	0.18	0.98	0.01	0.532	0.013	15.8	0.00	3
2005 - 10	＞10～20	14.2	2.12	0.80	0.07	0.524	0.009	16.0	0.24	3
2005 - 10	＞20～30	9.5	0.47	0.62	0.01	0.467	0.014	16.2	0.47	3
2005 - 10	＞30～40	9.3	0.30	0.61	0.01	0.473	0.006	15.8	0.82	3
2005 - 10	＞40～60	6.8	0.84	0.53	0.03	0.510	0.017	16.3	0.00	3
2005 - 10	＞60～100	2.9	0.18	0.33	0.01	0.479	0.013	16.0	0.24	3
2010 - 10	0～10	18.1	0.97	1.03	0.07	0.442	0.054	15.6	1.57	3
2010 - 10	＞10～20	13.8	1.59	0.83	0.08	0.422	0.066	15.7	1.39	3
2010 - 10	＞20～30	10.0	1.06	0.68	0.08	0.391	0.078	15.2	0.21	3
2010 - 10	＞30～40	10.2	0.94	0.75	0.03	0.379	0.025	16.9	0.60	3

（续）

时间 （年-月）	观测层次/ cm	有机质/（g/kg）		全氮/（g/kg）		全磷/（g/kg）		全钾/（g/kg）		复数
		平均值	标准差	平均值	标准差	平均值	标准差	平均值	标准差	
2010 - 10	>40~60	8.9	0.72	0.68	0.06	0.392	0.024	15.2	0.15	3
2010 - 10	>60~100	4.8	0.13	0.44	0.08	0.486	0.089	14.7	0.61	3
2015 - 10	0~10	24.0	0.76	1.21	0.05	0.672	0.056	18.0	0.31	3
2015 - 10	>10~20	21.4	0.55	1.07	0.00	0.588	0.019	18.3	0.29	3
2015 - 10	>20~40	12.0	0.48	0.74	0.02	0.452	0.011	18.6	0.32	3
2015 - 10	>40~60	9.4	0.94	0.64	0.05	0.436	0.014	18.2	0.38	3
2015 - 10	>60~100	4.8	0.45	0.44	0.04	0.430	0.022	18.6	0.63	3

表 3 - 137　站区调查点 03 表层土壤全量养分

时间 （年-月）	观测层次/ cm	有机质/（g/kg）		全氮/（g/kg）		重复数
		平均值	标准差	平均值	标准差	
2005 - 10	0~20	—	—	—	—	—
2006 - 10	0~20	20.9	1.35	1.41	0.03	3
2007 - 10	0~20	20.2	0.15	1.37	0.01	3
2008 - 10	0~20	—	—	—	—	—
2009 - 10	0~20	18.1	1.05	1.00	0.11	6
2010 - 10	0~20	17.8	0.36	1.08	0.06	6
2011 - 10	0~20	—	—	—	—	—
2012 - 10	0~20	—	—	—	—	—
2013 - 10	0~20	17.5	0.60	0.93	0.06	6
2014 - 10	0~20	—	—	—	—	—
2015 - 10	0~20	17.7	0.33	1.02	0.02	6

表 3 - 138　站区调查点 03 表层土壤速效养分和 pH

时间 （年-月）	观测层次/ cm	碱解氮/ （mg/kg，N）		有效磷/ （mg/kg，P）		速效钾/ （mg/kg，K）		缓效钾/ （mg/kg，K）		pH		重复数
		平均值	标准差	平均值	标准差	平均值	标准差	平均值	标准差	平均值	标准差	
2005 - 10	0~20	84.9	6.06	19.3	4.12	71.0	5.62	419	23.83	5.73	0.08	6
2006 - 10	0~20	154.1	16.73	93.1	8.61	128.4	4.91	—	—	5.66	0.25	3
2007 - 10	0~20	104.5	2.06	17.0	1.36	126.9	7.58	468	32.87	6.05	0.24	3
2008 - 10	0~20	126.8	6.71	23.4	6.79	74.7	5.62	—	—	—	—	6
2009 - 10	0~20	104.9	4.79	61.2	8.01	72.0	5.02	—	—	5.72	0.29	6
2010 - 10	0~20	101.1	2.02	47.1	5.66	83.4	4.71	473	14.37	5.46	0.08	6
2011 - 10	0~20	108.3	4.54	34.8	5.72	73.8	5.56	—	—	5.24	0.08	6
2012 - 10	0~20	89.6	4.30	41.6	3.34	79.4	5.27	—	—	5.43	0.09	6
2013 - 10	0~20	104.2	6.54	33.3	6.76	82.3	4.42	496	33.43	5.36	0.10	6

（续）

时间（年-月）	观测层次/cm	碱解氮/（mg/kg，N）		有效磷/（mg/kg，P）		速效钾/（mg/kg，K）		缓效钾/（mg/kg，K）		pH		重复数
		平均值	标准差	平均值	标准差	平均值	标准差	平均值	标准差	平均值	标准差	
2014-10	0～20	120.7	8.59	48.7	8.09	104.2	10.21	—	—	—	—	6
2015-10	0～20	100.4	4.25	34.7	2.75	81.8	5.45	510	18.31	5.16	0.12	6

表 3-139　站区调查点 03 分层土壤全量养分

时间（年-月）	观测层次/cm	有机质/（g/kg）		全氮/（g/kg）		全磷/（g/kg）		全钾/（g/kg）		复数
		平均值	标准差	平均值	标准差	平均值	标准差	平均值	标准差	
2005-10	0～10	14.5	0.18	0.91	0.01	0.706	0.031	14.8	0.00	3
2005-10	>10～20	13.2	0.18	0.83	0.01	0.619	0.025	14.7	0.24	3
2005-10	>20～30	11.6	0.07	0.74	0.02	0.609	0.060	14.3	0.41	3
2005-10	>30～40	8.7	0.02	0.55	0.01	0.523	0.082	14.5	0.47	3
2005-10	>40～60	4.9	0.00	0.44	0.02	0.490	0.079	14.8	0.71	3
2005-10	>60～100	3.2	0.04	0.34	0.01	0.450	0.033	14.0	0.24	3
2010-10	0～10	17.7	0.64	1.19	0.00	0.616	0.025	15.6	1.00	3
2010-10	>10～20	16.6	0.27	1.14	0.02	0.488	0.082	14.9	1.04	3
2010-10	>20～30	12.7	0.51	0.93	0.05	0.347	0.037	15.7	0.72	3
2010-10	>30～40	10.1	0.37	0.78	0.01	0.287	0.015	15.2	0.79	3
2010-10	>40～60	9.7	0.16	0.75	0.04	0.276	0.013	14.6	0.27	3
2010-10	>60～100	6.3	0.47	0.53	0.01	0.315	0.022	14.8	0.47	3
2015-10	0～10	18.5	0.80	1.11	0.04	0.783	0.040	19.4	0.47	3
2015-10	>10～20	15.5	1.46	0.97	0.10	0.643	0.042	19.1	0.39	3
2015-10	>20～40	11.0	1.06	0.78	0.08	0.469	0.028	19.2	1.03	3
2015-10	>40～60	8.2	0.55	0.63	0.02	0.428	0.019	19.4	0.87	3
2015-10	>60～100	5.7	0.31	0.50	0.05	0.400	0.012	18.5	0.54	3

3.2.3　土壤有效微量元素

3.2.3.1　概述

本数据集包括沈阳站 10 个长期监测样地 2005 年、2010 年和 2015 年表层（0～20 cm）土壤有效微量元素数据，包括有效硼、有效锌、有效锰、有效铁、有效铜、有效硫和有效钼 7 项指标。

3.2.3.2　数据采集和处理方法

按照 CERN 长期观测规范，表层（0～20 cm）土壤有效微量元素的监测频率为 5 年 1 次。2005 年、2010 年和 2015 年每年秋季作物收获后，采集各观测场 0～20 cm 土壤样品，用土钻在采样区内取 0～20 cm 土壤，每个重复由 10 个按 W 形采样方式采集的样品混合而成（约 1 kg），将取回的土样置于干净的白纸上风干，挑除根系和石子，用四分法取适量研磨后，过 2 mm 尼龙筛，装入广口瓶备用。

有效硼采用沸水-姜黄素比色法测定；有效锌、有效铁和有效铜采用 DTPA 浸提-原子吸收分光光度法测定；有效锰采用乙酸铵-对苯二酚浸提-原子吸收分光光度法测定；有效硫采用磷酸盐浸提-硫酸钡比浊法测定；有效钼采用草酸-草酸铵浸提-石墨炉原子吸收光谱法测定。

3.2.3.3　数据质量控制和评估

（1）测定时插入国家标准样品进行质控。

（2）分析时进行 3 次平行样品测定。

（3）利用校验软件检查每个监测数据是否超出相同土壤类型和采样深度的历史数据范围、每个观测场监测项目均值是否超出该样地相同深度历史数据均值的 2 倍标准差、每个观测场监测项目标准差是否超出该样地相同深度历史数据的 2 倍标准差或者样地空间变异调查的 2 倍标准差等。对超出范围的数据进行核实或再次测定。

3.2.3.4　数据价值/数据使用方法和建议

尽管土壤中的微量元素含量较低，但它们也是动植物正常生长所不可缺少的，对农业和人类健康有重要意义。根据土壤中有效态微量元素的供给情况，采取不同的农业措施，可达到稳产高产的目的。

3.2.3.5　数据

表 3-140 至表 3-159 中为土壤有效微量元素数据。

表 3-140　综合观测场土壤生物采样地 01 土壤有效微量养分含量（有效硼、有效锌、有效锰和有效铁）

时间（年-月）	观测层次/cm	有效硼/（mg/kg）			有效锌/（mg/kg）			有效锰/（mg/kg）			有效铁/（mg/kg）		
		平均值	重复数	标准差	平均值	重复数	标准差	平均值	重复数	标准差	平均值	重复数	标准差
2005-10	0~20	—	6		1.46	6	0.06	125.84	6	9.42	135.1	6	5.29
2010-10	0~20	0.567	6	0.104	1.77	6	0.18	223.21	6	29.19	126.3	6	9.77
2015-10	0~20	0.344	6	0.037	2.21	6	0.41	183.77	6	10.25	123.4	6	9.88

表 3-141　综合观测场土壤生物采样地 02 土壤有效微量养分含量（有效硼、有效锌、有效锰和有效铁）

时间（年-月）	观测层次/cm	有效硼/（mg/kg）			有效锌/（mg/kg）			有效锰/（mg/kg）			有效铁/（mg/kg）		
		平均值	重复数	标准差	平均值	重复数	标准差	平均值	重复数	标准差	平均值	重复数	标准差
2010-10	0~20	0.515	6	0.127	1.71	6	0.09	239.99	6	13.20	109.3	6	5.91
2015-10	0~20	0.318	6	0.025	2.37	6	0.17	199.97	6	11.26	122.9	6	7.79

表 3-142　辅助观测场 01（CK）土壤有效微量养分含量（有效硼、有效锌、有效锰和有效铁）

时间（年-月）	观测层次/cm	有效硼/（mg/kg）			有效锌/（mg/kg）			有效锰/（mg/kg）			有效铁/（mg/kg）		
		平均值	重复数	标准差	平均值	重复数	标准差	平均值	重复数	标准差	平均值	重复数	标准差
2005-10	0~20	—	6	—	1.59	6	0.23	126.22	6	13.64	134.7	6	12.97
2010-10	0~20	0.453	3	0.124	1.55	3	0.15	241.95	3	21.23	81.9	3	9.48
2015-10	0~20	0.381	3	0.016	1.98	3	0.07	211.50	3	6.97	83.2	3	7.17

表 3 - 143　辅助观测场 02（秸秆还田）土壤有效微量养分含量（有效硼、有效锌、有效锰和有效铁）

时间 （年-月）	观测层次/ cm	有效硼/（mg/kg）			有效锌/（mg/kg）			有效锰/（mg/kg）			有效铁/（mg/kg）		
		平均值	重复数	标准差	平均值	重复数	标准差	平均值	重复数	标准差	平均值	重复数	标准差
2005 - 10	0~20	—	6	—	1.49	6	0.07	127.10	6	9.52	138.1	6	7.59
2010 - 10	0~20	0.587	3	0.019	1.80	3	0.12	246.75	3	6.87	103.6	3	7.36
2015 - 10	0~20	0.357	3	0.040	1.75	3	0.19	210.38	3	30.57	123.8	3	10.69

表 3 - 144　辅助观测场 03（一次性施肥）土壤有效微量养分含量（有效硼、有效锌、有效锰和有效铁）

时间 （年-月）	观测层次/ cm	有效硼/（mg/kg）			有效锌/（mg/kg）			有效锰/（mg/kg）			有效铁/（mg/kg）		
		平均值	重复数	标准差	平均值	重复数	标准差	平均值	重复数	标准差	平均值	重复数	标准差
2005 - 10	0~20	—	6	—	1.43	6	0.07	133.72	6	2.21	126.4	6	8.51
2010 - 10	0~20	0.450	3	0.193	1.42	3	0.07	231.80	3	5.46	73.2	3	7.51
2015 - 10	0~20	0.378	3	0.017	1.75	3	0.27	212.94	3	9.20	90.8	3	18.96

表 3 - 145　辅助观测场 04（常规区）土壤有效微量养分含量（有效硼、有效锌、有效锰和有效铁）

时间 （年-月）	观测层次/ cm	有效硼/（mg/kg）			有效锌/（mg/kg）			有效锰/（mg/kg）			有效铁/（mg/kg）		
		平均值	重复数	标准差	平均值	重复数	标准差	平均值	重复数	标准差	平均值	重复数	标准差
2005 - 10	0~20	—	6	—	1.60	6	0.07	131.19	6	12.91	139.4	6	9.53
2010 - 10	0~20	0.436	3	0.163	1.39	3	0.19	231.08	3	14.24	77.9	3	13.25
2015 - 10	0~20	0.355	3	0.023	1.87	3	0.26	212.10	3	1.81	102.3	3	13.27

表 3 - 146　辅助观测场 05（水田）土壤有效微量养分含量（有效硼、有效锌、有效锰和有效铁）

时间 （年-月）	观测层次/ cm	有效硼/（mg/kg）			有效锌/（mg/kg）			有效锰/（mg/kg）			有效铁/（mg/kg）		
		平均值	重复数	标准差	平均值	重复数	标准差	平均值	重复数	标准差	平均值	重复数	标准差
2005 - 10	0~20	—	6	—	1.48	6	0.09	127.99	6	2.55	156.1	6	4.83
2010 - 10	0~20	0.581	6	0.075	1.18	6	0.15	207.45	6	18.76	205.2	6	10.53
2015 - 10	0~20	0.473	6	0.047	1.07	6	0.08	200.52	6	12.06	162.7	6	21.02

表 3 - 147　站区调查点 01 土壤有效微量养分含量（有效硼、有效锌、有效锰和有效铁）

时间 （年-月）	观测层次/ cm	有效硼/（mg/kg）			有效锌/（mg/kg）			有效锰/（mg/kg）			有效铁/（mg/kg）		
		平均值	重复数	标准差	平均值	重复数	标准差	平均值	重复数	标准差	平均值	重复数	标准差
2005 - 10	0~20	—	6	—	1.09	6	0.06	132.66	6	3.01	104.8	6	5.87
2010 - 10	0~20	0.349	6	0.098	1.48	6	0.09	209.12	6	15.82	107.7	6	2.73
2015 - 10	0~20	0.516	6	0.053	2.14	6	0.14	245.67	6	23.92	153.5	6	7.00

表 3-148 站区调查点 02 土壤有效微量养分含量（有效硼、有效锌、有效锰和有效铁）

时间（年-月）	观测层次/cm	有效硼/（mg/kg）			有效锌/（mg/kg）			有效锰/（mg/kg）			有效铁/（mg/kg）		
		平均值	重复数	标准差	平均值	重复数	标准差	平均值	重复数	标准差	平均值	重复数	标准差
2005-10	0～20	—	6	—	1.28	6	0.13	141.64	6	8.93	148.1	6	6.70
2010-10	0～20	0.420	3	0.024	0.67	3	0.05	382.28	3	23.86	114.6	3	16.12
2015-10	0～20	0.446	3	0.024	0.91	3	0.05	234.66	3	23.13	130.3	3	10.97

表 3-149 站区调查点 03 土壤有效微量养分含量（有效硼、有效锌、有效锰和有效铁）

时间（年-月）	观测层次/cm	有效硼/（mg/kg）			有效锌/（mg/kg）			有效锰/（mg/kg）			有效铁/（mg/kg）		
		平均值	重复数	标准差	平均值	重复数	标准差	平均值	重复数	标准差	平均值	重复数	标准差
2005-10	0～20	—	6	—	1.43	6	0.15	137.39	6	3.11	132.9	6	8.36
2010-10	0～20	0.495	6	0.130	2.03	6	0.30	338.83	6	18.08	101.9	6	8.59
2015-10	0～20	0.436	6	0.043	2.27	6	0.29	334.41	6	31.04	114.5	6	4.63

表 3-150 综合观测场土壤生物采样地 01 土壤有效微量养分含量（有效铜、有效硫和有效钼）

时间（年-月）	观测层次/cm	有效铜/（mg/kg）			有效硫/（mg/kg）			有效钼/（mg/kg）		
		平均值	重复数	标准差	平均值	重复数	标准差	平均值	重复数	标准差
2005-10	0～20	—	6	—	50.49	6	3.12	0.043	6	0.003
2010-10	0～20	3.59	6	0.19	42.15	6	2.61	—	—	—
2015-10	0～20	3.73	6	0.22	60.79	6	9.97	—	—	—

表 3-151 综合观测场土壤生物采样地 02 土壤有效微量养分含量（有效铜、有效硫和有效钼）

时间（年-月）	观测层次/cm	有效铜/（mg/kg）			有效硫/（mg/kg）			有效钼/（mg/kg）		
		平均值	重复数	标准差	平均值	重复数	标准差	平均值	重复数	标准差
2010-10	0～20	3.27	6	0.16	41.60	6	7.23	—	—	—
2015-10	0～20	3.63	6	0.32	50.16	6	6.54	—	—	—

表 3-152 辅助观测场 01（CK）土壤有效微量养分含量（有效铜、有效硫和有效钼）

时间（年-月）	观测层次/cm	有效铜/（mg/kg）			有效硫/（mg/kg）			有效钼/（mg/kg）		
		平均值	重复数	标准差	平均值	重复数	标准差	平均值	重复数	标准差
2005-10	0～20	—	6	—	53.78	6	8.36	0.042	6	0.004
2010-10	0～20	3.19	3	0.08	31.00	3	4.48	—	—	—
2015-10	0～20	3.19	3	0.09	52.17	3	3.26	—	—	—

表 3 - 153　辅助观测场 02（秸秆还田）土壤有效微量养分含量（有效铜、有效硫和有效钼）

时间 (年-月)	观测层次/ cm	有效铜/（mg/kg）			有效硫/（mg/kg）			有效钼/（mg/kg）		
		平均值	重复数	标准差	平均值	重复数	标准差	平均值	重复数	标准差
2005 - 10	0～20	—	6	—	50.09	6	3.10	0.043	6	0.002
2010 - 10	0～20	3.47	3	0.07	31.57	3	0.62	—		—
2015 - 10	0～20	3.46	3	0.22	37.57	3	1.47	—		—

表 3 - 154　辅助观测场 03（一次性施肥）土壤有效微量养分含量（有效铜、有效硫和有效钼）

时间 (年-月)	观测层次/ cm	有效铜/（mg/kg）			有效硫/（mg/kg）			有效钼/（mg/kg）		
		平均值	重复数	标准差	平均值	重复数	标准差	平均值	重复数	标准差
2005 - 10	0～20	—	6	—	49.52	6	5.48	0.040	6	0.001
2010 - 10	0～20	2.95	3	0.12	51.71	3	6.78	—		—
2015 - 10	0～20	3.06	3	0.17	57.18	3	1.87	—		—

表 3 - 155　辅助观测场 04（常规施肥）土壤有效微量养分含量（有效铜、有效硫和有效钼）

时间 (年-月)	观测层次/ cm	有效铜/（mg/kg）			有效硫/（mg/kg）			有效钼/（mg/kg）		
		平均值	重复数	标准差	平均值	重复数	标准差	平均值	重复数	标准差
2005 - 10	0～20	—	6	—	46.43	6	3.90	0.045	6	0.006
2010 - 10	0～20	3.14	3	0.20	47.22	3	6.23	—		—
2015 - 10	0～20	3.27	3	0.14	57.34	3	8.78	—		—

表 3 - 156　辅助观测场 05（水田）土壤有效微量养分含量（有效铜、有效硫和有效钼）

时间 (年-月)	观测层次/ cm	有效铜/（mg/kg）			有效硫/（mg/kg）			有效钼/（mg/kg）		
		平均值	重复数	标准差	平均值	重复数	标准差	平均值	重复数	标准差
2005 - 10	0～20	—	6	—	49.56	6	9.36	0.036	0.002	6
2010 - 10	0～20	4.14	6	0.17	165.27	6	18.95	—		—
2015 - 10	0～20	4.18	6	0.24	133.03	6	10.99	—		—

表 3 - 157　站区调查点 01 土壤有效微量养分含量（有效铜、有效硫和有效钼）

时间 (年-月)	观测层次/ cm	有效铜/（mg/kg）			有效硫/（mg/kg）			有效钼/（mg/kg）		
		平均值	重复数	标准差	平均值	重复数	标准差	平均值	重复数	标准差
2005 - 10	0～20	—	6	—	31.73	6	6.98	0.042	6	0.003
2010 - 10	0～20	2.91	6	0.08	42.49	6	6.63	—		—
2015 - 10	0～20	3.28	6	0.13	58.09	6	3.48	—		—

表 3 - 158　站区调查点 02 土壤有效微量养分含量（有效铜、有效硫和有效钼）

时间（年-月）	观测层次/cm	有效铜/（mg/kg）			有效硫/（mg/kg）			有效钼/（mg/kg）		
		平均值	重复数	标准差	平均值	重复数	标准差	平均值	重复数	标准差
2005 - 10	0～20	—	6	—	44.58	6	10.57	0.038	6	0.003
2010 - 10	0～20	2.99	3	0.23	65.90	3	3.74	—	—	—
2015 - 10	0～20	3.18	3	0.11	45.01	3	4.90	—	—	—

表 3 - 159　站区调查点 03 土壤有效微量养分含量（有效铜、有效硫和有效钼）

时间（年-月）	观测层次/cm	有效铜/（mg/kg）			有效硫/（mg/kg）			有效钼/（mg/kg）		
		平均值	重复数	标准差	平均值	重复数	标准差	平均值	重复数	标准差
2005 - 10	0～20	—	6	—	37.74	6	7.04	0.044	6	0.004
2010 - 10	0～20	2.87	6	0.11	31.88	6	4.21	—	—	—
2015 - 10	0～20	3.09	6	0.06	57.96	6	4.34	—	—	—

3.2.4 剖面土壤机械组成

3.2.4.1 概述

本数据集为沈阳站 10 个长期监测样地 2005 年剖面（0～10 cm、>10～20 cm、>20～30 cm、>30～40 cm、>40～60 cm 和>60～100 cm）和 2015 年剖面（0～10 cm、>10～20 cm、>20～30 cm、>30～40 cm、>40～60 cm 和>60～100 cm）土壤的机械组成。

3.2.4.2 数据采集和处理方法

按照 CERN 长期观测规范，剖面土壤机械组成的监测频率为 10 年 1 次。2005 年秋季作物收获后，在采样点挖取长 1.5 m、宽 1 m、深 1.2 m 的土壤剖面，观察面向阳，将挖出的土壤按不同层次分开放置，用木制土铲铲除观察面表层与铁锹接触的土壤，自下向上采集各层土样，每层约 1.5 kg，装入棉质土袋中，最后将挖出的土壤按层回填。2015 年秋季作物收获后，用土钻自上而下分层取样。将取回的土样置于干净的白纸上风干，挑除根系和石子，用四分法取适量研磨后，过 2 mm 尼龙筛，装入广口瓶备用。机械组成的分析方法为吸管法。

3.2.4.3 数据质量控制和评估

（1）分析时进行 3 次平行样品测定。

（2）测定时保证由同一个实验人员操作，避免人为因素导致的结果差异。

（3）由于土壤机械组成较为稳定，台站区域内的土壤机械组成基本一致，因此，测定时，我们会将测定结果与站内其他样地的历史机械组成结果进行对比，观察数据是否存在异常，如果同一层土壤质地划分与历史数据存在差异，对数据进行核实或再次测定。

3.2.4.4 数据价值/数据使用方法和建议

土壤机械组成不仅是土壤分类的重要诊断指标，也是影响土壤水、肥、气、热状况，物质迁移转化及土壤退化过程的重要因素。

在本数据集中，2005 年和 2015 年采用美国土壤质地划分标准，在使用数据时，使用者需按照自己的需求合理选择。

3.2.4.5 数据

表 3 - 160 至表 3 - 178 中为剖面土壤机械组成数据。

表 3 - 160　综合观测场剖面土壤机械组成

时间 （年-月）	观测层次/cm	2～0.05 mm	0.05～0.002 mm	<0.002 mm	重复数	土壤质地名称 （按国际制三角坐标图）
2005 - 10	0～10	15.92	58.68	24.44	3	粉（沙）壤土
2005 - 10	>10～20	13.44	62.02	24.37	3	粉（沙）壤土
2005 - 10	>20～40	15.19	59.65	25.79	3	粉（沙）壤土
2005 - 10	>40～60	10.82	61.17	27.65	3	粉（沙）壤土
2005 - 10	>60～100	10.79	54.49	34.97	3	粉（沙）质黏壤土

表 3 - 161　辅助观测场 01（CK）剖面土壤机械组成

时间 （年-月）	观测层次/cm	2～0.05 mm	0.05～0.002 mm	<0.002 mm	重复数	土壤质地名称 （按国际制三角坐标图）
2005 - 10	0～10	17.49	59.52	22.66	3	粉（沙）壤土
2005 - 10	>10～20	16.75	59.43	23.89	3	粉（沙）壤土
2005 - 10	>20～40	13.64	59.28	27.54	3	粉（沙）壤土
2005 - 10	>40～60	12.20	53.81	34.05	3	粉（沙）质黏壤土
2005 - 10	>60～100	15.61	50.98	33.44	3	粉（沙）质黏壤土

表 3 - 162　辅助观测场 02（秸秆还田）剖面土壤机械组成

时间 （年-月）	观测层次/cm	2～0.05 mm	0.05～0.002 mm	<0.002 mm	重复数	土壤质地名称 （按国际制三角坐标图）
2005 - 10	0～10	17.11	60.31	22.73	3	粉（沙）壤土
2005 - 10	>10～20	16.60	60.15	23.44	3	粉（沙）壤土
2005 - 10	>20～40	16.32	55.80	28.38	3	粉（沙）壤土
2005 - 10	>40～60	14.10	52.12	33.22	3	粉（沙）质黏壤土
2005 - 10	>60～100	15.11	50.85	34.25	3	粉（沙）质黏壤土

表 3 - 163　辅助观测场 03（一次性施肥）剖面土壤机械组成

时间 （年-月）	观测层次/cm	2～0.05 mm	0.05～0.002 mm	<0.002 mm	重复数	土壤质地名称 （按国际制三角坐标图）
2005 - 10	0～10	15.49	61.73	23.23	3	粉（沙）壤土
2005 - 10	>10～20	14.62	61.08	24.04	3	粉（沙）壤土
2005 - 10	>20～40	12.49	56.07	30.04	3	粉（沙）质黏壤土
2005 - 10	>40～60	12.47	53.86	33.84	3	粉（沙）质黏壤土
2005 - 10	>60～100	15.27	49.75	34.77	3	粉（沙）质黏壤土

表 3 - 164 辅助观测场 04（常规施肥）剖面土壤机械组成

时间 （年-月）	观测层次/cm	2～0.05 mm	0.05～0.002 mm	<0.002 mm	重复数	土壤质地名称 （按国际制三角坐标图）
2005 - 10	0～10	18.39	59.56	22.41	3	粉（沙）壤土
2005 - 10	>10～20	18.11	59.77	22.32	3	粉（沙）壤土
2005 - 10	>20～40	21.46	50.45	27.44	3	粉（沙）壤土
2005 - 10	>40～60	18.00	50.06	31.83	3	粉（沙）质黏壤土
2005 - 10	>60～100	14.01	51.47	34.45	3	粉（沙）质黏壤土

表 3 - 165 辅助观测场 05（水田）剖面土壤机械组成

时间 （年-月）	观测层次/cm	2～0.05 mm	0.05～0.002 mm	<0.002 mm	重复数	土壤质地名称 （按美国制三角坐标图）
2005 - 10	0～10	14.94	64.16	20.95	3	粉（沙）壤土
2005 - 10	>10～20	15.23	63.83	20.93	3	粉（沙）壤土
2005 - 10	>20～40	13.44	64.09	23.23	3	粉（沙）壤土
2005 - 10	>40～60	9.59	61.07	29.54	3	粉（沙）质黏壤土
2005 - 10	>60～100	13.34	53.02	34.02	3	粉（沙）质黏壤土

表 3 - 166 站区调查点 01 剖面土壤机械组成

时间 （年-月）	观测层次/cm	2～0.05 mm	0.05～0.002 mm	<0.002 mm	重复数	土壤质地名称 （按美国制三角坐标图）
2005 - 10	0～10	20.29	57.26	22.45	3	粉（沙）壤土
2005 - 10	>10～20	17.31	60.74	21.94	3	粉（沙）壤土
2005 - 10	>20～40	16.09	56.69	27.22	3	粉（沙）壤土
2005 - 10	>40～60	14.57	58.81	26.51	3	粉（沙）壤土
2005 - 10	>60～100	14.88	58.27	23.67	3	粉（沙）壤土

表 3 - 167 站区调查点 02 剖面土壤机械组成

时间 （年-月）	观测层次/cm	2～0.05 mm	0.05～0.002 mm	<0.002 mm	重复数	土壤质地名称 （按美国制三角坐标图）
2005 - 10	0～10	17.41	61.56	18.47	3	粉（沙）壤土
2005 - 10	>10～20	16.58	64.20	17.23	3	粉（沙）壤土
2005 - 10	>20～40	12.93	61.20	21.79	3	粉（沙）壤土
2005 - 10	>40～60	8.95	55.83	32.06	3	粉（沙）质黏壤土
2005 - 10	>60～100	13.43	55.74	31.45	3	粉（沙）质黏壤土

表 3 - 168　站区调查点 03 剖面土壤机械组成

时间 （年-月）	观测层次/cm	2～0.05 mm	0.05～0.002 mm	<0.002 mm	重复数	土壤质地名称 （按美国制三角坐标图）
2005 - 10	0～10	20.87	57.53	21.66	3	粉（沙）壤土
2005 - 10	>10～20	20.09	58.68	21.37	3	粉（沙）壤土
2005 - 10	>20～40	21.06	58.15	20.60	3	粉（沙）壤土
2005 - 10	>40～60	21.35	59.26	19.37	3	粉（沙）壤土
2005 - 10	>60～100	18.06	52.12	29.99	3	粉（沙）质黏壤土

表 3 - 169　综合观测场剖面土壤机械组成

时间 （年-月）	观测层次/cm	2～0.05 mm	0.05～0.002 mm	<0.002 mm	重复数	土壤质地名称 （按美国制三角坐标图）
2015 - 10	0～10	16.05	69.04	14.91	3	粉（沙）壤土
2015 - 10	>10～20	15.71	70.48	13.81	3	粉（沙）壤土
2015 - 10	>20～40	11.54	71.70	16.76	3	粉（沙）壤土
2015 - 10	>40～60	9.38	69.27	21.35	3	粉（沙）壤土
2015 - 10	>60～100	7.57	64.31	28.12	3	粉（沙）壤土

表 3 - 170　综合观测场 02 剖面土壤机械组成

时间 （年-月）	观测层次/cm	2～0.05 mm	0.05～0.002 mm	<0.002 mm	重复数	土壤质地名称 （按美国制三角坐标图）
2015 - 10	0～10	17.18	65.87	16.95	3	粉（沙）壤土
2015 - 10	>10～20	18.70	64.31	16.99	3	粉（沙）壤土
2015 - 10	>20～40	17.65	69.65	12.70	3	粉（沙）壤土
2015 - 10	>40～60	11.54	67.73	20.73	3	粉（沙）壤土
2015 - 10	>60～100	9.80	65.61	24.59	3	粉（沙）壤土

表 3 - 171　辅助观测场 01（CK）剖面土壤机械组成

时间 （年-月）	观测层次/cm	2～0.05 mm	0.05～0.002 mm	<0.002 mm	重复数	土壤质地名称 （按美国制三角坐标图）
2015 - 10	0～10	16.71	68.74	14.56	3	粉（沙）壤土
2015 - 10	>10～20	16.33	68.75	14.91	3	粉（沙）壤土
2015 - 10	>20～40	10.72	72.83	16.44	3	粉（沙）壤土
2015 - 10	>40～60	8.79	66.19	25.02	3	粉（沙）壤土
2015 - 10	>60～100	7.67	65.28	27.05	3	粉（沙）壤土

表 3-172   辅助观测场 02（秸秆还田）剖面土壤机械组成

时间 （年-月）	观测层次/cm	2～0.05 mm	0.05～0.002 mm	<0.002 mm	重复数	土壤质地名称 （按美国制三角坐标图）
2015-10	0～10	15.80	66.91	17.29	3	粉（沙）壤土
2015-10	>10～20	15.24	68.40	16.36	3	粉（沙）壤土
2015-10	>20～40	11.31	70.88	17.81	3	粉（沙）壤土
2015-10	>40～60	11.63	64.24	24.12	3	粉（沙）壤土
2015-10	>60～100	7.96	61.62	30.43	3	粉（沙）质黏壤土

表 3-173   辅助观测场 03（一次性施肥）剖面土壤机械组成

时间 （年-月）	观测层次/cm	2～0.05 mm	0.05～0.002 mm	<0.002 mm	重复数	土壤质地名称 （按国际制三角坐标图）
2015-10	0～10	17.42	69.55	13.02	3	粉（沙）壤土
2015-10	>10～20	17.73	68.55	13.73	3	粉（沙）壤土
2015-10	>20～40	14.35	70.24	15.41	3	粉（沙）壤土
2015-10	>40～60	10.06	67.13	22.81	3	粉（沙）壤土
2015-10	>60～100	9.30	66.71	23.99	3	粉（沙）壤土

表 3-174   辅助观测场 04（常规施肥）剖面土壤机械组成

时间 （年-月）	观测层次/cm	2～0.05 mm	0.05～0.002 mm	<0.002 mm	重复数	土壤质地名称 （按国际制三角坐标图）
2015-10	0～10	15.53	69.77	14.71	3	粉（沙）壤土
2015-10	>10～20	14.59	71.23	14.18	3	粉（沙）壤土
2015-10	>20～40	15.03	68.05	16.92	3	粉（沙）壤土
2015-10	>40～60	10.41	65.73	23.86	3	粉（沙）壤土
2015-10	>60～100	7.74	66.98	25.28	3	粉（沙）壤土

表 3-175   辅助观测场 05（水田）剖面土壤机械组成

时间 （年-月）	观测层次/cm	2～0.05 mm	0.05～0.002 mm	<0.002 mm	重复数	土壤质地名称 （按美国制三角坐标图）
2015-10	0～10	14.92	73.03	12.05	3	粉（沙）壤土
2015-10	>10～20	18.76	61.08	20.16	3	粉（沙）壤土
2015-10	>20～40	14.86	65.59	19.54	3	粉（沙）壤土
2015-10	>40～60	12.40	59.29	28.31	3	粉（沙）壤土
2015-10	>60～100	12.09	65.44	22.47	3	粉（沙）壤土

表 3 - 176　站区调查点 01 剖面土壤机械组成

时间（年-月）	观测层次/cm	2~0.05 mm	0.05~0.002 mm	<0.002 mm	重复数	土壤质地名称（按美国制三角坐标图）
2015 - 10	0~10	14.79	64.75	20.46	3	粉（沙）壤土
2015 - 10	>10~20	15.03	67.15	17.81	3	粉（沙）壤土
2015 - 10	>20~40	12.12	70.38	17.50	3	粉（沙）壤土
2015 - 10	>40~60	12.86	62.46	24.68	3	粉（沙）壤土
2015 - 10	>60~100	11.28	62.73	25.98	3	粉（沙）壤土

表 3 - 177　站区调查点 02 剖面土壤机械组成

时间（年-月）	观测层次/cm	2~0.05 mm	0.05~0.002 mm	<0.002 mm	重复数	土壤质地名称（按美国制三角坐标图）
2015 - 10	0~10	21.00	63.86	15.14	3	粉（沙）壤土
2015 - 10	>10~20	20.80	66.09	13.11	3	粉（沙）壤土
2015 - 10	>20~40	18.19	70.18	11.63	3	粉（沙）壤土
2015 - 10	>40~60	8.69	74.64	16.67	3	粉（沙）壤土
2015 - 10	>60~100	8.89	75.72	15.38	3	粉（沙）壤土

表 3 - 178　站区调查点 03 剖面土壤机械组成

时间（年-月）	观测层次/cm	2~0.05 mm	0.05~0.002 mm	<0.002 mm	重复数	土壤质地名称（按美国制三角坐标图）
2015 - 10	0~10	17.18	64.74	18.08	3	粉（沙）壤土
2015 - 10	>10~20	16.78	66.78	16.45	3	粉（沙）壤土
2015 - 10	>20~40	16.64	70.93	12.44	3	粉（沙）壤土
2015 - 10	>40~60	12.77	71.56	15.67	3	粉（沙）壤土
2015 - 10	>60~100	10.53	73.24	16.23	3	粉（沙）壤土

3.2.5　剖面土壤容重

3.2.5.1　概述

本数据集为沈阳站 10 个长期监测样地 2005 年剖面（0~10 cm、>10~20 cm、>20~30 cm、>30~40 cm、>40~60 cm 和>60~100 cm）、2010 年表层（0~20 cm）和 2015 年剖面（0~10 cm、>10~20 cm、>20~40 cm、>40~60 cm 和>60~100 cm）土壤的容重。

3.2.5.2　数据采集和处理方法

按照 CERN 长期观测规范，剖面土壤容重的监测频率为 10 年 1 次。2005 年秋季作物收获后，在采样点挖取长 1.5 m、宽 1 m、深 1.2 m 的土壤剖面，采用环刀法测定各层（0~10 cm、>10~20 cm、>20~30 cm、>30~40 cm、>40~60 cm 和>60~100 cm）土壤的容重，0~10 cm、>10~20 cm、>20~30 cm 每层采集 10 次重复，>30~40 cm、>40~60 cm 和>60~100 cm 每层采集 5 次重复。2010 年采用环刀法测定表层（0~20 cm）土壤的容重，每层采集 5 次重复。2015 年采用环刀法测定各层（0~10 cm、>10~20 cm、>20~40 cm、>40~60 cm 和>60~100 cm）土壤的容重，每层采集 3 次重复。

3.2.5.3　数据质量控制和评估

（1）采样时每个剖面的每个土层至少进行 3～5 次重复测定。

（2）环刀样品采集由同一个实验人员完成，避免人为因素导致的结果差异。

（3）由于土壤容重较为稳定，台站区域内的土壤容重基本一致，因此，测定时，我们会将测定结果与站内其他样地的历史土壤容重结果进行对比，观察数据是否存在异常，如果同一层土壤容重与历史数据存在差异，则对数据进行核实或再次测定。

3.2.5.4　数据价值/数据使用方法和建议

土壤容重的大小与土壤质地、结构、有机质含量、土壤紧实度、耕作措施等密切相关。本数据集中所述的重复数为挖掘剖面的个数，每个剖面的每层土壤容重测定 5 次重复。

3.2.5.5　数据

表 3-179 至表 3-188 中为剖面土壤容重数据。

表 3-179　综合观测场土壤生物采样地 01 剖面土壤容重

时间（年-月）	观测层次/cm	容重/（g/cm³）	重复数	标准差
2005 - 10	0～10	1.22	10	0.06
2005 - 10	>10～20	1.36	10	0.05
2005 - 10	>20～30	1.42	10	0.04
2005 - 10	>30～40	1.46	5	0.03
2005 - 10	>40～60	1.46	5	0.03
2005 - 10	>60～100	1.50	5	0.03
2010 - 10	0～20	1.20	5	0.05
2015 - 10	0～10	1.18	3	0.07
2015 - 10	>10～20	1.44	3	0.04
2015 - 10	>20～40	1.48	3	0.04
2015 - 10	>40～60	1.36	3	0.04
2015 - 10	>60～100	1.38	3	0.03

表 3-180　综合观测场土壤生物采样地 02 剖面土壤容重

时间（年-月）	观测层次/cm	容重/（g/cm³）	重复数	标准差
2010 - 10	0～20	1.16	5	0.04
2015 - 10	0～10	1.18	3	0.03
2015 - 10	>10～20	1.26	3	0.02
2015 - 10	>20～40	1.55	3	0.03
2015 - 10	>40～60	1.44	3	0.04
2015 - 10	>60～100	1.42	3	0.08

表 3 - 181　辅助观测场 01（CK）剖面土壤容重

时间（年-月）	观测层次/cm	容重/（g/cm³）	重复数	标准差
2005 - 10	0～10	1.36	10	0.05
2005 - 10	>10～20	1.39	10	0.04
2005 - 10	>20～30	1.43	10	0.04
2005 - 10	>30～40	1.44	5	0.03
2005 - 10	>40～60	1.46	5	0.02
2005 - 10	>60～100	1.51	5	0.02
2010 - 10	0～20	1.18	5	0.04
2015 - 10	0～10	1.18	3	0.02
2015 - 10	>10～20	1.36	3	0.03
2015 - 10	>20～40	1.47	3	0.05
2015 - 10	>40～60	1.42	3	0.04
2015 - 10	>60～100	1.42	3	0.03

表 3 - 182　辅助观测场 02（秸秆还田）剖面土壤容重

时间（年-月）	观测层次/cm	容重/（g/cm³）	重复数	标准差
2005 - 10	0～10	1.28	10	0.05
2005 - 10	>10～20	1.35	10	0.04
2005 - 10	>20～30	1.39	10	0.04
2005 - 10	>30～40	1.44	5	0.02
2005 - 10	>40～60	1.46	5	0.03
2005 - 10	>60～100	1.51	5	0.02
2010 - 10	0～20	1.15	5	0.02
2015 - 10	0～10	1.09	3	0.03
2015 - 10	>10～20	1.35	3	0.01
2015 - 10	>20～40	1.46	3	0.03
2015 - 10	>40～60	1.42	3	0.01
2015 - 10	>60～100	1.41	3	0.02

表 3 - 183　辅助观测场 03（一次性施肥）剖面土壤容重

时间（年-月）	观测层次/cm	容重/（g/cm³）	重复数	标准差
2005 - 10	0～10	1.27	10	0.05
2005 - 10	>10～20	1.28	10	0.04
2005 - 10	>20～30	1.32	10	0.03
2005 - 10	>30～40	1.37	5	0.03
2005 - 10	>40～60	1.41	5	0.03
2005 - 10	>60～100	1.44	5	0.03
2010 - 10	0～20	1.22	5	0.04

（续）

时间（年-月）	观测层次/cm	容重/（g/cm³）	重复数	标准差
2015 - 10	0～10	1.31	3	0.04
2015 - 10	>10～20	1.36	3	0.03
2015 - 10	>20～40	1.46	3	0.03
2015 - 10	>40～60	1.40	3	0.02
2015 - 10	>60～100	1.48	3	0.03

表 3 - 184　辅助观测场 04（常规施肥）剖面土壤容重

时间（年-月）	观测层次/cm	容重/（g/cm³）	重复数	标准差
2005 - 10	0～10	1.22	10	0.06
2005 - 10	>10～20	1.29	10	0.05
2005 - 10	>20～30	1.34	10	0.04
2005 - 10	>30～40	1.44	5	0.02
2005 - 10	>40～60	1.47	5	0.03
2005 - 10	>60～100	1.51	5	0.02
2010 - 10	0～20	1.15	5	0.02
2015 - 10	0～10	1.18	3	0.04
2015 - 10	>10～20	1.42	3	0.01
2015 - 10	>20～40	1.56	3	0.01
2015 - 10	>40～60	1.50	3	0.02
2015 - 10	>60～100	1.56	3	0.02

表 3 - 185　辅助观测场 05（水田）剖面土壤容重

时间（年-月）	观测层次/cm	容重/（g/cm³）	重复数	标准差
2005 - 10	0～10	1.44	10	0.05
2005 - 10	>10～20	1.47	10	0.03
2005 - 10	>20～30	1.52	10	0.03
2005 - 10	>30～40	1.55	5	0.02
2005 - 10	>40～60	1.57	5	0.02
2005 - 10	>60～100	1.58	5	0.02
2010 - 10	0～20	1.28	5	0.05
2015 - 10	0～10	1.23	3	0.05
2015 - 10	>10～20	1.35	3	0.02
2015 - 10	>20～40	1.56	3	0.02
2015 - 10	>40～60	1.38	3	0.02
2015 - 10	>60～100	1.46	3	0.01

表 3 - 186　站区调查点 01 剖面土壤容重

时间（年-月）	观测层次/cm	容重/（g/cm³）	重复数	标准差
2005 - 10	0～10	1.08	10	0.05
2005 - 10	>10～20	1.32	10	0.04
2005 - 10	>20～30	1.33	10	0.03
2005 - 10	>30～40	1.43	5	0.03
2005 - 10	>40～60	1.45	5	0.02
2005 - 10	>60～100	1.48	5	0.02
2010 - 10	0～20	1.13	5	0.04
2015 - 10	0～10	1.13	3	0.04
2015 - 10	>10～20	1.21	3	0.03
2015 - 10	>20～40	1.49	3	0.07
2015 - 10	>40～60	1.33	3	0.09
2015 - 10	>60～100	1.50	3	0.06

表 3 - 187　站区调查点 02 剖面土壤容重

时间（年-月）	观测层次/cm	容重/（g/cm³）	重复数	标准差
2005 - 10	0～10	1.43	10	0.05
2005 - 10	>10～20	1.50	10	0.03
2005 - 10	>20～30	1.53	10	0.03
2005 - 10	>30～40	1.56	5	0.03
2005 - 10	>40～60	1.60	5	0.02
2005 - 10	>60～100	1.65	5	0.02
2010 - 10	0～20	1.31	5	0.05
2015 - 10	0～10	1.11	3	0.02
2015 - 10	>10～20	1.30	3	0.02
2015 - 10	>20～40	1.61	3	0.03
2015 - 10	>40～60	1.36	3	0.02
2015 - 10	>60～100	1.48	3	0.03

表 3 - 188　站区调查点 02 剖面土壤容重

时间（年-月）	观测层次/cm	容重/（g/cm³）	重复数	标准差
2005 - 10	0～10	1.28	10	0.06
2005 - 10	>10～20	1.39	10	0.04
2005 - 10	>20～30	1.41	10	0.03
2005 - 10	>30～40	1.43	5	0.02
2005 - 10	>40～60	1.45	5	0.03
2005 - 10	>60～100	1.48	5	0.02
2010 - 10	0～20	1.12	5	0.03

（续）

时间（年-月）	观测层次/cm	容重/（g/cm³）	重复数	标准差
2015 - 10	0～10	1.27	3	0.04
2015 - 10	>10～20	1.55	3	0.02
2015 - 10	>20～40	1.38	3	0.02
2015 - 10	>40～60	1.44	3	0.11
2015 - 10	>60～100	1.45	3	0.05

3.2.6　剖面土壤重金属全量

3.2.6.1　概述

本数据集为沈阳站 10 个长期监测样地 2005 年、2010 年剖面（0～10 cm、>10～20 cm、>20～30 cm、>30～40 cm、>40～60 cm 和>60～100 cm）和 2015 年剖面（0～10 cm、>10～20 cm、>20～40 cm、>40～60 cm 和>60～100 cm）土壤的 7 种重金属（铅、铬、镍、镉、硒、砷、汞）全量数据。

3.2.6.2　数据采集和处理方法

按照 CERN 长期观测规范，剖面土壤矿质全量的监测频率为 5 年 1 次。2005 年秋季作物收获后，在采样点挖取长 1.5 m、宽 1.0 m、深 1.2 m 的土壤剖面，观察面向阳，将挖出的土壤按不同层次分开放置，用木制土铲铲除观察面表层与铁锹接触的土壤，自下向上采集各层土样，每层约 1.5kg，装入棉质土袋中，最后将挖出的土壤按层回填。2010 年和 2015 年秋季作物收获后，用土钻自上而下分层取样。将每次取回的土样置于干净的白纸上风干，挑除根系和石子，用四分法取适量研磨后，过 2 mm 尼龙筛，再用四分法取适量研磨后，过 0.149 mm 尼龙筛，装入广口瓶备用。

铅、铬、镍、镉在 2005 年采用氢氟酸-高氯酸-硝酸-消煮- ICP - AES 法测定，铬、镍 2010 年采用盐酸-硝酸-氢氟酸-高氯酸消煮-火焰原子吸收分光光度法测定，铅、镉 2010 年采用盐酸-硝酸-氢氟酸-高氯酸消煮-石墨炉原子吸收分光光度法测定；铬、镍 2015 年采用盐酸-硝酸-氢氟酸-高氯酸消煮- ICP - AES 法测定；铅、镉 2015 年采用盐酸-硝酸-氢氟酸-高氯酸消煮- ICP - MS 法测定；硒在 2005 年采用硝酸-高氯酸消煮-荧光光度法测定，2010 年和 2015 年采用王水消解-原子荧光光谱法测定；砷、汞 2010 年和 2015 年采用王水消解-原子荧光光谱法测定。

3.2.6.3　数据质量控制和评估

（1）测定时插入国家标准样品进行质控。

（2）分析时进行 3 次平行样品测定。

（3）利用校验软件检查每个监测数据是否超出相同土壤类型和采样深度的历史数据范围、每个观测场监测项目均值是否超出该样地相同深度历史数据均值的 2 倍标准差、每个观测场监测项目标准差是否超出该样地相同深度历史数据的 2 倍标准差或者样地空间变异调查的 2 倍标准差等。对超出范围的数据进行核实或再次测定。

3.2.6.4　数据价值/数据使用方法和建议

土壤重金属含量是土壤重要的环境要素，尽管土壤具有对污染物的降解能力，但对于重金属元素，土壤尚不能发挥其天然净化功能，因此对其进行长期、系统的监测显得尤为重要。沈阳站剖面土壤重金属元素数据可为区域土壤环境质量评估、土壤污染风险评估以及环境土壤学研究等工作提供数据基础。

3.2.6.5　数据

表 3 - 189 至表 3 - 208 中为剖面土壤重金属全量数据。

表 3-189　综合观测场土壤生物采样地 01 剖面土壤重金属（铅、铬、镍和镉）

时间（年-月）	观测层次/cm	铅/（mg/kg）		铬/（mg/kg）		镍/（mg/kg）		镉/（mg/kg）		重复数
		平均值	标准差	平均值	标准差	平均值	标准差	平均值	标准差	
2005-10	0~10	20.13	0.69	55.3	0.3	25.9	0.4	0.119	0.001	3
2005-10	>10~20	19.69	0.58	55.5	0.8	26.1	0.2	0.108	0.008	3
2005-10	>20~30	14.25	1.22	54.2	0.2	27.8	2.4	0.088	0.013	3
2005-10	>30~40	12.13	1.60	55.6	0.3	28.8	2.7	0.085	0.028	3
2005-10	>40~60	13.49	0.65	59.2	1.9	35.1	0.8	0.067	0.013	3
2005-10	>60~100	13.36	0.95	64.2	1.8	38.0	2.5	0.072	0.012	3
2010-10	0~10	37.23	0.63	74.1	2.3	28.6	0.3	0.223	0.019	3
2010-10	>10~20	36.78	0.88	67.0	6.7	29.0	1.8	0.208	0.023	3
2010-10	>20~30	34.93	1.97	92.0	11.3	38.4	5.7	0.151	0.021	3
2010-10	>30~40	29.93	3.18	76.1	2.0	30.4	1.2	0.112	0.029	3
2010-10	>40~60	30.39	2.93	83.3	3.4	37.5	0.7	0.111	0.046	3
2010-10	>60~100	29.52	2.19	74.6	12.6	33.0	8.2	0.103	0.050	3
2015-10	0~10	37.27	1.47	60.1	3.6	29.9	1.0	0.159	0.007	3
2015-10	>10~20	35.39	1.40	66.3	6.2	29.0	0.3	0.152	0.004	3
2015-10	>20~40	29.03	0.81	74.1	3.6	32.0	0.7	0.067	0.006	3
2015-10	>40~60	28.52	0.65	65.7	8.3	38.0	4.0	0.041	0.018	3
2015-10	>60~100	28.90	0.84	83.2	3.7	39.6	1.8	0.027	0.005	3

表 3-190　综合观测场土壤生物采样地 02 剖面土壤重金属（铅、铬、镍和镉）

时间（年-月）	观测层次/cm	铅/（mg/kg）		铬/（mg/kg）		镍/（mg/kg）		镉/（mg/kg）		重复数
		平均值	标准差	平均值	标准差	平均值	标准差	平均值	标准差	
2010-10	0~10	34.50	1.80	64.5	4.0	24.4	0.9	0.196	0.008	3
2010-10	>10~20	29.41	2.88	64.7	14.8	24.2	1.5	0.156	0.059	3
2010-10	>20~30	25.98	0.51	76.2	8.5	29.2	2.5	0.068	0.018	3
2010-10	>30~40	26.99	1.33	70.9	8.7	30.7	1.2	0.084	0.044	3
2010-10	>40~60	25.98	0.42	81.1	1.6	31.8	0.9	0.058	0.011	3
2010-10	>60~100	35.32	2.17	65.5	2.8	25.0	2.1	0.212	0.025	3
2015-10	0~10	35.64	0.37	81.0	13.8	27.5	1.8	0.182	0.018	3
2015-10	>10~20	35.18	0.53	67.0	9.9	27.1	3.0	0.189	0.030	3
2015-10	>20~40	28.08	0.57	60.4	7.7	24.9	1.2	0.086	0.012	3
2015-10	>40~60	26.41	0.85	69.5	6.7	30.2	1.0	0.038	0.002	3
2015-10	>60~100	26.79	1.33	69.3	12.8	33.0	4.6	0.051	0.018	3

表 3 - 191　辅助观测场 01（CK）剖面土壤重金属（铅、铬、镍和镉）

时间 （年-月）	观测层次/ cm	铅/（mg/kg）		铬/（mg/kg）		镍/（mg/kg）		镉/（mg/kg）		重复数
		平均值	标准差	平均值	标准差	平均值	标准差	平均值	标准差	
2005 - 10	0～10	24.57	2.13	58.3	0.3	27.9	0.2	0.083	0.022	3
2005 - 10	>10～20	18.35	1.37	57.9	0.6	28.7	1.4	0.084	0.029	3
2005 - 10	>20～30	12.15	1.74	59.4	1.4	29.9	0.2	0.072	0.026	3
2005 - 10	>30～40	15.58	1.75	61.1	0.3	36.8	0.1	0.047	0.009	3
2005 - 10	>40～60	13.38	0.72	60.0	0.3	35.6	0.4	0.048	0.008	3
2005 - 10	>60～100	11.52	0.07	62.8	0.3	33.8	0.5	0.052	0.007	3
2010 - 10	0～10	34.89	3.57	74.6	11.2	31.4	5.7	0.166	0.081	3
2010 - 10	>10～20	32.74	3.71	64.1	1.6	27.6	2.4	0.163	0.073	3
2010 - 10	>20～30	28.72	1.00	70.8	7.3	30.2	3.4	0.136	0.089	3
2010 - 10	>30～40	27.62	0.78	75.9	5.7	33.4	2.3	0.082	0.024	3
2010 - 10	>40～60	28.54	0.51	69.2	11.7	35.4	0.1	0.078	0.003	3
2010 - 10	>60～100	29.69	5.53	73.0	5.2	30.3	3.5	0.105	0.082	3
2015 - 10	0～10	40.53	0.75	49.9	2.5	28.7	2.5	0.252	0.026	3
2015 - 10	>10～20	37.10	0.46	48.4	2.8	26.4	0.4	0.189	0.016	3
2015 - 10	>20～40	30.34	1.86	56.4	6.1	31.1	0.7	0.102	0.012	3
2015 - 10	>40～60	27.95	0.39	60.5	5.1	36.2	1.1	0.047	0.008	3
2015 - 10	>60～100	28.49	0.46	61.3	1.7	35.7	1.5	0.050	0.013	3

表 3 - 192　辅助观测场 02（秸秆还田）剖面土壤重金属（铅、铬、镍和镉）

时间 （年-月）	观测层次/ cm	铅/（mg/kg）		铬/（mg/kg）		镍/（mg/kg）		镉/（mg/kg）		重复数
		平均值	标准差	平均值	标准差	平均值	标准差	平均值	标准差	
2005 - 10	0～10	23.00	0.16	56.9	0.2	26.7	0.1	0.088	0.003	3
2005 - 10	>10～20	19.15	0.13	56.8	0.4	27.3	0.0	0.081	0.003	3
2005 - 10	>20～30	15.04	0.86	58.7	0.8	29.9	0.0	0.071	0.005	3
2005 - 10	>30～40	14.72	0.12	61.0	0.4	34.2	0.4	0.063	0.002	3
2005 - 10	>40～60	14.77	0.02	62.9	1.3	36.0	0.1	0.071	0.000	3
2005 - 10	>60～100	13.46	0.43	67.4	0.2	36.7	0.6	0.078	0.002	3
2010 - 10	0～10	37.26	0.39	59.1	9.7	25.9	0.5	0.242	0.001	3
2010 - 10	>10～20	35.57	1.32	65.8	1.3	26.1	1.0	0.174	0.007	3
2010 - 10	>20～30	30.30	0.57	61.0	1.4	28.2	0.6	0.123	0.023	3
2010 - 10	>30～40	26.32	2.89	70.0	6.2	30.7	2.6	0.069	0.017	3
2010 - 10	>40～60	27.83	0.67	70.4	1.2	33.8	0.6	0.063	0.016	3
2010 - 10	>60～100	28.63	4.46	75.1	7.0	34.5	1.2	0.170	0.174	3
2015 - 10	0～10	36.52	0.74	61.8	6.9	28.4	2.4	0.205	0.012	3
2015 - 10	>10～20	37.31	0.43	59.8	7.6	31.0	2.3	0.182	0.016	3
2015 - 10	>20～40	28.67	0.54	61.5	7.7	31.1	1.5	0.085	0.016	3
2015 - 10	>40～60	28.74	0.79	64.2	8.6	35.4	1.0	0.065	0.024	3
2015 - 10	>60～100	29.48	1.07	69.8	9.7	36.8	1.6	0.045	0.020	3

表 3-193　辅助观测场 03（一次性施肥）剖面土壤重金属（铅、铬、镍和镉）

时间 (年-月)	观测层次/ cm	铅/（mg/kg）		铬/（mg/kg）		镍/（mg/kg）		镉/（mg/kg）		重复数
		平均值	标准差	平均值	标准差	平均值	标准差	平均值	标准差	
2005-10	0~10	23.65	1.70	60.1	0.3	27.7	0.0	0.098	0.013	3
2005-10	>10~20	17.22	1.52	59.4	2.4	29.2	0.7	0.092	0.023	3
2005-10	>20~30	15.44	0.32	66.8	0.5	32.8	1.0	0.079	0.010	3
2005-10	>30~40	14.95	0.00	67.9	0.0	36.2	0.8	0.070	0.019	3
2005-10	>40~60	16.10	1.08	71.4	2.8	38.5	0.0	0.107	0.008	3
2005-10	>60~100	14.23	0.93	74.6	0.6	38.3	1.4	0.127	0.010	3
2010-10	0~10	27.23	5.23	71.4	10.1	30.7	4.9	0.122	0.101	3
2010-10	>10~20	35.05	0.34	68.5	3.7	26.5	1.4	0.214	0.017	3
2010-10	>20~30	33.47	4.05	64.2	8.5	27.5	1.0	0.184	0.047	3
2010-10	>30~40	29.02	2.78	61.2	2.3	31.1	2.7	0.118	0.053	3
2010-10	>40~60	25.96	0.38	75.1	4.4	33.8	0.8	0.103	0.006	3
2010-10	>60~100	26.42	0.90	78.3	4.7	35.6	0.1	0.092	0.021	3
2015-10	0~10	38.70	1.24	50.1	5.8	25.8	0.9	0.191	0.012	3
2015-10	>10~20	36.71	0.58	54.0	7.7	28.7	2.7	0.180	0.020	3
2015-10	>20~40	32.65	2.91	48.3	2.9	30.1	1.5	0.134	0.043	3
2015-10	>40~60	28.27	3.13	59.3	4.5	34.2	4.2	0.046	0.023	3
2015-10	>60~100	28.16	0.31	65.0	14.9	33.8	3.1	0.044	0.005	3

表 3-194　辅助观测场 04（常规施肥）剖面土壤重金属（铅、铬、镍和镉）

时间 (年-月)	观测层次/ cm	铅/（mg/kg）		铬/（mg/kg）		镍/（mg/kg）		镉/（mg/kg）		重复数
		平均值	标准差	平均值	标准差	平均值	标准差	平均值	标准差	
2005-10	0~10	24.71	0.33	53.8	0.5	25.3	1.1	0.054	0.005	3
2005-10	>10~20	20.62	0.16	54.8	0.6	25.3	0.8	0.045	0.003	3
2005-10	>20~30	18.56	0.85	54.8	1.5	28.9	1.4	0.043	0.007	3
2005-10	>30~40	15.98	0.42	59.2	1.5	34.8	0.3	0.199	0.213	3
2005-10	>40~60	16.65	1.11	60.8	0.1	34.9	0.1	0.064	0.028	3
2005-10	>60~100	13.55	0.19	67.8	2.1	36.7	0.7	0.056	0.017	3
2010-10	0~10	25.82	0.64	77.2	12.8	35.0	1.7	0.131	0.123	3
2010-10	>10~20	35.53	1.34	71.8	0.6	28.3	0.9	0.260	0.055	3
2010-10	>20~30	33.97	0.67	67.6	6.0	27.9	0.3	0.198	0.021	3
2010-10	>30~40	29.09	1.79	71.5	1.9	29.0	1.5	0.122	0.028	3
2010-10	>40~60	27.18	0.35	78.1	2.1	33.8	0.4	0.075	0.012	3
2010-10	>60~100	26.15	0.81	80.3	0.5	35.0	0.3	0.054	0.012	3
2015-10	0~10	40.41	0.56	57.1	6.5	30.7	6.5	0.246	0.029	3
2015-10	>10~20	37.46	1.05	58.4	10.0	28.6	1.5	0.211	0.039	3
2015-10	>20~40	31.31	0.49	53.6	2.7	31.1	0.2	0.098	0.038	3
2015-10	>40~60	30.28	0.77	63.5	13.6	35.7	2.4	0.052	0.003	3
2015-10	>60~100	29.43	0.62	63.5	13.5	30.7	2.8	0.030	0.002	3

表 3-195　辅助观测场 05（水田）剖面土壤重金属（铅、铬、镍和镉）

时间 （年-月）	观测层次/ cm	铅/（mg/kg）		铬/（mg/kg）		镍/（mg/kg）		镉/（mg/kg）		重复数
		平均值	标准差	平均值	标准差	平均值	标准差	平均值	标准差	
2005-10	0~10	23.72	0.68	56.0	2.5	25.0	1.6	0.077	0.008	3
2005-10	>10~20	21.70	0.12	56.9	0.0	25.7	0.9	0.081	0.002	3
2005-10	>20~30	18.51	1.35	56.7	1.0	25.9	1.2	0.083	0.004	3
2005-10	>30~40	14.04	0.23	57.7	1.8	28.8	0.1	0.085	0.010	3
2005-10	>40~60	14.74	0.73	62.9	1.4	32.7	0.2	0.094	0.001	3
2005-10	>60~100	13.90	1.72	63.9	0.4	33.1	0.7	0.106	0.008	3
2010-10	0~10	35.69	1.66	68.5	4.3	25.6	1.3	0.221	0.013	3
2010-10	>10~20	37.28	4.85	69.0	5.3	26.0	0.6	0.322	0.223	3
2010-10	>20~30	29.92	2.47	66.7	1.5	25.6	0.2	0.133	0.041	3
2010-10	>30~40	27.15	1.30	69.1	3.1	29.5	1.6	0.108	0.031	3
2010-10	>40~60	26.20	1.46	78.0	0.9	34.2	0.7	0.076	0.017	3
2010-10	>60~100	23.98	1.09	76.6	3.1	30.8	1.4	0.061	0.014	3
2015-10	0~10	37.21	3.07	81.9	8.2	29.5	4.8	0.231	0.038	3
2015-10	>10~20	36.60	1.25	81.4	0.3	33.8	2.3	0.223	0.006	3
2015-10	>20~40	28.74	0.23	85.1	7.5	34.3	2.9	0.131	0.031	3
2015-10	>40~60	29.53	1.34	74.9	6.3	32.9	1.8	0.112	0.047	3
2015-10	>60~100	27.72	0.57	80.9	12.1	36.8	2.4	0.072	0.024	3

表 3-196　站区调查点 01 剖面土壤重金属（铅、铬、镍和镉）

时间 （年-月）	观测层次/ cm	铅/（mg/kg）		铬/（mg/kg）		镍/（mg/kg）		镉/（mg/kg）		重复数
		平均值	标准差	平均值	标准差	平均值	标准差	平均值	标准差	
2005-10	0~10	22.96	0.76	61.4	2.5	28.7	1.5	0.082	0.000	3
2005-10	>10~20	17.22	2.45	62.7	2.4	28.7	0.6	0.067	0.005	3
2005-10	>20~30	15.09	1.79	65.1	1.2	32.7	3.4	0.080	0.007	3
2005-10	>30~40	13.03	2.37	64.3	2.7	31.2	1.6	0.081	0.009	3
2005-10	>40~60	13.14	1.76	61.9	3.0	29.0	1.8	0.076	0.018	3
2005-10	>60~100	11.48	2.60	61.1	3.1	27.2	3.7	0.083	0.020	3
2010-10	0~10	28.17	5.15	67.5	12.6	26.9	7.0	0.109	0.051	3
2010-10	>10~20	31.67	1.71	61.8	1.7	22.0	1.3	0.197	0.015	3
2010-10	>20~30	25.77	3.72	60.3	4.0	21.8	1.3	0.143	0.045	3
2010-10	>30~40	22.01	1.41	63.9	4.1	22.5	1.5	0.087	0.045	3
2010-10	>40~60	21.84	1.12	70.0	3.7	24.2	1.3	0.055	0.007	3
2010-10	>60~100	21.05	0.25	82.6	25.2	22.1	1.1	0.061	0.010	3
2015-10	0~10	39.58	0.55	64.5	5.7	28.3	3.0	0.182	0.020	3
2015-10	>10~20	34.52	2.09	79.2	8.2	28.9	2.2	0.222	0.003	3
2015-10	>20~40	27.54	0.71	66.8	8.4	28.3	1.4	0.100	0.015	3
2015-10	>40~60	26.41	0.37	65.9	9.0	29.7	3.9	0.055	0.004	3
2015-10	>60~100	26.04	1.64	69.7	7.0	25.5	2.1	0.040	0.005	3

表 3 - 197　站区调查点 02 剖面土壤重金属（铅、铬、镍和镉）

时间 （年-月）	观测层次/ cm	铅/（mg/kg）		铬/（mg/kg）		镍/（mg/kg）		镉/（mg/kg）		重复数
		平均值	标准差	平均值	标准差	平均值	标准差	平均值	标准差	
2005 - 10	0～10	26.44	0.03	53.1	0.1	22.4	0.1	0.093	0.014	3
2005 - 10	>10～20	20.03	4.32	54.8	0.1	24.0	0.4	0.105	0.000	3
2005 - 10	>20～30	13.78	4.01	57.6	2.3	25.8	1.1	0.087	0.007	3
2005 - 10	>30～40	13.44	2.47	59.6	1.5	28.6	0.6	0.082	0.004	3
2005 - 10	>40～60	13.64	2.50	62.8	0.7	29.3	0.6	0.072	0.002	3
2005 - 10	>60～100	12.21	1.36	62.3	1.0	27.7	0.4	0.114	0.010	3
2010 - 10	0～10	35.40	0.13	63.3	0.8	23.7	0.3	0.216	0.016	3
2010 - 10	>10～20	31.91	2.10	64.5	3.2	23.3	0.7	0.188	0.028	3
2010 - 10	>20～30	25.47	1.25	62.5	3.1	22.6	1.2	0.114	0.033	3
2010 - 10	>30～40	24.01	0.43	72.8	5.7	27.2	3.0	0.110	0.033	3
2010 - 10	>40～60	24.64	0.68	80.5	2.8	32.5	0.8	0.066	0.007	3
2010 - 10	>60～100	24.33	0.37	70.0	4.4	27.7	1.6	0.078	0.015	3
2015 - 10	0～10	39.39	0.62	59.5	4.4	22.7	0.7	0.232	0.014	3
2015 - 10	>10～20	37.89	1.58	62.1	8.7	26.8	2.7	0.218	0.012	3
2015 - 10	>20～40	28.80	1.09	62.1	2.9	27.9	0.2	0.092	0.017	3
2015 - 10	>40～60	25.98	0.40	65.2	6.8	29.0	0.9	0.036	0.016	3
2015 - 10	>60～100	24.42	1.00	61.6	5.2	28.4	4.5	0.062	0.010	3

表 3 - 198　站区调查点 03 剖面土壤重金属（铅、铬、镍和镉）

时间 （年-月）	观测层次/ cm	铅/（mg/kg）		铬/（mg/kg）		镍/（mg/kg）		镉/（mg/kg）		重复数
		平均值	标准差	平均值	标准差	平均值	标准差	平均值	标准差	
2005 - 10	0～10	24.93	0.98	61.2	1.0	28.1	0.6	0.084	0.001	3
2005 - 10	>10～20	22.98	2.08	64.9	2.0	29.6	1.7	0.076	0.007	3
2005 - 10	>20～30	17.45	1.28	62.2	1.4	26.7	0.5	0.075	0.010	3
2005 - 10	>30～40	16.46	2.24	62.5	1.5	26.6	2.1	0.071	0.005	3
2005 - 10	>40～60	15.34	1.78	65.8	0.3	29.3	0.2	0.080	0.011	3
2005 - 10	>60～100	16.33	2.83	69.8	1.3	34.7	0.5	0.067	0.006	3
2010 - 10	0～10	32.22	0.77	68.2	1.7	23.6	1.1	0.280	0.053	3
2010 - 10	>10～20	29.67	1.76	63.1	1.4	23.0	0.3	0.194	0.021	3
2010 - 10	>20～30	24.47	1.18	61.0	0.9	22.3	0.6	0.119	0.018	3
2010 - 10	>30～40	22.60	0.58	64.8	3.5	23.8	1.9	0.096	0.052	3
2010 - 10	>40～60	22.81	1.76	68.1	1.8	26.0	1.5	0.056	0.012	3
2010 - 10	>60～100	29.89	3.38	75.0	4.0	28.3	1.8	0.124	0.079	3
2015 - 10	0～10	36.88	1.48	48.4	4.3	21.8	0.6	0.253	0.011	3
2015 - 10	>10～20	34.88	1.08	48.6	2.6	22.8	0.3	0.215	0.010	3
2015 - 10	>20～40	28.17	1.09	49.9	1.9	23.9	1.0	0.077	0.026	3
2015 - 10	>40～60	27.03	0.63	54.2	3.1	26.7	0.4	0.062	0.016	3
2015 - 10	>60～100	26.27	0.90	56.8	3.5	31.4	4.7	0.053	0.006	3

表 3-199　综合观测场土壤生物采样地 01 剖面土壤重金属（硒、砷、汞）

时间 （年-月）	观测层次/ cm	硒/（mg/kg）		砷/（mg/kg）		汞/（mg/kg）		重复数
		平均值	标准差	平均值	标准差	平均值	标准差	
2005 - 10	0～10	0.29	0.01	11.81	0.47	0.16	0.00	3
2005 - 10	>10～20	0.24	0.02	10.94	0.15	0.17	0.00	3
2005 - 10	>20～30	0.21	0.02	10.51	0.17	0.17	0.01	3
2005 - 10	>30～40	0.22	0.03	11.48	0.29	0.10	0.01	3
2005 - 10	>40～60	0.28	0.00	12.31	0.18	0.04	0.00	3
2005 - 10	>60～100	0.31	0.01	13.61	0.01	0.04	0.00	3
2010 - 10	0～10	0.36	0.04	10.78	1.51	0.19	0.03	3
2010 - 10	>10～20	0.33	0.03	10.20	0.75	0.12	0.01	3
2010 - 10	>20～30	0.29	0.01	9.88	0.24	0.11	0.02	3
2010 - 10	>30～40	0.28	0.02	9.72	0.56	0.09	0.04	3
2010 - 10	>40～60	0.32	0.01	9.56	0.33	0.06	0.03	3
2010 - 10	>60～100	0.30	0.04	9.54	0.36	0.05	0.00	3
2015 - 10	0～10	0.32	0.05	9.56	0.52	0.14	0.00	3
2015 - 10	>10～20	0.31	0.04	9.80	0.58	0.16	0.03	3
2015 - 10	>20～40	0.30	0.02	9.31	0.43	0.09	0.02	3
2015 - 10	>40～60	0.34	0.01	9.85	0.39	0.06	0.00	3
2015 - 10	>60～100	0.35	0.03	11.21	0.56	0.06	0.01	3

表 3-200　综合观测场土壤生物采样地 02 剖面土壤重金属（硒、砷、汞）

时间 （年-月）	观测层次/ cm	硒/（mg/kg）		砷/（mg/kg）		汞/（mg/kg）		重复数
		平均值	标准差	平均值	标准差	平均值	标准差	
2010 - 10	0～10	0.31	0.01	8.55	0.83	0.12	0.03	3
2010 - 10	>10～20	0.32	0.03	9.11	0.23	0.12	0.01	3
2010 - 10	>20～30	0.23	0.01	8.33	0.55	0.14	0.02	3
2010 - 10	>30～40	0.24	0.03	8.43	0.07	0.06	0.00	3
2010 - 10	>40～60	0.31	0.01	8.38	0.74	0.05	0.00	3
2010 - 10	>60～100	0.28	0.04	9.30	0.91	0.05	0.00	3
2015 - 10	0～10	0.27	0.00	8.71	1.13	0.12	0.01	3
2015 - 10	>10～20	0.27	0.01	8.51	0.87	0.13	0.01	3
2015 - 10	>20～40	0.26	0.00	8.19	0.57	0.09	0.01	3
2015 - 10	>40～60	0.32	0.01	9.57	0.91	0.06	0.00	3
2015 - 10	>60～100	0.31	0.03	9.77	1.40	0.05	0.00	3

表 3-201　辅助观测场 01（CK）剖面土壤重金属（硒、砷、汞）

时间（年-月）	观测层次/cm	硒/（mg/kg）		砷/（mg/kg）		汞/（mg/kg）		重复数
		平均值	标准差	平均值	标准差	平均值	标准差	
2005-10	0～10	0.13	0.03	10.56	0.23	0.13	0.02	3
2005-10	>10～20	0.23	0.01	10.23	0.28	0.12	0.02	3
2005-10	>20～30	0.24	0.03	10.41	0.15	0.11	0.04	3
2005-10	>30～40	0.29	0.02	10.46	0.36	0.08	0.01	3
2005-10	>40～60	0.30	0.00	11.06	0.49	0.07	0.02	3
2005-10	>60～100	0.22	0.03	12.04	0.50	0.07	0.01	3
2010-10	0～10	0.34	0.04	8.74	0.84	0.12	0.01	3
2010-10	>10～20	0.31	0.05	7.67	1.40	0.24	0.06	3
2010-10	>20～30	0.26	0.04	8.79	0.04	0.16	0.12	3
2010-10	>30～40	0.29	0.07	7.81	1.18	0.08	0.03	3
2010-10	>40～60	0.32	0.02	6.20	0.90	0.05	0.00	3
2010-10	>60～100	0.23	0.02	7.59	0.34	0.08	0.04	3
2015-10	0～10	0.29	0.00	6.46	0.25	0.15	0.02	3
2015-10	>10～20	0.28	0.00	6.62	0.09	0.15	0.02	3
2015-10	>20～40	0.29	0.00	6.53	0.31	0.09	0.02	3
2015-10	>40～60	0.34	0.02	6.76	0.14	0.05	0.00	3
2015-10	>60～100	0.32	0.02	7.39	0.30	0.05	0.00	3

表 3-202　辅助观测场 02（秸秆还田）剖面土壤重金属（硒、砷、汞）

时间（年-月）	观测层次/cm	硒/（mg/kg）		砷/（mg/kg）		汞/（mg/kg）		重复数
		平均值	标准差	平均值	标准差	平均值	标准差	
2005-10	0～10	0.22	0.00	10.49	0.13	0.13	0.00	3
2005-10	>10～20	0.23	0.00	9.97	0.07	0.13	0.00	3
2005-10	>20～30	0.22	0.01	10.10	0.06	0.10	0.02	3
2005-10	>30～40	0.26	0.01	10.60	0.08	0.07	0.01	3
2005-10	>40～60	0.31	0.01	11.41	0.02	0.06	0.01	3
2005-10	>60～100	0.28	0.02	12.23	0.01	0.05	0.00	3
2010-10	0～10	0.35	0.02	8.83	0.93	0.12	0.01	3
2010-10	>10～20	0.28	0.06	8.28	2.42	0.22	0.03	3
2010-10	>20～30	0.27	0.01	8.87	0.65	0.12	0.02	3
2010-10	>30～40	0.29	0.04	8.80	1.22	0.06	0.01	3
2010-10	>40～60	0.35	0.02	9.81	1.62	0.06	0.00	3
2010-10	>60～100	0.28	0.05	8.14	1.87	0.06	0.00	3
2015-10	0～10	0.29	0.02	7.95	0.56	0.15	0.01	3
2015-10	>10～20	0.28	0.01	7.84	0.17	0.17	0.01	3
2015-10	>20～40	0.29	0.01	7.75	0.39	0.10	0.02	3
2015-10	>40～60	0.36	0.01	8.16	0.27	0.06	0.02	3
2015-10	>60～100	0.32	0.01	8.55	0.62	0.05	0.00	3

表 3 - 203　辅助观测场 03（一次性施肥）剖面土壤重金属（硒、砷、汞）

时间 （年-月）	观测层次/ cm	硒/（mg/kg）		砷/（mg/kg）		汞/（mg/kg）		重复数
		平均值	标准差	平均值	标准差	平均值	标准差	
2005 - 10	0～10	0.24	0.01	9.11	0.15	0.14	0.04	3
2005 - 10	>10～20	0.22	0.01	8.66	0.19	0.13	0.01	3
2005 - 10	>20～30	0.23	0.02	9.18	0.10	0.11	0.01	3
2005 - 10	>30～40	0.25	0.01	9.69	0.52	0.11	0.01	3
2005 - 10	>40～60	0.32	0.01	10.96	0.53	0.10	0.01	3
2005 - 10	>60～100	0.31	0.04	11.37	0.51	0.08	0.00	3
2010 - 10	0～10	0.36	0.00	9.41	1.00	0.12	0.01	3
2010 - 10	>10～20	0.31	0.01	9.71	0.03	0.13	0.01	3
2010 - 10	>20～30	0.30	0.02	9.75	0.67	0.10	0.03	3
2010 - 10	>30～40	0.30	0.03	9.27	0.06	0.07	0.02	3
2010 - 10	>40～60	0.32	0.01	9.05	0.31	0.06	0.00	3
2010 - 10	>60～100	0.24	0.01	8.77	0.68	0.05	0.00	3
2015 - 10	0～10	0.29	0.01	8.12	0.80	0.14	0.02	3
2015 - 10	>10～20	0.30	0.02	9.49	0.98	0.14	0.01	3
2015 - 10	>20～40	0.29	0.01	8.14	0.33	0.09	0.01	3
2015 - 10	>40～60	0.34	0.01	8.47	0.31	0.05	0.00	3
2015 - 10	>60～100	0.32	0.02	8.47	0.30	0.04	0.01	3

表 3 - 204　辅助观测场 04（常规施肥）剖面土壤重金属（硒、砷、汞）

时间 （年-月）	观测层次/ cm	硒/（mg/kg）		砷/（mg/kg）		汞/（mg/kg）		重复数
		平均值	标准差	平均值	标准差	平均值	标准差	
2005 - 10	0～10	0.24	0.00	10.54	0.44	0.09	0.02	3
2005 - 10	>10～20	0.23	0.00	10.10	0.51	0.09	0.02	3
2005 - 10	>20～30	0.21	0.01	10.31	0.16	0.02	0.00	3
2005 - 10	>30～40	0.27	0.00	10.60	0.18	0.02	0.01	3
2005 - 10	>40～60	0.34	0.02	11.33	0.21	0.02	0.00	3
2005 - 10	>60～100	0.28	0.01	11.95	0.05	0.02	0.00	3
2010 - 10	0～10	0.38	0.02	9.67	0.16	0.13	0.01	3
2010 - 10	>10～20	0.34	0.01	9.95	0.26	0.13	0.01	3
2010 - 10	>20～30	0.29	0.01	9.74	0.44	0.10	0.02	3
2010 - 10	>30～40	0.31	0.01	9.79	0.08	0.06	0.00	3
2010 - 10	>40～60	0.33	0.01	9.74	0.16	0.06	0.00	3
2010 - 10	>60～100	0.26	0.01	9.23	0.67	0.06	0.00	3
2015 - 10	0～10	0.26	0.02	8.76	0.12	0.13	0.01	3
2015 - 10	>10～20	0.25	0.02	8.65	0.22	0.14	0.01	3
2015 - 10	>20～40	0.25	0.01	8.42	0.33	0.09	0.03	3
2015 - 10	>40～60	0.29	0.03	9.25	0.85	0.04	0.00	3
2015 - 10	>60～100	0.27	0.02	9.82	0.48	0.04	0.00	3

表 3 - 205　辅助观测场 05（水田）剖面土壤重金属（硒、砷、汞）

时间 （年-月）	观测层次/ cm	硒/（mg/kg）		砷/（mg/kg）		汞/（mg/kg）		重复数
		平均值	标准差	平均值	标准差	平均值	标准差	
2005 - 10	0～10	0.26	0.00	9.44	0.39	0.17	0.05	3
2005 - 10	>10～20	0.23	0.01	10.95	0.71	0.16	0.05	3
2005 - 10	>20～30	0.20	0.00	11.44	0.34	0.11	0.02	3
2005 - 10	>30～40	0.26	0.01	12.60	0.48	0.07	0.03	3
2005 - 10	>40～60	0.29	0.01	13.53	0.09	0.06	0.01	3
2005 - 10	>60～100	0.22	0.01	12.87	0.30	0.06	0.01	3
2010 - 10	0～10	0.35	0.02	9.93	0.18	0.24	0.11	3
2010 - 10	>10～20	0.32	0.01	10.23	0.39	0.16	0.03	3
2010 - 10	>20～30	0.25	0.02	10.02	0.62	0.13	0.01	3
2010 - 10	>30～40	0.27	0.02	9.75	0.30	0.08	0.00	3
2010 - 10	>40～60	0.31	0.02	9.95	0.58	0.06	0.00	3
2010 - 10	>60～100	0.23	0.02	9.77	0.21	0.05	0.00	3
2015 - 10	0～10	0.23	0.00	9.87	0.36	0.20	0.05	3
2015 - 10	>10～20	0.22	0.01	10.54	0.15	0.15	0.03	3
2015 - 10	>20～40	0.21	0.00	10.33	0.36	0.09	0.03	3
2015 - 10	>40～60	0.26	0.01	10.41	0.35	0.05	0.01	3
2015 - 10	>60～100	0.22	0.01	10.97	0.98	0.04	0.00	3

表 3 - 206　站区调查点 01 剖面土壤重金属（硒、砷、汞）

时间 （年-月）	观测层次/ cm	硒/（mg/kg）		砷/（mg/kg）		汞/（mg/kg）		重复数
		平均值	标准差	平均值	标准差	平均值	标准差	
2005 - 10	0～10	0.17	0.02	8.53	1.30	0.14	0.01	3
2005 - 10	>10～20	0.18	0.01	6.82	0.62	0.10	0.04	3
2005 - 10	>20～30	0.23	0.04	6.98	0.76	0.08	0.05	3
2005 - 10	>30～40	0.25	0.03	7.33	0.45	0.09	0.01	3
2005 - 10	>40～60	0.27	0.05	6.80	0.75	0.08	0.02	3
2005 - 10	>60～100	0.14	0.01	7.86	1.31	0.06	0.03	3
2010 - 10	0～10	0.32	0.00	9.03	0.57	0.09	0.00	3
2010 - 10	>10～20	0.29	0.02	9.81	0.21	0.10	0.01	3
2010 - 10	>20～30	0.21	0.01	8.61	0.25	0.08	0.01	3
2010 - 10	>30～40	0.28	0.03	8.67	0.41	0.06	0.00	3
2010 - 10	>40～60	0.23	0.02	8.70	0.76	0.06	0.00	3
2010 - 10	>60～100	0.24	0.07	8.44	0.12	0.06	0.00	3
2015 - 10	0～10	0.27	0.03	8.79	0.16	0.14	0.01	3
2015 - 10	>10～20	0.25	0.03	9.35	0.43	0.12	0.01	3
2015 - 10	>20～40	0.26	0.03	9.13	0.47	0.06	0.00	3
2015 - 10	>40～60	0.28	0.04	10.48	0.25	0.05	0.00	3
2015 - 10	>60～100	0.26	0.05	10.97	0.93	0.04	0.01	3

表 3 - 207 站区调查点 02 剖面土壤重金属（硒、砷、汞）

时间 （年-月）	观测层次/ cm	硒/（mg/kg）		砷/（mg/kg）		汞/（mg/kg）		重复数
		平均值	标准差	平均值	标准差	平均值	标准差	
2005 - 10	0～10	0.21	0.00	7.83	1.47	0.11	0.00	3
2005 - 10	>10～20	0.21	0.01	9.76	0.06	0.08	0.02	3
2005 - 10	>20～30	0.21	0.01	11.09	0.15	0.04	0.02	3
2005 - 10	>30～40	0.24	0.01	11.19	0.50	0.03	0.01	3
2005 - 10	>40～60	0.20	0.00	10.24	1.19	0.02	0.00	3
2005 - 10	>60～100	0.06	0.01	9.04	0.01	0.03	0.00	3
2010 - 10	0～10	0.30	0.01	11.00	0.44	0.20	0.14	3
2010 - 10	>10～20	0.26	0.01	10.82	0.61	0.11	0.02	3
2010 - 10	>20～30	0.21	0.02	8.94	0.35	0.25	0.13	3
2010 - 10	>30～40	0.25	0.04	9.71	0.85	0.07	0.00	3
2010 - 10	>40～60	0.26	0.02	10.51	0.26	0.06	0.00	3
2010 - 10	>60～100	0.28	0.04	9.81	0.94	0.06	0.00	3
2015 - 10	0～10	0.23	0.03	10.69	0.40	0.13	0.03	3
2015 - 10	>10～20	0.21	0.01	10.54	0.35	0.12	0.01	3
2015 - 10	>20～40	0.24	0.02	9.98	0.37	0.08	0.02	3
2015 - 10	>40～60	0.27	0.02	10.91	0.43	0.05	0.01	3
2015 - 10	>60～100	0.20	0.01	8.90	0.77	0.03	0.01	3

表 3 - 208 站区调查点 03 剖面土壤重金属（硒、砷、汞）

时间 （年-月）	观测层次/ cm	硒/（mg/kg）		砷/（mg/kg）		汞/（mg/kg）		重复数
		平均值	标准差	平均值	标准差	平均值	标准差	
2005 - 10	0～10	0.19	0.01	12.70	0.39	0.06	0.02	3
2005 - 10	>10～20	0.15	0.01	12.79	0.11	0.07	0.03	3
2005 - 10	>20～30	0.16	0.01	12.76	0.23	0.05	0.03	3
2005 - 10	>30～40	0.20	0.04	12.98	0.38	0.03	0.02	3
2005 - 10	>40～60	0.19	0.03	13.75	0.53	0.04	0.02	3
2005 - 10	>60～100	0.13	0.02	14.15	0.11	0.05	0.03	3
2010 - 10	0～10	0.32	0.01	10.33	0.31	0.09	0.00	3
2010 - 10	>10～20	0.28	0.01	10.56	0.61	0.09	0.01	3
2010 - 10	>20～30	0.24	0.02	9.40	0.20	0.07	0.01	3
2010 - 10	>30～40	0.27	0.03	10.04	0.45	0.07	0.01	3
2010 - 10	>40～60	0.29	0.01	11.14	0.61	0.06	0.00	3
2010 - 10	>60～100	0.24	0.02	12.00	0.45	0.07	0.00	3
2015 - 10	0～10	0.28	0.04	11.49	0.43	0.12	0.01	3
2015 - 10	>10～20	0.26	0.03	11.07	0.28	0.10	0.01	3
2015 - 10	>20～40	0.26	0.02	10.50	0.17	0.06	0.01	3
2015 - 10	>40～60	0.25	0.04	11.37	0.40	0.05	0.00	3
2015 - 10	>60～100	0.24	0.04	11.00	0.32	0.04	0.00	3

3.2.7 剖面土壤微量元素全量

3.2.7.1 概述

本数据集为沈阳站 10 个长期监测样地 2005 年、2010 年剖面（0～10 cm、>10～20 cm、>20～30 cm、>30～40 cm、>40～60 cm 和>60～100 cm）和 2015 年剖面（0～10 cm、>10～20 cm、>20～40 cm、>40～60 cm 和>60～100 cm）土壤的 6 种微量元素（全钼、全锌、全锰、全铜、全铁和全硼）数据。

3.2.7.2 数据采集和处理方法

按照 CERN 长期观测规范，剖面土壤微量元素全量的监测频率为 5 年 1 次。2005 年秋季作物收获后，在采样点挖取长 1.5 m、宽 1.0 m、深 1.2 m 的土壤剖面，观察面向阳，挖出的土壤按不同层次分开放置，用木制土铲铲除观察面表层与铁锹接触的土壤，自下向上采集各层土样，每层约 1.5 kg，装入棉质土袋中，最后将挖出的土壤按层回填。2015 年秋季作物收获后，用土钻自上而下分层取样。将每次取回的土样置于干净的白纸上风干，挑除根系和石子，用四分法取适量碾磨后，过 2 mm尼龙筛，再用四分法取适量碾磨后，过 0.149 mm 尼龙筛，装入广口瓶备用。

全钼采用盐酸-硝酸-氢氟酸-高氯酸消煮 ICP－MS 法；全锌、全锰、全铜和全铁采用盐酸-硝酸-氢氟酸-高氯酸消煮 ICP－AES 法；全硼在 2010 年采用磷酸-硝酸-氢氟酸-高氯酸消煮，ICP－AES 法测定。

3.2.7.3 数据质量控制和评估

（1）测定时插入国家标准样品进行质控。

（2）分析时进行 3 次平行样品测定。

（3）利用校验软件检查每个监测数据是否超出相同土壤类型和采样深度的历史数据阈值、每个观测场监测项目均值是否超出该样地相同深度历史数据均值的 2 倍标准差、每个观测场监测项目标准差是否超出该样地相同深度历史数据的 2 倍标准差或者样地空间变异调查的 2 倍标准差等。对超出范围的数据进行核实或再次测定。

3.2.7.4 数据价值/数据使用方法和建议

尽管土壤微量元素的含量较低，最多不超过 0.01%，但它们对植物的正常生长不可或缺，具有很强的专一性，一旦缺乏，便会影响植物正常生长，并成为作物产量和品质的限制因子，因而微量元素在农业生产中具有重要的作用。

本数据集中，2005 年和 2015 年的数据具有 3 次重复，各项指标数据齐全具有较高的利用价值。

3.2.7.5 数据

表 3－209 至表 3－228 中为剖面土壤全量微量元素数据。

表 3－209　综合观测场土壤生物采样地 01 剖面土壤微量元素全量（全钼、全锌和全锰）

时间（年-月）	观测层次/cm	全钼/（mg/kg）		全锌/（mg/kg）		全锰/（mg/kg）		重复数
		平均值	标准差	平均值	标准差	平均值	标准差	
2005－10	0～10	0.47	0.01	50.88	2.13	513.72	16.54	3
2005－10	>10～20	0.44	0.00	47.59	2.03	492.88	9.97	3
2005－10	>20～30	0.43	0.01	45.92	3.59	619.34	15.31	3
2005－10	>30～40	0.39	0.02	46.68	2.53	649.48	0.99	3
2005－10	>40～60	0.41	0.01	53.40	0.94	668.02	0.30	3
2005－10	>60～100	0.47	0.06	60.42	1.84	552.24	16.48	3

（续）

时间 （年-月）	观测层次/ cm	全钼/（mg/kg）		全锌/（mg/kg）		全锰/（mg/kg）		重复数
		平均值	标准差	平均值	标准差	平均值	标准差	
2010 - 10	0～10	1.22	0.44	68.87	4.59	636.01	5.01	3
2010 - 10	>10～20	1.07	0.34	66.52	2.90	612.08	34.50	3
2010 - 10	>20～30	0.90	0.01	65.70	3.94	749.54	65.70	3
2010 - 10	>30～40	0.74	0.03	65.24	1.12	666.43	44.17	3
2010 - 10	>40～60	0.83	0.08	76.98	9.64	722.95	45.75	3
2010 - 10	>60～100	0.76	0.04	67.40	9.02	611.85	41.86	3
2015 - 10	0～10	1.10	0.09	76.12	6.20	677.54	7.18	3
2015 - 10	>10～20	1.27	0.16	69.27	1.33	652.91	40.58	3
2015 - 10	>20～40	1.09	0.09	69.60	3.46	797.99	46.60	3
2015 - 10	>40～60	1.16	0.21	77.63	5.63	811.69	20.17	3
2015 - 10	>60～100	0.93	0.07	83.30	6.80	785.83	12.90	3

表 3 - 210　综合观测场土壤生物采样地 02 剖面土壤微量元素全量（全钼、全锌和全锰）

时间 （年-月）	观测层次/ cm	全钼/（mg/kg）		全锌/（mg/kg）		全锰/（mg/kg）		重复数
		平均值	标准差	平均值	标准差	平均值	标准差	
2010 - 10	0～10	0.77	0.07	56.02	1.70	623.50	48.77	3
2010 - 10	>10～20	0.81	0.06	52.77	3.39	760.06	73.18	3
2010 - 10	>20～30	0.81	0.03	54.55	0.87	718.10	48.71	3
2010 - 10	>30～40	1.01	0.14	59.79	1.87	716.81	59.93	3
2010 - 10	>40～60	0.94	0.02	64.42	1.68	632.98	12.71	3
2010 - 10	>60～100	0.79	0.03	62.21	3.90	605.45	37.32	3
2015 - 10	0～10	1.10	0.04	68.14	5.32	672.14	26.40	3
2015 - 10	>10～20	0.98	0.04	62.73	2.04	685.48	22.77	3
2015 - 10	>20～40	0.93	0.10	52.16	0.86	771.30	16.84	3
2015 - 10	>40～60	0.95	0.13	61.34	1.26	833.94	72.08	3
2015 - 10	>60～100	0.99	0.15	70.42	6.32	803.02	130.85	3

表 3 - 211　辅助观测场 01（CK）剖面土壤微量元素全量（全钼、全锌和全锰）

时间 （年-月）	观测层次/ cm	全钼/（mg/kg）		全锌/（mg/kg）		全锰/（mg/kg）		重复数
		平均值	标准差	平均值	标准差	平均值	标准差	
2005 - 10	0～10	1.06	0.44	44.84	1.80	612.82	7.37	3
2005 - 10	>10～20	1.07	0.69	41.63	0.05	622.78	9.59	3
2005 - 10	>20～30	1.01	0.49	42.70	1.00	654.55	7.70	3
2005 - 10	>30～40	0.85	0.36	49.53	0.84	723.06	22.85	3
2005 - 10	>40～60	0.65	0.18	48.97	0.52	729.94	8.07	3
2005 - 10	>60～100	0.68	0.18	49.84	0.72	536.07	3.15	3

（续）

时间（年-月）	观测层次/cm	全钼/（mg/kg）		全锌/（mg/kg）		全锰/（mg/kg）		重复数
		平均值	标准差	平均值	标准差	平均值	标准差	
2010 - 10	0～10	1.02	0.32	70.48	2.56	629.13	15.10	3
2010 - 10	>10～20	0.89	0.11	62.69	2.96	661.43	32.59	3
2010 - 10	>20～30	0.76	0.05	63.90	7.09	680.67	8.54	3
2010 - 10	>30～40	0.77	0.02	65.79	3.97	722.52	16.72	3
2010 - 10	>40～60	0.98	0.22	68.72	2.54	721.74	51.43	3
2010 - 10	>60～100	0.73	0.09	64.44	1.97	552.02	38.27	3
2015 - 10	0～10	0.93	0.09	74.08	1.79	699.27	14.75	3
2015 - 10	>10～20	0.89	0.07	67.87	1.92	696.67	8.69	3
2015 - 10	>20～40	0.95	0.22	68.12	1.29	796.07	29.48	3
2015 - 10	>40～60	0.81	0.07	74.99	0.16	858.21	10.37	3
2015 - 10	>60～100	0.83	0.09	78.67	6.24	785.24	68.46	3

表 3 - 212　辅助观测场 02（秸秆还田）剖面土壤微量元素全量（全钼、全锌和全锰）

时间（年-月）	观测层次/cm	全钼/（mg/kg）		全锌/（mg/kg）		全锰/（mg/kg）		重复数
		平均值	标准差	平均值	标准差	平均值	标准差	
2005 - 10	0～10	0.81	0.07	46.62	0.10	613.35	7.31	3
2005 - 10	>10～20	0.85	0.12	44.19	0.37	623.96	9.18	3
2005 - 10	>20～30	0.81	0.06	44.10	0.49	655.29	7.97	3
2005 - 10	>30～40	0.76	0.05	48.42	0.13	723.71	22.71	3
2005 - 10	>40～60	0.80	0.00	49.93	0.08	730.23	8.09	3
2005 - 10	>60～100	0.77	0.02	54.14	0.19	536.50	3.49	3
2010 - 10	0～10	0.85	0.05	66.06	2.10	590.63	23.17	3
2010 - 10	>10～20	0.78	0.08	60.01	1.39	610.81	51.85	3
2010 - 10	>20～30	0.75	0.02	59.05	1.60	721.74	23.31	3
2010 - 10	>30～40	0.72	0.06	79.72	20.09	677.30	57.26	3
2010 - 10	>40～60	0.73	0.03	68.16	3.22	726.39	53.07	3
2010 - 10	>60～100	0.73	0.09	73.70	8.22	578.75	11.77	3
2015 - 10	0～10	1.01	0.05	74.03	2.05	683.50	28.84	3
2015 - 10	>10～20	0.87	0.10	70.30	2.48	697.55	20.53	3
2015 - 10	>20～40	0.80	0.08	69.03	2.35	798.76	24.24	3
2015 - 10	>40～60	0.74	0.07	72.46	0.44	864.84	5.24	3
2015 - 10	>60～100	0.74	0.03	78.07	2.28	807.83	40.53	3

表 3-213 辅助观测场 03（一次性施肥）剖面土壤微量元素全量（全钼、全锌和全锰）

时间（年-月）	观测层次/cm	全钼/（mg/kg）		全锌/（mg/kg）		全锰/（mg/kg）		重复数
		平均值	标准差	平均值	标准差	平均值	标准差	
2005-10	0～10	1.14	0.07	47.26	0.08	532.34	23.72	3
2005-10	>10～20	1.21	0.14	45.11	4.22	587.66	19.47	3
2005-10	>20～30	1.16	0.19	46.94	0.40	633.82	35.15	3
2005-10	>30～40	1.23	0.02	48.68	2.05	618.58	49.34	3
2005-10	>40～60	1.39	0.12	47.41	1.13	753.99	12.58	3
2005-10	>60～100	1.37	0.13	52.05	3.68	532.53	69.16	3
2010-10	0～10	0.80	0.05	64.24	3.51	598.92	33.49	3
2010-10	>10～20	0.71	0.13	62.29	3.29	651.72	30.33	3
2010-10	>20～30	0.89	0.25	62.91	4.15	659.49	98.43	3
2010-10	>30～40	0.92	0.19	63.89	1.94	707.17	28.10	3
2010-10	>40～60	0.91	0.20	65.48	1.81	708.84	20.44	3
2010-10	>60～100	0.80	0.05	66.00	0.39	771.08	17.22	3
2015-10	0～10	0.88	0.07	71.24	1.33	689.87	7.28	3
2015-10	>10～20	0.80	0.08	67.18	0.76	713.04	43.58	3
2015-10	>20～40	0.82	0.08	67.88	1.09	777.70	13.83	3
2015-10	>40～60	0.68	0.03	77.32	15.46	809.82	58.27	3
2015-10	>60～100	0.78	0.02	74.33	1.57	793.08	68.46	3

表 3-214 辅助观测场 04（常规施肥）剖面土壤微量元素全量（全钼、全锌和全锰）

时间（年-月）	观测层次/cm	全钼/（mg/kg）		全锌/（mg/kg）		全锰/（mg/kg）		重复数
		平均值	标准差	平均值	标准差	平均值	标准差	
2005-10	0～10	0.62	0.07	43.40	0.00	565.49	26.85	3
2005-10	>10～20	0.65	0.10	43.11	0.68	579.61	39.64	3
2005-10	>20～30	0.63	0.08	41.22	1.01	677.99	13.67	3
2005-10	>30～40	0.59	0.15	49.29	0.13	700.30	65.63	3
2005-10	>40～60	0.71	0.07	49.89	0.40	703.48	17.13	3
2005-10	>60～100	0.55	0.07	54.87	3.35	615.70	19.01	3
2010-10	0～10	0.81	0.09	74.72	6.01	580.54	31.79	3
2010-10	>10～20	0.95	0.05	69.12	2.50	675.38	31.46	3
2010-10	>20～30	0.94	0.19	63.98	1.01	625.25	27.43	3
2010-10	>30～40	0.76	0.03	60.21	1.28	802.50	44.84	3
2010-10	>40～60	1.52	1.07	66.34	0.68	769.54	16.78	3
2010-10	>60～100	1.90	1.59	66.27	1.70	728.26	6.66	3
2015-10	0～10	0.94	0.03	67.04	1.99	680.50	9.52	3
2015-10	>10～20	0.92	0.02	65.04	1.58	762.77	37.36	3
2015-10	>20～40	0.77	0.03	67.32	1.38	822.59	25.33	3
2015-10	>40～60	0.81	0.06	72.95	2.65	796.30	75.27	3
2015-10	>60～100	0.83	0.03	71.22	0.99	711.28	34.76	3

表 3 - 215　辅助观测场 05（水田）剖面土壤微量元素全量（全钼、全锌和全锰）

时间 (年-月)	观测层次/ cm	全钼/（mg/kg）		全锌/（mg/kg）		全锰/（mg/kg）		重复数
		平均值	标准差	平均值	标准差	平均值	标准差	
2005 - 10	0～10	0.36	0.00	52.92	2.77	477.45	46.71	3
2005 - 10	>10～20	0.30	0.03	50.87	0.90	663.81	6.75	3
2005 - 10	>20～30	0.20	0.10	47.09	2.21	806.91	6.38	3
2005 - 10	>30～40	0.31	0.02	50.37	1.73	727.35	4.32	3
2005 - 10	>40～60	0.34	0.02	55.68	0.23	837.50	44.66	3
2005 - 10	>60～100	0.31	0.02	60.88	0.98	786.98	42.55	3
2010 - 10	0～10	0.71	0.05	66.76	2.38	536.77	84.72	3
2010 - 10	>10～20	0.95	0.23	64.78	1.61	749.72	89.54	3
2010 - 10	>20～30	0.78	0.06	58.81	1.49	668.22	53.28	3
2010 - 10	>30～40	0.71	0.18	63.23	2.66	778.12	65.71	3
2010 - 10	>40～60	0.91	0.06	69.27	4.55	801.78	46.27	3
2010 - 10	>60～100	0.88	0.09	64.16	3.15	724.62	111.99	3
2015 - 10	0～10	0.94	0.04	66.53	4.16	661.27	14.78	3
2015 - 10	>10～20	0.90	0.06	64.32	0.77	818.02	46.95	3
2015 - 10	>20～40	0.86	0.07	64.10	2.07	935.43	38.62	3
2015 - 10	>40～60	0.94	0.07	67.39	3.00	953.07	26.06	3
2015 - 10	>60～100	1.00	0.02	69.85	2.80	922.38	76.63	3

表 3 - 216　站区调查点 01 剖面土壤微量元素全量（全钼、全锌和全锰）

时间 (年-月)	观测层次/ cm	全钼/（mg/kg）		全锌/（mg/kg）		全锰/（mg/kg）		重复数
		平均值	标准差	平均值	标准差	平均值	标准差	
2005 - 10	0～10	0.86	0.09	43.54	2.39	581.66	15.32	3
2005 - 10	>10～20	0.89	0.12	42.39	3.27	707.13	25.17	3
2005 - 10	>20～30	0.90	0.07	47.44	4.83	680.28	35.35	3
2005 - 10	>30～40	0.97	0.11	44.14	2.75	661.36	137.43	3
2005 - 10	>40～60	0.93	0.08	48.07	1.76	546.64	131.30	3
2005 - 10	>60～100	0.98	0.01	50.15	4.25	738.04	198.11	3
2010 - 10	0～10	0.84	0.07	63.27	6.50	563.87	26.90	3
2010 - 10	>10～20	0.82	0.04	54.80	0.32	612.37	73.77	3
2010 - 10	>20～30	0.73	0.09	49.35	3.87	763.22	101.32	3
2010 - 10	>30～40	0.75	0.09	50.37	3.57	683.45	136.72	3
2010 - 10	>40～60	0.89	0.12	55.57	3.68	586.16	87.03	3
2010 - 10	>60～100	0.76	0.02	55.91	4.07	524.23	53.66	3
2015 - 10	0～10	1.13	0.02	69.12	4.08	728.38	25.92	3
2015 - 10	>10～20	1.01	0.06	63.72	2.32	821.04	40.98	3
2015 - 10	>20～40	0.93	0.05	62.79	1.31	890.56	79.88	3
2015 - 10	>40～60	1.00	0.06	64.60	3.29	881.26	43.06	3
2015 - 10	>60～100	1.03	0.12	64.72	2.09	757.77	62.20	3

表 3-217　站区调查点 02 剖面土壤微量元素全量（全钼、全锌和全锰）

时间 （年-月）	观测层次/ cm	全钼/（mg/kg）		全锌/（mg/kg）		全锰/（mg/kg）		重复数
		平均值	标准差	平均值	标准差	平均值	标准差	
2005-10	0~10	0.39	0.01	44.53	0.08	503.42	59.74	3
2005-10	>10~20	0.34	0.01	43.13	0.58	823.19	74.79	3
2005-10	>20~30	0.34	0.01	43.23	1.06	939.51	223.46	3
2005-10	>30~40	0.29	0.05	50.63	2.28	699.03	156.97	3
2005-10	>40~60	0.33	0.04	54.92	0.12	641.06	141.16	3
2005-10	>60~100	0.31	0.01	47.22	0.35	589.56	39.79	3
2010-10	0~10	0.72	0.03	57.58	1.12	653.43	94.65	3
2010-10	>10~20	0.75	0.03	55.48	2.14	1 028.41	121.68	3
2010-10	>20~30	0.65	0.01	50.08	1.08	875.14	95.49	3
2010-10	>30~40	0.75	0.08	60.36	7.02	572.42	11.15	3
2010-10	>40~60	0.82	0.04	63.33	3.06	780.76	83.61	3
2010-10	>60~100	0.77	0.04	59.30	2.13	587.06	24.00	3
2015-10	0~10	0.96	0.07	58.45	2.60	728.33	65.35	3
2015-10	>10~20	0.84	0.07	59.50	3.01	915.29	13.84	3
2015-10	>20~40	0.82	0.05	60.65	1.62	918.70	88.71	3
2015-10	>40~60	0.86	0.03	64.46	1.00	747.67	40.83	3
2015-10	>60~100	0.77	0.04	66.09	3.72	730.93	74.60	3

表 3-218　站区调查点 03 剖面土壤微量元素全量（全钼、全锌和全锰）

时间 （年-月）	观测层次/ cm	全钼/（mg/kg）		全锌/（mg/kg）		全锰/（mg/kg）		重复数
		平均值	标准差	平均值	标准差	平均值	标准差	
2005-10	0~10	1.04	0.24	61.44	1.92	739.41	3.51	3
2005-10	>10~20	0.76	0.04	56.75	0.73	838.43	61.61	3
2005-10	>20~30	0.85	0.06	54.37	0.00	746.91	30.50	3
2005-10	>30~40	0.80	0.11	50.30	0.49	766.23	50.70	3
2005-10	>40~60	0.78	0.08	54.27	1.10	710.52	14.30	3
2005-10	>60~100	0.78	0.17	59.79	6.25	660.86	25.29	3
2010-10	0~10	0.78	0.03	62.22	2.73	740.45	36.22	3
2010-10	>10~20	0.76	0.10	55.01	3.00	696.75	103.96	3
2010-10	>20~30	0.64	0.03	50.28	1.29	649.93	30.36	3
2010-10	>30~40	0.69	0.04	51.44	2.27	671.74	72.44	3
2010-10	>40~60	0.82	0.03	54.26	4.71	774.01	126.97	3
2010-10	>60~100	0.85	0.09	63.33	1.88	760.77	123.04	3
2015-10	0~10	0.86	0.05	60.96	2.63	874.86	67.86	3
2015-10	>10~20	0.79	0.04	56.87	2.36	920.77	52.61	3
2015-10	>20~40	0.91	0.07	55.84	1.35	857.47	86.08	3
2015-10	>40~60	0.85	0.09	63.71	3.74	816.48	52.65	3
2015-10	>60~100	0.79	0.02	70.13	0.44	840.19	58.94	3

表 3 - 219　综合观测场土壤生物采样地 01 剖面土壤微量元素全量（全铜、全铁和全硼）

时间 （年-月）	观测层次/ cm	全铜/（mg/kg）		全铁/（mg/kg）		全硼/（mg/kg）		重复数
		平均值	标准差	平均值	标准差	平均值	标准差	
2005 - 10	0～10	20.52	0.57	24 768.77	371.31	31.54	2.65	3
2005 - 10	>10～20	20.36	0.85	24 390.19	557.85	23.61	2.46	3
2005 - 10	>20～30	21.01	1.76	23 911.10	1 103.60	18.75	4.75	3
2005 - 10	>30～40	23.98	0.24	25 740.39	2 430.83	20.01	6.02	3
2005 - 10	>40～60	27.16	0.10	28 809.22	1 169.21	13.33	0.40	3
2005 - 10	>60～100	29.62	0.13	34 489.30	494.32	14.59	0.21	3
2010 - 10	0～10	24.76	0.25	28 837.23	3 543.81	48.50	1.08	3
2010 - 10	>10～20	28.68	6.03	28 175.40	3 927.61	46.43	2.46	3
2010 - 10	>20～30	25.66	0.83	29 930.63	3 332.03	42.97	3.91	3
2010 - 10	>30～40	25.48	0.23	28 324.27	3 376.09	43.07	4.45	3
2010 - 10	>40～60	39.58	13.16	29 648.30	3 744.16	42.83	1.32	3
2010 - 10	>60～100	28.26	4.84	31 546.53	4 135.65	53.23	5.90	3
2015 - 10	0～10	26.57	1.32	31 888.27	650.69	46.81	5.06	3
2015 - 10	>10～20	25.28	0.37	32 066.08	771.57	47.38	6.75	3
2015 - 10	>20～40	27.19	0.36	33 731.43	836.04	53.80	4.39	3
2015 - 10	>40～60	31.80	0.84	38 402.43	2 460.80	48.61	4.76	3
2015 - 10	>60～100	34.80	1.41	42 206.23	463.56	49.61	3.30	3

表 3 - 220　综合观测场土壤生物采样地 02 剖面土壤微量元素全量（全铜、全铁和全硼）

时间 （年-月）	观测层次/ cm	全铜/（mg/kg）		全铁/（mg/kg）		全硼/（mg/kg）		重复数
		平均值	标准差	平均值	标准差	平均值	标准差	
2010 - 10	0～10	21.49	1.26	21 113.40	566.37	46.83	1.13	3
2010 - 10	>10～20	20.25	1.80	21 790.27	389.39	44.67	2.88	3
2010 - 10	>20～30	22.74	1.55	22 405.17	811.34	46.73	1.32	3
2010 - 10	>30～40	24.83	0.87	23 973.77	1 797.58	48.07	2.52	3
2010 - 10	>40～60	26.10	0.26	27 029.20	1 879.65	49.07	6.06	3
2010 - 10	>60～100	22.32	1.81	28 332.33	2 209.31	46.10	2.79	3
2015 - 10	0～10	22.16	0.58	28 847.73	821.26	42.05	7.03	3
2015 - 10	>10～20	21.70	0.36	26 481.85	1 483.22	36.19	11.70	3
2015 - 10	>20～40	20.68	0.20	27 907.33	853.29	43.22	12.22	3
2015 - 10	>40～60	25.80	0.31	34 180.59	1 157.86	42.15	10.54	3
2015 - 10	>60～100	28.45	2.79	36 786.16	4 085.59	36.57	7.94	3

表 3 - 221   辅助观测场 01（CK）剖面土壤微量元素全量（全铜、全铁和全硼）

时间 （年-月）	观测层次/ cm	全铜/（mg/kg）		全铁/（mg/kg）		全硼/（mg/kg）		重复数
		平均值	标准差	平均值	标准差	平均值	标准差	
2005 - 10	0～10	21.92	0.18	28 521.27	477.64	39.77	3.18	3
2005 - 10	>10～20	21.52	0.37	29 013.26	504.86	28.19	3.42	3
2005 - 10	>20～30	21.92	0.07	31 670.48	285.34	41.64	5.38	3
2005 - 10	>30～40	25.39	0.21	34 785.81	113.14	34.64	0.93	3
2005 - 10	>40～60	25.88	0.41	35 351.32	679.63	32.97	1.44	3
2005 - 10	>60～100	24.41	0.14	36 152.06	406.96	37.35	0.64	3
2010 - 10	0～10	26.68	4.59	28 743.00	1 728.04	45.97	0.91	3
2010 - 10	>10～20	23.45	1.47	28 989.03	2 336.44	45.57	1.55	3
2010 - 10	>20～30	24.44	3.40	30 129.37	1 710.75	46.50	1.43	3
2010 - 10	>30～40	26.26	2.19	34 237.13	1 363.70	45.60	0.82	3
2010 - 10	>40～60	30.38	2.24	35 186.07	1 583.92	43.87	2.44	3
2010 - 10	>60～100	26.03	2.26	33 892.47	2 559.67	45.47	4.05	3
2015 - 10	0～10	25.77	0.43	28 612.38	399.48	42.22	1.79	3
2015 - 10	>10～20	25.25	0.08	29 824.03	1 695.93	46.00	3.77	3
2015 - 10	>20～40	27.27	0.75	30 892.80	1 010.65	50.30	3.67	3
2015 - 10	>40～60	31.56	0.52	35 079.08	1 142.89	48.53	4.45	3
2015 - 10	>60～100	31.92	0.83	36 936.67	605.93	47.12	7.61	3

表 3 - 222   辅助观测场 02（秸秆还田）剖面土壤微量元素全量（全铜、全铁和全硼）

时间 （年-月）	观测层次/ cm	全铜/（mg/kg）		全铁/（mg/kg）		全硼/（mg/kg）		重复数
		平均值	标准差	平均值	标准差	平均值	标准差	
2005 - 10	0～10	21.42	0.08	28 482.54	444.23	35.11	0.67	3
2005 - 10	>10～20	20.92	0.14	29 002.45	440.76	35.11	2.53	3
2005 - 10	>20～30	22.02	0.17	31 607.30	195.38	43.00	2.68	3
2005 - 10	>30～40	24.96	0.27	34 675.41	133.20	37.09	3.65	3
2005 - 10	>40～60	26.31	0.35	35 097.92	548.16	34.29	1.83	3
2005 - 10	>60～100	26.76	0.05	36 077.51	327.25	35.24	0.01	3
2010 - 10	0～10	22.84	0.20	24 035.00	979.34	43.53	4.18	3
2010 - 10	>10～20	22.50	0.40	24 181.67	289.65	46.00	2.96	3
2010 - 10	>20～30	22.80	0.37	24 577.30	464.11	46.60	2.51	3
2010 - 10	>30～40	24.25	2.11	25 810.77	1 670.34	45.87	2.71	3
2010 - 10	>40～60	27.48	0.65	26 977.13	165.94	41.63	2.77	3
2010 - 10	>60～100	28.37	1.84	27 974.47	397.83	42.40	4.51	3
2015 - 10	0～10	25.68	0.73	28 457.38	385.00	45.34	0.25	3
2015 - 10	>10～20	25.64	0.49	29 597.30	1 847.16	48.52	3.00	3
2015 - 10	>20～40	26.69	0.85	32 647.08	3 427.20	41.96	3.34	3
2015 - 10	>40～60	30.14	0.73	36 416.17	3 430.47	46.80	5.68	3
2015 - 10	>60～100	32.17	0.20	39 147.74	3 919.30	49.05	3.94	3

表 3 - 223　辅助观测场 03（一次性施肥）剖面土壤微量元素全量（全铜、全铁和全硼）

时间 （年-月）	观测层次/ cm	全铜/（mg/kg）		全铁/（mg/kg）		全硼/（mg/kg）		重复数
		平均值	标准差	平均值	标准差	平均值	标准差	
2005 - 10	0~10	22.16	0.67	28 618.61	481.83	45.73	1.98	3
2005 - 10	>10~20	21.42	1.10	28 766.26	222.35	53.96	0.09	3
2005 - 10	>20~30	23.69	1.40	32 853.50	429.01	66.14	4.24	3
2005 - 10	>30~40	25.79	0.39	34 672.43	25.95	56.79	5.40	3
2005 - 10	>40~60	26.81	1.08	37 387.17	189.93	55.31	4.25	3
2005 - 10	>60~100	26.76	0.41	38 154.56	473.70	50.34	0.91	3
2010 - 10	0~10	24.56	3.05	25 114.10	2 065.10	44.07	6.85	3
2010 - 10	>10~20	22.41	0.83	25 201.37	1 640.28	41.97	3.56	3
2010 - 10	>20~30	22.76	0.89	27 850.90	1 850.81	41.50	2.41	3
2010 - 10	>30~40	24.78	1.54	28 831.73	1 747.25	46.77	2.36	3
2010 - 10	>40~60	26.48	0.83	29 892.13	2 076.21	50.57	17.96	3
2010 - 10	>60~100	27.22	0.05	29 513.00	1 460.52	44.20	3.15	3
2015 - 10	0~10	24.75	0.03	32 388.15	781.61	48.46	2.46	3
2015 - 10	>10~20	24.84	0.66	30 109.15	2 376.19	42.56	2.90	3
2015 - 10	>20~40	26.62	1.12	34 798.54	717.65	50.32	3.38	3
2015 - 10	>40~60	29.86	4.01	39 266.46	339.11	45.56	2.15	3
2015 - 10	>60~100	28.13	0.49	41 530.25	1 401.59	47.19	6.87	3

表 3 - 224　辅助观测场 04（常规施肥）剖面土壤微量元素全量（全铜、全铁和全硼）

时间 （年-月）	观测层次/ cm	全铜/（mg/kg）		全铁/（mg/kg）		全硼/（mg/kg）		重复数
		平均值	标准差	平均值	标准差	平均值	标准差	
2005 - 10	0~10	21.33	0.39	28 909.72	403.94	24.09	1.19	3
2005 - 10	>10~20	20.49	0.73	28 766.26	222.35	34.53	9.05	3
2005 - 10	>20~30	21.57	1.00	32 862.45	431.83	42.98	7.53	3
2005 - 10	>30~40	24.82	0.24	34 667.70	27.95	36.60	2.40	3
2005 - 10	>40~60	25.55	0.04	37 386.47	189.62	34.95	1.36	3
2005 - 10	>60~100	26.39	0.88	38 157.69	472.77	38.84	0.44	3
2010 - 10	0~10	28.33	1.50	30 093.43	1 270.72	41.20	3.45	3
2010 - 10	>10~20	22.80	0.50	28 939.17	2 319.66	42.70	0.86	3
2010 - 10	>20~30	23.18	0.56	29 517.40	2 155.80	39.97	1.23	3
2010 - 10	>30~40	22.95	0.76	31 282.17	2 945.62	41.87	5.96	3
2010 - 10	>40~60	25.63	0.25	31 755.17	3 392.02	41.67	3.11	3
2010 - 10	>60~100	27.67	1.73	33 931.70	3 711.06	41.87	3.11	3
2015 - 10	0~10	24.05	0.53	33 267.83	1 008.92	41.39	3.87	3
2015 - 10	>10~20	25.36	0.29	32 224.09	280.44	43.51	4.92	3
2015 - 10	>20~40	27.62	0.22	34 997.48	1 052.68	43.38	3.14	3
2015 - 10	>40~60	30.42	2.78	39 112.54	1 143.26	43.79	3.05	3
2 015 - 10	>60~100	26.43	0.52	41 167.81	172.29	44.01	3.04	3

表3-225 辅助观测场05（水田）剖面土壤微量元素全量（全铜、全铁和全硼）

时间 （年-月）	观测层次/ cm	全铜/（mg/kg）		全铁/（mg/kg）		全硼/（mg/kg）		重复数
		平均值	标准差	平均值	标准差	平均值	标准差	
2005-10	0～10	22.15	0.48	27 508.97	998.98	16.95	0.02	3
2005-10	>10～20	21.36	0.09	27 834.54	215.15	16.40	1.74	3
2005-10	>20～30	20.10	1.21	29 278.65	439.53	15.44	0.45	3
2005-10	>30～40	22.61	0.69	33 721.54	630.99	22.08	4.39	3
2005-10	>40～60	24.04	0.49	37 388.64	27.24	25.66	1.90	3
2005-10	>60～100	24.27	0.25	35 573.13	1 014.61	25.72	5.79	3
2010-10	0～10	22.35	0.74	28 063.57	832.55	42.87	1.11	3
2010-10	>10～20	21.95	0.46	28 683.60	2 288.01	39.67	2.15	3
2010-10	>20～30	22.21	1.63	26 866.40	3 706.87	42.87	2.68	3
2010-10	>30～40	23.25	1.39	29 104.17	4 401.31	46.03	5.46	3
2010-10	>40～60	26.41	0.77	31 548.00	3 408.24	42.10	1.42	3
2010-10	>60～100	24.27	1.40	29 437.83	3 830.74	45.47	1.20	3
2015-10	0～10	22.88	0.49	27 531.27	86.87	46.75	3.34	3
2015-10	>10～20	23.15	0.35	27 314.15	905.84	40.91	3.90	3
2015-10	>20～40	25.00	0.33	29 716.20	223.21	42.65	2.47	3
2015-10	>40～60	26.03	0.88	34 625.98	1 668.06	45.05	4.11	3
2015-10	>60～100	27.00	2.81	33 991.07	1 188.23	47.24	4.19	3

表3-226 站区调查点01剖面土壤微量元素全量（全铜、全铁和全硼）

时间 （年-月）	观测层次/ cm	全铜/（mg/kg）		全铁/（mg/kg）		全硼/（mg/kg）		重复数
		平均值	标准差	平均值	标准差	平均值	标准差	
2005-10	0～10	22.79	0.48	25 955.59	300.21	18.33	6.46	3
2005-10	>10～20	22.04	1.20	26 258.28	1 315.57	19.89	7.05	3
2005-10	>20～30	24.57	1.87	28 653.80	2 049.69	21.16	8.50	3
2005-10	>30～40	22.52	1.45	27 947.44	2 494.50	28.25	6.60	3
2005-10	>40～60	21.83	0.96	27 470.75	2 199.29	29.39	7.83	3
2005-10	>60～100	26.16	1.79	30 969.92	1 383.99	39.30	7.09	3
2010-10	0～10	21.83	4.13	22 403.33	845.04	42.97	2.41	3
2010-10	>10～20	18.43	1.23	23 595.73	596.85	43.87	2.04	3
2010-10	>20～30	16.72	1.09	20 910.63	926.81	42.27	4.37	3
2010-10	>30～40	17.33	1.13	23 015.30	363.83	41.77	3.14	3
2010-10	>40～60	18.56	1.24	23 790.07	1 347.47	44.37	0.34	3
2010-10	>60～100	17.81	0.15	23 493.07	451.76	41.43	1.31	3
2015-10	0～10	25.11	3.17	30 179.73	676.35	40.68	1.42	3
2015-10	>10～20	21.74	0.31	30 722.08	742.21	39.33	1.99	3
2015-10	>20～40	22.55	0.51	33 256.49	192.87	41.12	5.94	3
2015-10	>40～60	25.52	2.17	36 268.53	489.23	42.73	4.68	3
2015-10	>60～100	22.62	0.52	36 569.69	1 011.58	44.27	2.64	3

表 3 - 227　站区调查点 02 剖面土壤微量元素全量（全铜、全铁和全硼）

时间（年-月）	观测层次/cm	全铜/（mg/kg）		全铁/（mg/kg）		全硼/（mg/kg）		重复数
		平均值	标准差	平均值	标准差	平均值	标准差	
2005 - 10	0～10	18.46	0.23	26 121.70	205.48	22.11	4.58	3
2005 - 10	>10～20	18.77	0.12	27 424.88	26.42	21.17	2.94	3
2005 - 10	>20～30	19.77	0.80	29 943.41	1 368.15	23.38	2.10	3
2005 - 10	>30～40	23.29	0.78	33 245.69	297.30	23.53	3.79	3
2005 - 10	>40～60	22.70	0.36	33 717.49	731.55	27.48	6.29	3
2005 - 10	>60～100	19.34	0.53	27 799.22	874.95	17.74	2.73	3
2010 - 10	0～10	18.94	0.27	22 717.93	148.08	42.10	3.28	3
2010 - 10	>10～20	18.73	0.75	21 534.70	1 037.94	42.30	2.62	3
2010 - 10	>20～30	18.25	0.37	20 853.43	813.95	44.77	2.53	3
2010 - 10	>30～40	21.94	2.88	23 354.10	1 767.75	42.33	2.15	3
2010 - 10	>40～60	24.36	1.39	25 788.77	999.63	47.10	2.06	3
2010 - 10	>60～100	20.12	0.94	23 391.50	959.29	42.83	1.81	3
2015 - 10	0～10	19.90	0.20	25 424.92	1 721.69	47.48	0.87	3
2015 - 10	>10～20	21.18	0.31	26 377.62	909.88	42.54	3.54	3
2015 - 10	>20～40	24.16	0.15	29 315.79	879.90	44.49	3.75	3
2015 - 10	>40～60	24.56	0.25	33 780.98	646.96	43.72	2.15	3
2015 - 10	>60～100	24.87	4.11	29 525.52	1 688.52	44.91	3.58	3

表 3 - 228　站区调查点 03 剖面土壤微量元素全量（全铜、全铁和全硼）

时间（年-月）	观测层次/cm	全铜/（mg/kg）		全铁/（mg/kg）		全硼/（mg/kg）		重复数
		平均值	标准差	平均值	标准差	平均值	标准差	
2005 - 10	0～10	24.58	1.07	26 485.33	1 027.53	18.28	1.76	3
2005 - 10	>10～20	23.14	0.07	25 988.37	92.70	16.93	0.51	3
2005 - 10	>20～30	22.56	0.05	24 968.82	451.34	15.03	1.10	3
2005 - 10	>30～40	21.29	0.24	26 691.11	1 649.01	18.25	1.88	3
2005 - 10	>40～60	24.54	0.72	29 724.67	177.37	20.33	0.04	3
2005 - 10	>60～100	29.61	0.12	35 009.99	842.05	19.53	0.08	3
2010 - 10	0～10	20.21	0.66	25 756.13	1 797.66	41.97	2.01	3
2010 - 10	>10～20	19.15	0.45	25 368.93	716.65	42.13	1.14	3
2010 - 10	>20～30	17.58	0.45	25 372.23	1 410.29	43.57	2.55	3
2010 - 10	>30～40	17.85	1.26	27 657.30	2 608.95	43.67	2.98	3
2010 - 10	>40～60	19.99	1.62	30 576.33	1 821.79	42.37	1.97	3
2010 - 10	>60～100	23.05	0.61	34 009.07	1 367.49	39.93	1.88	3
2015 - 10	0～10	19.73	0.53	29 386.64	345.41	38.15	3.93	3
2015 - 10	>10～20	19.04	0.23	29 221.32	609.99	40.71	4.07	3
2015 - 10	>20～40	19.82	0.67	30 702.53	1 624.40	38.21	4.13	3
2015 - 10	>40～60	22.49	0.15	32 852.52	800.55	41.88	1.61	3
2015 - 10	>60～100	28.04	3.95	35 686.22	1 067.54	42.72	1.34	3

3.2.8　剖面土壤矿质全量

3.2.8.1　概述

本数据集为沈阳站 10 个长期监测样地 2005 年剖面（0～10 cm、>10～20 cm、>20～30 cm、>30～40 cm、>40～60 cm 和>60～100 cm）和 2015 年剖面（0～10 cm、>10～20 cm、>20～30 cm、>30～40 cm、>40～60 cm 和>60～100 cm）土壤的矿质（SiO_2、Fe_2O_3、Al_2O_3、TiO_2、MnO、CaO、MgO、K_2O、Na_2O、P_2O_5、烧失量和硫）全量数据。

3.2.8.2　数据采集和处理方法

按照 CERN 长期观测规范，剖面土壤矿质全量的监测频率为 10 年 1 次。2005 年秋季作物收获后，在采样点挖取长 1.5 m、宽 1.0 m、深 1.2 m 的土壤剖面，观察面向阳，将挖出的土壤按不同层次分开放置，用木制土铲铲除观察面表层与铁锹接触的土壤，自下向上采集各层土样，每层约采 1.5 kg，装入棉质土袋中，最后将挖出的土壤按层回填。2015 年秋季作物收获后，用土钻自上而下分层取样。将每次取回的土样置于干净的白纸上风干，挑除根系和石子，用四分法取适量研磨后，过 2 mm 尼龙筛，再用四分法取适量研磨后，过 0.149 mm 尼龙筛，装入广口瓶备用。

SiO_2、Fe_2O_3、Al_2O_3、TiO_2、MnO、CaO、MgO、K_2O、Na_2O 和 P_2O_5 采用偏硼酸锂熔融-ICP-AES 法测定；烧失量采用烧失减重法测定；全硫采用硝酸镁氧化-硫酸钡比浊法测定。

3.2.8.3　数据质量控制和评估

（1）分析时进行 3 次平行样品测定。

（2）由于土壤矿质全量较为稳定，台站区域内的土壤矿质全量基本一致，因此，测定时，我们会将测定结果与站内其他样地的历史土壤矿质全量结果进行对比，观察数据是否存在异常，如果同一层土壤矿质全量与历史数据存在差异，则对数据进行核实或再次测定。

3.2.8.4　数据价值/数据使用方法和建议

土壤矿物质的组成结构和性质对土壤物理性质（结构性、水分性质、通气性、热性质、力学性质和耕作学性质）、化学性质（吸附性能、表面活性、酸碱性、氧化还原电位、缓冲作用）以及生物与生物化学性质（土壤微生物、生物多样性、酶活性）等均有深刻影响。

本数据集中，2005 年和 2015 年的数据均有 3 次重复，各项指标数据齐全，具有较高的利用价值。

3.2.8.5　数据

表 3-229 至表 3-258 中为剖面土壤矿质全量数据。

表 3-229　综合观测场土壤生物采样地 01 剖面土壤矿质全量（SiO_2、Fe_2O_3、MnO 和 TiO_2）

时间 （年-月）	观测层次/ cm	SiO_2/%		Fe_2O_3/%		MnO/%		TiO_2/%		重复数
		平均值	标准差	平均值	标准差	平均值	标准差	平均值	标准差	
2005-10	0～10	63.86	0.92	3.54	0.05	0.066	0.002	0.878	0.004	3
2005-10	>10～20	64.38	1.52	3.49	0.08	0.064	0.001	0.874	0.004	3
2005-10	>20～30	64.22	1.71	3.42	0.16	0.080	0.002	0.877	0.010	3
2005-10	>30～40	62.90	2.09	3.68	0.35	0.084	0.000	0.914	0.036	3
2005-10	>40～60	59.32	0.63	4.12	0.17	0.086	0.000	0.947	0.018	3
2005-10	>60～100	58.49	2.01	4.93	0.07	0.071	0.002	0.957	0.032	3
2015-10	0～10	66.91	1.12	4.56	0.09	0.087	0.001	0.814	0.002	3
2015-10	>10～20	67.76	1.35	4.58	0.11	0.084	0.005	0.824	0.010	3

（续）

时间 （年-月）	观测层次/ cm	$SiO_2/\%$		$Fe_2O_3/\%$		$MnO/\%$		$TiO_2/\%$		重复数
		平均值	标准差	平均值	标准差	平均值	标准差	平均值	标准差	
2015 - 10	>20~40	65.67	1.10	4.82	0.12	0.103	0.006	0.853	0.015	3
2015 - 10	>40~60	62.67	1.30	5.35	0.29	0.105	0.003	0.909	0.050	3
2015 - 10	>60~100	60.96	0.84	6.03	0.07	0.101	0.002	0.920	0.017	3

表 3 - 230　综合观测场土壤生物采样地 02 剖面土壤矿质全量（SiO_2、Fe_2O_3、MnO 和 TiO_2）

时间 （年-月）	观测层次/ cm	$SiO_2/\%$		$Fe_2O_3/\%$		$MnO/\%$		$TiO_2/\%$		重复数
		平均值	标准差	平均值	标准差	平均值	标准差	平均值	标准差	
2015 - 10	0~10	68.88	1.12	4.12	0.12	0.087	0.003	0.771	0.008	3
2015 - 10	>10~20	67.50	0.56	4.00	0.16	0.089	0.003	0.758	0.006	3
2015 - 10	>20~40	68.05	0.63	3.99	0.12	0.100	0.002	0.772	0.002	3
2015 - 10	>40~60	64.83	0.85	4.89	0.17	0.108	0.009	0.849	0.005	3
2015 - 10	>60~100	63.04	1.32	5.26	0.58	0.104	0.017	0.855	0.035	3

表 3 - 231　辅助观测场 01（CK）剖面土壤矿质全量（SiO_2、Fe_2O_3、MnO 和 TiO_2）

时间 （年-月）	观测层次/ cm	$SiO_2/\%$		$Fe_2O_3/\%$		$MnO/\%$		$TiO_2/\%$		重复数
		平均值	标准差	平均值	标准差	平均值	标准差	平均值	标准差	
2005 - 10	0~10	67.26	1.79	4.08	0.07	0.079	0.001	0.837	0.025	3
2005 - 10	>10~20	65.00	1.28	4.15	0.07	0.080	0.001	0.873	0.008	3
2005 - 10	>20~30	64.53	0.63	4.53	0.04	0.085	0.001	0.909	0.012	3
2005 - 10	>30~40	61.37	0.10	4.97	0.02	0.093	0.003	0.966	0.003	3
2005 - 10	>40~60	62.15	0.08	5.05	0.10	0.094	0.001	0.977	0.004	3
2005 - 10	>60~100	65.27	2.01	5.17	0.06	0.069	0.000	0.931	0.025	3
2015 - 10	0~10	64.02	0.64	4.09	0.06	0.090	0.002	0.791	0.006	3
2015 - 10	>10~20	63.82	1.28	4.26	0.24	0.090	0.001	0.817	0.025	3
2015 - 10	>20~40	63.50	1.18	4.42	0.14	0.103	0.004	0.843	0.015	3
2015 - 10	>40~60	61.17	0.62	5.02	0.16	0.111	0.001	0.900	0.013	3
2015 - 10	>60~100	59.50	0.58	5.28	0.09	0.101	0.009	0.900	0.010	3

表 3 - 232　辅助观测场 02（秸秆还田）剖面土壤矿质全量（SiO_2、Fe_2O_3、MnO 和 TiO_2）

时间 （年-月）	观测层次/ cm	$SiO_2/\%$		$Fe_2O_3/\%$		$MnO/\%$		$TiO_2/\%$		重复数
		平均值	标准差	平均值	标准差	平均值	标准差	平均值	标准差	
2005 - 10	0~10	63.95	0.98	4.07	0.06	0.079	0.001	0.840	0.020	3
2005 - 10	>10~20	64.38	1.49	4.15	0.06	0.081	0.001	0.873	0.007	3
2005 - 10	>20~30	64.35	1.71	4.52	0.03	0.085	0.001	0.911	0.011	3
2005 - 10	>30~40	63.02	2.07	4.96	0.02	0.093	0.003	0.968	0.004	3

（续）

时间（年-月）	观测层次/cm	SiO_2/%		Fe_2O_3/%		MnO/%		TiO_2/%		重复数
		平均值	标准差	平均值	标准差	平均值	标准差	平均值	标准差	
2005-10	>40～60	59.46	0.65	5.02	0.08	0.094	0.001	0.979	0.004	3
2005-10	>60～100	58.60	2.01	5.16	0.05	0.069	0.000	0.934	0.029	3
2015-10	0～10	62.92	0.59	4.07	0.06	0.088	0.004	0.793	0.016	3
2015-10	>10～20	64.01	1.69	4.23	0.26	0.090	0.003	0.798	0.005	3
2015-10	>20～40	64.06	1.45	4.90	0.42	0.103	0.003	0.857	0.023	3
2015-10	>40～60	61.90	1.88	5.21	0.49	0.112	0.001	0.898	0.026	3
2015-10	>60～100	59.14	1.62	5.60	0.56	0.104	0.005	0.892	0.028	3

表 3-233 辅助观测场 03（一次性施肥）剖面土壤矿质全量（SiO_2、Fe_2O_3、MnO 和 TiO_2）

时间（年-月）	观测层次/cm	SiO_2/%		Fe_2O_3/%		MnO/%		TiO_2/%		重复数
		平均值	标准差	平均值	标准差	平均值	标准差	平均值	标准差	
2005-10	0～10	69.49	1.97	4.09	0.07	0.069	0.003	0.854	0.023	3
2005-10	>10～20	66.23	1.63	4.11	0.03	0.076	0.003	0.869	0.009	3
2005-10	>20～30	63.26	1.90	4.70	0.06	0.082	0.005	0.937	0.014	3
2005-10	>30～40	61.99	1.45	4.96	0.00	0.080	0.006	0.967	0.020	3
2005-10	>40～60	61.14	0.62	5.35	0.03	0.097	0.002	0.985	0.005	3
2005-10	>60～100	63.61	3.16	5.45	0.07	0.069	0.009	0.937	0.014	3
2015-10	0～10	69.30	0.15	4.61	0.09	0.089	0.001	0.822	0.011	3
2015-10	>10～20	69.22	0.61	4.56	0.05	0.092	0.006	0.813	0.008	3
2015-10	>20～40	67.77	0.22	4.97	0.10	0.100	0.002	0.872	0.023	3
2015-10	>40～60	65.75	0.61	5.61	0.05	0.105	0.008	0.923	0.015	3
2015-10	>60～100	65.55	0.76	5.78	0.08	0.102	0.009	0.922	0.016	3

表 3-234 辅助观测场 04（常规施肥）剖面土壤矿质全量（SiO_2、Fe_2O_3、MnO 和 TiO_2）

时间（年-月）	观测层次/cm	SiO_2/%		Fe_2O_3/%		MnO/%		TiO_2/%		重复数
		平均值	标准差	平均值	标准差	平均值	标准差	平均值	标准差	
2005-10	0～10	68.25	2.50	4.13	0.06	0.073	0.003	0.846	0.021	3
2005-10	>10～20	64.98	0.19	4.11	0.03	0.075	0.005	0.886	0.026	3
2005-10	>20～30	63.86	0.17	4.70	0.06	0.088	0.002	0.927	0.016	3
2005-10	>30～40	61.17	0.69	4.96	0.00	0.090	0.008	0.964	0.007	3
2005-10	>40～60	61.41	0.03	5.35	0.03	0.091	0.002	0.983	0.001	3
2005-10	>60～100	60.95	1.50	5.46	0.07	0.079	0.002	0.935	0.014	3
2015-10	0～10	68.56	0.51	4.73	0.09	0.088	0.001	0.852	0.021	3
2015-10	>10～20	66.96	0.84	4.87	0.39	0.102	0.006	0.873	0.034	3
2015-10	>20～40	67.07	0.21	5.00	0.15	0.106	0.003	0.890	0.026	3
2015-10	>40～60	65.03	0.35	5.53	0.12	0.103	0.010	0.937	0.017	3
2015-10	>60～100	63.87	0.11	5.83	0.10	0.092	0.004	0.940	0.034	3

表 3-235 辅助观测场 05（水田）剖面土壤矿质全量（SiO_2、Fe_2O_3、MnO 和 TiO_2）

时间（年-月）	观测层次/cm	SiO_2/%		Fe_2O_3/%		MnO/%		TiO_2/%		重复数
		平均值	标准差	平均值	标准差	平均值	标准差	平均值	标准差	
2005-10	0～10	69.03	1.43	3.93	0.14	0.062	0.006	0.842	0.046	3
2005-10	>10～20	67.26	0.26	3.98	0.03	0.086	0.001	0.876	0.001	3
2005-10	>20～30	66.27	0.38	4.19	0.06	0.104	0.001	0.915	0.013	3
2005-10	>30～40	61.25	1.42	4.82	0.09	0.094	0.001	0.982	0.008	3
2005-10	>40～60	61.23	0.19	5.35	0.00	0.108	0.006	0.998	0.001	3
2005-10	>60～100	65.16	1.81	5.09	0.15	0.102	0.005	0.961	0.037	3
2015-10	0～10	63.74	1.21	3.97	0.04	0.085	0.002	0.824	0.016	3
2015-10	>10～20	63.25	0.23	3.98	0.05	0.106	0.006	0.843	0.006	3
2015-10	>20～40	62.37	0.36	4.28	0.06	0.121	0.005	0.881	0.007	3
2015-10	>40～60	60.59	0.65	5.07	0.20	0.123	0.003	0.945	0.016	3
2015-10	>60～100	60.01	0.76	5.01	0.05	0.119	0.010	0.937	0.017	3

表 3-236 站区调查点 01 剖面土壤矿质全量（SiO_2、Fe_2O_3、MnO 和 TiO_2）

时间（年-月）	观测层次/cm	SiO_2/%		Fe_2O_3/%		MnO/%		TiO_2/%		重复数
		平均值	标准差	平均值	标准差	平均值	标准差	平均值	标准差	
2005-10	0～10	68.89	5.04	3.71	0.04	0.075	0.002	0.778	0.024	3
2005-10	>10～20	60.91	0.21	3.75	0.19	0.091	0.003	0.753	0.030	3
2005-10	>20～30	59.67	1.30	4.10	0.29	0.088	0.005	0.806	0.030	3
2005-10	>30～40	59.20	1.01	4.00	0.36	0.085	0.018	0.798	0.031	3
2005-10	>40～60	61.71	0.69	3.93	0.31	0.071	0.017	0.828	0.010	3
2005-10	>60～100	63.10	5.48	4.43	0.20	0.095	0.026	0.815	0.012	3
2015-10	0～10	66.88	0.82	4.32	0.10	0.094	0.003	0.819	0.012	3
2015-10	>10～20	67.81	0.70	4.39	0.11	0.106	0.005	0.825	0.003	3
2015-10	>20～40	66.64	0.92	4.76	0.03	0.115	0.010	0.877	0.002	3
2015-10	>40～60	65.04	0.53	5.19	0.07	0.114	0.006	0.919	0.016	3
2015-10	>60～100	64.30	1.21	5.23	0.14	0.098	0.008	0.899	0.004	3

表 3-237 站区调查点 02 剖面土壤矿质全量（SiO_2、Fe_2O_3、MnO 和 TiO_2）

时间（年-月）	观测层次/cm	SiO_2/%		Fe_2O_3/%		MnO/%		TiO_2/%		重复数
		平均值	标准差	平均值	标准差	平均值	标准差	平均值	标准差	
2005-10	0～10	65.79	0.09	3.73	0.03	0.065	0.008	0.816	0.006	3
2005-10	>10～20	66.44	0.63	3.92	0.00	0.106	0.010	0.837	0.008	3
2005-10	>20～30	64.58	1.32	4.28	0.20	0.121	0.029	0.889	0.023	3
2005-10	>30～40	62.60	0.47	4.75	0.04	0.090	0.020	0.955	0.009	3
2005-10	>40～60	61.52	1.05	4.82	0.10	0.083	0.018	0.963	0.023	3
2005-10	>60～100	67.04	1.38	3.97	0.13	0.076	0.005	0.849	0.045	3

（续）

时间（年-月）	观测层次/cm	SiO₂/%		Fe₂O₃/%		MnO/%		TiO₂/%		重复数
		平均值	标准差	平均值	标准差	平均值	标准差	平均值	标准差	
2015 - 10	0～10	64.56	0.30	4.04	0.05	0.094	0.008	0.758	0.018	3
2015 - 10	>10～20	64.23	0.44	4.06	0.09	0.118	0.002	0.790	0.007	3
2015 - 10	>20～40	63.11	0.78	4.61	0.12	0.120	0.011	0.825	0.002	3
2015 - 10	>40～60	60.77	0.48	5.18	0.04	0.103	0.008	0.890	0.020	3
2015 - 10	>60～100	61.41	0.13	4.51	0.09	0.108	0.019	0.856	0.021	3

表 3 - 238　站区调查点 03 剖面土壤矿质全量（SiO₂、Fe₂O₃、MnO 和 TiO₂）

时间（年-月）	观测层次/cm	SiO₂/%		Fe₂O₃/%		MnO/%		TiO₂/%		重复数
		平均值	标准差	平均值	标准差	平均值	标准差	平均值	标准差	
2005 - 10	0～10	70.03	2.71	3.79	0.15	0.095	0.000	0.753	0.032	3
2005 - 10	>10～20	66.71	0.77	3.72	0.01	0.108	0.008	0.725	0.003	3
2005 - 10	>20～30	63.98	3.00	3.57	0.06	0.096	0.004	0.713	0.003	3
2005 - 10	>30～40	63.97	3.02	3.82	0.24	0.099	0.007	0.748	0.004	3
2005 - 10	>40～60	62.94	3.05	4.25	0.03	0.092	0.002	0.770	0.004	3
2005 - 10	>60～100	63.24	1.78	5.01	0.12	0.085	0.003	0.776	0.029	3
2015 - 10	0～10	66.83	0.89	4.20	0.05	0.113	0.009	0.811	0.004	3
2015 - 10	>10～20	65.29	1.34	4.18	0.09	0.119	0.007	0.807	0.012	3
2015 - 10	>20～40	66.18	1.50	4.39	0.23	0.111	0.011	0.832	0.015	3
2015 - 10	>40～60	62.54	1.91	4.76	0.40	0.104	0.010	0.833	0.020	3
2015 - 10	>60～100	61.08	0.99	5.10	0.15	0.108	0.008	0.821	0.011	3

表 3 - 239　综合观测场土壤生物采样地 01 剖面土壤矿质全量（Al₂O₃、CaO、MgO 和 K₂O）

时间（年-月）	观测层次/cm	Al₂O₃/%		CaO/%		MgO/%		K₂O/%		重复数
		平均值	标准差	平均值	标准差	平均值	标准差	平均值	标准差	
2005 - 10	0～10	13.325	0.062	0.837	0.056	0.341	0.005	1.793	0.039	3
2005 - 10	>10～20	13.338	0.011	0.856	0.050	0.346	0.004	1.677	0.059	3
2005 - 10	>20～30	13.214	0.189	0.882	0.009	0.344	0.016	1.765	0.021	3
2005 - 10	>30～40	13.392	0.449	0.798	0.049	0.353	0.032	1.810	0.023	3
2005 - 10	>40～60	13.964	0.467	0.744	0.028	0.395	0.010	1.726	0.020	3
2005 - 10	>60～100	14.939	0.641	0.647	0.054	0.461	0.015	1.771	0.020	3
2015 - 10	0～10	14.001	0.042	1.099	0.067	1.171	0.017	2.246	0.048	3
2015 - 10	>10～20	14.225	0.056	1.045	0.036	1.189	0.018	2.253	0.041	3
2015 - 10	>20～40	14.483	0.258	0.935	0.081	1.254	0.030	2.265	0.064	3
2015 - 10	>40～60	15.474	0.713	0.867	0.076	1.383	0.060	2.200	0.030	3
2015 - 10	>60～100	16.382	0.177	0.748	0.120	1.455	0.015	2.224	0.025	3

表 3 - 240　综合观测场土壤生物采样地 02 剖面土壤矿质全量（Al$_2$O$_3$、CaO、MgO 和 K$_2$O）

时间 （年-月）	观测层次/ cm	Al$_2$O$_3$/%		CaO/%		MgO/%		K$_2$O/%		重复数
		平均值	标准差	平均值	标准差	平均值	标准差	平均值	标准差	
2015 - 10	0～10	13.740	0.231	0.898	0.009	1.024	0.014	2.272	0.014	3
2015 - 10	>10～20	13.458	0.194	0.929	0.035	0.982	0.025	2.234	0.033	3
2015 - 10	>20～40	13.506	0.052	0.965	0.042	0.997	0.027	2.226	0.020	3
2015 - 10	>40～60	14.893	0.136	0.797	0.067	1.179	0.011	2.215	0.013	3
2015 - 10	>60～100	15.807	0.680	0.694	0.099	1.282	0.102	2.213	0.014	3

表 3 - 241　辅助观测场 01（CK）剖面土壤矿质全量（Al$_2$O$_3$、CaO、MgO 和 K$_2$O）

时间 （年-月）	观测层次/ cm	Al$_2$O$_3$/%		CaO/%		MgO/%		K$_2$O/%		重复数
		平均值	标准差	平均值	标准差	平均值	标准差	平均值	标准差	
2005 - 10	0～10	12.953	0.000	1.034	0.005	0.357	0.014	1.747	0.028	3
2005 - 10	>10～20	13.126	0.106	1.028	0.005	0.345	0.005	1.787	0.000	3
2005 - 10	>20～30	13.744	0.028	0.909	0.020	0.377	0.002	1.625	0.114	3
2005 - 10	>30～40	14.344	0.063	0.814	0.031	0.419	0.008	1.647	0.056	3
2005 - 10	>40～60	14.329	0.091	0.758	0.015	0.396	0.007	1.658	0.011	3
2005 - 10	>60～100	15.103	0.095	0.716	0.005	0.403	0.004	1.686	0.075	3
2015 - 10	0～10	13.962	0.166	1.004	0.042	1.086	0.012	2.220	0.058	3
2015 - 10	>10～20	14.340	0.350	0.942	0.080	1.120	0.042	2.259	0.030	3
2015 - 10	>20～40	14.687	0.325	0.929	0.086	1.175	0.036	2.220	0.021	3
2015 - 10	>40～60	15.529	0.356	0.761	0.031	1.274	0.047	2.283	0.055	3
2015 - 10	>60～100	16.128	0.151	0.630	0.032	1.309	0.029	2.234	0.097	3

表 3 - 242　辅助观测场 02（秸秆还田）剖面土壤矿质全量（Al$_2$O$_3$、CaO、MgO 和 K$_2$O）

时间 （年-月）	观测层次/ cm	Al$_2$O$_3$/%		CaO/%		MgO/%		K$_2$O/%		重复数
		平均值	标准差	平均值	标准差	平均值	标准差	平均值	标准差	
2005 - 10	0～10	12.981	0.003	0.937	0.006	0.357	0.003	1.830	0.040	3
2005 - 10	>10～20	13.146	0.100	0.935	0.014	0.346	0.002	1.729	0.080	3
2005 - 10	>20～30	13.771	0.025	0.829	0.027	0.375	0.005	1.829	0.001	3
2005 - 10	>30～40	14.381	0.068	0.805	0.014	0.412	0.007	1.819	0.043	3
2005 - 10	>40～60	14.389	0.092	0.728	0.014	0.396	0.007	1.780	0.000	3
2005 - 10	>60～100	15.142	0.094	0.644	0.025	0.421	0.009	1.752	0.020	3
2015 - 10	0～10	14.147	0.101	0.932	0.037	1.077	0.017	2.236	0.078	3
2015 - 10	>10～20	13.846	0.249	0.927	0.048	1.118	0.048	2.241	0.093	3
2015 - 10	>20～40	14.665	0.103	0.914	0.106	1.221	0.095	2.190	0.028	3
2015 - 10	>40～60	15.441	0.087	0.720	0.014	1.289	0.082	2.166	0.018	3
2015 - 10	>60～100	16.039	0.225	0.603	0.026	1.359	0.120	2.201	0.063	3

表 3-243　辅助观测场 03（一次性施肥）剖面土壤矿质全量（Al_2O_3、CaO、MgO 和 K_2O）

时间（年-月）	观测层次/cm	Al_2O_3/%		CaO/%		MgO/%		K_2O/%		重复数
		平均值	标准差	平均值	标准差	平均值	标准差	平均值	标准差	
2005-10	0~10	13.235	0.019	0.785	0.014	0.376	0.013	1.646	0.159	3
2005-10	>10~20	12.986	0.176	0.802	0.001	0.339	0.002	1.598	0.135	3
2005-10	>20~30	13.840	0.225	0.696	0.068	0.379	0.005	1.603	0.049	3
2005-10	>30~40	14.318	0.283	0.730	0.076	0.409	0.013	1.624	0.030	3
2005-10	>40~60	14.525	0.143	0.621	0.007	0.397	0.009	1.563	0.116	3
2005-10	>60~100	15.543	0.016	0.523	0.077	0.433	0.016	1.477	0.051	3
2015-10	0~10	13.745	0.102	1.095	0.026	1.245	0.053	2.159	0.036	3
2015-10	>10~20	13.687	0.229	0.988	0.077	1.170	0.029	2.207	0.069	3
2015-10	>20~40	14.308	0.223	0.923	0.006	1.287	0.029	2.149	0.026	3
2015-10	>40~60	15.355	0.190	0.755	0.011	1.380	0.027	2.227	0.057	3
2015-10	>60~100	15.474	0.136	0.702	0.027	1.422	0.043	2.210	0.017	3

表 3-244　辅助观测场 04（常规施肥）剖面土壤矿质全量（Al_2O_3、CaO、MgO 和 K_2O）

时间（年-月）	观测层次/cm	Al_2O_3/%		CaO/%		MgO/%		K_2O/%		重复数
		平均值	标准差	平均值	标准差	平均值	标准差	平均值	标准差	
2005-10	0~10	13.252	0.009	0.995	0.007	0.335	0.005	1.787	0.000	3
2005-10	>10~20	13.321	0.249	1.006	0.022	0.353	0.009	1.787	0.000	3
2005-10	>20~30	13.668	0.240	0.891	0.007	0.368	0.008	1.767	0.029	3
2005-10	>30~40	14.319	0.108	0.875	0.004	0.407	0.004	1.768	0.028	3
2005-10	>40~60	14.512	0.074	0.808	0.020	0.398	0.006	1.726	0.086	3
2005-10	>60~100	14.963	0.041	0.704	0.006	0.419	0.002	1.767	0.075	3
2015-10	0~10	13.921	0.667	1.109	0.093	1.226	0.029	2.198	0.024	3
2015-10	>10~20	14.711	0.464	0.974	0.137	1.256	0.059	2.230	0.058	3
2015-10	>20~40	14.840	0.395	0.924	0.067	1.278	0.016	2.219	0.076	3
2015-10	>40~60	15.643	0.160	0.819	0.054	1.372	0.012	2.248	0.097	3
2015-10	>60~100	16.423	0.333	0.724	0.071	1.424	0.035	2.217	0.054	3

表 3-245　辅助观测场 05（水田）剖面土壤矿质全量（Al_2O_3、CaO、MgO 和 K_2O）

时间（年-月）	观测层次/cm	Al_2O_3/%		CaO/%		MgO/%		K_2O/%		重复数
		平均值	标准差	平均值	标准差	平均值	标准差	平均值	标准差	
2005-10	0~10	13.130	0.480	1.006	0.043	0.322	0.014	1.978	0.185	3
2005-10	>10~20	13.297	0.027	1.024	0.001	0.331	0.001	2.037	0.333	3
2005-10	>20~30	13.578	0.126	0.952	0.014	0.351	0.008	1.814	0.263	3
2005-10	>30~40	14.550	0.131	0.789	0.029	0.388	0.003	1.946	0.225	3
2005-10	>40~60	14.945	0.008	0.754	0.007	0.409	0.002	1.875	0.156	3
2005-10	>60~100	14.929	0.325	0.717	0.011	0.414	0.014	1.929	0.203	3

（续）

时间 （年-月）	观测层次/ cm	Al₂O₃/%		CaO/%		MgO/%		K₂O/%		重复数
		平均值	标准差	平均值	标准差	平均值	标准差	平均值	标准差	
2015-10	0～10	14.336	0.248	1.186	0.116	1.017	0.017	2.149	0.039	3
2015-10	>10～20	14.851	0.044	1.215	0.031	1.052	0.026	2.179	0.021	3
2015-10	>20～40	14.955	0.053	1.063	0.018	1.077	0.020	2.195	0.018	3
2015-10	>40～60	16.205	0.279	1.015	0.068	1.205	0.045	2.174	0.033	3
2015-10	>60～100	16.564	0.197	0.821	0.020	1.253	0.003	2.188	0.032	3

表 3-246　站区调查点 01 剖面土壤矿质全量（Al₂O₃、CaO、MgO 和 K₂O）

时间 （年-月）	观测层次/ cm	Al₂O₃/%		CaO/%		MgO/%		K₂O/%		重复数
		平均值	标准差	平均值	标准差	平均值	标准差	平均值	标准差	
2005-10	0～10	12.694	0.508	0.854	0.115	0.277	0.001	1.586	0.151	3
2005-10	>10～20	11.950	0.493	0.964	0.098	0.281	0.026	1.485	0.226	3
2005-10	>20～30	11.777	0.221	0.915	0.052	0.325	0.025	1.404	0.114	3
2005-10	>30～40	11.869	0.287	0.826	0.043	0.328	0.019	1.465	0.114	3
2005-10	>40～60	12.752	0.443	0.776	0.042	0.334	0.010	1.465	0.223	3
2005-10	>60～100	13.812	0.532	0.757	0.010	0.367	0.024	1.525	0.124	3
2015-10	0～10	14.051	0.090	0.723	0.064	1.053	0.014	2.142	0.023	3
2015-10	>10～20	14.295	0.120	0.870	0.108	1.086	0.022	2.125	0.011	3
2015-10	>20～40	14.961	0.181	0.865	0.048	1.182	0.027	2.112	0.032	3
2015-10	>40～60	15.601	0.180	0.719	0.070	1.236	0.028	2.127	0.041	3
2015-10	>60～100	15.977	0.130	0.582	0.065	1.278	0.004	2.178	0.051	3

表 3-247　站区调查点 02 剖面土壤矿质全量（Al₂O₃、CaO、MgO 和 K₂O）

时间 （年-月）	观测层次/ cm	Al₂O₃/%		CaO/%		MgO/%		K₂O/%		重复数
		平均值	标准差	平均值	标准差	平均值	标准差	平均值	标准差	
2005-10	0～10	12.412	0.040	1.008	0.036	0.274	0.004	1.908	0.000	3
2005-10	>10～20	12.562	0.112	1.080	0.009	0.284	0.001	1.928	0.028	3
2005-10	>20～30	13.228	0.278	1.020	0.047	0.312	0.022	1.948	0.057	3
2005-10	>30～40	14.736	0.126	0.936	0.020	0.387	0.010	1.908	0.099	3
2005-10	>40～60	14.860	0.291	0.886	0.014	0.401	0.018	1.968	0.000	3
2005-10	>60～100	13.819	0.270	0.828	0.041	0.346	0.014	1.928	0.028	3
2015-10	0～10	13.892	0.224	0.997	0.023	0.966	0.017	2.164	0.038	3
2015-10	>10～20	13.928	0.273	1.018	0.093	0.987	0.023	2.199	0.035	3
2015-10	>20～40	15.178	0.592	0.911	0.071	1.055	0.015	2.238	0.038	3
2015-10	>40～60	16.601	0.148	0.794	0.039	1.224	0.028	2.189	0.046	3
2015-10	>60～100	16.128	0.057	0.791	0.028	1.242	0.034	2.237	0.075	3

表 3-248 站区调查点 03 剖面土壤矿质全量（Al_2O_3、CaO、MgO 和 K_2O）

时间（年-月）	观测层次/cm	Al_2O_3/%		CaO/%		MgO/%		K_2O/%		重复数
		平均值	标准差	平均值	标准差	平均值	标准差	平均值	标准差	
2005-10	0～10	13.265	0.229	1.016	0.051	0.274	0.014	1.787	0.000	3
2005-10	>10～20	12.831	0.083	1.068	0.028	0.264	0.002	1.767	0.028	3
2005-10	>20～30	12.242	0.763	1.055	0.048	0.261	0.004	1.727	0.049	3
2005-10	>30～40	12.498	0.579	0.969	0.046	0.258	0.002	1.747	0.057	3
2005-10	>40～60	13.553	0.626	0.870	0.055	0.324	0.000	1.787	0.085	3
2005-10	>60～100	15.658	0.056	0.978	0.003	0.370	0.037	1.686	0.029	3
2015-10	0～10	14.034	0.061	0.808	0.010	1.004	0.015	2.336	0.057	3
2015-10	>10～20	13.797	0.164	0.934	0.062	0.998	0.026	2.305	0.047	3
2015-10	>20～40	14.299	0.336	0.836	0.023	1.004	0.042	2.308	0.124	3
2015-10	>40～60	15.428	0.749	0.807	0.122	1.214	0.143	2.272	0.099	3
2015-10	>60～100	16.165	0.188	0.743	0.045	1.357	0.059	2.233	0.065	3

表 3-249 综合观测场土壤生物采样地 01 剖面土壤矿质全量（Na_2O、P_2O_5、LOI 和 S）

时间（年-月）	观测层次/cm	Na_2O/%		P_2O_5/%		LOI/（烧失量,%）		S/（g/kg）		重复数
		平均值	标准差	平均值	标准差	平均值	标准差	平均值	标准差	
2005-10	0～10	3.549	0.061	0.125	0.001			0.61	0.01	3
2005-10	>10～20	3.725	0.087	0.109	0.004			0.55	0.08	3
2005-10	>20～30	3.734	0.087	0.109	0.002			0.28	0.10	3
2005-10	>30～40	3.401	0.268	0.112	0.004			0.25	0.06	3
2005-10	>40～60	3.133	0.161	0.110	0.003			0.21	0.05	3
2005-10	>60～100	2.550	0.008	0.139	0.001			0.16	0.01	3
2015-10	0～10	2.201	0.114	0.138	0.005	8.44	0.20	0.27	0.01	3
2015-10	>10～20	2.219	0.113	0.123	0.001	8.40	0.40	0.25	0.01	3
2015-10	>20～40	2.074	0.019	0.110	0.003	8.67	0.35	0.18	0.00	3
2015-10	>40～60	1.894	0.012	0.125	0.003	10.23	0.36	0.16	0.01	3
2015-10	>60～100	1.643	0.057	0.157	0.006	11.39	0.58	0.15	0.01	3

表 3-250 综合观测场土壤生物采样地 02 剖面土壤矿质全量（Na_2O、P_2O_5、LOI 和 S）

时间（年-月）	观测层次/cm	Na_2O/%		P_2O_5/%		LOI/（烧失量,%）		S/（g/kg）		重复数
		平均值	标准差	平均值	标准差	平均值	标准差	平均值	标准差	
2015-10	0～10	2.435	0.078	0.145	0.010	6.78	0.44	0.24	0.01	3
2015-10	>10～20	2.266	0.219	0.132	0.003	7.07	0.21	0.25	0.02	3
2015-10	>20～40	2.330	0.024	0.105	0.002	6.75	0.06	0.20	0.01	3
2015-10	>40～60	2.021	0.052	0.105	0.000	8.74	0.22	0.17	0.00	3
2015-10	>60～100	1.903	0.123	0.120	0.007	9.76	0.96	0.14	0.01	3

表 3 - 251　辅助观测场 01（CK）剖面土壤矿质全量（Na₂O、P₂O₅、LOI 和 S）

时间（年-月）	观测层次/cm	Na₂O/%		P₂O₅/%		LOI/（烧失量，%）		S/（g/kg）		重复数
		平均值	标准差	平均值	标准差	平均值	标准差	平均值	标准差	
2005 - 10	0～10	3.750	0.228	0.133	0.006			0.56	0.01	3
2005 - 10	>10～20	3.858	0.110	0.133	0.011			0.39	0.01	3
2005 - 10	>20～30	3.711	0.065	0.126	0.007			0.29	0.00	3
2005 - 10	>30～40	3.189	0.118	0.125	0.002			0.28	0.01	3
2005 - 10	>40～60	3.069	0.115	0.139	0.007			0.27	0.01	3
2005 - 10	>60～100	3.074	0.103	0.155	0.009			0.21	0.04	3
2015 - 10	0～10	2.218	0.029	0.122	0.002	8.04	0.14	0.26	0.02	3
2015 - 10	>10～20	2.178	0.106	0.110	0.007	7.88	0.14	0.26	0.01	3
2015 - 10	>20～40	2.111	0.050	0.110	0.002	8.34	0.24	0.23	0.01	3
2015 - 10	>40～60	1.863	0.031	0.114	0.005	9.73	0.07	0.20	0.00	3
2015 - 10	>60～100	1.759	0.051	0.160	0.005	9.79	0.52	0.18	0.01	3

表 3 - 252　辅助观测场 02（秸秆还田）剖面土壤矿质全量（Na₂O、P₂O₅、LOI 和 S）

时间（年-月）	观测层次/cm	Na₂O/%		P₂O₅/%		LOI/（烧失量，%）		S/（g/kg）		重复数
		平均值	标准差	平均值	标准差	平均值	标准差	平均值	标准差	
2005 - 10	0～10	3.649	0.181	0.132	0.006			0.49	0.08	3
2005 - 10	>10～20	3.724	0.047	0.116	0.009			0.37	0.00	3
2005 - 10	>20～30	3.605	0.047	0.115	0.004			0.30	0.01	3
2005 - 10	>30～40	3.171	0.061	0.114	0.002			0.28	0.01	3
2005 - 10	>40～60	3.107	0.062	0.112	0.003			0.26	0.00	3
2005 - 10	>60～100	2.896	0.109	0.119	0.015			0.23	0.00	3
2015 - 10	0～10	2.234	0.033	0.146	0.002	8.45	0.03	0.28	0.02	3
2015 - 10	>10～20	2.137	0.152	0.129	0.009	8.25	0.17	0.26	0.01	3
2015 - 10	>20～40	1.988	0.178	0.116	0.004	8.76	0.53	0.20	0.01	3
2015 - 10	>40～60	1.750	0.130	0.130	0.010	9.85	0.46	0.19	0.01	3
2015 - 10	>60～100	1.651	0.154	0.163	0.011	10.98	0.49	0.17	0.01	3

表 3 - 253　辅助观测场 03（一次性施肥）剖面土壤矿质全量（Na₂O、P₂O₅、LOI 和 S）

时间（年-月）	观测层次/cm	Na₂O/%		P₂O₅/%		LOI/（烧失量，%）		S/（g/kg）		重复数
		平均值	标准差	平均值	标准差	平均值	标准差	平均值	标准差	
2005 - 10	0～10	3.863	0.197	0.119	0.009			0.52	0.03	3
2005 - 10	>10～20	3.729	0.214	0.106	0.008			0.32	0.02	3
2005 - 10	>20～30	3.492	0.286	0.112	0.008			0.25	0.01	3
2005 - 10	>30～40	3.307	0.126	0.114	0.001			0.25	0.00	3
2005 - 10	>40～60	3.208	0.094	0.138	0.004			0.24	0.01	3
2005 - 10	>60～100	2.978	0.082	0.156	0.010			0.22	0.04	3

（续）

时间 （年-月）	观测层次/ cm	Na₂O/%		P₂O₅/%		LOI/（烧失量,%）		S/（g/kg）		重复数
		平均值	标准差	平均值	标准差	平均值	标准差	平均值	标准差	
2015-10	0～10	2.259	0.061	0.141	0.005	7.75	0.06	0.30	0.02	3
2015-10	>10～20	2.030	0.209	0.125	0.007	7.64	0.07	0.26	0.01	3
2015-10	>20～40	2.055	0.037	0.114	0.001	7.85	0.14	0.20	0.01	3
2015-10	>40～60	1.753	0.021	0.126	0.012	9.19	0.17	0.17	0.01	3
2015-10	>60～100	1.736	0.056	0.151	0.003	9.46	0.39	0.14	0.01	3

表 3-254　辅助观测场 04（常规施肥）剖面土壤矿质全量（Na₂O、P₂O₅、LOI 和 S）

时间 （年-月）	观测层次/ cm	Na₂O/%		P₂O₅/%		LOI/（烧失量,%）		S/（g/kg）		重复数
		平均值	标准差	平均值	标准差	平均值	标准差	平均值	标准差	
2005-10	0～10	3.306	0.128	0.125	0.002			0.36	0.18	3
2005-10	>10～20	3.605	0.001	0.105	0.008			0.41	0.03	3
2005-10	>20～30	3.637	0.078	0.115	0.003			0.36	0.01	3
2005-10	>30～40	3.084	0.094	0.114	0.004			0.30	0.01	3
2005-10	>40～60	3.022	0.005	0.124	0.001			0.28	0.01	3
2005-10	>60～100	2.580	0.124	0.140	0.010			0.29	0.01	3
2015-10	0～10	2.304	0.071	0.131	0.003	8.32	0.32	0.28	0.01	3
2015-10	>10～20	2.114	0.139	0.119	0.011	8.32	0.54	0.20	0.04	3
2015-10	>20～40	2.058	0.026	0.112	0.007	8.46	0.23	0.18	0.01	3
2015-10	>40～60	1.852	0.022	0.129	0.006	9.46	0.17	0.16	0.02	3
2015-10	>60～100	1.769	0.035	0.154	0.004	10.05	0.28	0.13	0.02	3

表 3-255　辅助观测场 05（水田）剖面土壤矿质全量（Na₂O、P₂O₅、LOI 和 S）

时间 （年-月）	观测层次/ cm	Na₂O/%		P₂O₅/%		LOI/（烧失量,%）		S/（g/kg）		重复数
		平均值	标准差	平均值	标准差	平均值	标准差	平均值	标准差	
2005-10	0～10	2.992	0.117	0.123	0.012			0.59	0.01	3
2005-10	>10～20	3.326	0.075	0.112	0.004			0.35	0.00	3
2005-10	>20～30	3.216	0.145	0.106	0.006			0.25	0.01	3
2005-10	>30～40	2.861	0.018	0.115	0.004			0.28	0.09	3
2005-10	>40～60	2.624	0.004	0.119	0.007			0.21	0.04	3
2005-10	>60～100	2.545	0.076	0.130	0.001			0.09	0.03	3
2015-10	0～10	2.059	0.014	0.146	0.005	7.96	0.23	0.33	0.01	3
2015-10	>10～20	2.161	0.078	0.137	0.003	7.53	0.08	0.26	0.02	3
2015-10	>20～40	1.929	0.095	0.101	0.004	7.74	0.26	0.17	0.01	3
2015-10	>40～60	1.718	0.033	0.117	0.002	8.80	0.33	0.16	0.01	3
2015-10	>60～100	1.706	0.041	0.124	0.005	9.53	1.84	0.14	0.01	3

表 3-256 站区调查点 01 剖面土壤矿质全量（Na_2O、P_2O_5、LOI 和 S）

时间（年-月）	观测层次/cm	Na_2O/%		P_2O_5/%		LOI/（烧失量，%）		S/（g/kg）		重复数
		平均值	标准差	平均值	标准差	平均值	标准差	平均值	标准差	
2005-10	0～10	3.466	0.055	0.130	0.009			0.41	0.11	3
2005-10	>10～20	3.469	0.147	0.117	0.007			0.24	0.01	3
2005-10	>20～30	3.156	0.140	0.109	0.015			0.15	0.05	3
2005-10	>30～40	3.208	0.161	0.118	0.016			0.06	0.01	3
2005-10	>40～60	3.364	0.201	0.121	0.009			0.06	0.00	3
2005-10	>60～100	3.205	0.096	0.133	0.013			0.09	0.02	3
2015-10	0～10	2.183	0.023	0.207	0.007	8.05	0.41	0.29	0.02	3
2015-10	>10～20	2.263	0.045	0.152	0.018	7.69	0.26	0.24	0.03	3
2015-10	>20～40	2.028	0.033	0.123	0.003	8.66	0.18	0.18	0.01	3
2015-10	>40～60	1.871	0.014	0.138	0.005	9.33	0.12	0.17	0.00	3
2015-10	>60～100	1.843	0.011	0.131	0.010	9.11	0.11	0.15	0.00	3

表 3-257 站区调查点 02 剖面土壤矿质全量（Na_2O、P_2O_5、LOI 和 S）

时间（年-月）	观测层次/cm	Na_2O/%		P_2O_5/%		LOI/（烧失量，%）		S/（g/kg）		重复数
		平均值	标准差	平均值	标准差	平均值	标准差	平均值	标准差	
2005-10	0～10	3.290	0.002	0.122	0.003			0.55	0.02	3
2005-10	>10～20	3.497	0.012	0.120	0.002			0.41	0.00	3
2005-10	>20～30	3.162	0.065	0.107	0.003			0.22	0.04	3
2005-10	>30～40	2.863	0.023	0.108	0.001			0.17	0.01	3
2005-10	>40～60	2.921	0.018	0.117	0.004			0.40	0.42	3
2005-10	>60～100	2.978	0.165	0.110	0.003			0.06	0.00	3
2015-10	0～10	1.967	0.169	0.154	0.013	7.41	0.24	0.28	0.00	3
2015-10	>10～20	2.076	0.112	0.135	0.004	7.41	0.06	0.29	0.01	3
2015-10	>20～40	1.838	0.152	0.103	0.003	7.90	0.64	0.20	0.01	3
2015-10	>40～60	1.542	0.023	0.100	0.003	9.82	0.17	0.17	0.02	3
2015-10	>60～100	1.750	0.074	0.099	0.005	8.22	0.20	0.13	0.01	3

表 3-258 站区调查点 03 剖面土壤矿质全量（Na_2O、P_2O_5、LOI 和 S）

时间（年-月）	观测层次/cm	Na_2O/%		P_2O_5/%		LOI/（烧失量，%）		S/（g/kg）		重复数
		平均值	标准差	平均值	标准差	平均值	标准差	平均值	标准差	
2005-10	0～10	3.357	0.053	0.162	0.007			0.44	0.01	3
2005-10	>10～20	3.325	0.038	0.142	0.006			0.34	0.04	3
2005-10	>20～30	3.314	0.008	0.140	0.014			0.37	0.05	3
2005-10	>30～40	3.123	0.054	0.120	0.019			0.25	0.03	3
2005-10	>40～60	2.998	0.006	0.112	0.018			0.15	0.05	3

（续）

时间 （年-月）	观测层次/ cm	Na₂O/%		P₂O₅/%		LOI/（烧失量,%）		S/（g/kg）		重复数
		平均值	标准差	平均值	标准差	平均值	标准差	平均值	标准差	
2005 - 10	>60~100	2.958	0.102	0.103	0.008			0.09	0.01	3
2015 - 10	0~10	2.225	0.093	0.180	0.009	7.35	0.25	0.23	0.03	3
2015 - 10	>10~20	2.163	0.138	0.147	0.010	7.44	0.48	0.23	0.01	3
2015 - 10	>20~40	2.055	0.048	0.108	0.007	7.33	0.30	0.19	0.02	3
2015 - 10	>40~60	1.869	0.111	0.102	0.017	8.54	0.83	0.18	0.06	3
2015 - 10	>60~100	1.785	0.062	0.092	0.003	9.43	0.23	0.14	0.00	3

3.3 水分观测数据

3.3.1 土壤含水量

3.3.1.1 概述

土壤水是土壤内部化学、生物和物理过程不可缺少的介质，是土壤、植物与其环境间进行各种物质交换的媒介，是植物吸收水分的主要来源，能够影响土壤肥力、土壤温度和通气状况，对植物的产量和品质有重要作用。长期的农田生态系统水分数据观测可为研究土壤-植物-大气水分循环过程，改善土壤储水供水能力提供重要依据。沈阳站所属地区为旱作雨养农业，土壤的保水供水能力对作物生长是极为重要的，这就需要对农田生态系统水分要素进行长期观测和积累，为科研提供基础数据，为政府的决策提供支持。本数据集中的数据为作物生长季观测数据，包括土壤体积含水量、土壤质量含水量。由于历史原因，沈阳站 3 个观测场地的观测时间不统一，综合观测场中的 SYAZH01CTS_01 样地的观测时间为 2005—2015 年，水分辅助观测场的 SYAZH01CTS_02 样地的观测时间为 2008—2015 年，气象观测场的 SYAQX01CTS_01 样地的观测时间为 2008—2015 年，具体见样地说明。

3.3.1.2 数据采集和处理方法

本数据集为沈阳站 2005—2015 年观测的农田生态系统水分数据。土壤体积含水量观测场地为沈阳站综合观测场水分观测点、水分辅助观测场水分观测点、气象观测场水分观测点，分别设置 3 根水分中子管；数据获取方法：野外观测数据，2005—2012 年用中子仪法，2012—2015 年用 TDR 法；原始观测频率：5 d 1 次，观测时间为每年的 4—10 月；测量深度：10 cm、20 cm、30 cm、40 cm、50 cm、60 cm、70 cm、80 cm、90 cm、100 cm、110 cm、120 cm、130 cm、140 cm、150 cm；本数据集中的数据为样地数据月均值。土壤质量含水量观测场地为沈阳站综合观测场水分观测点和水分辅助观测场，样品在中子管附近采集。数据获取方法：野外采样，室内分析，采集后 105 ℃烘干，计算含水量；观测时间为 4 月、6 月、8 月、10 月；数据产品观测层次：10 cm、20 cm、30 cm、40 cm、50 cm、60 cm、70 cm、80 cm、90 cm、100 cm、110 cm、120 cm、130 cm、140 cm、150 cm。

土壤剖面体积含水量采用中子仪人工观测方法和 TDR 人工观测方法测定，每个层次 3 个数据，取平均值。根据质控后的数据按样地计算月平均数据，作为本数据产品的结果数据。土壤剖面质量含水量在现场采集后 105 ℃烘干，每个层次 3 个重复，取平均值，根据质控后的数据按样地计算月平均值。如果要考虑空间变化，需要原始数据，请联系沈阳站数据管理人员。

3.3.1.3 数据质量控制和评估

针对原始观测数据，数据质量控制过程包括对源数据的检查整理、单个数据点的检查、数据转换和入库以及元数据的编写、检查和入库。对源数据的检查包括检查文件格式化错误、存储损坏等明显的数据问题以及检查文件格式、字段标准化命名、字段量纲、数据完整性等。单个数据点的检查中，主要针对异常数据进行修正、剔除。

原始数据质量控制方法：

参考《中国生态系统研究网络（CERN）长期观测质量管理规范丛书：陆地生态系统水环境观测质量保证与质量控制》。

3.3.1.4　数据使用方法和建议

本数据集中的土壤体积含水量表征了本地区土壤水分的变化规律和趋势，为实施合理的农业措施和预测预警提供了基础分析资料，建议结合降水数据和地表径流数据使用，科学意义更大。

3.3.1.5　土壤水分观测数据

（1）土壤体积含水量观测数据

表 3-259 至表 3-261 中为土壤体积含水量观测数据。

表 3-259　综合观测场中子管采样地土壤体积含水量

时间（年-月）	样地代码	作物名称	探测深度/cm	体积含水量/%	重复数	标准差
2005-04	SYAZH01CTS_01	玉米	10	22.8	3	0.69
2005-05	SYAZH01CTS_01	玉米	10	23.7	3	1.01
2005-06	SYAZH01CTS_01	玉米	10	24.3	3	0.65
2005-07	SYAZH01CTS_01	玉米	10	28.2	3	0.66
2005-08	SYAZH01CTS_01	玉米	10	27.1	3	1.12
2005-09	SYAZH01CTS_01	玉米	10	25.7	3	0.84
2005-10	SYAZH01CTS_01	玉米	10	27.6	3	0.76
2005-04	SYAZH01CTS_01	玉米	20	26.2	3	1.21
2005-05	SYAZH01CTS_01	玉米	20	27.4	3	0.75
2005-06	SYAZH01CTS_01	玉米	20	27.2	3	0.63
2005-07	SYAZH01CTS_01	玉米	20	28.2	3	0.67
2005-08	SYAZH01CTS_01	玉米	20	30.4	3	0.54
2005-09	SYAZH01CTS_01	玉米	20	28.6	3	0.77
2005-10	SYAZH01CTS_01	玉米	20	29.3	3	0.30
2005-04	SYAZH01CTS_01	玉米	30	29.0	3	0.35
2005-05	SYAZH01CTS_01	玉米	30	29.3	3	0.24
2005-06	SYAZH01CTS_01	玉米	30	29.0	3	0.41
2005-07	SYAZH01CTS_01	玉米	30	29.7	3	0.63
2005-08	SYAZH01CTS_01	玉米	30	30.8	3	0.25
2005-09	SYAZH01CTS_01	玉米	30	29.8	3	0.26
2005-10	SYAZH01CTS_01	玉米	30	30.0	3	0.04
2005-04	SYAZH01CTS_01	玉米	40	22.9	3	0.59
2005-05	SYAZH01CTS_01	玉米	40	23.2	3	0.75

（续）

时间（年-月）	样地代码	作物名称	探测深度/cm	体积含水量/%	重复数	标准差
2005 - 06	SYAZH01CTS_01	玉米	40	21.5	3	1.08
2005 - 07	SYAZH01CTS_01	玉米	40	27.8	3	0.64
2005 - 08	SYAZH01CTS_01	玉米	40	32.2	3	0.94
2005 - 09	SYAZH01CTS_01	玉米	40	25.9	3	0.15
2005 - 10	SYAZH01CTS_01	玉米	40	24.8	3	1.48
2005 - 04	SYAZH01CTS_01	玉米	50	25.0	3	1.44
2005 - 05	SYAZH01CTS_01	玉米	50	24.5	3	1.97
2005 - 06	SYAZH01CTS_01	玉米	50	22.4	3	0.77
2005 - 07	SYAZH01CTS_01	玉米	50	27.8	3	0.75
2005 - 08	SYAZH01CTS_01	玉米	50	34.1	3	0.55
2005 - 09	SYAZH01CTS_01	玉米	50	26.4	3	1.25
2005 - 10	SYAZH01CTS_01	玉米	50	24.9	3	1.61
2005 - 04	SYAZH01CTS_01	玉米	60	24.3	3	2.80
2005 - 05	SYAZH01CTS_01	玉米	60	23.8	3	2.55
2005 - 06	SYAZH01CTS_01	玉米	60	21.7	3	1.04
2005 - 07	SYAZH01CTS_01	玉米	60	26.9	3	1.56
2005 - 08	SYAZH01CTS_01	玉米	60	37.4	3	0.34
2005 - 09	SYAZH01CTS_01	玉米	60	27.1	3	1.39
2005 - 10	SYAZH01CTS_01	玉米	60	25.2	3	0.89
2005 - 04	SYAZH01CTS_01	玉米	70	23.6	3	1.88
2005 - 05	SYAZH01CTS_01	玉米	70	24.1	3	1.50
2005 - 06	SYAZH01CTS_01	玉米	70	21.7	3	0.83
2005 - 07	SYAZH01CTS_01	玉米	70	28.6	3	2.10
2005 - 08	SYAZH01CTS_01	玉米	70	34.4	3	0.71
2005 - 09	SYAZH01CTS_01	玉米	70	29.2	3	1.54
2005 - 10	SYAZH01CTS_01	玉米	70	27.1	3	0.37
2005 - 04	SYAZH01CTS_01	玉米	80	23.9	3	2.01
2005 - 05	SYAZH01CTS_01	玉米	80	24.9	3	0.90
2005 - 06	SYAZH01CTS_01	玉米	80	23.2	3	1.17
2005 - 07	SYAZH01CTS_01	玉米	80	27.8	3	2.65
2005 - 08	SYAZH01CTS_01	玉米	80	35.0	3	2.39
2005 - 09	SYAZH01CTS_01	玉米	80	32.3	3	2.44
2005 - 10	SYAZH01CTS_01	玉米	80	28.9	3	1.53
2005 - 04	SYAZH01CTS_01	玉米	90	24.6	3	1.98

（续）

时间（年-月）	样地代码	作物名称	探测深度/cm	体积含水量/%	重复数	标准差
2005－05	SYAZH01CTS_01	玉米	90	27.0	3	1.11
2005－06	SYAZH01CTS_01	玉米	90	25.5	3	1.39
2005－07	SYAZH01CTS_01	玉米	90	27.6	3	1.37
2005－08	SYAZH01CTS_01	玉米	90	36.5	3	0.64
2005－09	SYAZH01CTS_01	玉米	90	33.1	3	0.90
2005－10	SYAZH01CTS_01	玉米	90	32.4	3	0.89
2005－04	SYAZH01CTS_01	玉米	100	26.6	3	2.01
2005－05	SYAZH01CTS_01	玉米	100	29.5	3	0.90
2005－06	SYAZH01CTS_01	玉米	100	27.9	3	2.12
2005－07	SYAZH01CTS_01	玉米	100	28.9	3	1.20
2005－08	SYAZH01CTS_01	玉米	100	35.8	3	1.48
2005－09	SYAZH01CTS_01	玉米	100	34.6	3	1.20
2005－10	SYAZH01CTS_01	玉米	100	35.9	3	1.75
2005－04	SYAZH01CTS_01	玉米	110	28.7	3	1.61
2005－05	SYAZH01CTS_01	玉米	110	31.4	3	1.14
2005－06	SYAZH01CTS_01	玉米	110	29.8	3	1.78
2005－07	SYAZH01CTS_01	玉米	110	30.5	3	1.46
2005－08	SYAZH01CTS_01	玉米	110	35.8	3	1.30
2005－09	SYAZH01CTS_01	玉米	110	33.1	3	1.57
2005－10	SYAZH01CTS_01	玉米	110	33.6	3	0.76
2005－04	SYAZH01CTS_01	玉米	120	30.5	3	1.65
2005－05	SYAZH01CTS_01	玉米	120	31.2	3	0.98
2005－06	SYAZH01CTS_01	玉米	120	30.3	3	2.06
2005－07	SYAZH01CTS_01	玉米	120	31.6	3	0.76
2005－08	SYAZH01CTS_01	玉米	120	34.3	3	0.21
2005－09	SYAZH01CTS_01	玉米	120	33.0	3	0.91
2005－10	SYAZH01CTS_01	玉米	120	31.8	3	1.42
2005－04	SYAZH01CTS_01	玉米	130	30.4	3	0.69
2005－05	SYAZH01CTS_01	玉米	130	31.9	3	0.70
2005－06	SYAZH01CTS_01	玉米	130	31.1	3	1.90
2005－07	SYAZH01CTS_01	玉米	130	31.6	3	0.47
2005－08	SYAZH01CTS_01	玉米	130	33.4	3	0.43
2005－09	SYAZH01CTS_01	玉米	130	33.5	3	0.67
2005－10	SYAZH01CTS_01	玉米	130	33.6	3	0.39

（续）

时间（年-月）	样地代码	作物名称	探测深度/cm	体积含水量/%	重复数	标准差
2005 - 04	SYAZH01CTS_01	玉米	140	31.9	3	0.10
2005 - 05	SYAZH01CTS_01	玉米	140	32.8	3	0.25
2005 - 06	SYAZH01CTS_01	玉米	140	33.0	3	0.82
2005 - 07	SYAZH01CTS_01	玉米	140	34.2	3	0.78
2005 - 08	SYAZH01CTS_01	玉米	140	35.7	3	1.81
2005 - 09	SYAZH01CTS_01	玉米	140	34.6	3	0.21
2005 - 10	SYAZH01CTS_01	玉米	140	35.4	3	0.97
2005 - 04	SYAZH01CTS_01	玉米	150	33.2	3	0.36
2005 - 05	SYAZH01CTS_01	玉米	150	34.4	3	0.73
2005 - 06	SYAZH01CTS_01	玉米	150	33.6	3	1.47
2005 - 07	SYAZH01CTS_01	玉米	150	34.6	3	0.86
2005 - 08	SYAZH01CTS_01	玉米	150	34.8	3	0.87
2005 - 09	SYAZH01CTS_01	玉米	150	34.1	3	0.24
2005 - 10	SYAZH01CTS_01	玉米	150	34.9	3	2.05
2006 - 04	SYAZH01CTS_01	玉米	10	25.3	3	0.19
2006 - 05	SYAZH01CTS_01	玉米	10	24.4	3	0.34
2006 - 06	SYAZH01CTS_01	玉米	10	24.7	3	0.30
2006 - 07	SYAZH01CTS_01	玉米	10	25.0	3	0.22
2006 - 08	SYAZH01CTS_01	玉米	10	24.9	3	0.35
2006 - 09	SYAZH01CTS_01	玉米	10	24.9	3	0.39
2006 - 10	SYAZH01CTS_01	玉米	10	24.6	3	0.37
2006 - 04	SYAZH01CTS_01	玉米	20	26.1	3	0.61
2006 - 05	SYAZH01CTS_01	玉米	20	25.8	3	0.39
2006 - 06	SYAZH01CTS_01	玉米	20	25.9	3	0.47
2006 - 07	SYAZH01CTS_01	玉米	20	25.1	3	0.60
2006 - 08	SYAZH01CTS_01	玉米	20	26.3	3	0.83
2006 - 09	SYAZH01CTS_01	玉米	20	26.1	3	0.88
2006 - 10	SYAZH01CTS_01	玉米	20	26.1	3	0.84
2006 - 04	SYAZH01CTS_01	玉米	30	28.1	3	0.30
2006 - 05	SYAZH01CTS_01	玉米	30	27.8	3	0.31
2006 - 06	SYAZH01CTS_01	玉米	30	28.2	3	0.38
2006 - 07	SYAZH01CTS_01	玉米	30	27.3	3	0.53
2006 - 08	SYAZH01CTS_01	玉米	30	29.0	3	0.39
2006 - 09	SYAZH01CTS_01	玉米	30	28.8	3	0.56

（续）

时间（年-月）	样地代码	作物名称	探测深度/cm	体积含水量/%	重复数	标准差
2006 – 10	SYAZH01CTS_01	玉米	30	28.6	3	0.45
2006 – 04	SYAZH01CTS_01	玉米	40	29.4	3	0.33
2006 – 05	SYAZH01CTS_01	玉米	40	29.5	3	0.31
2006 – 06	SYAZH01CTS_01	玉米	40	29.8	3	0.46
2006 – 07	SYAZH01CTS_01	玉米	40	28.5	3	1.02
2006 – 08	SYAZH01CTS_01	玉米	40	31.1	3	0.45
2006 – 09	SYAZH01CTS_01	玉米	40	30.7	3	0.56
2006 – 10	SYAZH01CTS_01	玉米	40	30.1	3	0.85
2006 – 04	SYAZH01CTS_01	玉米	50	30.2	3	0.25
2006 – 05	SYAZH01CTS_01	玉米	50	30.1	3	0.26
2006 – 06	SYAZH01CTS_01	玉米	50	31.1	3	0.22
2006 – 07	SYAZH01CTS_01	玉米	50	29.8	3	0.14
2006 – 08	SYAZH01CTS_01	玉米	50	32.2	3	0.10
2006 – 09	SYAZH01CTS_01	玉米	50	31.8	3	0.27
2006 – 10	SYAZH01CTS_01	玉米	50	31.0	3	0.18
2006 – 04	SYAZH01CTS_01	玉米	60	30.2	3	0.48
2006 – 05	SYAZH01CTS_01	玉米	60	30.0	3	0.63
2006 – 06	SYAZH01CTS_01	玉米	60	30.7	3	0.61
2006 – 07	SYAZH01CTS_01	玉米	60	30.1	3	0.48
2006 – 08	SYAZH01CTS_01	玉米	60	32.5	3	0.30
2006 – 09	SYAZH01CTS_01	玉米	60	32.1	3	0.18
2006 – 10	SYAZH01CTS_01	玉米	60	31.2	3	0.09
2006 – 04	SYAZH01CTS_01	玉米	70	30.4	3	0.68
2006 – 05	SYAZH01CTS_01	玉米	70	30.0	3	0.61
2006 – 06	SYAZH01CTS_01	玉米	70	30.7	3	0.54
2006 – 07	SYAZH01CTS_01	玉米	70	29.7	3	0.32
2006 – 08	SYAZH01CTS_01	玉米	70	32.6	3	0.39
2006 – 09	SYAZH01CTS_01	玉米	70	32.1	3	0.60
2006 – 10	SYAZH01CTS_01	玉米	70	31.0	3	0.28
2006 – 04	SYAZH01CTS_01	玉米	80	30.3	3	0.34
2006 – 05	SYAZH01CTS_01	玉米	80	30.4	3	0.58
2006 – 06	SYAZH01CTS_01	玉米	80	30.6	3	0.30
2006 – 07	SYAZH01CTS_01	玉米	80	30.2	3	0.14
2006 – 08	SYAZH01CTS_01	玉米	80	32.6	3	0.30

（续）

时间（年-月）	样地代码	作物名称	探测深度/cm	体积含水量/%	重复数	标准差
2006 - 09	SYAZH01CTS_01	玉米	80	32.4	3	0.49
2006 - 10	SYAZH01CTS_01	玉米	80	31.6	3	0.23
2006 - 04	SYAZH01CTS_01	玉米	90	30.7	3	0.37
2006 - 05	SYAZH01CTS_01	玉米	90	30.6	3	0.36
2006 - 06	SYAZH01CTS_01	玉米	90	31.2	3	0.37
2006 - 07	SYAZH01CTS_01	玉米	90	30.7	3	0.34
2006 - 08	SYAZH01CTS_01	玉米	90	32.8	3	0.53
2006 - 09	SYAZH01CTS_01	玉米	90	32.9	3	0.62
2006 - 10	SYAZH01CTS_01	玉米	90	31.7	3	0.17
2006 - 04	SYAZH01CTS_01	玉米	100	31.0	3	0.37
2006 - 05	SYAZH01CTS_01	玉米	100	31.3	3	0.46
2006 - 06	SYAZH01CTS_01	玉米	100	31.5	3	0.18
2006 - 07	SYAZH01CTS_01	玉米	100	31.5	3	0.12
2006 - 08	SYAZH01CTS_01	玉米	100	33.2	3	0.49
2006 - 09	SYAZH01CTS_01	玉米	100	33.6	3	0.27
2006 - 10	SYAZH01CTS_01	玉米	100	32.3	3	0.24
2006 - 04	SYAZH01CTS_01	玉米	110	31.8	3	0.51
2006 - 05	SYAZH01CTS_01	玉米	110	32.1	3	0.62
2006 - 06	SYAZH01CTS_01	玉米	110	32.4	3	0.47
2006 - 07	SYAZH01CTS_01	玉米	110	32.1	3	0.31
2006 - 08	SYAZH01CTS_01	玉米	110	33.6	3	0.28
2006 - 09	SYAZH01CTS_01	玉米	110	34.0	3	0.28
2006 - 10	SYAZH01CTS_01	玉米	110	33.1	3	0.40
2006 - 04	SYAZH01CTS_01	玉米	120	32.3	3	0.53
2006 - 05	SYAZH01CTS_01	玉米	120	32.7	3	0.71
2006 - 06	SYAZH01CTS_01	玉米	120	32.7	3	0.30
2006 - 07	SYAZH01CTS_01	玉米	120	32.6	3	0.31
2006 - 08	SYAZH01CTS_01	玉米	120	33.7	3	0.32
2006 - 09	SYAZH01CTS_01	玉米	120	34.0	3	0.40
2006 - 10	SYAZH01CTS_01	玉米	120	33.1	3	0.36
2006 - 04	SYAZH01CTS_01	玉米	130	32.8	3	0.25
2006 - 05	SYAZH01CTS_01	玉米	130	32.4	3	0.19
2006 - 06	SYAZH01CTS_01	玉米	130	32.9	3	0.28
2006 - 07	SYAZH01CTS_01	玉米	130	32.9	3	0.24

（续）

时间（年-月）	样地代码	作物名称	探测深度/cm	体积含水量/%	重复数	标准差
2006 - 08	SYAZH01CTS_01	玉米	130	33.5	3	0.36
2006 - 09	SYAZH01CTS_01	玉米	130	33.6	3	0.18
2006 - 10	SYAZH01CTS_01	玉米	130	33.0	3	0.35
2006 - 04	SYAZH01CTS_01	玉米	140	33.0	3	0.27
2006 - 05	SYAZH01CTS_01	玉米	140	33.0	3	0.17
2006 - 06	SYAZH01CTS_01	玉米	140	33.3	3	0.10
2006 - 07	SYAZH01CTS_01	玉米	140	33.2	3	0.49
2006 - 08	SYAZH01CTS_01	玉米	140	33.6	3	0.11
2006 - 09	SYAZH01CTS_01	玉米	140	33.7	3	0.33
2006 - 10	SYAZH01CTS_01	玉米	140	33.2	3	0.03
2006 - 04	SYAZH01CTS_01	玉米	150	33.5	3	0.31
2006 - 05	SYAZH01CTS_01	玉米	150	33.6	3	0.31
2006 - 06	SYAZH01CTS_01	玉米	150	33.7	3	0.30
2006 - 07	SYAZH01CTS_01	玉米	150	33.5	3	0.05
2006 - 08	SYAZH01CTS_01	玉米	150	33.8	3	0.14
2006 - 09	SYAZH01CTS_01	玉米	150	33.8	3	0.21
2006 - 10	SYAZH01CTS_01	玉米	150	33.7	3	0.18
2007 - 03	SYAZH01CTS_01	大豆	10	23.6	3	0.70
2007 - 04	SYAZH01CTS_01	大豆	10	22.4	3	0.65
2007 - 05	SYAZH01CTS_01	大豆	10	22.3	3	0.36
2007 - 06	SYAZH01CTS_01	大豆	10	21.9	3	0.39
2007 - 07	SYAZH01CTS_01	大豆	10	22.0	3	0.48
2007 - 08	SYAZH01CTS_01	大豆	10	25.3	3	0.70
2007 - 09	SYAZH01CTS_01	大豆	10	21.7	3	0.48
2007 - 10	SYAZH01CTS_01	大豆	10	23.2	3	0.14
2007 - 03	SYAZH01CTS_01	大豆	20	26.0	3	1.45
2007 - 04	SYAZH01CTS_01	大豆	20	24.0	3	1.29
2007 - 05	SYAZH01CTS_01	大豆	20	22.7	3	0.99
2007 - 06	SYAZH01CTS_01	大豆	20	22.8	3	0.94
2007 - 07	SYAZH01CTS_01	大豆	20	24.6	3	1.69
2007 - 08	SYAZH01CTS_01	大豆	20	25.8	3	1.18
2007 - 09	SYAZH01CTS_01	大豆	20	24.6	3	1.68
2007 - 10	SYAZH01CTS_01	大豆	20	23.4	3	1.01
2007 - 03	SYAZH01CTS_01	大豆	30	30.3	3	0.29

（续）

时间（年-月）	样地代码	作物名称	探测深度/cm	体积含水量/%	重复数	标准差
2007－04	SYAZH01CTS_01	大豆	30	28.1	3	0.68
2007－05	SYAZH01CTS_01	大豆	30	26.4	3	1.30
2007－06	SYAZH01CTS_01	大豆	30	26.5	3	0.79
2007－07	SYAZH01CTS_01	大豆	30	28.6	3	1.10
2007－08	SYAZH01CTS_01	大豆	30	29.8	3	0.62
2007－09	SYAZH01CTS_01	大豆	30	28.7	3	0.61
2007－10	SYAZH01CTS_01	大豆	30	27.8	3	0.75
2007－03	SYAZH01CTS_01	大豆	40	31.1	3	0.15
2007－04	SYAZH01CTS_01	大豆	40	29.6	3	0.48
2007－05	SYAZH01CTS_01	大豆	40	28.4	3	0.79
2007－06	SYAZH01CTS_01	大豆	40	28.5	3	0.66
2007－07	SYAZH01CTS_01	大豆	40	29.9	3	0.68
2007－08	SYAZH01CTS_01	大豆	40	30.6	3	0.39
2007－09	SYAZH01CTS_01	大豆	40	30.3	3	0.34
2007－10	SYAZH01CTS_01	大豆	40	29.7	3	0.41
2007－03	SYAZH01CTS_01	大豆	50	31.4	3	0.16
2007－04	SYAZH01CTS_01	大豆	50	30.2	3	0.20
2007－05	SYAZH01CTS_01	大豆	50	29.5	3	0.15
2007－06	SYAZH01CTS_01	大豆	50	29.7	3	0.10
2007－07	SYAZH01CTS_01	大豆	50	30.6	3	0.49
2007－08	SYAZH01CTS_01	大豆	50	31.1	3	0.26
2007－09	SYAZH01CTS_01	大豆	50	30.9	3	0.19
2007－10	SYAZH01CTS_01	大豆	50	30.3	3	0.36
2007－03	SYAZH01CTS_01	大豆	60	31.4	3	0.06
2007－04	SYAZH01CTS_01	大豆	60	30.3	3	0.41
2007－05	SYAZH01CTS_01	大豆	60	29.7	3	0.29
2007－06	SYAZH01CTS_01	大豆	60	29.8	3	0.24
2007－07	SYAZH01CTS_01	大豆	60	30.9	3	0.12
2007－08	SYAZH01CTS_01	大豆	60	31.6	3	0.05
2007－09	SYAZH01CTS_01	大豆	60	30.9	3	0.17
2007－10	SYAZH01CTS_01	大豆	60	30.5	3	0.18
2007－03	SYAZH01CTS_01	大豆	70	31.5	3	0.14
2007－04	SYAZH01CTS_01	大豆	70	30.3	3	0.66
2007－05	SYAZH01CTS_01	大豆	70	29.8	3	0.36

（续）

时间（年-月）	样地代码	作物名称	探测深度/cm	体积含水量/%	重复数	标准差
2007 – 06	SYAZH01CTS_01	大豆	70	29.6	3	0.31
2007 – 07	SYAZH01CTS_01	大豆	70	30.8	3	0.30
2007 – 08	SYAZH01CTS_01	大豆	70	31.8	3	0.03
2007 – 09	SYAZH01CTS_01	大豆	70	31.2	3	0.25
2007 – 10	SYAZH01CTS_01	大豆	70	30.6	3	0.29
2007 – 03	SYAZH01CTS_01	大豆	80	31.2	3	0.16
2007 – 04	SYAZH01CTS_01	大豆	80	30.5	3	0.15
2007 – 05	SYAZH01CTS_01	大豆	80	29.9	3	0.07
2007 – 06	SYAZH01CTS_01	大豆	80	29.9	3	0.18
2007 – 07	SYAZH01CTS_01	大豆	80	31.2	3	0.40
2007 – 08	SYAZH01CTS_01	大豆	80	31.6	3	0.20
2007 – 09	SYAZH01CTS_01	大豆	80	31.5	3	0.29
2007 – 10	SYAZH01CTS_01	大豆	80	30.8	3	0.11
2007 – 03	SYAZH01CTS_01	大豆	90	31.2	3	0.35
2007 – 04	SYAZH01CTS_01	大豆	90	30.9	3	0.22
2007 – 05	SYAZH01CTS_01	大豆	90	30.3	3	0.04
2007 – 06	SYAZH01CTS_01	大豆	90	30.2	3	0.04
2007 – 07	SYAZH01CTS_01	大豆	90	31.2	3	0.54
2007 – 08	SYAZH01CTS_01	大豆	90	31.6	3	0.25
2007 – 09	SYAZH01CTS_01	大豆	90	31.8	3	0.26
2007 – 10	SYAZH01CTS_01	大豆	90	30.9	3	0.02
2007 – 03	SYAZH01CTS_01	大豆	100	31.4	3	0.25
2007 – 04	SYAZH01CTS_01	大豆	100	31.3	3	0.08
2007 – 05	SYAZH01CTS_01	大豆	100	31.0	3	0.17
2007 – 06	SYAZH01CTS_01	大豆	100	30.8	3	0.10
2007 – 07	SYAZH01CTS_01	大豆	100	31.5	3	0.36
2007 – 08	SYAZH01CTS_01	大豆	100	31.8	3	0.20
2007 – 09	SYAZH01CTS_01	大豆	100	32.2	3	0.18
2007 – 10	SYAZH01CTS_01	大豆	100	31.4	3	0.19
2007 – 03	SYAZH01CTS_01	大豆	110	31.9	3	0.13
2007 – 04	SYAZH01CTS_01	大豆	110	31.8	3	0.16
2007 – 05	SYAZH01CTS_01	大豆	110	31.5	3	0.07
2007 – 06	SYAZH01CTS_01	大豆	110	31.3	3	0.25
2007 – 07	SYAZH01CTS_01	大豆	110	32.1	3	0.55

（续）

时间（年-月）	样地代码	作物名称	探测深度/cm	体积含水量/%	重复数	标准差
2007 - 08	SYAZH01CTS_01	大豆	110	32.1	3	0.08
2007 - 09	SYAZH01CTS_01	大豆	110	32.3	3	0.20
2007 - 10	SYAZH01CTS_01	大豆	110	32.1	3	0.22
2007 - 03	SYAZH01CTS_01	大豆	120	31.8	3	0.20
2007 - 04	SYAZH01CTS_01	大豆	120	31.9	3	0.14
2007 - 05	SYAZH01CTS_01	大豆	120	31.7	3	0.07
2007 - 06	SYAZH01CTS_01	大豆	120	31.6	3	0.19
2007 - 07	SYAZH01CTS_01	大豆	120	32.4	3	0.27
2007 - 08	SYAZH01CTS_01	大豆	120	32.0	3	0.11
2007 - 09	SYAZH01CTS_01	大豆	120	32.2	3	0.21
2007 - 10	SYAZH01CTS_01	大豆	120	32.1	3	0.16
2007 - 03	SYAZH01CTS_01	大豆	130	31.9	3	0.20
2007 - 04	SYAZH01CTS_01	大豆	130	32.0	3	0.18
2007 - 05	SYAZH01CTS_01	大豆	130	31.7	3	0.17
2007 - 06	SYAZH01CTS_01	大豆	130	31.9	3	0.16
2007 - 07	SYAZH01CTS_01	大豆	130	32.1	3	0.25
2007 - 08	SYAZH01CTS_01	大豆	130	32.1	3	0.16
2007 - 09	SYAZH01CTS_01	大豆	130	32.2	3	0.20
2007 - 10	SYAZH01CTS_01	大豆	130	32.2	3	0.18
2007 - 03	SYAZH01CTS_01	大豆	140	32.1	3	0.14
2007 - 04	SYAZH01CTS_01	大豆	140	32.0	3	0.16
2007 - 05	SYAZH01CTS_01	大豆	140	32.0	3	0.03
2007 - 06	SYAZH01CTS_01	大豆	140	32.1	3	0.12
2007 - 07	SYAZH01CTS_01	大豆	140	32.2	3	0.17
2007 - 08	SYAZH01CTS_01	大豆	140	32.1	3	0.08
2007 - 09	SYAZH01CTS_01	大豆	140	32.2	3	0.21
2007 - 10	SYAZH01CTS_01	大豆	140	32.2	3	0.14
2007 - 03	SYAZH01CTS_01	大豆	150	31.9	3	0.05
2007 - 04	SYAZH01CTS_01	大豆	150	32.1	3	0.08
2007 - 05	SYAZH01CTS_01	大豆	150	32.2	3	0.14
2007 - 06	SYAZH01CTS_01	大豆	150	32.3	3	0.02
2007 - 07	SYAZH01CTS_01	大豆	150	32.7	3	0.25
2007 - 08	SYAZH01CTS_01	大豆	150	32.5	3	0.19
2007 - 09	SYAZH01CTS_01	大豆	150	32.3	3	0.16

（续）

时间（年-月）	样地代码	作物名称	探测深度/cm	体积含水量/%	重复数	标准差
2007 - 10	SYAZH01CTS＿01	大豆	150	32.6	3	0.49
2008 - 03	SYAZH01CTS＿01	玉米	10	11.9	3	0.85
2008 - 04	SYAZH01CTS＿01	玉米	10	20.3	3	0.80
2008 - 05	SYAZH01CTS＿01	玉米	10	26.9	3	2.23
2008 - 06	SYAZH01CTS＿01	玉米	10	28.8	3	1.92
2008 - 07	SYAZH01CTS＿01	玉米	10	28.8	3	1.54
2008 - 08	SYAZH01CTS＿01	玉米	10	30.4	3	1.87
2008 - 09	SYAZH01CTS＿01	玉米	10	29.9	3	1.60
2008 - 10	SYAZH01CTS＿01	玉米	10	26.1	3	3.16
2008 - 03	SYAZH01CTS＿01	玉米	20	20.9	3	0.80
2008 - 04	SYAZH01CTS＿01	玉米	20	22.6	3	1.24
2008 - 05	SYAZH01CTS＿01	玉米	20	26.0	3	2.43
2008 - 06	SYAZH01CTS＿01	玉米	20	26.0	3	2.47
2008 - 07	SYAZH01CTS＿01	玉米	20	31.1	3	0.17
2008 - 08	SYAZH01CTS＿01	玉米	20	33.2	3	0.70
2008 - 09	SYAZH01CTS＿01	玉米	20	31.7	3	0.69
2008 - 10	SYAZH01CTS＿01	玉米	20	29.1	3	1.27
2008 - 03	SYAZH01CTS＿01	玉米	30	28.9	3	0.77
2008 - 04	SYAZH01CTS＿01	玉米	30	29.6	3	0.46
2008 - 05	SYAZH01CTS＿01	玉米	30	30.5	3	1.17
2008 - 06	SYAZH01CTS＿01	玉米	30	31.0	3	1.44
2008 - 07	SYAZH01CTS＿01	玉米	30	33.7	3	1.06
2008 - 08	SYAZH01CTS＿01	玉米	30	36.5	3	0.70
2008 - 09	SYAZH01CTS＿01	玉米	30	35.1	3	0.18
2008 - 10	SYAZH01CTS＿01	玉米	30	32.8	3	0.59
2008 - 03	SYAZH01CTS＿01	玉米	40	33.9	3	0.96
2008 - 04	SYAZH01CTS＿01	玉米	40	33.2	3	0.77
2008 - 05	SYAZH01CTS＿01	玉米	40	32.1	3	1.75
2008 - 06	SYAZH01CTS＿01	玉米	40	31.8	3	0.84
2008 - 07	SYAZH01CTS＿01	玉米	40	35.4	3	1.35
2008 - 08	SYAZH01CTS＿01	玉米	40	38.6	3	0.60
2008 - 09	SYAZH01CTS＿01	玉米	40	37.4	3	0.63
2008 - 10	SYAZH01CTS＿01	玉米	40	35.2	3	0.26
2008 - 03	SYAZH01CTS＿01	玉米	50	36.4	3	1.48

（续）

时间（年-月）	样地代码	作物名称	探测深度/cm	体积含水量/%	重复数	标准差
2008 - 04	SYAZH01CTS_01	玉米	50	35.5	3	0.69
2008 - 05	SYAZH01CTS_01	玉米	50	34.3	3	1.44
2008 - 06	SYAZH01CTS_01	玉米	50	34.3	3	1.84
2008 - 07	SYAZH01CTS_01	玉米	50	36.8	3	1.30
2008 - 08	SYAZH01CTS_01	玉米	50	40.5	3	0.24
2008 - 09	SYAZH01CTS_01	玉米	50	40.1	3	0.29
2008 - 10	SYAZH01CTS_01	玉米	50	36.5	3	0.82
2008 - 03	SYAZH01CTS_01	玉米	60	36.8	3	1.91
2008 - 04	SYAZH01CTS_01	玉米	60	34.5	3	1.13
2008 - 05	SYAZH01CTS_01	玉米	60	33.4	3	1.90
2008 - 06	SYAZH01CTS_01	玉米	60	34.4	3	2.11
2008 - 07	SYAZH01CTS_01	玉米	60	38.0	3	1.54
2008 - 08	SYAZH01CTS_01	玉米	60	41.8	3	0.27
2008 - 09	SYAZH01CTS_01	玉米	60	41.3	3	0.39
2008 - 10	SYAZH01CTS_01	玉米	60	36.7	3	0.58
2008 - 03	SYAZH01CTS_01	玉米	70	37.1	3	3.42
2008 - 04	SYAZH01CTS_01	玉米	70	34.0	3	1.16
2008 - 05	SYAZH01CTS_01	玉米	70	32.8	3	1.49
2008 - 06	SYAZH01CTS_01	玉米	70	33.2	3	1.73
2008 - 07	SYAZH01CTS_01	玉米	70	38.2	3	1.56
2008 - 08	SYAZH01CTS_01	玉米	70	42.7	3	0.64
2008 - 09	SYAZH01CTS_01	玉米	70	41.6	3	0.40
2008 - 10	SYAZH01CTS_01	玉米	70	36.9	3	0.55
2008 - 03	SYAZH01CTS_01	玉米	80	32.7	3	1.59
2008 - 04	SYAZH01CTS_01	玉米	80	35.2	3	0.54
2008 - 05	SYAZH01CTS_01	玉米	80	33.9	3	1.33
2008 - 06	SYAZH01CTS_01	玉米	80	34.0	3	0.65
2008 - 07	SYAZH01CTS_01	玉米	80	38.7	3	0.99
2008 - 08	SYAZH01CTS_01	玉米	80	43.1	3	0.35
2008 - 09	SYAZH01CTS_01	玉米	80	42.9	3	0.72
2008 - 10	SYAZH01CTS_01	玉米	80	38.0	3	0.46
2008 - 03	SYAZH01CTS_01	玉米	90	34.3	3	1.70
2008 - 04	SYAZH01CTS_01	玉米	90	36.0	3	0.43
2008 - 05	SYAZH01CTS_01	玉米	90	35.9	3	1.30

（续）

时间（年-月）	样地代码	作物名称	探测深度/cm	体积含水量/%	重复数	标准差
2008 - 06	SYAZH01CTS_01	玉米	90	35.3	3	0.54
2008 - 07	SYAZH01CTS_01	玉米	90	39.5	3	0.68
2008 - 08	SYAZH01CTS_01	玉米	90	43.8	3	0.70
2008 - 09	SYAZH01CTS_01	玉米	90	43.7	3	0.66
2008 - 10	SYAZH01CTS_01	玉米	90	39.6	3	0.21
2008 - 03	SYAZH01CTS_01	玉米	100	35.5	3	1.12
2008 - 04	SYAZH01CTS_01	玉米	100	37.8	3	0.78
2008 - 05	SYAZH01CTS_01	玉米	100	37.1	3	1.74
2008 - 06	SYAZH01CTS_01	玉米	100	36.7	3	0.42
2008 - 07	SYAZH01CTS_01	玉米	100	40.1	3	0.62
2008 - 08	SYAZH01CTS_01	玉米	100	44.9	3	0.74
2008 - 09	SYAZH01CTS_01	玉米	100	44.9	3	0.87
2008 - 10	SYAZH01CTS_01	玉米	100	41.6	3	0.97
2008 - 03	SYAZH01CTS_01	玉米	110	36.1	3	1.86
2008 - 04	SYAZH01CTS_01	玉米	110	39.1	3	0.40
2008 - 05	SYAZH01CTS_01	玉米	110	39.6	3	0.91
2008 - 06	SYAZH01CTS_01	玉米	110	39.1	3	0.71
2008 - 07	SYAZH01CTS_01	玉米	110	41.7	3	0.39
2008 - 08	SYAZH01CTS_01	玉米	110	45.3	3	0.67
2008 - 09	SYAZH01CTS_01	玉米	110	45.5	3	0.54
2008 - 10	SYAZH01CTS_01	玉米	110	43.9	3	1.27
2008 - 03	SYAZH01CTS_01	玉米	120	38.9	3	2.77
2008 - 04	SYAZH01CTS_01	玉米	120	39.8	3	0.93
2008 - 05	SYAZH01CTS_01	玉米	120	40.0	3	1.09
2008 - 06	SYAZH01CTS_01	玉米	120	40.0	3	0.14
2008 - 07	SYAZH01CTS_01	玉米	120	41.7	3	0.56
2008 - 08	SYAZH01CTS_01	玉米	120	45.3	3	0.70
2008 - 09	SYAZH01CTS_01	玉米	120	45.9	3	1.50
2008 - 10	SYAZH01CTS_01	玉米	120	44.1	3	1.06
2008 - 03	SYAZH01CTS_01	玉米	130	38.4	3	0.35
2008 - 04	SYAZH01CTS_01	玉米	130	40.0	3	0.61
2008 - 05	SYAZH01CTS_01	玉米	130	40.2	3	0.40
2008 - 06	SYAZH01CTS_01	玉米	130	40.3	3	0.39
2008 - 07	SYAZH01CTS_01	玉米	130	41.4	3	0.50

（续）

时间（年-月）	样地代码	作物名称	探测深度/cm	体积含水量/%	重复数	标准差
2008 - 08	SYAZH01CTS_01	玉米	130	44.9	3	0.99
2008 - 09	SYAZH01CTS_01	玉米	130	44.3	3	0.90
2008 - 10	SYAZH01CTS_01	玉米	130	44.6	3	1.23
2008 - 03	SYAZH01CTS_01	玉米	140	41.6	3	1.09
2008 - 04	SYAZH01CTS_01	玉米	140	42.1	3	1.04
2008 - 05	SYAZH01CTS_01	玉米	140	42.3	3	0.51
2008 - 06	SYAZH01CTS_01	玉米	140	41.2	3	0.25
2008 - 07	SYAZH01CTS_01	玉米	140	42.9	3	0.69
2008 - 08	SYAZH01CTS_01	玉米	140	45.8	3	1.00
2008 - 09	SYAZH01CTS_01	玉米	140	45.2	3	0.86
2008 - 10	SYAZH01CTS_01	玉米	140	45.3	3	0.95
2008 - 03	SYAZH01CTS_01	玉米	150	42.3	3	2.11
2008 - 04	SYAZH01CTS_01	玉米	150	43.9	3	0.89
2008 - 05	SYAZH01CTS_01	玉米	150	45.2	3	1.47
2008 - 06	SYAZH01CTS_01	玉米	150	43.7	3	2.25
2008 - 07	SYAZH01CTS_01	玉米	150	43.8	3	0.72
2008 - 08	SYAZH01CTS_01	玉米	150	46.7	3	1.09
2008 - 09	SYAZH01CTS_01	玉米	150	47.0	3	1.85
2008 - 10	SYAZH01CTS_01	玉米	150	47.3	3	1.31
2009 - 04	SYAZH01CTS_01	玉米	10	24.8	3	1.44
2009 - 05	SYAZH01CTS_01	玉米	10	25.2	3	2.16
2009 - 06	SYAZH01CTS_01	玉米	10	21.2	3	0.60
2009 - 07	SYAZH01CTS_01	玉米	10	24.6	3	0.51
2009 - 08	SYAZH01CTS_01	玉米	10	23.0	3	1.82
2009 - 09	SYAZH01CTS_01	玉米	10	22.9	3	3.30
2009 - 10	SYAZH01CTS_01	玉米	10	22.7	3	0.22
2009 - 04	SYAZH01CTS_01	玉米	20	26.7	3	0.36
2009 - 05	SYAZH01CTS_01	玉米	20	24.7	3	0.76
2009 - 06	SYAZH01CTS_01	玉米	20	23.9	3	0.67
2009 - 07	SYAZH01CTS_01	玉米	20	23.8	3	1.82
2009 - 08	SYAZH01CTS_01	玉米	20	24.5	3	1.83
2009 - 09	SYAZH01CTS_01	玉米	20	25.2	3	2.38
2009 - 10	SYAZH01CTS_01	玉米	20	25.9	3	1.15
2009 - 04	SYAZH01CTS_01	玉米	30	31.9	3	1.05

（续）

时间（年-月）	样地代码	作物名称	探测深度/cm	体积含水量/%	重复数	标准差
2009 - 05	SYAZH01CTS _ 01	玉米	30	30.2	3	0.23
2009 - 06	SYAZH01CTS _ 01	玉米	30	28.8	3	0.84
2009 - 07	SYAZH01CTS _ 01	玉米	30	28.6	3	1.34
2009 - 08	SYAZH01CTS _ 01	玉米	30	27.5	3	3.20
2009 - 09	SYAZH01CTS _ 01	玉米	30	27.8	3	1.72
2009 - 10	SYAZH01CTS _ 01	玉米	30	30.3	3	0.58
2009 - 04	SYAZH01CTS _ 01	玉米	40	37.4	3	0.50
2009 - 05	SYAZH01CTS _ 01	玉米	40	36.1	3	0.98
2009 - 06	SYAZH01CTS _ 01	玉米	40	34.4	3	1.33
2009 - 07	SYAZH01CTS _ 01	玉米	40	34.4	3	1.78
2009 - 08	SYAZH01CTS _ 01	玉米	40	31.7	3	2.18
2009 - 09	SYAZH01CTS _ 01	玉米	40	31.5	3	0.59
2009 - 10	SYAZH01CTS _ 01	玉米	40	34.3	3	1.56
2009 - 04	SYAZH01CTS _ 01	玉米	50	39.4	3	0.15
2009 - 05	SYAZH01CTS _ 01	玉米	50	38.9	3	1.08
2009 - 06	SYAZH01CTS _ 01	玉米	50	36.9	3	1.32
2009 - 07	SYAZH01CTS _ 01	玉米	50	37.0	3	1.49
2009 - 08	SYAZH01CTS _ 01	玉米	50	35.2	3	2.24
2009 - 09	SYAZH01CTS _ 01	玉米	50	34.7	3	2.30
2009 - 10	SYAZH01CTS _ 01	玉米	50	36.0	3	0.64
2009 - 04	SYAZH01CTS _ 01	玉米	60	39.1	3	0.66
2009 - 05	SYAZH01CTS _ 01	玉米	60	39.1	3	0.62
2009 - 06	SYAZH01CTS _ 01	玉米	60	37.5	3	1.04
2009 - 07	SYAZH01CTS _ 01	玉米	60	37.8	3	1.25
2009 - 08	SYAZH01CTS _ 01	玉米	60	36.0	3	1.91
2009 - 09	SYAZH01CTS _ 01	玉米	60	36.2	3	2.70
2009 - 10	SYAZH01CTS _ 01	玉米	60	37.5	3	0.46
2009 - 04	SYAZH01CTS _ 01	玉米	70	39.0	3	0.39
2009 - 05	SYAZH01CTS _ 01	玉米	70	39.4	3	0.26
2009 - 06	SYAZH01CTS _ 01	玉米	70	37.7	3	0.64
2009 - 07	SYAZH01CTS _ 01	玉米	70	37.7	3	1.83
2009 - 08	SYAZH01CTS _ 01	玉米	70	36.7	3	2.70
2009 - 09	SYAZH01CTS _ 01	玉米	70	37.4	3	1.99
2009 - 10	SYAZH01CTS _ 01	玉米	70	39.4	3	0.90

（续）

时间（年-月）	样地代码	作物名称	探测深度/cm	体积含水量/%	重复数	标准差
2009 - 04	SYAZH01CTS_01	玉米	80	39.8	3	0.66
2009 - 05	SYAZH01CTS_01	玉米	80	40.3	3	0.22
2009 - 06	SYAZH01CTS_01	玉米	80	39.1	3	0.48
2009 - 07	SYAZH01CTS_01	玉米	80	38.4	3	1.72
2009 - 08	SYAZH01CTS_01	玉米	80	38.3	3	2.96
2009 - 09	SYAZH01CTS_01	玉米	80	39.0	3	3.12
2009 - 10	SYAZH01CTS_01	玉米	80	40.0	3	0.98
2009 - 04	SYAZH01CTS_01	玉米	90	41.1	3	0.38
2009 - 05	SYAZH01CTS_01	玉米	90	41.6	3	0.49
2009 - 06	SYAZH01CTS_01	玉米	90	40.3	3	0.28
2009 - 07	SYAZH01CTS_01	玉米	90	40.0	3	0.99
2009 - 08	SYAZH01CTS_01	玉米	90	39.9	3	3.29
2009 - 09	SYAZH01CTS_01	玉米	90	41.6	3	2.22
2009 - 10	SYAZH01CTS_01	玉米	90	41.2	3	1.00
2009 - 04	SYAZH01CTS_01	玉米	100	42.4	3	0.84
2009 - 05	SYAZH01CTS_01	玉米	100	43.2	3	0.37
2009 - 06	SYAZH01CTS_01	玉米	100	42.5	3	0.56
2009 - 07	SYAZH01CTS_01	玉米	100	42.6	3	1.77
2009 - 08	SYAZH01CTS_01	玉米	100	41.1	3	2.46
2009 - 09	SYAZH01CTS_01	玉米	100	42.4	3	2.11
2009 - 10	SYAZH01CTS_01	玉米	100	43.0	3	0.44
2009 - 04	SYAZH01CTS_01	玉米	110	43.9	3	0.28
2009 - 05	SYAZH01CTS_01	玉米	110	44.1	3	0.35
2009 - 06	SYAZH01CTS_01	玉米	110	44.3	3	1.09
2009 - 07	SYAZH01CTS_01	玉米	110	43.9	3	1.32
2009 - 08	SYAZH01CTS_01	玉米	110	42.3	3	2.25
2009 - 09	SYAZH01CTS_01	玉米	110	44.3	3	2.82
2009 - 10	SYAZH01CTS_01	玉米	110	43.5	3	1.03
2009 - 04	SYAZH01CTS_01	玉米	120	44.7	3	0.18
2009 - 05	SYAZH01CTS_01	玉米	120	45.2	3	0.32
2009 - 06	SYAZH01CTS_01	玉米	120	44.8	3	1.42
2009 - 07	SYAZH01CTS_01	玉米	120	45.0	3	0.58
2009 - 08	SYAZH01CTS_01	玉米	120	44.3	3	2.09
2009 - 09	SYAZH01CTS_01	玉米	120	45.8	3	1.66

（续）

时间（年-月）	样地代码	作物名称	探测深度/cm	体积含水量/%	重复数	标准差
2009 - 10	SYAZH01CTS _ 01	玉米	120	44.9	3	1.75
2009 - 04	SYAZH01CTS _ 01	玉米	130	45.3	3	0.25
2009 - 05	SYAZH01CTS _ 01	玉米	130	45.5	3	0.99
2009 - 06	SYAZH01CTS _ 01	玉米	130	45.7	3	1.21
2009 - 07	SYAZH01CTS _ 01	玉米	130	45.7	3	0.75
2009 - 08	SYAZH01CTS _ 01	玉米	130	45.3	3	1.10
2009 - 09	SYAZH01CTS _ 01	玉米	130	46.3	3	0.94
2009 - 10	SYAZH01CTS _ 01	玉米	130	44.9	3	1.10
2009 - 04	SYAZH01CTS _ 01	玉米	140	46.1	3	0.29
2009 - 05	SYAZH01CTS _ 01	玉米	140	46.6	3	1.43
2009 - 06	SYAZH01CTS _ 01	玉米	140	47.0	3	1.75
2009 - 07	SYAZH01CTS _ 01	玉米	140	46.7	3	0.51
2009 - 08	SYAZH01CTS _ 01	玉米	140	46.6	3	0.73
2009 - 09	SYAZH01CTS _ 01	玉米	140	46.9	3	0.71
2009 - 10	SYAZH01CTS _ 01	玉米	140	45.7	3	0.43
2009 - 04	SYAZH01CTS _ 01	玉米	150	48.5	3	0.75
2009 - 05	SYAZH01CTS _ 01	玉米	150	47.9	3	1.52
2009 - 06	SYAZH01CTS _ 01	玉米	150	48.6	3	1.24
2009 - 07	SYAZH01CTS _ 01	玉米	150	48.0	3	0.38
2009 - 08	SYAZH01CTS _ 01	玉米	150	47.9	3	0.30
2009 - 09	SYAZH01CTS _ 01	玉米	150	47.9	3	0.55
2009 - 10	SYAZH01CTS _ 01	玉米	150	47.2	3	0.30
2010 - 04	SYAZH01CTS _ 01	大豆	10	28.1	3	0.23
2010 - 05	SYAZH01CTS _ 01	大豆	10	30.3	3	0.52
2010 - 06	SYAZH01CTS _ 01	大豆	10	24.0	3	1.10
2010 - 07	SYAZH01CTS _ 01	大豆	10	30.9	3	1.04
2010 - 08	SYAZH01CTS _ 01	大豆	10	33.0	3	1.24
2010 - 09	SYAZH01CTS _ 01	大豆	10	32.1	3	1.15
2010 - 10	SYAZH01CTS _ 01	大豆	10	30.5	3	1.25
2010 - 04	SYAZH01CTS _ 01	大豆	20	29.2	3	0.76
2010 - 05	SYAZH01CTS _ 01	大豆	20	29.2	3	1.53
2010 - 06	SYAZH01CTS _ 01	大豆	20	26.5	3	1.01
2010 - 07	SYAZH01CTS _ 01	大豆	20	29.3	3	0.64
2010 - 08	SYAZH01CTS _ 01	大豆	20	38.8	3	0.73

（续）

时间（年-月）	样地代码	作物名称	探测深度/cm	体积含水量/%	重复数	标准差
2010 - 09	SYAZH01CTS_01	大豆	20	34.1	3	2.10
2010 - 10	SYAZH01CTS_01	大豆	20	32.3	3	1.78
2010 - 04	SYAZH01CTS_01	大豆	30	33.5	3	0.45
2010 - 05	SYAZH01CTS_01	大豆	30	33.8	3	0.36
2010 - 06	SYAZH01CTS_01	大豆	30	29.5	3	0.70
2010 - 07	SYAZH01CTS_01	大豆	30	32.2	3	1.10
2010 - 08	SYAZH01CTS_01	大豆	30	40.1	3	0.86
2010 - 09	SYAZH01CTS_01	大豆	30	38.7	3	1.25
2010 - 10	SYAZH01CTS_01	大豆	30	34.6	3	0.76
2010 - 04	SYAZH01CTS_01	大豆	40	38.2	3	0.44
2010 - 05	SYAZH01CTS_01	大豆	40	39.5	3	0.39
2010 - 06	SYAZH01CTS_01	大豆	40	33.2	3	1.00
2010 - 07	SYAZH01CTS_01	大豆	40	38.4	3	0.98
2010 - 08	SYAZH01CTS_01	大豆	40	43.7	3	0.37
2010 - 09	SYAZH01CTS_01	大豆	40	42.8	3	0.29
2010 - 10	SYAZH01CTS_01	大豆	40	37.2	3	1.18
2010 - 04	SYAZH01CTS_01	大豆	50	39.9	3	0.92
2010 - 05	SYAZH01CTS_01	大豆	50	41.8	3	0.38
2010 - 06	SYAZH01CTS_01	大豆	50	36.2	3	1.54
2010 - 07	SYAZH01CTS_01	大豆	50	40.6	3	0.77
2010 - 08	SYAZH01CTS_01	大豆	50	45.4	3	1.09
2010 - 09	SYAZH01CTS_01	大豆	50	44.6	3	0.17
2010 - 10	SYAZH01CTS_01	大豆	50	40.4	3	1.22
2010 - 04	SYAZH01CTS_01	大豆	60	40.1	3	0.23
2010 - 05	SYAZH01CTS_01	大豆	60	42.0	3	0.79
2010 - 06	SYAZH01CTS_01	大豆	60	38.0	3	0.64
2010 - 07	SYAZH01CTS_01	大豆	60	41.6	3	0.97
2010 - 08	SYAZH01CTS_01	大豆	60	46.4	3	0.26
2010 - 09	SYAZH01CTS_01	大豆	60	46.6	3	0.43
2010 - 10	SYAZH01CTS_01	大豆	60	44.8	3	0.27
2010 - 04	SYAZH01CTS_01	大豆	70	40.1	3	0.34
2010 - 05	SYAZH01CTS_01	大豆	70	43.4	3	0.51
2010 - 06	SYAZH01CTS_01	大豆	70	39.5	3	0.15
2010 - 07	SYAZH01CTS_01	大豆	70	41.8	3	1.03

（续）

时间（年-月）	样地代码	作物名称	探测深度/cm	体积含水量/%	重复数	标准差
2010 - 08	SYAZH01CTS_01	大豆	70	47.4	3	0.88
2010 - 09	SYAZH01CTS_01	大豆	70	47.7	3	0.52
2010 - 10	SYAZH01CTS_01	大豆	70	46.7	3	0.08
2010 - 04	SYAZH01CTS_01	大豆	80	40.5	3	0.13
2010 - 05	SYAZH01CTS_01	大豆	80	44.0	3	0.66
2010 - 06	SYAZH01CTS_01	大豆	80	40.0	3	0.90
2010 - 07	SYAZH01CTS_01	大豆	80	42.6	3	1.57
2010 - 08	SYAZH01CTS_01	大豆	80	47.2	3	0.48
2010 - 09	SYAZH01CTS_01	大豆	80	48.0	3	0.89
2010 - 10	SYAZH01CTS_01	大豆	80	47.0	3	0.68
2010 - 04	SYAZH01CTS_01	大豆	90	40.9	3	0.39
2010 - 05	SYAZH01CTS_01	大豆	90	44.3	3	0.73
2010 - 06	SYAZH01CTS_01	大豆	90	41.8	3	2.17
2010 - 07	SYAZH01CTS_01	大豆	90	44.0	3	1.73
2010 - 08	SYAZH01CTS_01	大豆	90	47.7	3	0.64
2010 - 09	SYAZH01CTS_01	大豆	90	48.6	3	0.85
2010 - 10	SYAZH01CTS_01	大豆	90	47.4	3	0.46
2010 - 04	SYAZH01CTS_01	大豆	100	42.4	3	0.84
2010 - 05	SYAZH01CTS_01	大豆	100	45.2	3	0.30
2010 - 06	SYAZH01CTS_01	大豆	100	42.7	3	2.35
2010 - 07	SYAZH01CTS_01	大豆	100	44.9	3	1.56
2010 - 08	SYAZH01CTS_01	大豆	100	48.0	3	0.39
2010 - 09	SYAZH01CTS_01	大豆	100	49.0	3	0.93
2010 - 10	SYAZH01CTS_01	大豆	100	47.9	3	0.48
2010 - 04	SYAZH01CTS_01	大豆	110	43.4	3	0.91
2010 - 05	SYAZH01CTS_01	大豆	110	45.2	3	0.28
2010 - 06	SYAZH01CTS_01	大豆	110	43.9	3	2.08
2010 - 07	SYAZH01CTS_01	大豆	110	45.8	3	1.98
2010 - 08	SYAZH01CTS_01	大豆	110	48.4	3	0.86
2010 - 09	SYAZH01CTS_01	大豆	110	49.0	3	0.46
2010 - 10	SYAZH01CTS_01	大豆	110	47.4	3	0.59
2010 - 04	SYAZH01CTS_01	大豆	120	44.1	3	1.10
2010 - 05	SYAZH01CTS_01	大豆	120	46.1	3	0.47
2010 - 06	SYAZH01CTS_01	大豆	120	45.0	3	1.13

（续）

时间（年-月）	样地代码	作物名称	探测深度/cm	体积含水量/%	重复数	标准差
2010 - 07	SYAZH01CTS_01	大豆	120	46.2	3	1.35
2010 - 08	SYAZH01CTS_01	大豆	120	47.8	3	0.75
2010 - 09	SYAZH01CTS_01	大豆	120	49.2	3	1.52
2010 - 10	SYAZH01CTS_01	大豆	120	47.4	3	0.82
2010 - 04	SYAZH01CTS_01	大豆	130	44.8	3	0.65
2010 - 05	SYAZH01CTS_01	大豆	130	45.8	3	0.64
2010 - 06	SYAZH01CTS_01	大豆	130	45.2	3	0.60
2010 - 07	SYAZH01CTS_01	大豆	130	46.1	3	1.18
2010 - 08	SYAZH01CTS_01	大豆	130	47.2	3	1.26
2010 - 09	SYAZH01CTS_01	大豆	130	48.8	3	0.94
2010 - 10	SYAZH01CTS_01	大豆	130	47.4	3	1.26
2010 - 04	SYAZH01CTS_01	大豆	140	45.9	3	0.24
2010 - 05	SYAZH01CTS_01	大豆	140	46.1	3	0.33
2010 - 06	SYAZH01CTS_01	大豆	140	46.8	3	0.51
2010 - 07	SYAZH01CTS_01	大豆	140	46.6	3	0.63
2010 - 08	SYAZH01CTS_01	大豆	140	47.6	3	0.98
2010 - 09	SYAZH01CTS_01	大豆	140	50.0	3	0.68
2010 - 10	SYAZH01CTS_01	大豆	140	47.7	3	0.81
2010 - 04	SYAZH01CTS_01	大豆	150	46.8	3	0.59
2010 - 05	SYAZH01CTS_01	大豆	150	46.6	3	0.26
2010 - 06	SYAZH01CTS_01	大豆	150	47.3	3	0.12
2010 - 07	SYAZH01CTS_01	大豆	150	47.8	3	0.56
2010 - 08	SYAZH01CTS_01	大豆	150	48.1	3	0.50
2010 - 09	SYAZH01CTS_01	大豆	150	50.6	3	0.71
2010 - 10	SYAZH01CTS_01	大豆	150	49.0	3	0.59
2011 - 04	SYAZH01CTS_01	玉米	10	23.1	3	1.29
2011 - 05	SYAZH01CTS_01	玉米	10	21.5	3	0.14
2011 - 06	SYAZH01CTS_01	玉米	10	23.2	3	0.36
2011 - 07	SYAZH01CTS_01	玉米	10	27.8	3	0.38
2011 - 08	SYAZH01CTS_01	玉米	10	27.5	3	0.72
2011 - 09	SYAZH01CTS_01	玉米	10	25.5	3	0.51
2011 - 10	SYAZH01CTS_01	玉米	10	21.0	3	2.19
2011 - 04	SYAZH01CTS_01	玉米	20	25.9	3	0.61
2011 - 05	SYAZH01CTS_01	玉米	20	24.2	3	0.98

（续）

时间（年-月）	样地代码	作物名称	探测深度/cm	体积含水量/%	重复数	标准差
2011 - 06	SYAZH01CTS_01	玉米	20	26.1	3	1.10
2011 - 07	SYAZH01CTS_01	玉米	20	29.3	3	0.88
2011 - 08	SYAZH01CTS_01	玉米	20	29.6	3	1.28
2011 - 09	SYAZH01CTS_01	玉米	20	27.5	3	0.50
2011 - 10	SYAZH01CTS_01	玉米	20	23.8	3	0.67
2011 - 04	SYAZH01CTS_01	玉米	30	29.8	3	1.33
2011 - 05	SYAZH01CTS_01	玉米	30	28.0	3	1.04
2011 - 06	SYAZH01CTS_01	玉米	30	29.3	3	0.44
2011 - 07	SYAZH01CTS_01	玉米	30	30.7	3	1.22
2011 - 08	SYAZH01CTS_01	玉米	30	31.9	3	0.28
2011 - 09	SYAZH01CTS_01	玉米	30	32.0	3	2.71
2011 - 10	SYAZH01CTS_01	玉米	30	27.5	3	3.05
2011 - 04	SYAZH01CTS_01	玉米	40	35.7	3	2.40
2011 - 05	SYAZH01CTS_01	玉米	40	30.6	3	0.55
2011 - 06	SYAZH01CTS_01	玉米	40	32.1	3	0.55
2011 - 07	SYAZH01CTS_01	玉米	40	33.8	3	0.56
2011 - 08	SYAZH01CTS_01	玉米	40	37.3	3	1.31
2011 - 09	SYAZH01CTS_01	玉米	40	37.1	3	2.92
2011 - 10	SYAZH01CTS_01	玉米	40	32.7	3	3.20
2011 - 04	SYAZH01CTS_01	玉米	50	38.0	3	1.18
2011 - 05	SYAZH01CTS_01	玉米	50	34.7	3	1.54
2011 - 06	SYAZH01CTS_01	玉米	50	33.7	3	1.53
2011 - 07	SYAZH01CTS_01	玉米	50	36.8	3	1.05
2011 - 08	SYAZH01CTS_01	玉米	50	42.8	3	0.98
2011 - 09	SYAZH01CTS_01	玉米	50	41.3	3	1.39
2011 - 10	SYAZH01CTS_01	玉米	50	38.2	3	2.09
2011 - 04	SYAZH01CTS_01	玉米	60	39.3	3	0.96
2011 - 05	SYAZH01CTS_01	玉米	60	38.6	3	1.36
2011 - 06	SYAZH01CTS_01	玉米	60	36.4	3	0.86
2011 - 07	SYAZH01CTS_01	玉米	60	39.8	3	1.66
2011 - 08	SYAZH01CTS_01	玉米	60	44.0	3	0.45
2011 - 09	SYAZH01CTS_01	玉米	60	44.4	3	0.63
2011 - 10	SYAZH01CTS_01	玉米	60	42.2	3	0.77
2011 - 04	SYAZH01CTS_01	玉米	70	39.7	3	0.54

（续）

时间（年-月）	样地代码	作物名称	探测深度/cm	体积含水量/%	重复数	标准差
2011 - 05	SYAZH01CTS_01	玉米	70	39.7	3	0.36
2011 - 06	SYAZH01CTS_01	玉米	70	38.0	3	0.89
2011 - 07	SYAZH01CTS_01	玉米	70	41.1	3	0.65
2011 - 08	SYAZH01CTS_01	玉米	70	45.3	3	1.42
2011 - 09	SYAZH01CTS_01	玉米	70	44.9	3	0.36
2011 - 10	SYAZH01CTS_01	玉米	70	42.0	3	0.76
2011 - 04	SYAZH01CTS_01	玉米	80	40.2	3	0.13
2011 - 05	SYAZH01CTS_01	玉米	80	40.1	3	0.63
2011 - 06	SYAZH01CTS_01	玉米	80	39.4	3	0.50
2011 - 07	SYAZH01CTS_01	玉米	80	41.6	3	0.68
2011 - 08	SYAZH01CTS_01	玉米	80	45.7	3	1.73
2011 - 09	SYAZH01CTS_01	玉米	80	46.2	3	0.42
2011 - 10	SYAZH01CTS_01	玉米	80	43.7	3	0.30
2011 - 04	SYAZH01CTS_01	玉米	90	40.3	3	0.32
2011 - 05	SYAZH01CTS_01	玉米	90	41.5	3	0.76
2011 - 06	SYAZH01CTS_01	玉米	90	41.4	3	1.52
2011 - 07	SYAZH01CTS_01	玉米	90	42.8	3	0.76
2011 - 08	SYAZH01CTS_01	玉米	90	46.1	3	1.04
2011 - 09	SYAZH01CTS_01	玉米	90	46.7	3	0.60
2011 - 10	SYAZH01CTS_01	玉米	90	45.9	3	1.23
2011 - 04	SYAZH01CTS_01	玉米	100	41.5	3	0.99
2011 - 05	SYAZH01CTS_01	玉米	100	42.0	3	0.97
2011 - 06	SYAZH01CTS_01	玉米	100	42.7	3	1.58
2011 - 07	SYAZH01CTS_01	玉米	100	43.6	3	1.47
2011 - 08	SYAZH01CTS_01	玉米	100	46.8	3	1.06
2011 - 09	SYAZH01CTS_01	玉米	100	47.3	3	1.05
2011 - 10	SYAZH01CTS_01	玉米	100	46.7	3	0.72
2011 - 04	SYAZH01CTS_01	玉米	110	43.2	3	1.04
2011 - 05	SYAZH01CTS_01	玉米	110	43.8	3	1.88
2011 - 06	SYAZH01CTS_01	玉米	110	43.8	3	1.52
2011 - 07	SYAZH01CTS_01	玉米	110	44.6	3	0.92
2011 - 08	SYAZH01CTS_01	玉米	110	46.6	3	0.59
2011 - 09	SYAZH01CTS_01	玉米	110	47.7	3	1.39
2011 - 10	SYAZH01CTS_01	玉米	110	47.3	3	1.78

（续）

时间（年-月）	样地代码	作物名称	探测深度/cm	体积含水量/%	重复数	标准差
2011-04	SYAZH01CTS_01	玉米	120	43.9	3	1.74
2011-05	SYAZH01CTS_01	玉米	120	44.9	3	1.37
2011-06	SYAZH01CTS_01	玉米	120	44.8	3	1.78
2011-07	SYAZH01CTS_01	玉米	120	45.1	3	1.69
2011-08	SYAZH01CTS_01	玉米	120	46.6	3	1.00
2011-09	SYAZH01CTS_01	玉米	120	47.8	3	1.53
2011-10	SYAZH01CTS_01	玉米	120	47.6	3	1.38
2011-04	SYAZH01CTS_01	玉米	130	45.1	3	0.95
2011-05	SYAZH01CTS_01	玉米	130	45.4	3	1.15
2011-06	SYAZH01CTS_01	玉米	130	45.7	3	1.37
2011-07	SYAZH01CTS_01	玉米	130	46.3	3	0.81
2011-08	SYAZH01CTS_01	玉米	130	47.4	3	0.69
2011-09	SYAZH01CTS_01	玉米	130	47.6	3	1.14
2011-10	SYAZH01CTS_01	玉米	130	47.1	3	1.84
2011-04	SYAZH01CTS_01	玉米	140	46.2	3	0.35
2011-05	SYAZH01CTS_01	玉米	140	45.6	3	1.44
2011-06	SYAZH01CTS_01	玉米	140	45.7	3	1.30
2011-07	SYAZH01CTS_01	玉米	140	46.7	3	1.21
2011-08	SYAZH01CTS_01	玉米	140	47.9	3	1.35
2011-09	SYAZH01CTS_01	玉米	140	47.8	3	1.03
2011-10	SYAZH01CTS_01	玉米	140	47.8	3	0.62
2011-04	SYAZH01CTS_01	玉米	150	46.4	3	0.14
2011-05	SYAZH01CTS_01	玉米	150	47.3	3	0.80
2011-06	SYAZH01CTS_01	玉米	150	47.0	3	1.36
2011-07	SYAZH01CTS_01	玉米	150	47.1	3	1.18
2011-08	SYAZH01CTS_01	玉米	150	48.6	3	0.82
2011-09	SYAZH01CTS_01	玉米	150	48.4	3	0.82
2011-10	SYAZH01CTS_01	玉米	150	47.8	3	0.47
2012-05	SYAZH01CTS_01	玉米	10	22.1	3	0.51
2012-06	SYAZH01CTS_01	玉米	10	23.3	3	0.55
2012-07	SYAZH01CTS_01	玉米	10	23.3	3	0.80
2012-08	SYAZH01CTS_01	玉米	10	34.8	3	1.32
2012-09	SYAZH01CTS_01	玉米	10	35.4	3	1.28
2012-10	SYAZH01CTS_01	玉米	10	30.6	3	1.66

（续）

时间（年-月）	样地代码	作物名称	探测深度/cm	体积含水量/%	重复数	标准差
2012 - 05	SYAZH01CTS_01	玉米	20	25.9	3	1.60
2012 - 06	SYAZH01CTS_01	玉米	20	27.5	3	1.13
2012 - 07	SYAZH01CTS_01	玉米	20	28.9	3	0.06
2012 - 08	SYAZH01CTS_01	玉米	20	40.9	3	0.23
2012 - 09	SYAZH01CTS_01	玉米	20	40.7	3	0.54
2012 - 10	SYAZH01CTS_01	玉米	20	36.7	3	0.75
2012 - 05	SYAZH01CTS_01	玉米	30	29.2	3	0.98
2012 - 06	SYAZH01CTS_01	玉米	30	30.0	3	1.95
2012 - 07	SYAZH01CTS_01	玉米	30	31.0	3	1.34
2012 - 08	SYAZH01CTS_01	玉米	30	39.4	3	1.31
2012 - 09	SYAZH01CTS_01	玉米	30	40.3	3	1.23
2012 - 10	SYAZH01CTS_01	玉米	30	37.6	3	1.76
2012 - 05	SYAZH01CTS_01	玉米	40	32.3	3	0.58
2012 - 06	SYAZH01CTS_01	玉米	40	32.9	3	1.72
2012 - 07	SYAZH01CTS_01	玉米	40	34.4	3	1.64
2012 - 08	SYAZH01CTS_01	玉米	40	39.3	3	1.45
2012 - 09	SYAZH01CTS_01	玉米	40	40.6	3	1.37
2012 - 10	SYAZH01CTS_01	玉米	40	40.9	3	2.47
2012 - 05	SYAZH01CTS_01	玉米	50	34.5	3	0.34
2012 - 06	SYAZH01CTS_01	玉米	50	35.1	3	1.28
2012 - 07	SYAZH01CTS_01	玉米	50	37.5	3	1.24
2012 - 08	SYAZH01CTS_01	玉米	50	41.5	3	2.19
2012 - 09	SYAZH01CTS_01	玉米	50	42.6	3	1.69
2012 - 10	SYAZH01CTS_01	玉米	50	42.7	3	0.71
2012 - 05	SYAZH01CTS_01	玉米	60	34.4	3	1.10
2012 - 06	SYAZH01CTS_01	玉米	60	36.5	3	1.10
2012 - 07	SYAZH01CTS_01	玉米	60	38.7	3	0.65
2012 - 08	SYAZH01CTS_01	玉米	60	42.6	3	0.53
2012 - 09	SYAZH01CTS_01	玉米	60	42.7	3	1.92
2012 - 10	SYAZH01CTS_01	玉米	60	41.2	3	2.50
2012 - 05	SYAZH01CTS_01	玉米	70	35.8	3	0.47
2012 - 06	SYAZH01CTS_01	玉米	70	37.4	3	0.78
2012 - 07	SYAZH01CTS_01	玉米	70	39.6	3	0.79
2012 - 08	SYAZH01CTS_01	玉米	70	43.6	3	1.00

（续）

时间（年-月）	样地代码	作物名称	探测深度/cm	体积含水量/%	重复数	标准差
2012 - 09	SYAZH01CTS_01	玉米	70	43.7	3	2.09
2012 - 10	SYAZH01CTS_01	玉米	70	43.0	3	2.15
2012 - 05	SYAZH01CTS_01	玉米	80	38.9	3	0.81
2012 - 06	SYAZH01CTS_01	玉米	80	39.2	3	0.92
2012 - 07	SYAZH01CTS_01	玉米	80	40.7	3	0.68
2012 - 08	SYAZH01CTS_01	玉米	80	43.9	3	2.52
2012 - 09	SYAZH01CTS_01	玉米	80	44.9	3	1.46
2012 - 10	SYAZH01CTS_01	玉米	80	45.1	3	0.70
2012 - 05	SYAZH01CTS_01	玉米	90	42.0	3	1.96
2012 - 06	SYAZH01CTS_01	玉米	90	42.1	3	2.06
2012 - 07	SYAZH01CTS_01	玉米	90	42.2	3	0.96
2012 - 08	SYAZH01CTS_01	玉米	90	44.0	3	1.76
2012 - 09	SYAZH01CTS_01	玉米	90	44.7	3	1.37
2012 - 10	SYAZH01CTS_01	玉米	90	45.7	3	0.84
2012 - 05	SYAZH01CTS_01	玉米	100	44.4	3	1.78
2012 - 06	SYAZH01CTS_01	玉米	100	46.0	3	1.62
2012 - 07	SYAZH01CTS_01	玉米	100	46.0	3	1.56
2012 - 08	SYAZH01CTS_01	玉米	100	44.6	3	1.72
2012 - 09	SYAZH01CTS_01	玉米	100	45.5	3	1.08
2012 - 10	SYAZH01CTS_01	玉米	100	45.7	3	1.20
2012 - 05	SYAZH01CTS_01	玉米	110	44.8	3	1.33
2012 - 06	SYAZH01CTS_01	玉米	110	47.1	3	1.29
2012 - 07	SYAZH01CTS_01	玉米	110	47.1	3	2.23
2012 - 08	SYAZH01CTS_01	玉米	110	46.1	3	2.36
2012 - 09	SYAZH01CTS_01	玉米	110	46.5	3	1.74
2012 - 10	SYAZH01CTS_01	玉米	110	46.5	3	2.26
2012 - 05	SYAZH01CTS_01	玉米	120	45.7	3	1.17
2012 - 06	SYAZH01CTS_01	玉米	120	48.7	3	0.99
2012 - 07	SYAZH01CTS_01	玉米	120	47.9	3	2.51
2012 - 08	SYAZH01CTS_01	玉米	120	46.3	3	2.67
2012 - 09	SYAZH01CTS_01	玉米	120	47.4	3	2.84
2012 - 10	SYAZH01CTS_01	玉米	120	49.7	3	4.14
2012 - 05	SYAZH01CTS_01	玉米	130	46.1	3	1.56
2012 - 06	SYAZH01CTS_01	玉米	130	49.8	3	1.15

（续）

时间（年-月）	样地代码	作物名称	探测深度/cm	体积含水量/%	重复数	标准差
2012 - 07	SYAZH01CTS_01	玉米	130	49.2	3	1.36
2012 - 08	SYAZH01CTS_01	玉米	130	47.4	3	2.37
2012 - 09	SYAZH01CTS_01	玉米	130	48.6	3	3.23
2012 - 10	SYAZH01CTS_01	玉米	130	49.6	3	3.79
2012 - 05	SYAZH01CTS_01	玉米	140	48.0	3	2.50
2012 - 06	SYAZH01CTS_01	玉米	140	51.2	3	1.03
2012 - 07	SYAZH01CTS_01	玉米	140	50.5	3	0.61
2012 - 08	SYAZH01CTS_01	玉米	140	49.1	3	1.65
2012 - 09	SYAZH01CTS_01	玉米	140	49.3	3	2.51
2012 - 10	SYAZH01CTS_01	玉米	140	50.4	3	3.10
2012 - 05	SYAZH01CTS_01	玉米	150	49.7	3	2.03
2012 - 06	SYAZH01CTS_01	玉米	150	51.7	3	1.30
2012 - 07	SYAZH01CTS_01	玉米	150	52.1	3	0.12
2012 - 08	SYAZH01CTS_01	玉米	150	49.8	3	1.85
2012 - 09	SYAZH01CTS_01	玉米	150	49.8	3	2.45
2012 - 10	SYAZH01CTS_01	玉米	150	50.6	3	2.98
2013 - 04	SYAZH01CTS_01	大豆	10	23.5	3	0.17
2013 - 05	SYAZH01CTS_01	大豆	10	21.9	3	3.83
2013 - 06	SYAZH01CTS_01	大豆	10	21.5	3	2.43
2013 - 07	SYAZH01CTS_01	大豆	10	26.8	3	1.77
2013 - 08	SYAZH01CTS_01	大豆	10	29.0	3	1.00
2013 - 09	SYAZH01CTS_01	大豆	10	29.8	3	0.37
2013 - 10	SYAZH01CTS_01	大豆	10	30.1	3	0.57
2013 - 04	SYAZH01CTS_01	大豆	20	29.3	3	1.39
2013 - 05	SYAZH01CTS_01	大豆	20	24.7	3	3.76
2013 - 06	SYAZH01CTS_01	大豆	20	23.3	3	2.76
2013 - 07	SYAZH01CTS_01	大豆	20	27.7	3	2.62
2013 - 08	SYAZH01CTS_01	大豆	20	29.5	3	1.18
2013 - 09	SYAZH01CTS_01	大豆	20	29.4	3	0.57
2013 - 10	SYAZH01CTS_01	大豆	20	30.5	3	0.37
2013 - 04	SYAZH01CTS_01	大豆	30	29.2	3	1.79
2013 - 05	SYAZH01CTS_01	大豆	30	25.6	3	2.50
2013 - 06	SYAZH01CTS_01	大豆	30	25.0	3	2.09
2013 - 07	SYAZH01CTS_01	大豆	30	29.3	3	3.03

（续）

时间（年-月）	样地代码	作物名称	探测深度/cm	体积含水量/%	重复数	标准差
2013 - 08	SYAZH01CTS_01	大豆	30	30.4	3	1.95
2013 - 09	SYAZH01CTS_01	大豆	30	30.3	3	1.18
2013 - 10	SYAZH01CTS_01	大豆	30	31.4	3	0.82
2013 - 04	SYAZH01CTS_01	大豆	40	28.6	3	0.28
2013 - 05	SYAZH01CTS_01	大豆	40	26.2	3	1.77
2013 - 06	SYAZH01CTS_01	大豆	40	25.8	3	1.91
2013 - 07	SYAZH01CTS_01	大豆	40	31.2	3	2.92
2013 - 08	SYAZH01CTS_01	大豆	40	33.2	3	1.86
2013 - 09	SYAZH01CTS_01	大豆	40	32.3	3	1.05
2013 - 10	SYAZH01CTS_01	大豆	40	33.6	3	0.98
2013 - 04	SYAZH01CTS_01	大豆	50	30.3	3	0.89
2013 - 05	SYAZH01CTS_01	大豆	50	28.2	3	1.46
2013 - 06	SYAZH01CTS_01	大豆	50	27.6	3	1.52
2013 - 07	SYAZH01CTS_01	大豆	50	33.1	3	2.30
2013 - 08	SYAZH01CTS_01	大豆	50	35.9	3	2.01
2013 - 09	SYAZH01CTS_01	大豆	50	34.4	3	2.52
2013 - 10	SYAZH01CTS_01	大豆	50	35.9	3	1.68
2013 - 04	SYAZH01CTS_01	大豆	60	31.3	3	1.83
2013 - 05	SYAZH01CTS_01	大豆	60	28.7	3	1.84
2013 - 06	SYAZH01CTS_01	大豆	60	28.3	3	1.37
2013 - 07	SYAZH01CTS_01	大豆	60	34.2	3	1.51
2013 - 08	SYAZH01CTS_01	大豆	60	38.6	3	1.50
2013 - 09	SYAZH01CTS_01	大豆	60	37.2	3	2.01
2013 - 10	SYAZH01CTS_01	大豆	60	37.4	3	1.79
2013 - 04	SYAZH01CTS_01	大豆	70	32.9	3	3.91
2013 - 05	SYAZH01CTS_01	大豆	70	30.3	3	2.54
2013 - 06	SYAZH01CTS_01	大豆	70	29.5	3	1.48
2013 - 07	SYAZH01CTS_01	大豆	70	35.9	3	2.33
2013 - 08	SYAZH01CTS_01	大豆	70	40.7	3	1.02
2013 - 09	SYAZH01CTS_01	大豆	70	39.8	3	1.62
2013 - 10	SYAZH01CTS_01	大豆	70	40.3	3	2.38
2013 - 04	SYAZH01CTS_01	大豆	80	34.4	3	3.33
2013 - 05	SYAZH01CTS_01	大豆	80	32.5	3	3.29
2013 - 06	SYAZH01CTS_01	大豆	80	31.4	3	2.94

（续）

时间（年-月）	样地代码	作物名称	探测深度/cm	体积含水量/%	重复数	标准差
2013 - 07	SYAZH01CTS_01	大豆	80	37.4	3	1.30
2013 - 08	SYAZH01CTS_01	大豆	80	42.3	3	1.21
2013 - 09	SYAZH01CTS_01	大豆	80	41.3	3	2.06
2013 - 10	SYAZH01CTS_01	大豆	80	42.1	3	1.83
2013 - 04	SYAZH01CTS_01	大豆	90	37.3	3	5.40
2013 - 05	SYAZH01CTS_01	大豆	90	34.8	3	4.24
2013 - 06	SYAZH01CTS_01	大豆	90	34.0	3	3.35
2013 - 07	SYAZH01CTS_01	大豆	90	38.8	3	1.25
2013 - 08	SYAZH01CTS_01	大豆	90	42.8	3	0.49
2013 - 09	SYAZH01CTS_01	大豆	90	42.7	3	1.54
2013 - 10	SYAZH01CTS_01	大豆	90	43.1	3	1.45
2013 - 04	SYAZH01CTS_01	大豆	100	40.6	3	4.93
2013 - 05	SYAZH01CTS_01	大豆	100	36.7	3	5.47
2013 - 06	SYAZH01CTS_01	大豆	100	35.7	3	5.19
2013 - 07	SYAZH01CTS_01	大豆	100	39.9	3	2.10
2013 - 08	SYAZH01CTS_01	大豆	100	43.6	3	1.32
2013 - 09	SYAZH01CTS_01	大豆	100	43.0	3	0.93
2013 - 10	SYAZH01CTS_01	大豆	100	43.6	3	0.17
2013 - 04	SYAZH01CTS_01	大豆	110	41.9	3	5.38
2013 - 05	SYAZH01CTS_01	大豆	110	38.7	3	5.58
2013 - 06	SYAZH01CTS_01	大豆	110	37.9	3	5.96
2013 - 07	SYAZH01CTS_01	大豆	110	41.3	3	2.18
2013 - 08	SYAZH01CTS_01	大豆	110	43.8	3	0.82
2013 - 09	SYAZH01CTS_01	大豆	110	43.2	3	1.66
2013 - 10	SYAZH01CTS_01	大豆	110	44.6	3	0.69
2013 - 04	SYAZH01CTS_01	大豆	120	42.9	3	4.62
2013 - 05	SYAZH01CTS_01	大豆	120	41.1	3	3.43
2013 - 06	SYAZH01CTS_01	大豆	120	39.9	3	3.47
2013 - 07	SYAZH01CTS_01	大豆	120	42.6	3	1.34
2013 - 08	SYAZH01CTS_01	大豆	120	44.4	3	1.52
2013 - 09	SYAZH01CTS_01	大豆	120	43.7	3	0.79
2013 - 10	SYAZH01CTS_01	大豆	120	44.8	3	0.94
2013 - 04	SYAZH01CTS_01	大豆	130	43.2	3	4.04
2013 - 05	SYAZH01CTS_01	大豆	130	40.9	3	3.67

（续）

时间（年-月）	样地代码	作物名称	探测深度/cm	体积含水量/%	重复数	标准差
2013 - 06	SYAZH01CTS_01	大豆	130	39.9	3	1.92
2013 - 07	SYAZH01CTS_01	大豆	130	43.2	3	0.97
2013 - 08	SYAZH01CTS_01	大豆	130	45.2	3	2.95
2013 - 09	SYAZH01CTS_01	大豆	130	44.7	3	1.72
2013 - 10	SYAZH01CTS_01	大豆	130	46.0	3	1.19
2013 - 04	SYAZH01CTS_01	大豆	140	44.0	3	4.36
2013 - 05	SYAZH01CTS_01	大豆	140	42.2	3	3.18
2013 - 06	SYAZH01CTS_01	大豆	140	41.5	3	0.63
2013 - 07	SYAZH01CTS_01	大豆	140	44.4	3	0.72
2013 - 08	SYAZH01CTS_01	大豆	140	46.6	3	2.52
2013 - 09	SYAZH01CTS_01	大豆	140	46.0	3	1.44
2013 - 10	SYAZH01CTS_01	大豆	140	47.1	3	1.30
2013 - 04	SYAZH01CTS_01	大豆	150	47.1	3	2.10
2013 - 05	SYAZH01CTS_01	大豆	150	46.1	3	0.73
2013 - 06	SYAZH01CTS_01	大豆	150	45.6	3	2.15
2013 - 07	SYAZH01CTS_01	大豆	150	47.6	3	0.91
2013 - 08	SYAZH01CTS_01	大豆	150	47.8	3	0.99
2013 - 09	SYAZH01CTS_01	大豆	150	47.7	3	1.39
2013 - 10	SYAZH01CTS_01	大豆	150	48.1	3	1.01
2014 - 04	SYAZH01CTS_01	玉米	10	23.8	3	0.68
2014 - 05	SYAZH01CTS_01	玉米	10	24.3	3	0.52
2014 - 06	SYAZH01CTS_01	玉米	10	23.6	3	1.27
2014 - 07	SYAZH01CTS_01	玉米	10	22.9	3	2.52
2014 - 08	SYAZH01CTS_01	玉米	10	24.2	3	4.16
2014 - 09	SYAZH01CTS_01	玉米	10	24.8	3	4.39
2014 - 04	SYAZH01CTS_01	玉米	20	25.4	3	1.46
2014 - 05	SYAZH01CTS_01	玉米	20	24.5	3	0.32
2014 - 06	SYAZH01CTS_01	玉米	20	23.8	3	2.58
2014 - 07	SYAZH01CTS_01	玉米	20	24.0	3	2.78
2014 - 08	SYAZH01CTS_01	玉米	20	24.4	3	3.73
2014 - 09	SYAZH01CTS_01	玉米	20	24.7	3	3.88
2014 - 04	SYAZH01CTS_01	玉米	30	26.9	3	2.04
2014 - 05	SYAZH01CTS_01	玉米	30	24.4	3	1.06
2014 - 06	SYAZH01CTS_01	玉米	30	24.3	3	2.99

（续）

时间（年-月）	样地代码	作物名称	探测深度/cm	体积含水量/%	重复数	标准差
2014 - 07	SYAZH01CTS_01	玉米	30	24.7	3	2.37
2014 - 08	SYAZH01CTS_01	玉米	30	24.6	3	2.85
2014 - 09	SYAZH01CTS_01	玉米	30	24.7	3	3.85
2014 - 04	SYAZH01CTS_01	玉米	40	28.5	3	2.40
2014 - 05	SYAZH01CTS_01	玉米	40	25.9	3	1.08
2014 - 06	SYAZH01CTS_01	玉米	40	25.9	3	1.52
2014 - 07	SYAZH01CTS_01	玉米	40	25.7	3	1.12
2014 - 08	SYAZH01CTS_01	玉米	40	24.8	3	2.06
2014 - 09	SYAZH01CTS_01	玉米	40	25.4	3	2.67
2014 - 04	SYAZH01CTS_01	玉米	50	29.5	3	2.30
2014 - 05	SYAZH01CTS_01	玉米	50	27.2	3	1.15
2014 - 06	SYAZH01CTS_01	玉米	50	26.9	3	1.05
2014 - 07	SYAZH01CTS_01	玉米	50	26.5	3	1.52
2014 - 08	SYAZH01CTS_01	玉米	50	26.1	3	1.56
2014 - 09	SYAZH01CTS_01	玉米	50	26.1	3	2.70
2014 - 04	SYAZH01CTS_01	玉米	60	29.1	3	2.87
2014 - 05	SYAZH01CTS_01	玉米	60	27.7	3	1.31
2014 - 06	SYAZH01CTS_01	玉米	60	26.9	3	1.55
2014 - 07	SYAZH01CTS_01	玉米	60	27.3	3	1.40
2014 - 08	SYAZH01CTS_01	玉米	60	27.4	3	2.48
2014 - 09	SYAZH01CTS_01	玉米	60	27.2	3	1.41
2014 - 04	SYAZH01CTS_01	玉米	70	30.2	3	1.78
2014 - 05	SYAZH01CTS_01	玉米	70	29.3	3	0.94
2014 - 06	SYAZH01CTS_01	玉米	70	29.6	3	0.41
2014 - 07	SYAZH01CTS_01	玉米	70	27.6	3	1.46
2014 - 08	SYAZH01CTS_01	玉米	70	27.5	3	2.22
2014 - 09	SYAZH01CTS_01	玉米	70	29.1	3	3.53
2014 - 04	SYAZH01CTS_01	玉米	80	33.4	3	0.47
2014 - 05	SYAZH01CTS_01	玉米	80	32.7	3	1.04
2014 - 06	SYAZH01CTS_01	玉米	80	31.5	3	0.82
2014 - 07	SYAZH01CTS_01	玉米	80	30.7	3	1.69
2014 - 08	SYAZH01CTS_01	玉米	80	29.4	3	1.75
2014 - 09	SYAZH01CTS_01	玉米	80	31.5	3	1.72
2014 - 04	SYAZH01CTS_01	玉米	90	36.0	3	1.24

（续）

时间（年-月）	样地代码	作物名称	探测深度/cm	体积含水量/%	重复数	标准差
2014-05	SYAZH01CTS_01	玉米	90	34.8	3	1.18
2014-06	SYAZH01CTS_01	玉米	90	33.7	3	1.74
2014-07	SYAZH01CTS_01	玉米	90	33.7	3	0.64
2014-08	SYAZH01CTS_01	玉米	90	33.8	3	2.12
2014-09	SYAZH01CTS_01	玉米	90	33.5	3	1.58
2014-04	SYAZH01CTS_01	玉米	100	37.8	3	2.47
2014-05	SYAZH01CTS_01	玉米	100	36.8	3	2.81
2014-06	SYAZH01CTS_01	玉米	100	36.4	3	1.84
2014-07	SYAZH01CTS_01	玉米	100	36.8	3	0.20
2014-08	SYAZH01CTS_01	玉米	100	36.5	3	2.55
2014-09	SYAZH01CTS_01	玉米	100	36.4	3	2.86
2014-04	SYAZH01CTS_01	玉米	110	41.3	3	2.23
2014-05	SYAZH01CTS_01	玉米	110	39.5	3	3.15
2014-06	SYAZH01CTS_01	玉米	110	38.1	3	3.11
2014-07	SYAZH01CTS_01	玉米	110	38.9	3	1.25
2014-08	SYAZH01CTS_01	玉米	110	37.9	3	1.72
2014-09	SYAZH01CTS_01	玉米	110	38.7	3	2.24
2014-04	SYAZH01CTS_01	玉米	120	41.7	3	1.78
2014-05	SYAZH01CTS_01	玉米	120	39.9	3	3.27
2014-06	SYAZH01CTS_01	玉米	120	39.6	3	2.45
2014-07	SYAZH01CTS_01	玉米	120	40.8	3	0.26
2014-08	SYAZH01CTS_01	玉米	120	39.7	3	0.88
2014-09	SYAZH01CTS_01	玉米	120	39.9	3	2.17
2014-04	SYAZH01CTS_01	玉米	130	42.6	3	0.91
2014-05	SYAZH01CTS_01	玉米	130	41.3	3	0.15
2014-06	SYAZH01CTS_01	玉米	130	40.1	3	0.46
2014-07	SYAZH01CTS_01	玉米	130	40.7	3	0.63
2014-08	SYAZH01CTS_01	玉米	130	40.8	3	1.58
2014-09	SYAZH01CTS_01	玉米	130	40.6	3	1.98
2014-04	SYAZH01CTS_01	玉米	140	43.0	3	1.36
2014-05	SYAZH01CTS_01	玉米	140	41.3	3	0.46
2014-06	SYAZH01CTS_01	玉米	140	41.0	3	1.57
2014-07	SYAZH01CTS_01	玉米	140	41.1	3	1.34
2014-08	SYAZH01CTS_01	玉米	140	41.1	3	2.32

（续）

时间（年-月）	样地代码	作物名称	探测深度/cm	体积含水量/%	重复数	标准差
2014 - 09	SYAZH01CTS_01	玉米	140	41.9	3	3.40
2014 - 04	SYAZH01CTS_01	玉米	150	44.4	3	0.81
2014 - 05	SYAZH01CTS_01	玉米	150	42.0	3	1.36
2014 - 06	SYAZH01CTS_01	玉米	150	42.4	3	1.09
2014 - 07	SYAZH01CTS_01	玉米	150	42.5	3	1.56
2014 - 08	SYAZH01CTS_01	玉米	150	42.2	3	2.56
2014 - 09	SYAZH01CTS_01	玉米	150	43.3	3	3.38
2015 - 05	SYAZH01CTS_01	玉米	10	23.2	3	1.68
2015 - 06	SYAZH01CTS_01	玉米	10	24.9	3	1.80
2015 - 07	SYAZH01CTS_01	玉米	10	23.9	3	2.59
2015 - 08	SYAZH01CTS_01	玉米	10	27.6	3	1.70
2015 - 09	SYAZH01CTS_01	玉米	10	23.2	3	2.59
2015 - 05	SYAZH01CTS_01	玉米	20	24.3	3	1.55
2015 - 06	SYAZH01CTS_01	玉米	20	25.9	3	1.74
2015 - 07	SYAZH01CTS_01	玉米	20	24.8	3	1.57
2015 - 08	SYAZH01CTS_01	玉米	20	29.0	3	1.42
2015 - 09	SYAZH01CTS_01	玉米	20	23.7	3	2.58
2015 - 05	SYAZH01CTS_01	玉米	30	26.6	3	1.39
2015 - 06	SYAZH01CTS_01	玉米	30	27.0	3	1.58
2015 - 07	SYAZH01CTS_01	玉米	30	26.8	3	1.12
2015 - 08	SYAZH01CTS_01	玉米	30	29.6	3	0.28
2015 - 09	SYAZH01CTS_01	玉米	30	25.3	3	2.69
2015 - 05	SYAZH01CTS_01	玉米	40	29.2	3	1.20
2015 - 06	SYAZH01CTS_01	玉米	40	27.8	3	1.67
2015 - 07	SYAZH01CTS_01	玉米	40	27.4	3	1.11
2015 - 08	SYAZH01CTS_01	玉米	40	31.4	3	0.22
2015 - 09	SYAZH01CTS_01	玉米	40	28.0	3	1.23
2015 - 05	SYAZH01CTS_01	玉米	50	30.3	3	0.56
2015 - 06	SYAZH01CTS_01	玉米	50	29.3	3	1.28
2015 - 07	SYAZH01CTS_01	玉米	50	28.7	3	0.97
2015 - 08	SYAZH01CTS_01	玉米	50	32.5	3	0.71
2015 - 09	SYAZH01CTS_01	玉米	50	29.1	3	0.73
2015 - 05	SYAZH01CTS_01	玉米	60	31.7	3	0.39
2015 - 06	SYAZH01CTS_01	玉米	60	30.7	3	1.05

（续）

时间（年-月）	样地代码	作物名称	探测深度/cm	体积含水量/%	重复数	标准差
2015-07	SYAZH01CTS_01	玉米	60	29.0	3	0.81
2015-08	SYAZH01CTS_01	玉米	60	34.1	3	1.21
2015-09	SYAZH01CTS_01	玉米	60	30.7	3	0.66
2015-05	SYAZH01CTS_01	玉米	70	32.8	3	0.66
2015-06	SYAZH01CTS_01	玉米	70	31.9	3	1.64
2015-07	SYAZH01CTS_01	玉米	70	30.7	3	1.41
2015-08	SYAZH01CTS_01	玉米	70	35.3	3	2.30
2015-09	SYAZH01CTS_01	玉米	70	32.7	3	1.43
2015-05	SYAZH01CTS_01	玉米	80	35.2	3	0.15
2015-06	SYAZH01CTS_01	玉米	80	34.2	3	0.52
2015-07	SYAZH01CTS_01	玉米	80	33.1	3	0.40
2015-08	SYAZH01CTS_01	玉米	80	36.5	3	1.91
2015-09	SYAZH01CTS_01	玉米	80	34.7	3	1.74
2015-05	SYAZH01CTS_01	玉米	90	35.9	3	0.30
2015-06	SYAZH01CTS_01	玉米	90	35.6	3	0.31
2015-07	SYAZH01CTS_01	玉米	90	35.9	3	0.80
2015-08	SYAZH01CTS_01	玉米	90	38.7	3	1.98
2015-09	SYAZH01CTS_01	玉米	90	37.4	3	2.00
2015-05	SYAZH01CTS_01	玉米	100	37.3	3	0.93
2015-06	SYAZH01CTS_01	玉米	100	38.4	3	0.54
2015-07	SYAZH01CTS_01	玉米	100	38.3	3	1.50
2015-08	SYAZH01CTS_01	玉米	100	40.5	3	1.84
2015-09	SYAZH01CTS_01	玉米	100	39.8	3	0.78
2015-05	SYAZH01CTS_01	玉米	110	38.7	3	0.91
2015-06	SYAZH01CTS_01	玉米	110	39.8	3	1.09
2015-07	SYAZH01CTS_01	玉米	110	40.1	3	0.24
2015-08	SYAZH01CTS_01	玉米	110	42.4	3	2.68
2015-09	SYAZH01CTS_01	玉米	110	41.7	3	1.05
2015-05	SYAZH01CTS_01	玉米	120	38.2	3	0.73
2015-06	SYAZH01CTS_01	玉米	120	39.8	3	0.98
2015-07	SYAZH01CTS_01	玉米	120	40.7	3	1.16
2015-08	SYAZH01CTS_01	玉米	120	42.9	3	2.93
2015-09	SYAZH01CTS_01	玉米	120	41.6	3	1.40
2015-05	SYAZH01CTS_01	玉米	130	37.6	3	0.79

（续）

时间（年-月）	样地代码	作物名称	探测深度/cm	体积含水量/%	重复数	标准差
2015 - 06	SYAZH01CTS_01	玉米	130	40.4	3	0.19
2015 - 07	SYAZH01CTS_01	玉米	130	40.9	3	2.94
2015 - 08	SYAZH01CTS_01	玉米	130	43.0	3	3.22
2015 - 09	SYAZH01CTS_01	玉米	130	41.4	3	1.63
2015 - 05	SYAZH01CTS_01	玉米	140	37.7	3	0.42
2015 - 06	SYAZH01CTS_01	玉米	140	41.0	3	1.53
2015 - 07	SYAZH01CTS_01	玉米	140	41.1	3	2.77
2015 - 08	SYAZH01CTS_01	玉米	140	43.1	3	2.83
2015 - 09	SYAZH01CTS_01	玉米	140	42.3	3	1.58
2015 - 05	SYAZH01CTS_01	玉米	150	38.7	3	0.58
2015 - 06	SYAZH01CTS_01	玉米	150	41.8	3	1.67
2015 - 07	SYAZH01CTS_01	玉米	150	42.3	3	2.29
2015 - 08	SYAZH01CTS_01	玉米	150	43.9	3	2.21
2015 - 09	SYAZH01CTS_01	玉米	150	43.8	3	1.21

表 3 - 260　辅助观测场中子管采样地土壤体积含水量

时间（年-月）	样地代码	作物名称	探测深度/cm	体积含水量/%	重复数	标准差
2008 - 04	SYAZH01CTS_02	玉米	10	18.3	3	2.55
2008 - 05	SYAZH01CTS_02	玉米	10	17.3	3	1.87
2008 - 06	SYAZH01CTS_02	玉米	10	16.5	3	0.93
2008 - 07	SYAZH01CTS_02	玉米	10	21.9	3	0.46
2008 - 08	SYAZH01CTS_02	玉米	10	25.4	3	4.23
2008 - 09	SYAZH01CTS_02	玉米	10	25.0	3	3.51
2008 - 10	SYAZH01CTS_02	玉米	10	19.6	3	3.91
2008 - 04	SYAZH01CTS_02	玉米	20	22.1	3	2.25
2008 - 05	SYAZH01CTS_02	玉米	20	20.2	3	0.95
2008 - 06	SYAZH01CTS_02	玉米	20	19.5	3	0.30
2008 - 07	SYAZH01CTS_02	玉米	20	22.0	3	0.28
2008 - 08	SYAZH01CTS_02	玉米	20	27.7	3	1.70
2008 - 09	SYAZH01CTS_02	玉米	20	27.7	3	1.24
2008 - 10	SYAZH01CTS_02	玉米	20	24.5	3	1.41
2008 - 04	SYAZH01CTS_02	玉米	30	23.7	3	1.57
2008 - 05	SYAZH01CTS_02	玉米	30	22.7	3	1.33
2008 - 06	SYAZH01CTS_02	玉米	30	20.4	3	1.15

（续）

时间（年-月）	样地代码	作物名称	探测深度/cm	体积含水量/%	重复数	标准差
2008 - 07	SYAZH01CTS_02	玉米	30	23.9	3	0.06
2008 - 08	SYAZH01CTS_02	玉米	30	30.4	3	0.16
2008 - 09	SYAZH01CTS_02	玉米	30	29.5	3	0.68
2008 - 10	SYAZH01CTS_02	玉米	30	26.4	3	0.99
2008 - 04	SYAZH01CTS_02	玉米	40	23.7	3	1.11
2008 - 05	SYAZH01CTS_02	玉米	40	23.0	3	1.02
2008 - 06	SYAZH01CTS_02	玉米	40	20.4	3	1.25
2008 - 07	SYAZH01CTS_02	玉米	40	25.3	3	0.90
2008 - 08	SYAZH01CTS_02	玉米	40	31.3	3	0.51
2008 - 09	SYAZH01CTS_02	玉米	40	29.8	3	0.67
2008 - 10	SYAZH01CTS_02	玉米	40	27.1	3	0.93
2008 - 04	SYAZH01CTS_02	玉米	50	25.5	3	1.05
2008 - 05	SYAZH01CTS_02	玉米	50	24.7	3	1.66
2008 - 06	SYAZH01CTS_02	玉米	50	22.1	3	2.03
2008 - 07	SYAZH01CTS_02	玉米	50	26.7	3	1.55
2008 - 08	SYAZH01CTS_02	玉米	50	33.5	3	1.15
2008 - 09	SYAZH01CTS_02	玉米	50	30.2	3	1.29
2008 - 10	SYAZH01CTS_02	玉米	50	27.6	3	1.18
2008 - 04	SYAZH01CTS_02	玉米	60	26.8	3	1.58
2008 - 05	SYAZH01CTS_02	玉米	60	25.6	3	2.23
2008 - 06	SYAZH01CTS_02	玉米	60	22.6	3	1.91
2008 - 07	SYAZH01CTS_02	玉米	60	29.3	3	1.07
2008 - 08	SYAZH01CTS_02	玉米	60	36.2	3	2.65
2008 - 09	SYAZH01CTS_02	玉米	60	32.6	3	1.46
2008 - 10	SYAZH01CTS_02	玉米	60	29.4	3	1.14
2008 - 04	SYAZH01CTS_02	玉米	70	25.9	3	1.87
2008 - 05	SYAZH01CTS_02	玉米	70	25.0	3	1.09
2008 - 06	SYAZH01CTS_02	玉米	70	22.4	3	0.76
2008 - 07	SYAZH01CTS_02	玉米	70	30.6	3	0.29
2008 - 08	SYAZH01CTS_02	玉米	70	38.5	3	2.42
2008 - 09	SYAZH01CTS_02	玉米	70	34.7	3	1.04
2008 - 10	SYAZH01CTS_02	玉米	70	30.6	3	1.40
2008 - 04	SYAZH01CTS_02	玉米	80	26.5	3	2.44
2008 - 05	SYAZH01CTS_02	玉米	80	26.1	3	2.76

（续）

时间（年-月）	样地代码	作物名称	探测深度/cm	体积含水量/%	重复数	标准差
2008 - 06	SYAZH01CTS_02	玉米	80	24.1	3	2.90
2008 - 07	SYAZH01CTS_02	玉米	80	32.9	3	1.45
2008 - 08	SYAZH01CTS_02	玉米	80	40.2	3	3.40
2008 - 09	SYAZH01CTS_02	玉米	80	35.2	3	0.50
2008 - 10	SYAZH01CTS_02	玉米	80	32.4	3	0.65
2008 - 04	SYAZH01CTS_02	玉米	90	26.9	3	3.14
2008 - 05	SYAZH01CTS_02	玉米	90	25.7	3	2.62
2008 - 06	SYAZH01CTS_02	玉米	90	24.4	3	1.68
2008 - 07	SYAZH01CTS_02	玉米	90	35.8	3	1.57
2008 - 08	SYAZH01CTS_02	玉米	90	43.7	3	4.57
2008 - 09	SYAZH01CTS_02	玉米	90	37.4	3	0.97
2008 - 10	SYAZH01CTS_02	玉米	90	33.4	3	1.95
2008 - 04	SYAZH01CTS_02	玉米	100	29.8	3	6.21
2008 - 05	SYAZH01CTS_02	玉米	100	30.1	3	7.15
2008 - 06	SYAZH01CTS_02	玉米	100	28.0	3	7.04
2008 - 07	SYAZH01CTS_02	玉米	100	38.3	3	1.71
2008 - 08	SYAZH01CTS_02	玉米	100	45.6	3	6.25
2008 - 09	SYAZH01CTS_02	玉米	100	39.0	3	2.71
2008 - 10	SYAZH01CTS_02	玉米	100	33.9	3	2.34
2008 - 04	SYAZH01CTS_02	玉米	110	37.6	3	6.36
2008 - 05	SYAZH01CTS_02	玉米	110	36.2	3	6.47
2008 - 06	SYAZH01CTS_02	玉米	110	35.6	3	7.39
2008 - 07	SYAZH01CTS_02	玉米	110	43.5	3	1.37
2008 - 08	SYAZH01CTS_02	玉米	110	46.5	3	5.05
2008 - 09	SYAZH01CTS_02	玉米	110	40.7	3	3.19
2008 - 10	SYAZH01CTS_02	玉米	110	35.4	3	2.90
2008 - 04	SYAZH01CTS_02	玉米	120	42.2	3	4.19
2008 - 05	SYAZH01CTS_02	玉米	120	41.6	3	4.08
2008 - 06	SYAZH01CTS_02	玉米	120	41.6	3	4.98
2008 - 07	SYAZH01CTS_02	玉米	120	45.0	3	2.11
2008 - 08	SYAZH01CTS_02	玉米	120	46.2	3	4.08
2008 - 09	SYAZH01CTS_02	玉米	120	44.2	3	4.35
2008 - 10	SYAZH01CTS_02	玉米	120	38.4	3	1.77
2008 - 04	SYAZH01CTS_02	玉米	130	45.3	3	1.14

（续）

时间（年-月）	样地代码	作物名称	探测深度/cm	体积含水量/%	重复数	标准差
2008 - 05	SYAZH01CTS_02	玉米	130	44.9	3	1.26
2008 - 06	SYAZH01CTS_02	玉米	130	44.4	3	0.85
2008 - 07	SYAZH01CTS_02	玉米	130	46.9	3	0.97
2008 - 08	SYAZH01CTS_02	玉米	130	47.0	3	2.17
2008 - 09	SYAZH01CTS_02	玉米	130	46.2	3	2.50
2008 - 10	SYAZH01CTS_02	玉米	130	40.5	3	1.21
2008 - 04	SYAZH01CTS_02	玉米	140	45.8	3	2.86
2008 - 05	SYAZH01CTS_02	玉米	140	45.1	3	1.78
2008 - 06	SYAZH01CTS_02	玉米	140	45.2	3	1.77
2008 - 07	SYAZH01CTS_02	玉米	140	46.5	3	1.52
2008 - 08	SYAZH01CTS_02	玉米	140	46.0	3	1.40
2008 - 09	SYAZH01CTS_02	玉米	140	44.9	3	1.77
2008 - 10	SYAZH01CTS_02	玉米	140	41.8	3	0.72
2008 - 04	SYAZH01CTS_02	玉米	150	45.6	3	1.43
2008 - 05	SYAZH01CTS_02	玉米	150	45.6	3	1.03
2008 - 06	SYAZH01CTS_02	玉米	150	45.0	3	1.14
2008 - 07	SYAZH01CTS_02	玉米	150	46.2	3	0.77
2008 - 08	SYAZH01CTS_02	玉米	150	44.8	3	1.63
2008 - 09	SYAZH01CTS_02	玉米	150	44.1	3	0.81
2008 - 10	SYAZH01CTS_02	玉米	150	42.3	3	1.20
2009 - 04	SYAZH01CTS_02	玉米	10	19.5	3	1.82
2009 - 05	SYAZH01CTS_02	玉米	10	19.7	3	2.25
2009 - 06	SYAZH01CTS_02	玉米	10	20.3	3	2.63
2009 - 07	SYAZH01CTS_02	玉米	10	21.5	3	2.56
2009 - 08	SYAZH01CTS_02	玉米	10	21.1	3	1.08
2009 - 09	SYAZH01CTS_02	玉米	10	19.4	3	2.12
2009 - 10	SYAZH01CTS_02	玉米	10	20.3	3	1.92
2009 - 04	SYAZH01CTS_02	玉米	20	23.9	3	0.35
2009 - 05	SYAZH01CTS_02	玉米	20	24.7	3	0.85
2009 - 06	SYAZH01CTS_02	玉米	20	23.2	3	0.80
2009 - 07	SYAZH01CTS_02	玉米	20	23.5	3	1.39
2009 - 08	SYAZH01CTS_02	玉米	20	23.6	3	1.82
2009 - 09	SYAZH01CTS_02	玉米	20	21.6	3	1.20
2009 - 10	SYAZH01CTS_02	玉米	20	22.2	3	2.49

（续）

时间（年-月）	样地代码	作物名称	探测深度/cm	体积含水量/%	重复数	标准差
2009 – 04	SYAZH01CTS_02	玉米	30	25.3	3	0.34
2009 – 05	SYAZH01CTS_02	玉米	30	26.9	3	0.27
2009 – 06	SYAZH01CTS_02	玉米	30	25.3	3	0.11
2009 – 07	SYAZH01CTS_02	玉米	30	24.8	3	0.89
2009 – 08	SYAZH01CTS_02	玉米	30	24.5	3	1.06
2009 – 09	SYAZH01CTS_02	玉米	30	23.5	3	0.66
2009 – 10	SYAZH01CTS_02	玉米	30	23.6	3	1.88
2009 – 04	SYAZH01CTS_02	玉米	40	27.8	3	0.53
2009 – 05	SYAZH01CTS_02	玉米	40	28.9	3	0.60
2009 – 06	SYAZH01CTS_02	玉米	40	27.6	3	0.73
2009 – 07	SYAZH01CTS_02	玉米	40	26.6	3	1.87
2009 – 08	SYAZH01CTS_02	玉米	40	26.2	3	1.11
2009 – 09	SYAZH01CTS_02	玉米	40	25.4	3	2.29
2009 – 10	SYAZH01CTS_02	玉米	40	24.7	3	2.48
2009 – 04	SYAZH01CTS_02	玉米	50	29.0	3	0.52
2009 – 05	SYAZH01CTS_02	玉米	50	30.1	3	0.63
2009 – 06	SYAZH01CTS_02	玉米	50	28.5	3	0.74
2009 – 07	SYAZH01CTS_02	玉米	50	27.8	3	1.83
2009 – 08	SYAZH01CTS_02	玉米	50	27.4	3	1.69
2009 – 09	SYAZH01CTS_02	玉米	50	25.8	3	2.87
2009 – 10	SYAZH01CTS_02	玉米	50	24.9	3	2.79
2009 – 04	SYAZH01CTS_02	玉米	60	30.7	3	0.77
2009 – 05	SYAZH01CTS_02	玉米	60	31.2	3	1.02
2009 – 06	SYAZH01CTS_02	玉米	60	29.3	3	1.07
2009 – 07	SYAZH01CTS_02	玉米	60	28.9	3	1.93
2009 – 08	SYAZH01CTS_02	玉米	60	28.7	3	1.90
2009 – 09	SYAZH01CTS_02	玉米	60	25.9	3	3.39
2009 – 10	SYAZH01CTS_02	玉米	60	24.9	3	2.74
2009 – 04	SYAZH01CTS_02	玉米	70	31.6	3	0.75
2009 – 05	SYAZH01CTS_02	玉米	70	32.1	3	0.99
2009 – 06	SYAZH01CTS_02	玉米	70	30.8	3	0.84
2009 – 07	SYAZH01CTS_02	玉米	70	29.7	3	1.51
2009 – 08	SYAZH01CTS_02	玉米	70	29.7	3	1.38
2009 – 09	SYAZH01CTS_02	玉米	70	26.9	3	3.20

（续）

时间（年-月）	样地代码	作物名称	探测深度/cm	体积含水量/%	重复数	标准差
2009－10	SYAZH01CTS_02	玉米	70	25.6	3	2.95
2009－04	SYAZH01CTS_02	玉米	80	32.2	3	1.02
2009－05	SYAZH01CTS_02	玉米	80	33.2	3	0.35
2009－06	SYAZH01CTS_02	玉米	80	31.3	3	0.78
2009－07	SYAZH01CTS_02	玉米	80	31.1	3	1.71
2009－08	SYAZH01CTS_02	玉米	80	30.0	3	1.26
2009－09	SYAZH01CTS_02	玉米	80	27.9	3	2.74
2009－10	SYAZH01CTS_02	玉米	80	25.7	3	2.91
2009－04	SYAZH01CTS_02	玉米	90	32.7	3	0.97
2009－05	SYAZH01CTS_02	玉米	90	33.8	3	0.78
2009－06	SYAZH01CTS_02	玉米	90	32.1	3	0.60
2009－07	SYAZH01CTS_02	玉米	90	32.1	3	2.54
2009－08	SYAZH01CTS_02	玉米	90	31.1	3	1.57
2009－09	SYAZH01CTS_02	玉米	90	29.8	3	2.12
2009－10	SYAZH01CTS_02	玉米	90	26.3	3	2.86
2009－04	SYAZH01CTS_02	玉米	100	32.7	3	1.38
2009－05	SYAZH01CTS_02	玉米	100	34.1	3	2.08
2009－06	SYAZH01CTS_02	玉米	100	33.0	3	1.37
2009－07	SYAZH01CTS_02	玉米	100	33.7	3	3.02
2009－08	SYAZH01CTS_02	玉米	100	33.3	3	2.67
2009－09	SYAZH01CTS_02	玉米	100	30.6	3	2.56
2009－10	SYAZH01CTS_02	玉米	100	27.5	3	3.49
2009－04	SYAZH01CTS_02	玉米	110	35.8	3	2.65
2009－05	SYAZH01CTS_02	玉米	110	36.4	3	2.21
2009－06	SYAZH01CTS_02	玉米	110	34.9	3	3.23
2009－07	SYAZH01CTS_02	玉米	110	36.6	3	4.61
2009－08	SYAZH01CTS_02	玉米	110	35.8	3	3.48
2009－09	SYAZH01CTS_02	玉米	110	33.7	3	3.35
2009－10	SYAZH01CTS_02	玉米	110	28.6	3	4.49
2009－04	SYAZH01CTS_02	玉米	120	39.1	3	1.38
2009－05	SYAZH01CTS_02	玉米	120	39.8	3	2.01
2009－06	SYAZH01CTS_02	玉米	120	38.3	3	3.55
2009－07	SYAZH01CTS_02	玉米	120	40.0	3	3.86
2009－08	SYAZH01CTS_02	玉米	120	38.8	3	1.54

（续）

时间（年-月）	样地代码	作物名称	探测深度/cm	体积含水量/%	重复数	标准差
2009 - 09	SYAZH01CTS_02	玉米	120	36.5	3	3.40
2009 - 10	SYAZH01CTS_02	玉米	120	32.8	3	5.75
2009 - 04	SYAZH01CTS_02	玉米	130	42.0	3	2.24
2009 - 05	SYAZH01CTS_02	玉米	130	42.4	3	2.19
2009 - 06	SYAZH01CTS_02	玉米	130	40.7	3	3.64
2009 - 07	SYAZH01CTS_02	玉米	130	42.5	3	3.26
2009 - 08	SYAZH01CTS_02	玉米	130	41.3	3	1.04
2009 - 09	SYAZH01CTS_02	玉米	130	39.7	3	1.10
2009 - 10	SYAZH01CTS_02	玉米	130	37.6	3	3.41
2009 - 04	SYAZH01CTS_02	玉米	140	43.6	3	0.10
2009 - 05	SYAZH01CTS_02	玉米	140	44.6	3	1.06
2009 - 06	SYAZH01CTS_02	玉米	140	43.3	3	1.69
2009 - 07	SYAZH01CTS_02	玉米	140	44.5	3	2.03
2009 - 08	SYAZH01CTS_02	玉米	140	42.7	3	1.19
2009 - 09	SYAZH01CTS_02	玉米	140	41.2	3	0.81
2009 - 10	SYAZH01CTS_02	玉米	140	39.8	3	2.05
2009 - 04	SYAZH01CTS_02	玉米	150	44.8	3	1.11
2009 - 05	SYAZH01CTS_02	玉米	150	45.4	3	0.75
2009 - 06	SYAZH01CTS_02	玉米	150	44.4	3	0.73
2009 - 07	SYAZH01CTS_02	玉米	150	45.2	3	0.71
2009 - 08	SYAZH01CTS_02	玉米	150	43.8	3	0.48
2009 - 09	SYAZH01CTS_02	玉米	150	42.9	3	0.40
2009 - 10	SYAZH01CTS_02	玉米	150	42.3	3	0.80
2010 - 04	SYAZH01CTS_02	大豆	10	21.1	3	1.95
2010 - 05	SYAZH01CTS_02	大豆	10	22.4	3	1.23
2010 - 06	SYAZH01CTS_02	大豆	10	20.1	3	1.20
2010 - 07	SYAZH01CTS_02	大豆	10	23.4	3	1.54
2010 - 08	SYAZH01CTS_02	大豆	10	28.8	3	1.94
2010 - 09	SYAZH01CTS_02	大豆	10	28.7	3	0.96
2010 - 10	SYAZH01CTS_02	大豆	10	24.5	3	1.13
2010 - 04	SYAZH01CTS_02	大豆	20	23.5	3	0.67
2010 - 05	SYAZH01CTS_02	大豆	20	27.6	3	0.63
2010 - 06	SYAZH01CTS_02	大豆	20	21.9	3	1.32
2010 - 07	SYAZH01CTS_02	大豆	20	26.3	3	1.27

（续）

时间（年-月）	样地代码	作物名称	探测深度/cm	体积含水量/%	重复数	标准差
2010 - 08	SYAZH01CTS _ 02	大豆	20	31.6	3	1.43
2010 - 09	SYAZH01CTS _ 02	大豆	20	31.4	3	0.72
2010 - 10	SYAZH01CTS _ 02	大豆	20	28.8	3	1.51
2010 - 04	SYAZH01CTS _ 02	大豆	30	26.0	3	0.44
2010 - 05	SYAZH01CTS _ 02	大豆	30	29.0	3	0.39
2010 - 06	SYAZH01CTS _ 02	大豆	30	24.7	3	1.50
2010 - 07	SYAZH01CTS _ 02	大豆	30	27.6	3	0.98
2010 - 08	SYAZH01CTS _ 02	大豆	30	34.2	3	1.66
2010 - 09	SYAZH01CTS _ 02	大豆	30	34.7	3	1.27
2010 - 10	SYAZH01CTS _ 02	大豆	30	32.6	3	1.88
2010 - 04	SYAZH01CTS _ 02	大豆	40	28.5	3	0.18
2010 - 05	SYAZH01CTS _ 02	大豆	40	30.8	3	0.67
2010 - 06	SYAZH01CTS _ 02	大豆	40	26.7	3	1.75
2010 - 07	SYAZH01CTS _ 02	大豆	40	30.5	3	1.49
2010 - 08	SYAZH01CTS _ 02	大豆	40	38.5	3	1.70
2010 - 09	SYAZH01CTS _ 02	大豆	40	40.7	3	2.29
2010 - 10	SYAZH01CTS _ 02	大豆	40	36.9	3	1.01
2010 - 04	SYAZH01CTS _ 02	大豆	50	28.1	3	0.72
2010 - 05	SYAZH01CTS _ 02	大豆	50	30.7	3	1.00
2010 - 06	SYAZH01CTS _ 02	大豆	50	28.2	3	1.56
2010 - 07	SYAZH01CTS _ 02	大豆	50	32.0	3	1.83
2010 - 08	SYAZH01CTS _ 02	大豆	50	40.3	3	2.12
2010 - 09	SYAZH01CTS _ 02	大豆	50	44.6	3	1.32
2010 - 10	SYAZH01CTS _ 02	大豆	50	40.3	3	1.94
2010 - 04	SYAZH01CTS _ 02	大豆	60	28.4	3	1.00
2010 - 05	SYAZH01CTS _ 02	大豆	60	31.7	3	0.94
2010 - 06	SYAZH01CTS _ 02	大豆	60	28.9	3	1.73
2010 - 07	SYAZH01CTS _ 02	大豆	60	32.5	3	1.82
2010 - 08	SYAZH01CTS _ 02	大豆	60	42.2	3	2.47
2010 - 09	SYAZH01CTS _ 02	大豆	60	46.8	3	1.48
2010 - 10	SYAZH01CTS _ 02	大豆	60	43.7	3	2.47
2010 - 04	SYAZH01CTS _ 02	大豆	70	28.9	3	1.22
2010 - 05	SYAZH01CTS _ 02	大豆	70	32.8	3	1.11
2010 - 06	SYAZH01CTS _ 02	大豆	70	30.8	3	1.86

（续）

时间（年-月）	样地代码	作物名称	探测深度/cm	体积含水量/%	重复数	标准差
2010 - 07	SYAZH01CTS_02	大豆	70	33.4	3	1.81
2010 - 08	SYAZH01CTS_02	大豆	70	43.5	3	3.12
2010 - 09	SYAZH01CTS_02	大豆	70	48.6	3	0.91
2010 - 10	SYAZH01CTS_02	大豆	70	47.0	3	0.70
2010 - 04	SYAZH01CTS_02	大豆	80	29.0	3	1.59
2010 - 05	SYAZH01CTS_02	大豆	80	33.8	3	1.69
2010 - 06	SYAZH01CTS_02	大豆	80	31.4	3	1.77
2010 - 07	SYAZH01CTS_02	大豆	80	34.0	3	1.67
2010 - 08	SYAZH01CTS_02	大豆	80	44.6	3	2.00
2010 - 09	SYAZH01CTS_02	大豆	80	49.5	3	1.78
2010 - 10	SYAZH01CTS_02	大豆	80	48.5	3	0.90
2010 - 04	SYAZH01CTS_02	大豆	90	29.3	3	2.02
2010 - 05	SYAZH01CTS_02	大豆	90	34.5	3	3.10
2010 - 06	SYAZH01CTS_02	大豆	90	32.8	3	1.94
2010 - 07	SYAZH01CTS_02	大豆	90	35.7	3	3.66
2010 - 08	SYAZH01CTS_02	大豆	90	46.1	3	2.58
2010 - 09	SYAZH01CTS_02	大豆	90	50.7	3	1.05
2010 - 10	SYAZH01CTS_02	大豆	90	48.7	3	0.92
2010 - 04	SYAZH01CTS_02	大豆	100	29.6	3	2.36
2010 - 05	SYAZH01CTS_02	大豆	100	34.9	3	3.04
2010 - 06	SYAZH01CTS_02	大豆	100	34.2	3	1.78
2010 - 07	SYAZH01CTS_02	大豆	100	36.9	3	4.13
2010 - 08	SYAZH01CTS_02	大豆	100	46.8	3	2.40
2010 - 09	SYAZH01CTS_02	大豆	100	51.2	3	0.70
2010 - 10	SYAZH01CTS_02	大豆	100	49.2	3	1.00
2010 - 04	SYAZH01CTS_02	大豆	110	31.9	3	3.59
2010 - 05	SYAZH01CTS_02	大豆	110	36.1	3	2.90
2010 - 06	SYAZH01CTS_02	大豆	110	36.5	3	2.71
2010 - 07	SYAZH01CTS_02	大豆	110	39.6	3	3.12
2010 - 08	SYAZH01CTS_02	大豆	110	47.3	3	1.69
2010 - 09	SYAZH01CTS_02	大豆	110	51.8	3	0.88
2010 - 10	SYAZH01CTS_02	大豆	110	49.7	3	0.77
2010 - 04	SYAZH01CTS_02	大豆	120	35.2	3	3.97
2010 - 05	SYAZH01CTS_02	大豆	120	39.1	3	1.86

（续）

时间（年-月）	样地代码	作物名称	探测深度/cm	体积含水量/%	重复数	标准差
2010－06	SYAZH01CTS_02	大豆	120	39.2	3	2.03
2010－07	SYAZH01CTS_02	大豆	120	42.2	3	2.23
2010－08	SYAZH01CTS_02	大豆	120	49.3	3	0.74
2010－09	SYAZH01CTS_02	大豆	120	52.2	3	0.46
2010－10	SYAZH01CTS_02	大豆	120	50.0	3	0.47
2010－04	SYAZH01CTS_02	大豆	130	38.9	3	3.12
2010－05	SYAZH01CTS_02	大豆	130	41.4	3	1.88
2010－06	SYAZH01CTS_02	大豆	130	41.8	3	2.36
2010－07	SYAZH01CTS_02	大豆	130	43.6	3	1.45
2010－08	SYAZH01CTS_02	大豆	130	49.4	3	0.96
2010－09	SYAZH01CTS_02	大豆	130	52.9	3	0.18
2010－10	SYAZH01CTS_02	大豆	130	50.3	3	0.44
2010－04	SYAZH01CTS_02	大豆	140	42.0	3	1.07
2010－05	SYAZH01CTS_02	大豆	140	43.4	3	0.61
2010－06	SYAZH01CTS_02	大豆	140	43.3	3	0.52
2010－07	SYAZH01CTS_02	大豆	140	44.9	3	0.67
2010－08	SYAZH01CTS_02	大豆	140	49.3	3	0.34
2010－09	SYAZH01CTS_02	大豆	140	52.7	3	0.96
2010－10	SYAZH01CTS_02	大豆	140	50.4	3	0.13
2010－04	SYAZH01CTS_02	大豆	150	42.4	3	1.13
2010－05	SYAZH01CTS_02	大豆	150	43.2	3	0.56
2010－06	SYAZH01CTS_02	大豆	150	43.6	3	0.76
2010－07	SYAZH01CTS_02	大豆	150	45.3	3	0.54
2010－08	SYAZH01CTS_02	大豆	150	49.1	3	0.80
2010－09	SYAZH01CTS_02	大豆	150	53.7	3	0.46
2010－10	SYAZH01CTS_02	大豆	150	51.8	3	0.14
2011－04	SYAZH01CTS_02	玉米	10	23.4	3	1.76
2011－05	SYAZH01CTS_02	玉米	10	21.9	3	1.03
2011－06	SYAZH01CTS_02	玉米	10	24.1	3	1.18
2011－07	SYAZH01CTS_02	玉米	10	26.1	3	1.12
2011－08	SYAZH01CTS_02	玉米	10	26.2	3	1.03
2011－09	SYAZH01CTS_02	玉米	10	24.1	3	0.68
2011－10	SYAZH01CTS_02	玉米	10	21.6	3	1.01
2011－04	SYAZH01CTS_02	玉米	20	27.1	3	1.92

（续）

时间（年-月）	样地代码	作物名称	探测深度/cm	体积含水量/%	重复数	标准差
2011 - 05	SYAZH01CTS_02	玉米	20	24.9	3	1.65
2011 - 06	SYAZH01CTS_02	玉米	20	26.7	3	1.33
2011 - 07	SYAZH01CTS_02	玉米	20	28.1	3	0.87
2011 - 08	SYAZH01CTS_02	玉米	20	28.7	3	1.47
2011 - 09	SYAZH01CTS_02	玉米	20	27.5	3	0.84
2011 - 10	SYAZH01CTS_02	玉米	20	24.7	3	0.94
2011 - 04	SYAZH01CTS_02	玉米	30	29.2	3	1.53
2011 - 05	SYAZH01CTS_02	玉米	30	27.1	3	1.19
2011 - 06	SYAZH01CTS_02	玉米	30	27.8	3	0.86
2011 - 07	SYAZH01CTS_02	玉米	30	29.9	3	0.56
2011 - 08	SYAZH01CTS_02	玉米	30	30.4	3	0.55
2011 - 09	SYAZH01CTS_02	玉米	30	31.9	3	1.15
2011 - 10	SYAZH01CTS_02	玉米	30	28.0	3	1.36
2011 - 04	SYAZH01CTS_02	玉米	40	32.1	3	0.81
2011 - 05	SYAZH01CTS_02	玉米	40	29.3	3	1.37
2011 - 06	SYAZH01CTS_02	玉米	40	29.2	3	0.54
2011 - 07	SYAZH01CTS_02	玉米	40	32.0	3	0.41
2011 - 08	SYAZH01CTS_02	玉米	40	32.3	3	0.60
2011 - 09	SYAZH01CTS_02	玉米	40	34.4	3	1.23
2011 - 10	SYAZH01CTS_02	玉米	40	31.6	3	1.39
2011 - 04	SYAZH01CTS_02	玉米	50	33.4	3	0.67
2011 - 05	SYAZH01CTS_02	玉米	50	30.5	3	0.84
2011 - 06	SYAZH01CTS_02	玉米	50	29.9	3	0.75
2011 - 07	SYAZH01CTS_02	玉米	50	32.4	3	1.03
2011 - 08	SYAZH01CTS_02	玉米	50	32.9	3	1.13
2011 - 09	SYAZH01CTS_02	玉米	50	35.3	3	2.00
2011 - 10	SYAZH01CTS_02	玉米	50	31.9	3	1.51
2011 - 04	SYAZH01CTS_02	玉米	60	34.1	3	0.83
2011 - 05	SYAZH01CTS_02	玉米	60	32.2	3	0.84
2011 - 06	SYAZH01CTS_02	玉米	60	30.7	3	0.78
2011 - 07	SYAZH01CTS_02	玉米	60	32.5	3	0.73
2011 - 08	SYAZH01CTS_02	玉米	60	33.9	3	1.32
2011 - 09	SYAZH01CTS_02	玉米	60	37.2	3	2.55
2011 - 10	SYAZH01CTS_02	玉米	60	34.2	3	3.01

（续）

时间（年-月）	样地代码	作物名称	探测深度/cm	体积含水量/%	重复数	标准差
2011－04	SYAZH01CTS_02	玉米	70	33.3	3	0.78
2011－05	SYAZH01CTS_02	玉米	70	32.5	3	0.72
2011－06	SYAZH01CTS_02	玉米	70	32.0	3	0.34
2011－07	SYAZH01CTS_02	玉米	70	33.7	3	0.98
2011－08	SYAZH01CTS_02	玉米	70	36.1	3	2.12
2011－09	SYAZH01CTS_02	玉米	70	39.6	3	2.49
2011－10	SYAZH01CTS_02	玉米	70	35.3	3	3.14
2011－04	SYAZH01CTS_02	玉米	80	32.7	3	0.75
2011－05	SYAZH01CTS_02	玉米	80	32.9	3	1.22
2011－06	SYAZH01CTS_02	玉米	80	33.0	3	0.94
2011－07	SYAZH01CTS_02	玉米	80	35.3	3	1.60
2011－08	SYAZH01CTS_02	玉米	80	38.0	3	2.21
2011－09	SYAZH01CTS_02	玉米	80	43.4	3	3.86
2011－10	SYAZH01CTS_02	玉米	80	40.4	3	5.15
2011－04	SYAZH01CTS_02	玉米	90	32.8	3	1.51
2011－05	SYAZH01CTS_02	玉米	90	34.3	3	1.80
2011－06	SYAZH01CTS_02	玉米	90	33.3	3	1.91
2011－07	SYAZH01CTS_02	玉米	90	36.0	3	1.78
2011－08	SYAZH01CTS_02	玉米	90	40.0	3	3.20
2011－09	SYAZH01CTS_02	玉米	90	44.1	3	3.76
2011－10	SYAZH01CTS_02	玉米	90	42.5	3	5.67
2011－04	SYAZH01CTS_02	玉米	100	33.4	3	1.93
2011－05	SYAZH01CTS_02	玉米	100	34.8	3	1.17
2011－06	SYAZH01CTS_02	玉米	100	33.4	3	2.38
2011－07	SYAZH01CTS_02	玉米	100	36.3	3	1.82
2011－08	SYAZH01CTS_02	玉米	100	42.6	3	2.49
2011－09	SYAZH01CTS_02	玉米	100	44.8	3	3.25
2011－10	SYAZH01CTS_02	玉米	100	42.7	3	4.97
2011－04	SYAZH01CTS_02	玉米	110	36.0	3	2.36
2011－05	SYAZH01CTS_02	玉米	110	36.4	3	3.23
2011－06	SYAZH01CTS_02	玉米	110	36.2	3	4.12
2011－07	SYAZH01CTS_02	玉米	110	37.7	3	2.33
2011－08	SYAZH01CTS_02	玉米	110	44.5	3	1.94
2011－09	SYAZH01CTS_02	玉米	110	47.0	3	2.42

（续）

时间（年-月）	样地代码	作物名称	探测深度/cm	体积含水量/%	重复数	标准差
2011－10	SYAZH01CTS_02	玉米	110	45.2	3	3.09
2011－04	SYAZH01CTS_02	玉米	120	41.1	3	4.05
2011－05	SYAZH01CTS_02	玉米	120	39.5	3	2.77
2011－06	SYAZH01CTS_02	玉米	120	39.8	3	3.06
2011－07	SYAZH01CTS_02	玉米	120	41.8	3	3.05
2011－08	SYAZH01CTS_02	玉米	120	45.7	3	1.86
2011－09	SYAZH01CTS_02	玉米	120	49.4	3	0.32
2011－10	SYAZH01CTS_02	玉米	120	50.1	3	0.20
2011－04	SYAZH01CTS_02	玉米	130	43.9	3	2.29
2011－05	SYAZH01CTS_02	玉米	130	42.3	3	2.30
2011－06	SYAZH01CTS_02	玉米	130	40.5	3	2.51
2011－07	SYAZH01CTS_02	玉米	130	42.9	3	2.68
2011－08	SYAZH01CTS_02	玉米	130	47.0	3	1.68
2011－09	SYAZH01CTS_02	玉米	130	49.9	3	0.46
2011－10	SYAZH01CTS_02	玉米	130	50.0	3	1.10
2011－04	SYAZH01CTS_02	玉米	140	45.2	3	1.51
2011－05	SYAZH01CTS_02	玉米	140	43.8	3	1.91
2011－06	SYAZH01CTS_02	玉米	140	43.3	3	1.90
2011－07	SYAZH01CTS_02	玉米	140	43.9	3	2.27
2011－08	SYAZH01CTS_02	玉米	140	48.1	3	0.92
2011－09	SYAZH01CTS_02	玉米	140	50.1	3	0.46
2011－10	SYAZH01CTS_02	玉米	140	48.7	3	0.03
2011－04	SYAZH01CTS_02	玉米	150	46.3	3	1.52
2011－05	SYAZH01CTS_02	玉米	150	45.0	3	0.93
2011－06	SYAZH01CTS_02	玉米	150	44.4	3	0.51
2011－07	SYAZH01CTS_02	玉米	150	45.5	3	1.05
2011－08	SYAZH01CTS_02	玉米	150	48.2	3	0.95
2011－09	SYAZH01CTS_02	玉米	150	50.1	3	0.85
2011－10	SYAZH01CTS_02	玉米	150	49.4	3	0.82
2012－05	SYAZH01CTS_02	玉米	10	21.7	3	1.07
2012－06	SYAZH01CTS_02	玉米	10	22.9	3	0.35
2012－07	SYAZH01CTS_02	玉米	10	21.8	3	1.31
2012－08	SYAZH01CTS_02	玉米	10	30.8	3	2.41
2012－09	SYAZH01CTS_02	玉米	10	32.8	3	3.55

（续）

时间（年-月）	样地代码	作物名称	探测深度/cm	体积含水量/%	重复数	标准差
2012 - 10	SYAZH01CTS_02	玉米	10	30.1	3	4.31
2012 - 05	SYAZH01CTS_02	玉米	20	25.4	3	0.34
2012 - 06	SYAZH01CTS_02	玉米	20	27.7	3	1.66
2012 - 07	SYAZH01CTS_02	玉米	20	28.1	3	2.17
2012 - 08	SYAZH01CTS_02	玉米	20	38.9	3	1.82
2012 - 09	SYAZH01CTS_02	玉米	20	38.8	3	3.35
2012 - 10	SYAZH01CTS_02	玉米	20	37.2	3	3.66
2012 - 05	SYAZH01CTS_02	玉米	30	28.1	3	0.63
2012 - 06	SYAZH01CTS_02	玉米	30	28.8	3	2.56
2012 - 07	SYAZH01CTS_02	玉米	30	30.1	3	2.45
2012 - 08	SYAZH01CTS_02	玉米	30	37.7	3	2.11
2012 - 09	SYAZH01CTS_02	玉米	30	37.9	3	3.02
2012 - 10	SYAZH01CTS_02	玉米	30	36.6	3	3.65
2012 - 05	SYAZH01CTS_02	玉米	40	30.0	3	1.90
2012 - 06	SYAZH01CTS_02	玉米	40	30.5	3	2.29
2012 - 07	SYAZH01CTS_02	玉米	40	31.7	3	1.62
2012 - 08	SYAZH01CTS_02	玉米	40	37.8	3	0.83
2012 - 09	SYAZH01CTS_02	玉米	40	38.0	3	2.95
2012 - 10	SYAZH01CTS_02	玉米	40	36.0	3	2.73
2012 - 05	SYAZH01CTS_02	玉米	50	31.8	3	2.49
2012 - 06	SYAZH01CTS_02	玉米	50	33.7	3	2.01
2012 - 07	SYAZH01CTS_02	玉米	50	34.9	3	1.48
2012 - 08	SYAZH01CTS_02	玉米	50	39.9	3	0.38
2012 - 09	SYAZH01CTS_02	玉米	50	41.4	3	0.76
2012 - 10	SYAZH01CTS_02	玉米	50	38.9	3	1.25
2012 - 05	SYAZH01CTS_02	玉米	60	34.4	3	1.16
2012 - 06	SYAZH01CTS_02	玉米	60	36.4	3	2.11
2012 - 07	SYAZH01CTS_02	玉米	60	37.5	3	2.28
2012 - 08	SYAZH01CTS_02	玉米	60	42.6	3	0.60
2012 - 09	SYAZH01CTS_02	玉米	60	43.5	3	1.57
2012 - 10	SYAZH01CTS_02	玉米	60	41.7	3	2.38
2012 - 05	SYAZH01CTS_02	玉米	70	37.5	3	1.68
2012 - 06	SYAZH01CTS_02	玉米	70	38.0	3	1.80
2012 - 07	SYAZH01CTS_02	玉米	70	39.0	3	1.81

（续）

时间（年-月）	样地代码	作物名称	探测深度/cm	体积含水量/%	重复数	标准差
2012 - 08	SYAZH01CTS_02	玉米	70	44.1	3	0.83
2012 - 09	SYAZH01CTS_02	玉米	70	44.9	3	0.99
2012 - 10	SYAZH01CTS_02	玉米	70	43.5	3	2.76
2012 - 05	SYAZH01CTS_02	玉米	80	40.5	3	0.71
2012 - 06	SYAZH01CTS_02	玉米	80	39.9	3	1.59
2012 - 07	SYAZH01CTS_02	玉米	80	39.8	3	2.59
2012 - 08	SYAZH01CTS_02	玉米	80	44.7	3	1.54
2012 - 09	SYAZH01CTS_02	玉米	80	45.6	3	1.35
2012 - 10	SYAZH01CTS_02	玉米	80	44.5	3	1.77
2012 - 05	SYAZH01CTS_02	玉米	90	43.2	3	1.03
2012 - 06	SYAZH01CTS_02	玉米	90	42.8	3	0.58
2012 - 07	SYAZH01CTS_02	玉米	90	42.3	3	2.72
2012 - 08	SYAZH01CTS_02	玉米	90	46.0	3	1.22
2012 - 09	SYAZH01CTS_02	玉米	90	46.0	3	0.69
2012 - 10	SYAZH01CTS_02	玉米	90	45.7	3	1.52
2012 - 05	SYAZH01CTS_02	玉米	100	44.6	3	2.30
2012 - 06	SYAZH01CTS_02	玉米	100	44.2	3	1.80
2012 - 07	SYAZH01CTS_02	玉米	100	44.5	3	1.48
2012 - 08	SYAZH01CTS_02	玉米	100	46.4	3	0.81
2012 - 09	SYAZH01CTS_02	玉米	100	46.3	3	1.21
2012 - 10	SYAZH01CTS_02	玉米	100	46.8	3	0.69
2012 - 05	SYAZH01CTS_02	玉米	110	42.6	3	1.19
2012 - 06	SYAZH01CTS_02	玉米	110	43.5	3	1.56
2012 - 07	SYAZH01CTS_02	玉米	110	44.6	3	1.09
2012 - 08	SYAZH01CTS_02	玉米	110	46.3	3	0.92
2012 - 09	SYAZH01CTS_02	玉米	110	46.7	3	0.52
2012 - 10	SYAZH01CTS_02	玉米	110	46.5	3	0.98
2012 - 05	SYAZH01CTS_02	玉米	120	41.4	3	1.36
2012 - 06	SYAZH01CTS_02	玉米	120	41.8	3	0.48
2012 - 07	SYAZH01CTS_02	玉米	120	43.0	3	2.22
2012 - 08	SYAZH01CTS_02	玉米	120	45.1	3	2.66
2012 - 09	SYAZH01CTS_02	玉米	120	45.4	3	2.46
2012 - 10	SYAZH01CTS_02	玉米	120	45.7	3	2.21
2012 - 05	SYAZH01CTS_02	玉米	130	41.2	3	0.90

（续）

时间（年-月）	样地代码	作物名称	探测深度/cm	体积含水量/%	重复数	标准差
2012 – 06	SYAZH01CTS_02	玉米	130	42.0	3	0.70
2012 – 07	SYAZH01CTS_02	玉米	130	43.1	3	2.19
2012 – 08	SYAZH01CTS_02	玉米	130	45.7	3	3.94
2012 – 09	SYAZH01CTS_02	玉米	130	45.1	3	1.73
2012 – 10	SYAZH01CTS_02	玉米	130	46.1	3	1.68
2012 – 05	SYAZH01CTS_02	玉米	140	42.9	3	1.54
2012 – 06	SYAZH01CTS_02	玉米	140	43.0	3	1.05
2012 – 07	SYAZH01CTS_02	玉米	140	44.5	3	1.76
2012 – 08	SYAZH01CTS_02	玉米	140	45.9	3	2.95
2012 – 09	SYAZH01CTS_02	玉米	140	46.9	3	2.26
2012 – 10	SYAZH01CTS_02	玉米	140	47.6	3	1.71
2012 – 05	SYAZH01CTS_02	玉米	150	43.9	3	1.75
2012 – 06	SYAZH01CTS_02	玉米	150	44.4	3	1.10
2012 – 07	SYAZH01CTS_02	玉米	150	45.9	3	1.65
2012 – 08	SYAZH01CTS_02	玉米	150	46.0	3	2.74
2012 – 09	SYAZH01CTS_02	玉米	150	46.2	3	2.37
2012 – 10	SYAZH01CTS_02	玉米	150	47.6	3	2.53
2013 – 04	SYAZH01CTS_02	大豆	10	22.5	3	0.22
2013 – 05	SYAZH01CTS_02	大豆	10	21.7	3	0.98
2013 – 06	SYAZH01CTS_02	大豆	10	22.7	3	1.14
2013 – 07	SYAZH01CTS_02	大豆	10	27.8	3	2.32
2013 – 08	SYAZH01CTS_02	大豆	10	29.0	3	1.62
2013 – 09	SYAZH01CTS_02	大豆	10	25.3	3	0.50
2013 – 10	SYAZH01CTS_02	大豆	10	29.5	3	0.91
2013 – 04	SYAZH01CTS_02	大豆	20	29.0	3	1.57
2013 – 05	SYAZH01CTS_02	大豆	20	24.3	3	1.04
2013 – 06	SYAZH01CTS_02	大豆	20	24.0	3	1.23
2013 – 07	SYAZH01CTS_02	大豆	20	29.2	3	1.76
2013 – 08	SYAZH01CTS_02	大豆	20	29.1	3	2.00
2013 – 09	SYAZH01CTS_02	大豆	20	26.0	3	0.82
2013 – 10	SYAZH01CTS_02	大豆	20	29.3	3	0.98
2013 – 04	SYAZH01CTS_02	大豆	30	30.2	3	1.67
2013 – 05	SYAZH01CTS_02	大豆	30	26.0	3	0.81
2013 – 06	SYAZH01CTS_02	大豆	30	24.6	3	1.46

（续）

时间（年-月）	样地代码	作物名称	探测深度/cm	体积含水量/%	重复数	标准差
2013 – 07	SYAZH01CTS_02	大豆	30	29.1	3	2.21
2013 – 08	SYAZH01CTS_02	大豆	30	27.9	3	2.19
2013 – 09	SYAZH01CTS_02	大豆	30	25.9	3	1.33
2013 – 10	SYAZH01CTS_02	大豆	30	30.5	3	2.39
2013 – 04	SYAZH01CTS_02	大豆	40	27.7	3	2.18
2013 – 05	SYAZH01CTS_02	大豆	40	25.2	3	0.20
2013 – 06	SYAZH01CTS_02	大豆	40	25.3	3	0.53
2013 – 07	SYAZH01CTS_02	大豆	40	29.4	3	1.08
2013 – 08	SYAZH01CTS_02	大豆	40	28.1	3	0.44
2013 – 09	SYAZH01CTS_02	大豆	40	26.8	3	0.16
2013 – 10	SYAZH01CTS_02	大豆	40	29.4	3	1.85
2013 – 04	SYAZH01CTS_02	大豆	50	28.5	3	1.94
2013 – 05	SYAZH01CTS_02	大豆	50	26.8	3	0.90
2013 – 06	SYAZH01CTS_02	大豆	50	26.4	3	0.41
2013 – 07	SYAZH01CTS_02	大豆	50	30.7	3	1.99
2013 – 08	SYAZH01CTS_02	大豆	50	29.4	3	1.11
2013 – 09	SYAZH01CTS_02	大豆	50	27.9	3	0.24
2013 – 10	SYAZH01CTS_02	大豆	50	29.4	3	1.44
2013 – 04	SYAZH01CTS_02	大豆	60	29.6	3	2.16
2013 – 05	SYAZH01CTS_02	大豆	60	28.2	3	1.78
2013 – 06	SYAZH01CTS_02	大豆	60	27.7	3	1.07
2013 – 07	SYAZH01CTS_02	大豆	60	32.4	3	2.89
2013 – 08	SYAZH01CTS_02	大豆	60	30.8	3	3.23
2013 – 09	SYAZH01CTS_02	大豆	60	29.5	3	1.73
2013 – 10	SYAZH01CTS_02	大豆	60	30.5	3	1.52
2013 – 04	SYAZH01CTS_02	大豆	70	31.0	3	2.89
2013 – 05	SYAZH01CTS_02	大豆	70	30.0	3	1.90
2013 – 06	SYAZH01CTS_02	大豆	70	29.2	3	1.04
2013 – 07	SYAZH01CTS_02	大豆	70	33.6	3	3.26
2013 – 08	SYAZH01CTS_02	大豆	70	32.3	3	3.72
2013 – 09	SYAZH01CTS_02	大豆	70	30.8	3	2.48
2013 – 10	SYAZH01CTS_02	大豆	70	31.8	3	2.57
2013 – 04	SYAZH01CTS_02	大豆	80	32.7	3	2.62
2013 – 05	SYAZH01CTS_02	大豆	80	31.3	3	1.87

（续）

时间（年-月）	样地代码	作物名称	探测深度/cm	体积含水量/%	重复数	标准差
2013 - 06	SYAZH01CTS_02	大豆	80	30.2	3	1.22
2013 - 07	SYAZH01CTS_02	大豆	80	34.9	3	2.64
2013 - 08	SYAZH01CTS_02	大豆	80	33.0	3	4.05
2013 - 09	SYAZH01CTS_02	大豆	80	31.8	3	2.29
2013 - 10	SYAZH01CTS_02	大豆	80	32.9	3	2.30
2013 - 04	SYAZH01CTS_02	大豆	90	34.8	3	1.50
2013 - 05	SYAZH01CTS_02	大豆	90	32.8	3	2.24
2013 - 06	SYAZH01CTS_02	大豆	90	31.6	3	2.39
2013 - 07	SYAZH01CTS_02	大豆	90	36.5	3	2.66
2013 - 08	SYAZH01CTS_02	大豆	90	36.6	3	3.38
2013 - 09	SYAZH01CTS_02	大豆	90	33.6	3	2.15
2013 - 10	SYAZH01CTS_02	大豆	90	34.2	3	2.62
2013 - 04	SYAZH01CTS_02	大豆	100	36.6	3	1.42
2013 - 05	SYAZH01CTS_02	大豆	100	35.6	3	1.11
2013 - 06	SYAZH01CTS_02	大豆	100	33.7	3	1.37
2013 - 07	SYAZH01CTS_02	大豆	100	38.6	3	2.15
2013 - 08	SYAZH01CTS_02	大豆	100	39.9	3	2.38
2013 - 09	SYAZH01CTS_02	大豆	100	35.8	3	1.86
2013 - 10	SYAZH01CTS_02	大豆	100	36.2	3	1.32
2013 - 04	SYAZH01CTS_02	大豆	110	39.6	3	1.31
2013 - 05	SYAZH01CTS_02	大豆	110	37.1	3	0.69
2013 - 06	SYAZH01CTS_02	大豆	110	35.7	3	0.16
2013 - 07	SYAZH01CTS_02	大豆	110	39.9	3	1.36
2013 - 08	SYAZH01CTS_02	大豆	110	41.5	3	3.43
2013 - 09	SYAZH01CTS_02	大豆	110	36.8	3	1.33
2013 - 10	SYAZH01CTS_02	大豆	110	37.2	3	1.26
2013 - 04	SYAZH01CTS_02	大豆	120	39.5	3	1.55
2013 - 05	SYAZH01CTS_02	大豆	120	36.9	3	1.25
2013 - 06	SYAZH01CTS_02	大豆	120	35.7	3	0.87
2013 - 07	SYAZH01CTS_02	大豆	120	39.7	3	1.87
2013 - 08	SYAZH01CTS_02	大豆	120	41.3	3	3.86
2013 - 09	SYAZH01CTS_02	大豆	120	36.0	3	1.52
2013 - 10	SYAZH01CTS_02	大豆	120	37.5	3	2.55
2013 - 04	SYAZH01CTS_02	大豆	130	40.0	3	3.20

（续）

时间（年-月）	样地代码	作物名称	探测深度/cm	体积含水量/%	重复数	标准差
2013 - 05	SYAZH01CTS_02	大豆	130	36.9	3	0.44
2013 - 06	SYAZH01CTS_02	大豆	130	35.4	3	1.07
2013 - 07	SYAZH01CTS_02	大豆	130	39.9	3	2.38
2013 - 08	SYAZH01CTS_02	大豆	130	43.4	3	4.39
2013 - 09	SYAZH01CTS_02	大豆	130	38.0	3	4.01
2013 - 10	SYAZH01CTS_02	大豆	130	39.1	3	3.40
2013 - 04	SYAZH01CTS_02	大豆	140	39.9	3	1.91
2013 - 05	SYAZH01CTS_02	大豆	140	38.1	3	0.45
2013 - 06	SYAZH01CTS_02	大豆	140	37.0	3	2.43
2013 - 07	SYAZH01CTS_02	大豆	140	41.2	3	2.05
2013 - 08	SYAZH01CTS_02	大豆	140	44.9	3	4.49
2013 - 09	SYAZH01CTS_02	大豆	140	39.3	3	2.87
2013 - 10	SYAZH01CTS_02	大豆	140	40.3	3	2.30
2013 - 04	SYAZH01CTS_02	大豆	150	43.4	3	2.05
2013 - 05	SYAZH01CTS_02	大豆	150	40.2	3	1.88
2013 - 06	SYAZH01CTS_02	大豆	150	38.3	3	2.67
2013 - 07	SYAZH01CTS_02	大豆	150	42.2	3	1.36
2013 - 08	SYAZH01CTS_02	大豆	150	43.9	3	2.55
2013 - 09	SYAZH01CTS_02	大豆	150	41.7	3	2.29
2013 - 10	SYAZH01CTS_02	大豆	150	41.9	3	2.28
2014 - 04	SYAZH01CTS_02	玉米	10	23.1	3	1.41
2014 - 05	SYAZH01CTS_02	玉米	10	23.2	3	1.42
2014 - 06	SYAZH01CTS_02	玉米	10	22.3	3	1.89
2014 - 07	SYAZH01CTS_02	玉米	10	22.9	3	3.26
2014 - 08	SYAZH01CTS_02	玉米	10	21.2	3	1.79
2014 - 09	SYAZH01CTS_02	玉米	10	21.4	3	1.57
2014 - 04	SYAZH01CTS_02	玉米	20	24.0	3	1.40
2014 - 05	SYAZH01CTS_02	玉米	20	23.2	3	1.40
2014 - 06	SYAZH01CTS_02	玉米	20	23.2	3	2.50
2014 - 07	SYAZH01CTS_02	玉米	20	23.3	3	2.92
2014 - 08	SYAZH01CTS_02	玉米	20	22.0	3	2.00
2014 - 09	SYAZH01CTS_02	玉米	20	21.9	3	1.59
2014 - 04	SYAZH01CTS_02	玉米	30	24.4	3	1.32
2014 - 05	SYAZH01CTS_02	玉米	30	23.8	3	0.75

（续）

时间（年-月）	样地代码	作物名称	探测深度/cm	体积含水量/%	重复数	标准差
2014 - 06	SYAZH01CTS_02	玉米	30	24.6	3	1.62
2014 - 07	SYAZH01CTS_02	玉米	30	24.3	3	1.89
2014 - 08	SYAZH01CTS_02	玉米	30	24.1	3	0.82
2014 - 09	SYAZH01CTS_02	玉米	30	23.4	3	1.36
2014 - 04	SYAZH01CTS_02	玉米	40	24.7	3	0.60
2014 - 05	SYAZH01CTS_02	玉米	40	25.5	3	1.63
2014 - 06	SYAZH01CTS_02	玉米	40	26.6	3	2.18
2014 - 07	SYAZH01CTS_02	玉米	40	26.0	3	1.84
2014 - 08	SYAZH01CTS_02	玉米	40	26.5	3	1.72
2014 - 09	SYAZH01CTS_02	玉米	40	25.4	3	2.24
2014 - 04	SYAZH01CTS_02	玉米	50	25.1	3	0.42
2014 - 05	SYAZH01CTS_02	玉米	50	26.7	3	1.47
2014 - 06	SYAZH01CTS_02	玉米	50	28.0	3	1.73
2014 - 07	SYAZH01CTS_02	玉米	50	28.2	3	2.17
2014 - 08	SYAZH01CTS_02	玉米	50	27.2	3	1.26
2014 - 09	SYAZH01CTS_02	玉米	50	27.9	3	0.91
2014 - 04	SYAZH01CTS_02	玉米	60	26.6	3	0.77
2014 - 05	SYAZH01CTS_02	玉米	60	26.9	3	0.69
2014 - 06	SYAZH01CTS_02	玉米	60	27.8	3	1.04
2014 - 07	SYAZH01CTS_02	玉米	60	27.4	3	1.02
2014 - 08	SYAZH01CTS_02	玉米	60	26.6	3	0.52
2014 - 09	SYAZH01CTS_02	玉米	60	26.4	3	0.47
2014 - 04	SYAZH01CTS_02	玉米	70	27.8	3	1.90
2014 - 05	SYAZH01CTS_02	玉米	70	27.6	3	1.04
2014 - 06	SYAZH01CTS_02	玉米	70	28.5	3	0.31
2014 - 07	SYAZH01CTS_02	玉米	70	28.0	3	0.50
2014 - 08	SYAZH01CTS_02	玉米	70	26.7	3	0.42
2014 - 09	SYAZH01CTS_02	玉米	70	26.7	3	0.85
2014 - 04	SYAZH01CTS_02	玉米	80	29.1	3	1.43
2014 - 05	SYAZH01CTS_02	玉米	80	28.4	3	1.27
2014 - 06	SYAZH01CTS_02	玉米	80	28.9	3	0.67
2014 - 07	SYAZH01CTS_02	玉米	80	29.1	3	1.21
2014 - 08	SYAZH01CTS_02	玉米	80	26.9	3	1.72
2014 - 09	SYAZH01CTS_02	玉米	80	26.8	3	1.21

（续）

时间（年-月）	样地代码	作物名称	探测深度/cm	体积含水量/%	重复数	标准差
2014－04	SYAZH01CTS_02	玉米	90	30.6	3	2.76
2014－05	SYAZH01CTS_02	玉米	90	29.6	3	2.16
2014－06	SYAZH01CTS_02	玉米	90	29.7	3	1.64
2014－07	SYAZH01CTS_02	玉米	90	30.4	3	1.40
2014－08	SYAZH01CTS_02	玉米	90	28.2	3	1.79
2014－09	SYAZH01CTS_02	玉米	90	29.0	3	2.00
2014－04	SYAZH01CTS_02	玉米	100	32.8	3	0.97
2014－05	SYAZH01CTS_02	玉米	100	32.0	3	1.15
2014－06	SYAZH01CTS_02	玉米	100	31.5	3	0.85
2014－07	SYAZH01CTS_02	玉米	100	32.1	3	1.19
2014－08	SYAZH01CTS_02	玉米	100	29.7	3	1.93
2014－09	SYAZH01CTS_02	玉米	100	30.0	3	2.90
2014－04	SYAZH01CTS_02	玉米	110	34.1	3	0.13
2014－05	SYAZH01CTS_02	玉米	110	33.1	3	0.62
2014－06	SYAZH01CTS_02	玉米	110	32.3	3	0.79
2014－07	SYAZH01CTS_02	玉米	110	32.8	3	0.80
2014－08	SYAZH01CTS_02	玉米	110	30.7	3	2.14
2014－09	SYAZH01CTS_02	玉米	110	29.7	3	2.38
2014－04	SYAZH01CTS_02	玉米	120	33.9	3	0.45
2014－05	SYAZH01CTS_02	玉米	120	33.4	3	0.52
2014－06	SYAZH01CTS_02	玉米	120	32.5	3	1.12
2014－07	SYAZH01CTS_02	玉米	120	32.5	3	1.11
2014－08	SYAZH01CTS_02	玉米	120	30.6	3	1.59
2014－09	SYAZH01CTS_02	玉米	120	29.7	3	2.06
2014－04	SYAZH01CTS_02	玉米	130	31.7	3	3.18
2014－05	SYAZH01CTS_02	玉米	130	32.3	3	1.63
2014－06	SYAZH01CTS_02	玉米	130	31.5	3	1.76
2014－07	SYAZH01CTS_02	玉米	130	32.3	3	1.50
2014－08	SYAZH01CTS_02	玉米	130	30.4	3	1.83
2014－09	SYAZH01CTS_02	玉米	130	30.4	3	1.51
2014－04	SYAZH01CTS_02	玉米	140	33.2	3	4.06
2014－05	SYAZH01CTS_02	玉米	140	33.8	3	3.04
2014－06	SYAZH01CTS_02	玉米	140	32.0	3	3.18
2014－07	SYAZH01CTS_02	玉米	140	32.1	3	3.07

（续）

时间（年-月）	样地代码	作物名称	探测深度/cm	体积含水量/%	重复数	标准差
2014 - 08	SYAZH01CTS_02	玉米	140	32.2	3	3.25
2014 - 09	SYAZH01CTS_02	玉米	140	31.0	3	2.48
2014 - 04	SYAZH01CTS_02	玉米	150	37.3	3	3.76
2014 - 05	SYAZH01CTS_02	玉米	150	36.8	3	2.28
2014 - 06	SYAZH01CTS_02	玉米	150	35.7	3	2.09
2014 - 07	SYAZH01CTS_02	玉米	150	35.8	3	2.02
2014 - 08	SYAZH01CTS_02	玉米	150	36.1	3	2.11
2014 - 09	SYAZH01CTS_02	玉米	150	35.5	3	1.06
2015 - 05	SYAZH01CTS_02	玉米	10	20.4	3	0.84
2015 - 06	SYAZH01CTS_02	玉米	10	22.4	3	1.75
2015 - 07	SYAZH01CTS_02	玉米	10	22.3	3	3.35
2015 - 08	SYAZH01CTS_02	玉米	10	23.6	3	3.09
2015 - 09	SYAZH01CTS_02	玉米	10	18.5	3	2.48
2015 - 05	SYAZH01CTS_02	玉米	20	22.0	3	1.15
2015 - 06	SYAZH01CTS_02	玉米	20	23.8	3	2.07
2015 - 07	SYAZH01CTS_02	玉米	20	23.2	3	2.74
2015 - 08	SYAZH01CTS_02	玉米	20	25.0	3	3.36
2015 - 09	SYAZH01CTS_02	玉米	20	20.5	3	2.55
2015 - 05	SYAZH01CTS_02	玉米	30	22.9	3	1.35
2015 - 06	SYAZH01CTS_02	玉米	30	24.3	3	1.67
2015 - 07	SYAZH01CTS_02	玉米	30	23.8	3	2.53
2015 - 08	SYAZH01CTS_02	玉米	30	25.5	3	2.37
2015 - 09	SYAZH01CTS_02	玉米	30	21.9	3	1.79
2015 - 05	SYAZH01CTS_02	玉米	40	24.1	3	1.70
2015 - 06	SYAZH01CTS_02	玉米	40	26.2	3	2.04
2015 - 07	SYAZH01CTS_02	玉米	40	25.6	3	2.27
2015 - 08	SYAZH01CTS_02	玉米	40	26.8	3	1.58
2015 - 09	SYAZH01CTS_02	玉米	40	23.2	3	1.64
2015 - 05	SYAZH01CTS_02	玉米	50	25.5	3	1.85
2015 - 06	SYAZH01CTS_02	玉米	50	26.5	3	1.41
2015 - 07	SYAZH01CTS_02	玉米	50	26.4	3	1.69
2015 - 08	SYAZH01CTS_02	玉米	50	27.5	3	0.98
2015 - 09	SYAZH01CTS_02	玉米	50	24.9	3	2.01
2015 - 05	SYAZH01CTS_02	玉米	60	25.9	3	1.46

（续）

时间（年-月）	样地代码	作物名称	探测深度/cm	体积含水量/%	重复数	标准差
2015 - 06	SYAZH01CTS_02	玉米	60	27.0	3	1.51
2015 - 07	SYAZH01CTS_02	玉米	60	26.8	3	1.15
2015 - 08	SYAZH01CTS_02	玉米	60	28.0	3	0.81
2015 - 09	SYAZH01CTS_02	玉米	60	25.9	3	1.50
2015 - 05	SYAZH01CTS_02	玉米	70	26.5	3	1.50
2015 - 06	SYAZH01CTS_02	玉米	70	27.4	3	1.66
2015 - 07	SYAZH01CTS_02	玉米	70	27.6	3	1.19
2015 - 08	SYAZH01CTS_02	玉米	70	28.5	3	0.88
2015 - 09	SYAZH01CTS_02	玉米	70	26.5	3	0.78
2015 - 05	SYAZH01CTS_02	玉米	80	26.3	3	1.99
2015 - 06	SYAZH01CTS_02	玉米	80	27.9	3	1.82
2015 - 07	SYAZH01CTS_02	玉米	80	28.0	3	0.85
2015 - 08	SYAZH01CTS_02	玉米	80	29.1	3	0.82
2015 - 09	SYAZH01CTS_02	玉米	80	27.4	3	0.39
2015 - 05	SYAZH01CTS_02	玉米	90	27.1	3	1.53
2015 - 06	SYAZH01CTS_02	玉米	90	27.7	3	1.55
2015 - 07	SYAZH01CTS_02	玉米	90	28.5	3	0.16
2015 - 08	SYAZH01CTS_02	玉米	90	30.4	3	1.18
2015 - 09	SYAZH01CTS_02	玉米	90	28.2	3	0.60
2015 - 05	SYAZH01CTS_02	玉米	100	27.8	3	1.47
2015 - 06	SYAZH01CTS_02	玉米	100	27.7	3	1.20
2015 - 07	SYAZH01CTS_02	玉米	100	29.1	3	0.51
2015 - 08	SYAZH01CTS_02	玉米	100	30.2	3	1.44
2015 - 09	SYAZH01CTS_02	玉米	100	28.9	3	1.05
2015 - 05	SYAZH01CTS_02	玉米	110	28.5	3	1.71
2015 - 06	SYAZH01CTS_02	玉米	110	28.5	3	0.94
2015 - 07	SYAZH01CTS_02	玉米	110	29.5	3	1.14
2015 - 08	SYAZH01CTS_02	玉米	110	31.1	3	1.38
2015 - 09	SYAZH01CTS_02	玉米	110	29.6	3	1.16
2015 - 05	SYAZH01CTS_02	玉米	120	28.6	3	1.90
2015 - 06	SYAZH01CTS_02	玉米	120	28.8	3	2.01
2015 - 07	SYAZH01CTS_02	玉米	120	29.3	3	1.28
2015 - 08	SYAZH01CTS_02	玉米	120	30.7	3	1.84
2015 - 09	SYAZH01CTS_02	玉米	120	29.6	3	1.66

（续）

时间（年-月）	样地代码	作物名称	探测深度/cm	体积含水量/%	重复数	标准差
2015 – 05	SYAZH01CTS_02	玉米	130	28.6	3	3.13
2015 – 06	SYAZH01CTS_02	玉米	130	29.2	3	2.81
2015 – 07	SYAZH01CTS_02	玉米	130	29.2	3	1.25
2015 – 08	SYAZH01CTS_02	玉米	130	31.2	3	2.41
2015 – 09	SYAZH01CTS_02	玉米	130	29.5	3	2.41
2015 – 05	SYAZH01CTS_02	玉米	140	29.1	3	3.56
2015 – 06	SYAZH01CTS_02	玉米	140	29.7	3	2.63
2015 – 07	SYAZH01CTS_02	玉米	140	29.2	3	2.16
2015 – 08	SYAZH01CTS_02	玉米	140	31.9	3	2.09
2015 – 09	SYAZH01CTS_02	玉米	140	30.0	3	2.23
2015 – 05	SYAZH01CTS_02	玉米	150	31.4	3	2.75
2015 – 06	SYAZH01CTS_02	玉米	150	31.6	3	2.10
2015 – 07	SYAZH01CTS_02	玉米	150	31.7	3	1.17
2015 – 08	SYAZH01CTS_02	玉米	150	33.0	3	1.80
2015 – 09	SYAZH01CTS_02	玉米	150	31.0	3	2.17

表 3 - 261　气象观测场中子管采样地土壤体积含水量

时间（年-月）	样地代码	作物名称	探测深度/cm	体积含水量/%	重复数	标准差
2008 – 04	SYAQX01CTS_01	自然植被（杂草）	10	19.5	3	2.78
2008 – 05	SYAQX01CTS_01	自然植被（杂草）	10	19.9	3	1.84
2008 – 06	SYAQX01CTS_01	自然植被（杂草）	10	20.6	3	2.69
2008 – 07	SYAQX01CTS_01	自然植被（杂草）	10	20.9	3	0.43
2008 – 08	SYAQX01CTS_01	自然植被（杂草）	10	21.0	3	1.33
2008 – 09	SYAQX01CTS_01	自然植被（杂草）	10	25.8	3	1.15
2008 – 10	SYAQX01CTS_01	自然植被（杂草）	10	25.4	3	3.25
2008 – 04	SYAQX01CTS_01	自然植被（杂草）	20	21.4	3	1.74
2008 – 05	SYAQX01CTS_01	自然植被（杂草）	20	22.1	3	1.26
2008 – 06	SYAQX01CTS_01	自然植被（杂草）	20	22.8	3	0.60
2008 – 07	SYAQX01CTS_01	自然植被（杂草）	20	21.3	3	0.46
2008 – 08	SYAQX01CTS_01	自然植被（杂草）	20	23.5	3	1.34
2008 – 09	SYAQX01CTS_01	自然植被（杂草）	20	23.2	3	0.49
2008 – 10	SYAQX01CTS_01	自然植被（杂草）	20	20.8	3	0.23
2008 – 04	SYAQX01CTS_01	自然植被（杂草）	30	22.6	3	0.75

（续）

时间（年-月）	样地代码	作物名称	探测深度/cm	体积含水量/%	重复数	标准差
2008 - 05	SYAQX01CTS_01	自然植被（杂草）	30	23.4	3	1.51
2008 - 06	SYAQX01CTS_01	自然植被（杂草）	30	24.3	3	0.28
2008 - 07	SYAQX01CTS_01	自然植被（杂草）	30	22.5	3	0.61
2008 - 08	SYAQX01CTS_01	自然植被（杂草）	30	29.9	3	1.38
2008 - 09	SYAQX01CTS_01	自然植被（杂草）	30	29.5	3	0.97
2008 - 10	SYAQX01CTS_01	自然植被（杂草）	30	26.2	3	0.60
2008 - 04	SYAQX01CTS_01	自然植被（杂草）	40	23.3	3	1.48
2008 - 05	SYAQX01CTS_01	自然植被（杂草）	40	24.3	3	1.33
2008 - 06	SYAQX01CTS_01	自然植被（杂草）	40	24.7	3	0.58
2008 - 07	SYAQX01CTS_01	自然植被（杂草）	40	23.8	3	0.55
2008 - 08	SYAQX01CTS_01	自然植被（杂草）	40	33.4	3	3.76
2008 - 09	SYAQX01CTS_01	自然植被（杂草）	40	29.8	3	1.01
2008 - 10	SYAQX01CTS_01	自然植被（杂草）	40	26.1	3	1.45
2008 - 04	SYAQX01CTS_01	自然植被（杂草）	50	23.5	3	1.04
2008 - 05	SYAQX01CTS_01	自然植被（杂草）	50	24.5	3	1.35
2008 - 06	SYAQX01CTS_01	自然植被（杂草）	50	24.8	3	0.52
2008 - 07	SYAQX01CTS_01	自然植被（杂草）	50	25.3	3	0.51
2008 - 08	SYAQX01CTS_01	自然植被（杂草）	50	38.7	3	4.68
2008 - 09	SYAQX01CTS_01	自然植被（杂草）	50	31.7	3	1.53
2008 - 10	SYAQX01CTS_01	自然植被（杂草）	50	28.1	3	1.81
2008 - 04	SYAQX01CTS_01	自然植被（杂草）	60	23.8	3	0.83
2008 - 05	SYAQX01CTS_01	自然植被（杂草）	60	25.1	3	1.00
2008 - 06	SYAQX01CTS_01	自然植被（杂草）	60	25.6	3	0.37
2008 - 07	SYAQX01CTS_01	自然植被（杂草）	60	27.3	3	0.61
2008 - 08	SYAQX01CTS_01	自然植被（杂草）	60	42.7	3	4.32
2008 - 09	SYAQX01CTS_01	自然植被（杂草）	60	34.1	3	2.10
2008 - 10	SYAQX01CTS_01	自然植被（杂草）	60	30.1	3	1.62
2008 - 04	SYAQX01CTS_01	自然植被（杂草）	70	24.2	3	0.92
2008 - 05	SYAQX01CTS_01	自然植被（杂草）	70	25.4	3	1.68
2008 - 06	SYAQX01CTS_01	自然植被（杂草）	70	25.6	3	0.80
2008 - 07	SYAQX01CTS_01	自然植被（杂草）	70	30.0	3	0.70
2008 - 08	SYAQX01CTS_01	自然植被（杂草）	70	47.2	3	3.99
2008 - 09	SYAQX01CTS_01	自然植被（杂草）	70	36.4	3	3.75
2008 - 10	SYAQX01CTS_01	自然植被（杂草）	70	30.4	3	2.47

（续）

时间（年-月）	样地代码	作物名称	探测深度/cm	体积含水量/%	重复数	标准差
2008 – 04	SYAQX01CTS_01	自然植被（杂草）	80	24.9	3	1.30
2008 – 05	SYAQX01CTS_01	自然植被（杂草）	80	26.0	3	1.51
2008 – 06	SYAQX01CTS_01	自然植被（杂草）	80	26.5	3	0.70
2008 – 07	SYAQX01CTS_01	自然植被（杂草）	80	33.9	3	0.40
2008 – 08	SYAQX01CTS_01	自然植被（杂草）	80	50.4	3	3.56
2008 – 09	SYAQX01CTS_01	自然植被（杂草）	80	40.1	3	4.55
2008 – 10	SYAQX01CTS_01	自然植被（杂草）	80	31.5	3	3.29
2008 – 04	SYAQX01CTS_01	自然植被（杂草）	90	24.1	3	0.85
2008 – 05	SYAQX01CTS_01	自然植被（杂草）	90	24.7	3	1.60
2008 – 06	SYAQX01CTS_01	自然植被（杂草）	90	25.6	3	0.56
2008 – 07	SYAQX01CTS_01	自然植被（杂草）	90	36.2	3	0.68
2008 – 08	SYAQX01CTS_01	自然植被（杂草）	90	51.7	3	3.35
2008 – 09	SYAQX01CTS_01	自然植被（杂草）	90	44.4	3	5.47
2008 – 10	SYAQX01CTS_01	自然植被（杂草）	90	32.5	3	2.15
2008 – 04	SYAQX01CTS_01	自然植被（杂草）	100	24.1	3	1.07
2008 – 05	SYAQX01CTS_01	自然植被（杂草）	100	25.5	3	1.47
2008 – 06	SYAQX01CTS_01	自然植被（杂草）	100	26.5	3	0.40
2008 – 07	SYAQX01CTS_01	自然植被（杂草）	100	38.9	3	1.96
2008 – 08	SYAQX01CTS_01	自然植被（杂草）	100	52.5	3	2.62
2008 – 09	SYAQX01CTS_01	自然植被（杂草）	100	48.4	3	4.88
2008 – 10	SYAQX01CTS_01	自然植被（杂草）	100	36.5	3	2.67
2008 – 04	SYAQX01CTS_01	自然植被（杂草）	110	27.6	3	2.71
2008 – 05	SYAQX01CTS_01	自然植被（杂草）	110	28.0	3	2.29
2008 – 06	SYAQX01CTS_01	自然植被（杂草）	110	30.2	3	0.90
2008 – 07	SYAQX01CTS_01	自然植被（杂草）	110	44.1	3	1.81
2008 – 08	SYAQX01CTS_01	自然植被（杂草）	110	51.2	3	2.92
2008 – 09	SYAQX01CTS_01	自然植被（杂草）	110	51.0	3	2.58
2008 – 10	SYAQX01CTS_01	自然植被（杂草）	110	40.9	3	3.62
2008 – 04	SYAQX01CTS_01	自然植被（杂草）	120	30.4	3	3.72
2008 – 05	SYAQX01CTS_01	自然植被（杂草）	120	32.4	3	3.75
2008 – 06	SYAQX01CTS_01	自然植被（杂草）	120	33.4	3	2.01
2008 – 07	SYAQX01CTS_01	自然植被（杂草）	120	45.3	3	2.21
2008 – 08	SYAQX01CTS_01	自然植被（杂草）	120	50.5	3	2.14
2008 – 09	SYAQX01CTS_01	自然植被（杂草）	120	50.8	3	1.31

（续）

时间（年-月）	样地代码	作物名称	探测深度/cm	体积含水量/%	重复数	标准差
2008 - 10	SYAQX01CTS_01	自然植被（杂草）	120	46.0	3	3.35
2008 - 04	SYAQX01CTS_01	自然植被（杂草）	130	33.7	3	3.75
2008 - 05	SYAQX01CTS_01	自然植被（杂草）	130	35.5	3	2.85
2008 - 06	SYAQX01CTS_01	自然植被（杂草）	130	36.2	3	2.76
2008 - 07	SYAQX01CTS_01	自然植被（杂草）	130	47.2	3	0.88
2008 - 08	SYAQX01CTS_01	自然植被（杂草）	130	48.4	3	0.87
2008 - 09	SYAQX01CTS_01	自然植被（杂草）	130	50.7	3	0.83
2008 - 10	SYAQX01CTS_01	自然植被（杂草）	130	48.7	3	1.09
2008 - 04	SYAQX01CTS_01	自然植被（杂草）	140	36.1	3	1.29
2008 - 05	SYAQX01CTS_01	自然植被（杂草）	140	37.6	3	1.30
2008 - 06	SYAQX01CTS_01	自然植被（杂草）	140	38.7	3	2.31
2008 - 07	SYAQX01CTS_01	自然植被（杂草）	140	46.8	3	1.55
2008 - 08	SYAQX01CTS_01	自然植被（杂草）	140	47.4	3	1.87
2008 - 09	SYAQX01CTS_01	自然植被（杂草）	140	49.8	3	0.99
2008 - 10	SYAQX01CTS_01	自然植被（杂草）	140	48.1	3	1.84
2008 - 04	SYAQX01CTS_01	自然植被（杂草）	150	38.0	3	3.15
2008 - 05	SYAQX01CTS_01	自然植被（杂草）	150	40.7	3	1.92
2008 - 06	SYAQX01CTS_01	自然植被（杂草）	150	39.6	3	2.13
2008 - 07	SYAQX01CTS_01	自然植被（杂草）	150	46.2	3	0.82
2008 - 08	SYAQX01CTS_01	自然植被（杂草）	150	47.3	3	0.33
2008 - 09	SYAQX01CTS_01	自然植被（杂草）	150	49.0	3	0.48
2008 - 10	SYAQX01CTS_01	自然植被（杂草）	150	48.5	3	1.35
2009 - 04	SYAQX01CTS_01	自然植被（杂草）	10	20.8	3	1.62
2009 - 05	SYAQX01CTS_01	自然植被（杂草）	10	17.7	3	0.98
2009 - 06	SYAQX01CTS_01	自然植被（杂草）	10	17.7	3	1.29
2009 - 07	SYAQX01CTS_01	自然植被（杂草）	10	17.9	3	1.53
2009 - 08	SYAQX01CTS_01	自然植被（杂草）	10	20.9	3	0.87
2009 - 09	SYAQX01CTS_01	自然植被（杂草）	10	19.0	3	3.94
2009 - 10	SYAQX01CTS_01	自然植被（杂草）	10	19.9	3	3.13
2009 - 04	SYAQX01CTS_01	自然植被（杂草）	20	23.4	3	1.58
2009 - 05	SYAQX01CTS_01	自然植被（杂草）	20	21.9	3	1.11
2009 - 06	SYAQX01CTS_01	自然植被（杂草）	20	19.5	3	0.36
2009 - 07	SYAQX01CTS_01	自然植被（杂草）	20	20.2	3	1.71
2009 - 08	SYAQX01CTS_01	自然植被（杂草）	20	22.8	3	1.02

（续）

时间（年-月）	样地代码	作物名称	探测深度/cm	体积含水量/%	重复数	标准差
2009 - 09	SYAQX01CTS_01	自然植被（杂草）	20	20.0	3	1.66
2009 - 10	SYAQX01CTS_01	自然植被（杂草）	20	20.9	3	2.60
2009 - 04	SYAQX01CTS_01	自然植被（杂草）	30	28.9	3	0.26
2009 - 05	SYAQX01CTS_01	自然植被（杂草）	30	26.4	3	0.77
2009 - 06	SYAQX01CTS_01	自然植被（杂草）	30	20.7	3	0.38
2009 - 07	SYAQX01CTS_01	自然植被（杂草）	30	21.7	3	1.09
2009 - 08	SYAQX01CTS_01	自然植被（杂草）	30	23.5	3	2.11
2009 - 09	SYAQX01CTS_01	自然植被（杂草）	30	23.2	3	4.06
2009 - 10	SYAQX01CTS_01	自然植被（杂草）	30	23.8	3	4.08
2009 - 04	SYAQX01CTS_01	自然植被（杂草）	40	31.9	3	1.29
2009 - 05	SYAQX01CTS_01	自然植被（杂草）	40	29.4	3	1.80
2009 - 06	SYAQX01CTS_01	自然植被（杂草）	40	22.4	3	1.22
2009 - 07	SYAQX01CTS_01	自然植被（杂草）	40	22.8	3	0.55
2009 - 08	SYAQX01CTS_01	自然植被（杂草）	40	25.0	3	2.14
2009 - 09	SYAQX01CTS_01	自然植被（杂草）	40	25.8	3	4.16
2009 - 10	SYAQX01CTS_01	自然植被（杂草）	40	25.1	3	4.18
2009 - 04	SYAQX01CTS_01	自然植被（杂草）	50	33.0	3	0.96
2009 - 05	SYAQX01CTS_01	自然植被（杂草）	50	30.7	3	2.21
2009 - 06	SYAQX01CTS_01	自然植被（杂草）	50	24.2	3	2.08
2009 - 07	SYAQX01CTS_01	自然植被（杂草）	50	24.8	3	1.30
2009 - 08	SYAQX01CTS_01	自然植被（杂草）	50	26.6	3	1.96
2009 - 09	SYAQX01CTS_01	自然植被（杂草）	50	26.8	3	4.51
2009 - 10	SYAQX01CTS_01	自然植被（杂草）	50	26.2	3	4.13
2009 - 04	SYAQX01CTS_01	自然植被（杂草）	60	33.6	3	0.88
2009 - 05	SYAQX01CTS_01	自然植被（杂草）	60	31.7	3	1.97
2009 - 06	SYAQX01CTS_01	自然植被（杂草）	60	25.1	3	3.23
2009 - 07	SYAQX01CTS_01	自然植被（杂草）	60	25.4	3	1.39
2009 - 08	SYAQX01CTS_01	自然植被（杂草）	60	27.3	3	2.14
2009 - 09	SYAQX01CTS_01	自然植被（杂草）	60	28.2	3	6.16
2009 - 10	SYAQX01CTS_01	自然植被（杂草）	60	26.6	3	4.42
2009 - 04	SYAQX01CTS_01	自然植被（杂草）	70	33.9	3	1.27
2009 - 05	SYAQX01CTS_01	自然植被（杂草）	70	32.6	3	1.85
2009 - 06	SYAQX01CTS_01	自然植被（杂草）	70	25.8	3	3.16
2009 - 07	SYAQX01CTS_01	自然植被（杂草）	70	26.2	3	0.72

（续）

时间（年-月）	样地代码	作物名称	探测深度/cm	体积含水量/%	重复数	标准差
2009-08	SYAQX01CTS_01	自然植被（杂草）	70	28.2	3	2.83
2009-09	SYAQX01CTS_01	自然植被（杂草）	70	28.8	3	6.45
2009-10	SYAQX01CTS_01	自然植被（杂草）	70	26.8	3	4.52
2009-04	SYAQX01CTS_01	自然植被（杂草）	80	34.2	3	1.17
2009-05	SYAQX01CTS_01	自然植被（杂草）	80	33.6	3	2.15
2009-06	SYAQX01CTS_01	自然植被（杂草）	80	28.0	3	2.03
2009-07	SYAQX01CTS_01	自然植被（杂草）	80	28.2	3	0.80
2009-08	SYAQX01CTS_01	自然植被（杂草）	80	29.8	3	4.17
2009-09	SYAQX01CTS_01	自然植被（杂草）	80	30.5	3	6.14
2009-10	SYAQX01CTS_01	自然植被（杂草）	80	27.9	3	4.68
2009-04	SYAQX01CTS_01	自然植被（杂草）	90	34.0	3	1.80
2009-05	SYAQX01CTS_01	自然植被（杂草）	90	34.5	3	2.25
2009-06	SYAQX01CTS_01	自然植被（杂草）	90	29.6	3	3.16
2009-07	SYAQX01CTS_01	自然植被（杂草）	90	30.4	3	2.12
2009-08	SYAQX01CTS_01	自然植被（杂草）	90	30.7	3	3.69
2009-09	SYAQX01CTS_01	自然植被（杂草）	90	31.8	3	5.51
2009-10	SYAQX01CTS_01	自然植被（杂草）	90	29.2	3	4.17
2009-04	SYAQX01CTS_01	自然植被（杂草）	100	37.1	3	4.16
2009-05	SYAQX01CTS_01	自然植被（杂草）	100	40.1	3	3.97
2009-06	SYAQX01CTS_01	自然植被（杂草）	100	34.9	3	4.23
2009-07	SYAQX01CTS_01	自然植被（杂草）	100	34.7	3	4.83
2009-08	SYAQX01CTS_01	自然植被（杂草）	100	34.8	3	5.12
2009-09	SYAQX01CTS_01	自然植被（杂草）	100	34.6	3	6.26
2009-10	SYAQX01CTS_01	自然植被（杂草）	100	31.7	3	5.30
2009-04	SYAQX01CTS_01	自然植被（杂草）	110	41.1	3	3.81
2009-05	SYAQX01CTS_01	自然植被（杂草）	110	41.7	3	3.31
2009-06	SYAQX01CTS_01	自然植被（杂草）	110	38.8	3	4.63
2009-07	SYAQX01CTS_01	自然植被（杂草）	110	39.0	3	5.28
2009-08	SYAQX01CTS_01	自然植被（杂草）	110	38.4	3	5.57
2009-09	SYAQX01CTS_01	自然植被（杂草）	110	38.0	3	7.13
2009-10	SYAQX01CTS_01	自然植被（杂草）	110	36.9	3	7.31
2009-04	SYAQX01CTS_01	自然植被（杂草）	120	44.5	3	2.12
2009-05	SYAQX01CTS_01	自然植被（杂草）	120	46.4	3	0.90
2009-06	SYAQX01CTS_01	自然植被（杂草）	120	44.3	3	4.13

（续）

时间（年-月）	样地代码	作物名称	探测深度/cm	体积含水量/%	重复数	标准差
2009 - 07	SYAQX01CTS_01	自然植被（杂草）	120	45.2	3	5.24
2009 - 08	SYAQX01CTS_01	自然植被（杂草）	120	43.4	3	6.15
2009 - 09	SYAQX01CTS_01	自然植被（杂草）	120	43.8	3	6.63
2009 - 10	SYAQX01CTS_01	自然植被（杂草）	120	41.4	3	7.71
2009 - 04	SYAQX01CTS_01	自然植被（杂草）	130	47.0	3	1.10
2009 - 05	SYAQX01CTS_01	自然植被（杂草）	130	47.1	3	1.53
2009 - 06	SYAQX01CTS_01	自然植被（杂草）	130	47.3	3	0.57
2009 - 07	SYAQX01CTS_01	自然植被（杂草）	130	47.6	3	2.34
2009 - 08	SYAQX01CTS_01	自然植被（杂草）	130	46.2	3	3.84
2009 - 09	SYAQX01CTS_01	自然植被（杂草）	130	46.1	3	4.08
2009 - 10	SYAQX01CTS_01	自然植被（杂草）	130	44.9	3	4.84
2009 - 04	SYAQX01CTS_01	自然植被（杂草）	140	47.8	3	1.41
2009 - 05	SYAQX01CTS_01	自然植被（杂草）	140	48.9	3	0.85
2009 - 06	SYAQX01CTS_01	自然植被（杂草）	140	48.1	3	1.11
2009 - 07	SYAQX01CTS_01	自然植被（杂草）	140	48.6	3	1.80
2009 - 08	SYAQX01CTS_01	自然植被（杂草）	140	47.6	3	2.49
2009 - 09	SYAQX01CTS_01	自然植被（杂草）	140	47.2	3	3.50
2009 - 10	SYAQX01CTS_01	自然植被（杂草）	140	46.1	3	3.71
2009 - 04	SYAQX01CTS_01	自然植被（杂草）	150	48.4	3	0.51
2009 - 05	SYAQX01CTS_01	自然植被（杂草）	150	49.2	3	0.23
2009 - 06	SYAQX01CTS_01	自然植被（杂草）	150	48.6	3	0.13
2009 - 07	SYAQX01CTS_01	自然植被（杂草）	150	49.2	3	1.52
2009 - 08	SYAQX01CTS_01	自然植被（杂草）	150	48.0	3	1.92
2009 - 09	SYAQX01CTS_01	自然植被（杂草）	150	47.9	3	2.15
2009 - 10	SYAQX01CTS_01	自然植被（杂草）	150	47.2	3	2.13
2010 - 04	SYAQX01CTS_01	自然植被（杂草）	10	21.5	3	1.12
2010 - 05	SYAQX01CTS_01	自然植被（杂草）	10	20.9	3	1.36
2010 - 06	SYAQX01CTS_01	自然植被（杂草）	10	17.9	3	0.29
2010 - 07	SYAQX01CTS_01	自然植被（杂草）	10	18.7	3	2.17
2010 - 08	SYAQX01CTS_01	自然植被（杂草）	10	29.2	3	2.57
2010 - 09	SYAQX01CTS_01	自然植被（杂草）	10	28.4	3	1.36
2010 - 10	SYAQX01CTS_01	自然植被（杂草）	10	21.4	3	1.61
2010 - 04	SYAQX01CTS_01	自然植被（杂草）	20	24.2	3	1.85
2010 - 05	SYAQX01CTS_01	自然植被（杂草）	20	26.0	3	0.88

（续）

时间（年-月）	样地代码	作物名称	探测深度/cm	体积含水量/%	重复数	标准差
2010 - 06	SYAQX01CTS_01	自然植被（杂草）	20	22.5	3	0.26
2010 - 07	SYAQX01CTS_01	自然植被（杂草）	20	26.9	3	1.52
2010 - 08	SYAQX01CTS_01	自然植被（杂草）	20	33.6	3	1.97
2010 - 09	SYAQX01CTS_01	自然植被（杂草）	20	31.5	3	1.00
2010 - 10	SYAQX01CTS_01	自然植被（杂草）	20	28.1	3	1.52
2010 - 04	SYAQX01CTS_01	自然植被（杂草）	30	29.0	3	0.69
2010 - 05	SYAQX01CTS_01	自然植被（杂草）	30	30.1	3	0.18
2010 - 06	SYAQX01CTS_01	自然植被（杂草）	30	25.7	3	0.44
2010 - 07	SYAQX01CTS_01	自然植被（杂草）	30	29.7	3	0.60
2010 - 08	SYAQX01CTS_01	自然植被（杂草）	30	38.1	3	0.37
2010 - 09	SYAQX01CTS_01	自然植被（杂草）	30	36.4	3	1.80
2010 - 10	SYAQX01CTS_01	自然植被（杂草）	30	31.0	3	1.88
2010 - 04	SYAQX01CTS_01	自然植被（杂草）	40	31.5	3	0.73
2010 - 05	SYAQX01CTS_01	自然植被（杂草）	40	32.8	3	0.08
2010 - 06	SYAQX01CTS_01	自然植被（杂草）	40	27.7	3	1.33
2010 - 07	SYAQX01CTS_01	自然植被（杂草）	40	32.4	3	1.52
2010 - 08	SYAQX01CTS_01	自然植被（杂草）	40	42.9	3	0.60
2010 - 09	SYAQX01CTS_01	自然植被（杂草）	40	40.3	3	2.14
2010 - 10	SYAQX01CTS_01	自然植被（杂草）	40	33.8	3	1.88
2010 - 04	SYAQX01CTS_01	自然植被（杂草）	50	32.8	3	0.10
2010 - 05	SYAQX01CTS_01	自然植被（杂草）	50	34.0	3	1.02
2010 - 06	SYAQX01CTS_01	自然植被（杂草）	50	30.7	3	1.48
2010 - 07	SYAQX01CTS_01	自然植被（杂草）	50	33.7	3	1.35
2010 - 08	SYAQX01CTS_01	自然植被（杂草）	50	45.5	3	1.15
2010 - 09	SYAQX01CTS_01	自然植被（杂草）	50	43.7	3	1.14
2010 - 10	SYAQX01CTS_01	自然植被（杂草）	50	37.7	3	2.52
2010 - 04	SYAQX01CTS_01	自然植被（杂草）	60	33.0	3	0.31
2010 - 05	SYAQX01CTS_01	自然植被（杂草）	60	34.8	3	0.84
2010 - 06	SYAQX01CTS_01	自然植被（杂草）	60	31.3	3	1.50
2010 - 07	SYAQX01CTS_01	自然植被（杂草）	60	35.4	3	0.91
2010 - 08	SYAQX01CTS_01	自然植被（杂草）	60	47.0	3	0.43
2010 - 09	SYAQX01CTS_01	自然植被（杂草）	60	46.0	3	1.65
2010 - 10	SYAQX01CTS_01	自然植被（杂草）	60	40.9	3	2.64
2010 - 04	SYAQX01CTS_01	自然植被（杂草）	70	34.0	3	0.76

（续）

时间（年-月）	样地代码	作物名称	探测深度/cm	体积含水量/%	重复数	标准差
2010 - 05	SYAQX01CTS＿01	自然植被（杂草）	70	36.6	3	1.29
2010 - 06	SYAQX01CTS＿01	自然植被（杂草）	70	32.3	3	1.44
2010 - 07	SYAQX01CTS＿01	自然植被（杂草）	70	35.8	3	0.93
2010 - 08	SYAQX01CTS＿01	自然植被（杂草）	70	47.4	3	1.01
2010 - 09	SYAQX01CTS＿01	自然植被（杂草）	70	48.5	3	1.32
2010 - 10	SYAQX01CTS＿01	自然植被（杂草）	70	44.3	3	3.12
2010 - 04	SYAQX01CTS＿01	自然植被（杂草）	80	34.0	3	1.79
2010 - 05	SYAQX01CTS＿01	自然植被（杂草）	80	37.7	3	2.11
2010 - 06	SYAQX01CTS＿01	自然植被（杂草）	80	35.0	3	1.71
2010 - 07	SYAQX01CTS＿01	自然植被（杂草）	80	37.0	3	0.84
2010 - 08	SYAQX01CTS＿01	自然植被（杂草）	80	48.0	3	0.16
2010 - 09	SYAQX01CTS＿01	自然植被（杂草）	80	49.2	3	0.76
2010 - 10	SYAQX01CTS＿01	自然植被（杂草）	80	46.2	3	2.63
2010 - 04	SYAQX01CTS＿01	自然植被（杂草）	90	33.7	3	1.87
2010 - 05	SYAQX01CTS＿01	自然植被（杂草）	90	39.6	3	3.54
2010 - 06	SYAQX01CTS＿01	自然植被（杂草）	90	36.9	3	2.51
2010 - 07	SYAQX01CTS＿01	自然植被（杂草）	90	38.0	3	1.34
2010 - 08	SYAQX01CTS＿01	自然植被（杂草）	90	48.4	3	0.12
2010 - 09	SYAQX01CTS＿01	自然植被（杂草）	90	50.0	3	0.81
2010 - 10	SYAQX01CTS＿01	自然植被（杂草）	90	48.3	3	1.76
2010 - 04	SYAQX01CTS＿01	自然植被（杂草）	100	34.7	3	1.63
2010 - 05	SYAQX01CTS＿01	自然植被（杂草）	100	41.3	3	4.48
2010 - 06	SYAQX01CTS＿01	自然植被（杂草）	100	40.8	3	2.52
2010 - 07	SYAQX01CTS＿01	自然植被（杂草）	100	39.9	3	2.78
2010 - 08	SYAQX01CTS＿01	自然植被（杂草）	100	48.4	3	0.68
2010 - 09	SYAQX01CTS＿01	自然植被（杂草）	100	50.4	3	0.54
2010 - 10	SYAQX01CTS＿01	自然植被（杂草）	100	49.0	3	1.39
2010 - 04	SYAQX01CTS＿01	自然植被（杂草）	110	39.0	3	4.17
2010 - 05	SYAQX01CTS＿01	自然植被（杂草）	110	44.9	3	1.20
2010 - 06	SYAQX01CTS＿01	自然植被（杂草）	110	44.0	3	1.43
2010 - 07	SYAQX01CTS＿01	自然植被（杂草）	110	43.6	3	2.63
2010 - 08	SYAQX01CTS＿01	自然植被（杂草）	110	49.2	3	0.40
2010 - 09	SYAQX01CTS＿01	自然植被（杂草）	110	50.5	3	0.79
2010 - 10	SYAQX01CTS＿01	自然植被（杂草）	110	49.4	3	1.13

（续）

时间（年-月）	样地代码	作物名称	探测深度/cm	体积含水量/%	重复数	标准差
2010 - 04	SYAQX01CTS_01	自然植被（杂草）	120	41.6	3	4.51
2010 - 05	SYAQX01CTS_01	自然植被（杂草）	120	46.8	3	0.64
2010 - 06	SYAQX01CTS_01	自然植被（杂草）	120	45.4	3	1.31
2010 - 07	SYAQX01CTS_01	自然植被（杂草）	120	45.4	3	0.87
2010 - 08	SYAQX01CTS_01	自然植被（杂草）	120	49.5	3	0.54
2010 - 09	SYAQX01CTS_01	自然植被（杂草）	120	51.1	3	1.68
2010 - 10	SYAQX01CTS_01	自然植被（杂草）	120	50.0	3	0.74
2010 - 04	SYAQX01CTS_01	自然植被（杂草）	130	44.7	3	2.38
2010 - 05	SYAQX01CTS_01	自然植被（杂草）	130	47.0	3	0.26
2010 - 06	SYAQX01CTS_01	自然植被（杂草）	130	46.8	3	0.83
2010 - 07	SYAQX01CTS_01	自然植被（杂草）	130	46.9	3	0.78
2010 - 08	SYAQX01CTS_01	自然植被（杂草）	130	50.0	3	0.25
2010 - 09	SYAQX01CTS_01	自然植被（杂草）	130	51.7	3	1.56
2010 - 10	SYAQX01CTS_01	自然植被（杂草）	130	50.5	3	0.62
2010 - 04	SYAQX01CTS_01	自然植被（杂草）	140	46.6	3	1.45
2010 - 05	SYAQX01CTS_01	自然植被（杂草）	140	48.1	3	0.63
2010 - 06	SYAQX01CTS_01	自然植被（杂草）	140	48.0	3	0.56
2010 - 07	SYAQX01CTS_01	自然植被（杂草）	140	48.4	3	0.83
2010 - 08	SYAQX01CTS_01	自然植被（杂草）	140	50.1	3	0.38
2010 - 09	SYAQX01CTS_01	自然植被（杂草）	140	52.2	3	1.74
2010 - 10	SYAQX01CTS_01	自然植被（杂草）	140	50.2	3	0.79
2010 - 04	SYAQX01CTS_01	自然植被（杂草）	150	47.2	3	1.35
2010 - 05	SYAQX01CTS_01	自然植被（杂草）	150	49.0	3	0.60
2010 - 06	SYAQX01CTS_01	自然植被（杂草）	150	48.4	3	0.20
2010 - 07	SYAQX01CTS_01	自然植被（杂草）	150	49.3	3	0.34
2010 - 08	SYAQX01CTS_01	自然植被（杂草）	150	49.9	3	0.52
2010 - 09	SYAQX01CTS_01	自然植被（杂草）	150	52.4	3	1.66
2010 - 10	SYAQX01CTS_01	自然植被（杂草）	150	50.8	3	0.79
2011 - 04	SYAQX01CTS_01	自然植被（杂草）	10	19.0	3	0.54
2011 - 05	SYAQX01CTS_01	自然植被（杂草）	10	19.0	3	0.36
2011 - 06	SYAQX01CTS_01	自然植被（杂草）	10	20.6	3	0.82
2011 - 07	SYAQX01CTS_01	自然植被（杂草）	10	22.5	3	0.30
2011 - 08	SYAQX01CTS_01	自然植被（杂草）	10	23.5	3	0.95
2011 - 09	SYAQX01CTS_01	自然植被（杂草）	10	21.5	3	0.93

（续）

时间（年-月）	样地代码	作物名称	探测深度/cm	体积含水量/%	重复数	标准差
2011 - 10	SYAQX01CTS_01	自然植被（杂草）	10	21.0	3	0.24
2011 - 04	SYAQX01CTS_01	自然植被（杂草）	20	25.7	3	2.51
2011 - 05	SYAQX01CTS_01	自然植被（杂草）	20	22.6	3	1.60
2011 - 06	SYAQX01CTS_01	自然植被（杂草）	20	20.9	3	0.89
2011 - 07	SYAQX01CTS_01	自然植被（杂草）	20	24.0	3	0.68
2011 - 08	SYAQX01CTS_01	自然植被（杂草）	20	26.2	3	1.23
2011 - 09	SYAQX01CTS_01	自然植被（杂草）	20	23.4	3	0.98
2011 - 10	SYAQX01CTS_01	自然植被（杂草）	20	22.4	3	1.41
2011 - 04	SYAQX01CTS_01	自然植被（杂草）	30	32.1	3	2.07
2011 - 05	SYAQX01CTS_01	自然植被（杂草）	30	26.8	3	0.71
2011 - 06	SYAQX01CTS_01	自然植被（杂草）	30	24.5	3	0.96
2011 - 07	SYAQX01CTS_01	自然植被（杂草）	30	25.9	3	0.86
2011 - 08	SYAQX01CTS_01	自然植被（杂草）	30	29.2	3	0.52
2011 - 09	SYAQX01CTS_01	自然植被（杂草）	30	29.8	3	1.70
2011 - 10	SYAQX01CTS_01	自然植被（杂草）	30	27.4	3	2.15
2011 - 04	SYAQX01CTS_01	自然植被（杂草）	40	35.1	3	1.90
2011 - 05	SYAQX01CTS_01	自然植被（杂草）	40	31.2	3	1.26
2011 - 06	SYAQX01CTS_01	自然植被（杂草）	40	27.1	3	0.53
2011 - 07	SYAQX01CTS_01	自然植被（杂草）	40	27.4	3	1.31
2011 - 08	SYAQX01CTS_01	自然植被（杂草）	40	32.5	3	0.70
2011 - 09	SYAQX01CTS_01	自然植被（杂草）	40	34.7	3	0.84
2011 - 10	SYAQX01CTS_01	自然植被（杂草）	40	31.6	3	1.46
2011 - 04	SYAQX01CTS_01	自然植被（杂草）	50	35.7	3	1.41
2011 - 05	SYAQX01CTS_01	自然植被（杂草）	50	33.3	3	1.46
2011 - 06	SYAQX01CTS_01	自然植被（杂草）	50	29.8	3	1.51
2011 - 07	SYAQX01CTS_01	自然植被（杂草）	50	29.1	3	1.07
2011 - 08	SYAQX01CTS_01	自然植被（杂草）	50	35.3	3	0.62
2011 - 09	SYAQX01CTS_01	自然植被（杂草）	50	37.1	3	0.29
2011 - 10	SYAQX01CTS_01	自然植被（杂草）	50	33.5	3	0.29
2011 - 04	SYAQX01CTS_01	自然植被（杂草）	60	36.0	3	1.35
2011 - 05	SYAQX01CTS_01	自然植被（杂草）	60	33.5	3	1.25
2011 - 06	SYAQX01CTS_01	自然植被（杂草）	60	30.1	3	0.82
2011 - 07	SYAQX01CTS_01	自然植被（杂草）	60	31.1	3	1.75
2011 - 08	SYAQX01CTS_01	自然植被（杂草）	60	37.1	3	1.42

（续）

时间（年-月）	样地代码	作物名称	探测深度/cm	体积含水量/%	重复数	标准差
2011 - 09	SYAQX01CTS_01	自然植被（杂草）	60	40.1	3	0.37
2011 - 10	SYAQX01CTS_01	自然植被（杂草）	60	37.2	3	2.28
2011 - 04	SYAQX01CTS_01	自然植被（杂草）	70	36.1	3	1.58
2011 - 05	SYAQX01CTS_01	自然植被（杂草）	70	33.9	3	1.91
2011 - 06	SYAQX01CTS_01	自然植被（杂草）	70	31.9	3	0.58
2011 - 07	SYAQX01CTS_01	自然植被（杂草）	70	32.6	3	1.96
2011 - 08	SYAQX01CTS_01	自然植被（杂草）	70	38.9	3	2.10
2011 - 09	SYAQX01CTS_01	自然植被（杂草）	70	43.5	3	1.05
2011 - 10	SYAQX01CTS_01	自然植被（杂草）	70	40.9	3	2.23
2011 - 04	SYAQX01CTS_01	自然植被（杂草）	80	36.3	3	1.82
2011 - 05	SYAQX01CTS_01	自然植被（杂草）	80	34.6	3	2.25
2011 - 06	SYAQX01CTS_01	自然植被（杂草）	80	32.8	3	0.16
2011 - 07	SYAQX01CTS_01	自然植被（杂草）	80	33.8	3	1.11
2011 - 08	SYAQX01CTS_01	自然植被（杂草）	80	40.3	3	2.16
2011 - 09	SYAQX01CTS_01	自然植被（杂草）	80	45.6	3	0.64
2011 - 10	SYAQX01CTS_01	自然植被（杂草）	80	43.7	3	2.33
2011 - 04	SYAQX01CTS_01	自然植被（杂草）	90	37.2	3	1.26
2011 - 05	SYAQX01CTS_01	自然植被（杂草）	90	35.4	3	1.77
2011 - 06	SYAQX01CTS_01	自然植被（杂草）	90	35.3	3	0.72
2011 - 07	SYAQX01CTS_01	自然植被（杂草）	90	35.6	3	1.16
2011 - 08	SYAQX01CTS_01	自然植被（杂草）	90	42.2	3	2.56
2011 - 09	SYAQX01CTS_01	自然植被（杂草）	90	47.1	3	0.99
2011 - 10	SYAQX01CTS_01	自然植被（杂草）	90	45.1	3	0.95
2011 - 04	SYAQX01CTS_01	自然植被（杂草）	100	39.9	3	3.64
2011 - 05	SYAQX01CTS_01	自然植被（杂草）	100	38.8	3	2.13
2011 - 06	SYAQX01CTS_01	自然植被（杂草）	100	36.6	3	0.88
2011 - 07	SYAQX01CTS_01	自然植被（杂草）	100	40.1	3	3.23
2011 - 08	SYAQX01CTS_01	自然植被（杂草）	100	45.9	3	1.42
2011 - 09	SYAQX01CTS_01	自然植被（杂草）	100	48.4	3	1.03
2011 - 10	SYAQX01CTS_01	自然植被（杂草）	100	47.4	3	1.17
2011 - 04	SYAQX01CTS_01	自然植被（杂草）	110	43.8	3	2.80
2011 - 05	SYAQX01CTS_01	自然植被（杂草）	110	43.3	3	3.36
2011 - 06	SYAQX01CTS_01	自然植被（杂草）	110	42.7	3	3.09
2011 - 07	SYAQX01CTS_01	自然植被（杂草）	110	44.2	3	3.67

（续）

时间（年-月）	样地代码	作物名称	探测深度/cm	体积含水量/%	重复数	标准差
2011 - 08	SYAQX01CTS_01	自然植被（杂草）	110	48.0	3	0.74
2011 - 09	SYAQX01CTS_01	自然植被（杂草）	110	49.6	3	0.17
2011 - 10	SYAQX01CTS_01	自然植被（杂草）	110	48.9	3	1.13
2011 - 04	SYAQX01CTS_01	自然植被（杂草）	120	47.2	3	1.63
2011 - 05	SYAQX01CTS_01	自然植被（杂草）	120	47.4	3	0.98
2011 - 06	SYAQX01CTS_01	自然植被（杂草）	120	46.8	3	0.64
2011 - 07	SYAQX01CTS_01	自然植被（杂草）	120	46.3	3	1.39
2011 - 08	SYAQX01CTS_01	自然植被（杂草）	120	49.0	3	0.29
2011 - 09	SYAQX01CTS_01	自然植被（杂草）	120	50.6	3	0.81
2011 - 10	SYAQX01CTS_01	自然植被（杂草）	120	49.8	3	0.75
2011 - 04	SYAQX01CTS_01	自然植被（杂草）	130	48.6	3	0.47
2011 - 05	SYAQX01CTS_01	自然植被（杂草）	130	49.1	3	0.48
2011 - 06	SYAQX01CTS_01	自然植被（杂草）	130	48.0	3	0.62
2011 - 07	SYAQX01CTS_01	自然植被（杂草）	130	47.3	3	2.13
2011 - 08	SYAQX01CTS_01	自然植被（杂草）	130	49.4	3	0.71
2011 - 09	SYAQX01CTS_01	自然植被（杂草）	130	51.0	3	0.38
2011 - 10	SYAQX01CTS_01	自然植被（杂草）	130	51.0	3	0.69
2011 - 04	SYAQX01CTS_01	自然植被（杂草）	140	48.5	3	0.69
2011 - 05	SYAQX01CTS_01	自然植被（杂草）	140	49.0	3	0.31
2011 - 06	SYAQX01CTS_01	自然植被（杂草）	140	48.5	3	0.50
2011 - 07	SYAQX01CTS_01	自然植被（杂草）	140	48.7	3	0.97
2011 - 08	SYAQX01CTS_01	自然植被（杂草）	140	49.8	3	0.60
2011 - 09	SYAQX01CTS_01	自然植被（杂草）	140	51.1	3	0.42
2011 - 10	SYAQX01CTS_01	自然植被（杂草）	140	51.1	3	1.14
2011 - 04	SYAQX01CTS_01	自然植被（杂草）	150	49.5	3	0.60
2011 - 05	SYAQX01CTS_01	自然植被（杂草）	150	49.4	3	0.34
2011 - 06	SYAQX01CTS_01	自然植被（杂草）	150	49.2	3	0.11
2011 - 07	SYAQX01CTS_01	自然植被（杂草）	150	50.1	3	0.22
2011 - 08	SYAQX01CTS_01	自然植被（杂草）	150	50.4	3	0.37
2011 - 09	SYAQX01CTS_01	自然植被（杂草）	150	51.4	3	0.85
2011 - 10	SYAQX01CTS_01	自然植被（杂草）	150	51.1	3	0.40
2012 - 05	SYAQX01CTS_01	自然植被（杂草）	10	21.1	3	0.64
2012 - 06	SYAQX01CTS_01	自然植被（杂草）	10	24.1	3	1.82
2012 - 07	SYAQX01CTS_01	自然植被（杂草）	10	22.2	3	0.46

（续）

时间（年-月）	样地代码	作物名称	探测深度/cm	体积含水量/%	重复数	标准差
2012 - 08	SYAQX01CTS_01	自然植被（杂草）	10	30.2	3	2.46
2012 - 09	SYAQX01CTS_01	自然植被（杂草）	10	29.6	3	2.08
2012 - 10	SYAQX01CTS_01	自然植被（杂草）	10	26.2	3	1.05
2012 - 05	SYAQX01CTS_01	自然植被（杂草）	20	26.5	3	1.53
2012 - 06	SYAQX01CTS_01	自然植被（杂草）	20	30.2	3	2.70
2012 - 07	SYAQX01CTS_01	自然植被（杂草）	20	28.4	3	0.76
2012 - 08	SYAQX01CTS_01	自然植被（杂草）	20	37.5	3	1.84
2012 - 09	SYAQX01CTS_01	自然植被（杂草）	20	36.3	3	2.32
2012 - 10	SYAQX01CTS_01	自然植被（杂草）	20	32.5	3	1.84
2012 - 05	SYAQX01CTS_01	自然植被（杂草）	30	29.9	3	2.35
2012 - 06	SYAQX01CTS_01	自然植被（杂草）	30	31.0	3	2.18
2012 - 07	SYAQX01CTS_01	自然植被（杂草）	30	31.1	3	1.18
2012 - 08	SYAQX01CTS_01	自然植被（杂草）	30	38.4	3	0.45
2012 - 09	SYAQX01CTS_01	自然植被（杂草）	30	36.1	3	1.14
2012 - 10	SYAQX01CTS_01	自然植被（杂草）	30	34.1	3	3.30
2012 - 05	SYAQX01CTS_01	自然植被（杂草）	40	30.4	3	3.44
2012 - 06	SYAQX01CTS_01	自然植被（杂草）	40	32.9	3	1.26
2012 - 07	SYAQX01CTS_01	自然植被（杂草）	40	33.5	3	1.06
2012 - 08	SYAQX01CTS_01	自然植被（杂草）	40	40.0	3	1.41
2012 - 09	SYAQX01CTS_01	自然植被（杂草）	40	38.6	3	2.20
2012 - 10	SYAQX01CTS_01	自然植被（杂草）	40	35.9	3	4.11
2012 - 05	SYAQX01CTS_01	自然植被（杂草）	50	31.8	3	4.63
2012 - 06	SYAQX01CTS_01	自然植被（杂草）	50	34.3	3	2.78
2012 - 07	SYAQX01CTS_01	自然植被（杂草）	50	36.8	3	1.66
2012 - 08	SYAQX01CTS_01	自然植被（杂草）	50	42.5	3	1.70
2012 - 09	SYAQX01CTS_01	自然植被（杂草）	50	42.3	3	2.18
2012 - 10	SYAQX01CTS_01	自然植被（杂草）	50	36.5	3	3.75
2012 - 05	SYAQX01CTS_01	自然植被（杂草）	60	34.7	3	4.55
2012 - 06	SYAQX01CTS_01	自然植被（杂草）	60	35.9	3	4.94
2012 - 07	SYAQX01CTS_01	自然植被（杂草）	60	37.6	3	2.82
2012 - 08	SYAQX01CTS_01	自然植被（杂草）	60	45.0	3	1.68
2012 - 09	SYAQX01CTS_01	自然植被（杂草）	60	44.3	3	1.36
2012 - 10	SYAQX01CTS_01	自然植被（杂草）	60	38.8	3	2.01
2012 - 05	SYAQX01CTS_01	自然植被（杂草）	70	35.1	3	2.73

（续）

时间（年-月）	样地代码	作物名称	探测深度/cm	体积含水量/%	重复数	标准差
2012 - 06	SYAQX01CTS_01	自然植被（杂草）	70	36.0	3	3.22
2012 - 07	SYAQX01CTS_01	自然植被（杂草）	70	38.9	3	2.89
2012 - 08	SYAQX01CTS_01	自然植被（杂草）	70	46.1	3	1.90
2012 - 09	SYAQX01CTS_01	自然植被（杂草）	70	45.3	3	1.64
2012 - 10	SYAQX01CTS_01	自然植被（杂草）	70	41.6	3	3.86
2012 - 05	SYAQX01CTS_01	自然植被（杂草）	80	37.7	3	2.17
2012 - 06	SYAQX01CTS_01	自然植被（杂草）	80	37.1	3	1.73
2012 - 07	SYAQX01CTS_01	自然植被（杂草）	80	40.3	3	2.17
2012 - 08	SYAQX01CTS_01	自然植被（杂草）	80	46.9	3	2.23
2012 - 09	SYAQX01CTS_01	自然植被（杂草）	80	46.8	3	1.46
2012 - 10	SYAQX01CTS_01	自然植被（杂草）	80	43.7	3	3.68
2012 - 05	SYAQX01CTS_01	自然植被（杂草）	90	42.1	3	5.59
2012 - 06	SYAQX01CTS_01	自然植被（杂草）	90	39.9	3	2.46
2012 - 07	SYAQX01CTS_01	自然植被（杂草）	90	42.2	3	2.70
2012 - 08	SYAQX01CTS_01	自然植被（杂草）	90	47.5	3	2.54
2012 - 09	SYAQX01CTS_01	自然植被（杂草）	90	47.5	3	2.53
2012 - 10	SYAQX01CTS_01	自然植被（杂草）	90	45.5	3	4.82
2012 - 05	SYAQX01CTS_01	自然植被（杂草）	100	42.8	3	5.26
2012 - 06	SYAQX01CTS_01	自然植被（杂草）	100	41.0	3	2.81
2012 - 07	SYAQX01CTS_01	自然植被（杂草）	100	44.3	3	3.28
2012 - 08	SYAQX01CTS_01	自然植被（杂草）	100	47.8	3	2.35
2012 - 09	SYAQX01CTS_01	自然植被（杂草）	100	48.9	3	2.88
2012 - 10	SYAQX01CTS_01	自然植被（杂草）	100	48.2	3	3.08
2012 - 05	SYAQX01CTS_01	自然植被（杂草）	110	44.2	3	6.02
2012 - 06	SYAQX01CTS_01	自然植被（杂草）	110	42.5	3	4.21
2012 - 07	SYAQX01CTS_01	自然植被（杂草）	110	45.0	3	2.84
2012 - 08	SYAQX01CTS_01	自然植被（杂草）	110	49.4	3	1.79
2012 - 09	SYAQX01CTS_01	自然植被（杂草）	110	49.2	3	1.53
2012 - 10	SYAQX01CTS_01	自然植被（杂草）	110	50.4	3	1.67
2012 - 05	SYAQX01CTS_01	自然植被（杂草）	120	43.6	3	5.78
2012 - 06	SYAQX01CTS_01	自然植被（杂草）	120	43.4	3	3.77
2012 - 07	SYAQX01CTS_01	自然植被（杂草）	120	45.4	3	1.96
2012 - 08	SYAQX01CTS_01	自然植被（杂草）	120	49.5	3	1.93
2012 - 09	SYAQX01CTS_01	自然植被（杂草）	120	49.5	3	1.04

（续）

时间（年-月）	样地代码	作物名称	探测深度/cm	体积含水量/%	重复数	标准差
2012 - 10	SYAQX01CTS_01	自然植被（杂草）	120	51.1	3	1.09
2012 - 05	SYAQX01CTS_01	自然植被（杂草）	130	45.4	3	4.58
2012 - 06	SYAQX01CTS_01	自然植被（杂草）	130	43.7	3	3.42
2012 - 07	SYAQX01CTS_01	自然植被（杂草）	130	46.5	3	2.95
2012 - 08	SYAQX01CTS_01	自然植被（杂草）	130	49.8	3	2.12
2012 - 09	SYAQX01CTS_01	自然植被（杂草）	130	49.9	3	1.89
2012 - 10	SYAQX01CTS_01	自然植被（杂草）	130	50.4	3	0.39
2012 - 05	SYAQX01CTS_01	自然植被（杂草）	140	46.8	3	5.55
2012 - 06	SYAQX01CTS_01	自然植被（杂草）	140	44.3	3	3.63
2012 - 07	SYAQX01CTS_01	自然植被（杂草）	140	47.6	3	1.91
2012 - 08	SYAQX01CTS_01	自然植被（杂草）	140	49.9	3	2.00
2012 - 09	SYAQX01CTS_01	自然植被（杂草）	140	49.7	3	1.65
2012 - 10	SYAQX01CTS_01	自然植被（杂草）	140	50.4	3	1.49
2012 - 05	SYAQX01CTS_01	自然植被（杂草）	150	49.3	3	5.26
2012 - 06	SYAQX01CTS_01	自然植被（杂草）	150	48.6	3	3.81
2012 - 07	SYAQX01CTS_01	自然植被（杂草）	150	48.7	3	0.90
2012 - 08	SYAQX01CTS_01	自然植被（杂草）	150	50.7	3	1.97
2012 - 09	SYAQX01CTS_01	自然植被（杂草）	150	50.8	3	1.80
2012 - 10	SYAQX01CTS_01	自然植被（杂草）	150	51.0	3	0.67
2013 - 04	SYAQX01CTS_01	自然植被（杂草）	10	21.9	3	4.10
2013 - 05	SYAQX01CTS_01	自然植被（杂草）	10	19.7	3	4.52
2013 - 06	SYAQX01CTS_01	自然植被（杂草）	10	17.6	3	1.41
2013 - 07	SYAQX01CTS_01	自然植被（杂草）	10	25.9	3	3.67
2013 - 08	SYAQX01CTS_01	自然植被（杂草）	10	30.1	3	2.31
2013 - 09	SYAQX01CTS_01	自然植被（杂草）	10	29.4	3	2.62
2013 - 10	SYAQX01CTS_01	自然植被（杂草）	10	31.9	3	1.18
2013 - 04	SYAQX01CTS_01	自然植被（杂草）	20	31.6	3	3.66
2013 - 05	SYAQX01CTS_01	自然植被（杂草）	20	24.1	3	5.82
2013 - 06	SYAQX01CTS_01	自然植被（杂草）	20	19.1	3	1.91
2013 - 07	SYAQX01CTS_01	自然植被（杂草）	20	26.4	3	3.44
2013 - 08	SYAQX01CTS_01	自然植被（杂草）	20	30.8	3	3.09
2013 - 09	SYAQX01CTS_01	自然植被（杂草）	20	29.5	3	3.01
2013 - 10	SYAQX01CTS_01	自然植被（杂草）	20	32.7	3	2.41
2013 - 04	SYAQX01CTS_01	自然植被（杂草）	30	34.0	3	4.82

（续）

时间（年-月）	样地代码	作物名称	探测深度/cm	体积含水量/%	重复数	标准差
2013－05	SYAQX01CTS_01	自然植被（杂草）	30	26.4	3	4.81
2013－06	SYAQX01CTS_01	自然植被（杂草）	30	20.4	3	1.57
2013－07	SYAQX01CTS_01	自然植被（杂草）	30	27.3	3	3.34
2013－08	SYAQX01CTS_01	自然植被（杂草）	30	30.9	3	2.37
2013－09	SYAQX01CTS_01	自然植被（杂草）	30	29.7	3	3.05
2013－10	SYAQX01CTS_01	自然植被（杂草）	30	32.1	3	2.09
2013－04	SYAQX01CTS_01	自然植被（杂草）	40	34.0	3	4.89
2013－05	SYAQX01CTS_01	自然植被（杂草）	40	27.9	3	4.33
2013－06	SYAQX01CTS_01	自然植被（杂草）	40	23.0	3	3.76
2013－07	SYAQX01CTS_01	自然植被（杂草）	40	29.0	3	3.66
2013－08	SYAQX01CTS_01	自然植被（杂草）	40	33.9	3	2.80
2013－09	SYAQX01CTS_01	自然植被（杂草）	40	31.5	3	3.17
2013－10	SYAQX01CTS_01	自然植被（杂草）	40	34.6	3	1.50
2013－04	SYAQX01CTS_01	自然植被（杂草）	50	34.6	3	4.94
2013－05	SYAQX01CTS_01	自然植被（杂草）	50	29.5	3	5.38
2013－06	SYAQX01CTS_01	自然植被（杂草）	50	26.2	3	6.75
2013－07	SYAQX01CTS_01	自然植被（杂草）	50	30.2	3	4.71
2013－08	SYAQX01CTS_01	自然植被（杂草）	50	36.5	3	2.69
2013－09	SYAQX01CTS_01	自然植被（杂草）	50	33.3	3	2.28
2013－10	SYAQX01CTS_01	自然植被（杂草）	50	35.4	3	2.02
2013－04	SYAQX01CTS_01	自然植被（杂草）	60	34.5	3	7.22
2013－05	SYAQX01CTS_01	自然植被（杂草）	60	31.1	3	6.72
2013－06	SYAQX01CTS_01	自然植被（杂草）	60	28.6	3	7.23
2013－07	SYAQX01CTS_01	自然植被（杂草）	60	31.8	3	5.35
2013－08	SYAQX01CTS_01	自然植被（杂草）	60	38.5	3	3.73
2013－09	SYAQX01CTS_01	自然植被（杂草）	60	36.7	3	2.72
2013－10	SYAQX01CTS_01	自然植被（杂草）	60	36.5	3	1.02
2013－04	SYAQX01CTS_01	自然植被（杂草）	70	33.8	3	5.68
2013－05	SYAQX01CTS_01	自然植被（杂草）	70	31.8	3	5.26
2013－06	SYAQX01CTS_01	自然植被（杂草）	70	29.4	3	5.35
2013－07	SYAQX01CTS_01	自然植被（杂草）	70	33.1	3	5.64
2013－08	SYAQX01CTS_01	自然植被（杂草）	70	39.3	3	4.48
2013－09	SYAQX01CTS_01	自然植被（杂草）	70	38.6	3	2.19
2013－10	SYAQX01CTS_01	自然植被（杂草）	70	37.3	3	0.85

（续）

时间（年-月）	样地代码	作物名称	探测深度/cm	体积含水量/%	重复数	标准差
2013 - 04	SYAQX01CTS_01	自然植被（杂草）	80	37.6	3	4.82
2013 - 05	SYAQX01CTS_01	自然植被（杂草）	80	33.4	3	6.03
2013 - 06	SYAQX01CTS_01	自然植被（杂草）	80	31.5	3	5.18
2013 - 07	SYAQX01CTS_01	自然植被（杂草）	80	35.7	3	5.81
2013 - 08	SYAQX01CTS_01	自然植被（杂草）	80	40.2	3	3.80
2013 - 09	SYAQX01CTS_01	自然植被（杂草）	80	40.8	3	2.12
2013 - 10	SYAQX01CTS_01	自然植被（杂草）	80	40.8	3	1.84
2013 - 04	SYAQX01CTS_01	自然植被（杂草）	90	42.5	3	3.75
2013 - 05	SYAQX01CTS_01	自然植被（杂草）	90	37.5	3	5.58
2013 - 06	SYAQX01CTS_01	自然植被（杂草）	90	34.1	3	6.41
2013 - 07	SYAQX01CTS_01	自然植被（杂草）	90	37.0	3	5.92
2013 - 08	SYAQX01CTS_01	自然植被（杂草）	90	41.0	3	2.63
2013 - 09	SYAQX01CTS_01	自然植被（杂草）	90	41.8	3	2.22
2013 - 10	SYAQX01CTS_01	自然植被（杂草）	90	42.0	3	1.67
2013 - 04	SYAQX01CTS_01	自然植被（杂草）	100	44.7	3	6.33
2013 - 05	SYAQX01CTS_01	自然植被（杂草）	100	39.6	3	6.05
2013 - 06	SYAQX01CTS_01	自然植被（杂草）	100	35.6	3	5.68
2013 - 07	SYAQX01CTS_01	自然植被（杂草）	100	38.7	3	4.89
2013 - 08	SYAQX01CTS_01	自然植被（杂草）	100	43.5	3	3.63
2013 - 09	SYAQX01CTS_01	自然植被（杂草）	100	42.7	3	1.56
2013 - 10	SYAQX01CTS_01	自然植被（杂草）	100	46.4	3	0.95
2013 - 04	SYAQX01CTS_01	自然植被（杂草）	110	45.6	3	6.59
2013 - 05	SYAQX01CTS_01	自然植被（杂草）	110	40.9	3	6.80
2013 - 06	SYAQX01CTS_01	自然植被（杂草）	110	37.5	3	5.34
2013 - 07	SYAQX01CTS_01	自然植被（杂草）	110	40.4	3	4.43
2013 - 08	SYAQX01CTS_01	自然植被（杂草）	110	44.5	3	4.19
2013 - 09	SYAQX01CTS_01	自然植被（杂草）	110	44.7	3	2.41
2013 - 10	SYAQX01CTS_01	自然植被（杂草）	110	46.7	3	1.30
2013 - 04	SYAQX01CTS_01	自然植被（杂草）	120	46.3	3	7.41
2013 - 05	SYAQX01CTS_01	自然植被（杂草）	120	42.5	3	5.81
2013 - 06	SYAQX01CTS_01	自然植被（杂草）	120	37.9	3	3.28
2013 - 07	SYAQX01CTS_01	自然植被（杂草）	120	41.1	3	4.37
2013 - 08	SYAQX01CTS_01	自然植被（杂草）	120	45.4	3	5.01
2013 - 09	SYAQX01CTS_01	自然植被（杂草）	120	44.5	3	2.43

（续）

时间（年-月）	样地代码	作物名称	探测深度/cm	体积含水量/%	重复数	标准差
2013 - 10	SYAQX01CTS_01	自然植被（杂草）	120	47.5	3	1.57
2013 - 04	SYAQX01CTS_01	自然植被（杂草）	130	46.0	3	6.24
2013 - 05	SYAQX01CTS_01	自然植被（杂草）	130	43.1	3	5.83
2013 - 06	SYAQX01CTS_01	自然植被（杂草）	130	39.2	3	5.19
2013 - 07	SYAQX01CTS_01	自然植被（杂草）	130	42.4	3	3.88
2013 - 08	SYAQX01CTS_01	自然植被（杂草）	130	46.6	3	4.59
2013 - 09	SYAQX01CTS_01	自然植被（杂草）	130	45.6	3	2.36
2013 - 10	SYAQX01CTS_01	自然植被（杂草）	130	48.4	3	0.69
2013 - 04	SYAQX01CTS_01	自然植被（杂草）	140	48.4	3	3.42
2013 - 05	SYAQX01CTS_01	自然植被（杂草）	140	44.8	3	6.34
2013 - 06	SYAQX01CTS_01	自然植被（杂草）	140	40.4	3	5.06
2013 - 07	SYAQX01CTS_01	自然植被（杂草）	140	43.3	3	4.10
2013 - 08	SYAQX01CTS_01	自然植被（杂草）	140	48.8	3	3.11
2013 - 09	SYAQX01CTS_01	自然植被（杂草）	140	48.5	3	0.39
2013 - 10	SYAQX01CTS_01	自然植被（杂草）	140	49.4	3	0.68
2013 - 04	SYAQX01CTS_01	自然植被（杂草）	150	50.5	3	3.27
2013 - 05	SYAQX01CTS_01	自然植被（杂草）	150	47.4	3	4.99
2013 - 06	SYAQX01CTS_01	自然植被（杂草）	150	43.5	3	3.58
2013 - 07	SYAQX01CTS_01	自然植被（杂草）	150	45.0	3	4.20
2013 - 08	SYAQX01CTS_01	自然植被（杂草）	150	50.1	3	2.98
2013 - 09	SYAQX01CTS_01	自然植被（杂草）	150	50.5	3	1.42
2013 - 10	SYAQX01CTS_01	自然植被（杂草）	150	50.6	3	1.82
2014 - 04	SYAQX01CTS_01	自然植被（杂草）	10	28.5	3	3.08
2014 - 05	SYAQX01CTS_01	自然植被（杂草）	10	24.2	3	2.29
2014 - 06	SYAQX01CTS_01	自然植被（杂草）	10	20.2	3	1.43
2014 - 07	SYAQX01CTS_01	自然植被（杂草）	10	24.3	3	2.98
2014 - 08	SYAQX01CTS_01	自然植被（杂草）	10	22.8	3	3.73
2014 - 09	SYAQX01CTS_01	自然植被（杂草）	10	22.0	3	4.75
2014 - 04	SYAQX01CTS_01	自然植被（杂草）	20	31.5	3	3.95
2014 - 05	SYAQX01CTS_01	自然植被（杂草）	20	24.9	3	2.70
2014 - 06	SYAQX01CTS_01	自然植被（杂草）	20	20.9	3	1.86
2014 - 07	SYAQX01CTS_01	自然植被（杂草）	20	24.1	3	2.60
2014 - 08	SYAQX01CTS_01	自然植被（杂草）	20	24.1	3	2.54
2014 - 09	SYAQX01CTS_01	自然植被（杂草）	20	21.3	3	4.09

（续）

时间（年-月）	样地代码	作物名称	探测深度/cm	体积含水量/%	重复数	标准差
2014 - 04	SYAQX01CTS_01	自然植被（杂草）	30	33.0	3	5.01
2014 - 05	SYAQX01CTS_01	自然植被（杂草）	30	25.2	3	4.07
2014 - 06	SYAQX01CTS_01	自然植被（杂草）	30	22.5	3	2.76
2014 - 07	SYAQX01CTS_01	自然植被（杂草）	30	23.4	3	2.17
2014 - 08	SYAQX01CTS_01	自然植被（杂草）	30	24.1	3	1.46
2014 - 09	SYAQX01CTS_01	自然植被（杂草）	30	20.8	3	2.88
2014 - 04	SYAQX01CTS_01	自然植被（杂草）	40	32.9	3	4.90
2014 - 05	SYAQX01CTS_01	自然植被（杂草）	40	26.4	3	4.49
2014 - 06	SYAQX01CTS_01	自然植被（杂草）	40	22.7	3	2.73
2014 - 07	SYAQX01CTS_01	自然植被（杂草）	40	23.2	3	2.92
2014 - 08	SYAQX01CTS_01	自然植被（杂草）	40	24.7	3	2.09
2014 - 09	SYAQX01CTS_01	自然植被（杂草）	40	22.4	3	3.28
2014 - 04	SYAQX01CTS_01	自然植被（杂草）	50	33.3	3	5.11
2014 - 05	SYAQX01CTS_01	自然植被（杂草）	50	28.7	3	5.36
2014 - 06	SYAQX01CTS_01	自然植被（杂草）	50	24.4	3	3.82
2014 - 07	SYAQX01CTS_01	自然植被（杂草）	50	24.6	3	4.52
2014 - 08	SYAQX01CTS_01	自然植被（杂草）	50	25.4	3	2.87
2014 - 09	SYAQX01CTS_01	自然植被（杂草）	50	23.3	3	3.24
2014 - 04	SYAQX01CTS_01	自然植被（杂草）	60	33.3	3	6.13
2014 - 05	SYAQX01CTS_01	自然植被（杂草）	60	29.5	3	6.33
2014 - 06	SYAQX01CTS_01	自然植被（杂草）	60	26.5	3	6.10
2014 - 07	SYAQX01CTS_01	自然植被（杂草）	60	25.2	3	4.81
2014 - 08	SYAQX01CTS_01	自然植被（杂草）	60	26.6	3	4.51
2014 - 09	SYAQX01CTS_01	自然植被（杂草）	60	26.7	3	4.27
2014 - 04	SYAQX01CTS_01	自然植被（杂草）	70	34.2	3	3.68
2014 - 05	SYAQX01CTS_01	自然植被（杂草）	70	31.5	3	4.73
2014 - 06	SYAQX01CTS_01	自然植被（杂草）	70	29.1	3	5.45
2014 - 07	SYAQX01CTS_01	自然植被（杂草）	70	26.8	3	4.17
2014 - 08	SYAQX01CTS_01	自然植被（杂草）	70	28.0	3	5.08
2014 - 09	SYAQX01CTS_01	自然植被（杂草）	70	29.2	3	5.68
2014 - 04	SYAQX01CTS_01	自然植被（杂草）	80	34.8	3	5.77
2014 - 05	SYAQX01CTS_01	自然植被（杂草）	80	32.8	3	5.51
2014 - 06	SYAQX01CTS_01	自然植被（杂草）	80	32.3	3	6.30
2014 - 07	SYAQX01CTS_01	自然植被（杂草）	80	31.6	3	7.03

（续）

时间（年-月）	样地代码	作物名称	探测深度/cm	体积含水量/%	重复数	标准差
2014 - 08	SYAQX01CTS_01	自然植被（杂草）	80	32.3	3	8.91
2014 - 09	SYAQX01CTS_01	自然植被（杂草）	80	31.2	3	8.15
2014 - 04	SYAQX01CTS_01	自然植被（杂草）	90	36.8	3	6.08
2014 - 05	SYAQX01CTS_01	自然植被（杂草）	90	34.0	3	7.86
2014 - 06	SYAQX01CTS_01	自然植被（杂草）	90	33.3	3	6.90
2014 - 07	SYAQX01CTS_01	自然植被（杂草）	90	34.0	3	7.71
2014 - 08	SYAQX01CTS_01	自然植被（杂草）	90	33.6	3	7.20
2014 - 09	SYAQX01CTS_01	自然植被（杂草）	90	33.7	3	6.98
2014 - 04	SYAQX01CTS_01	自然植被（杂草）	100	38.1	3	5.53
2014 - 05	SYAQX01CTS_01	自然植被（杂草）	100	36.5	3	5.98
2014 - 06	SYAQX01CTS_01	自然植被（杂草）	100	35.3	3	7.55
2014 - 07	SYAQX01CTS_01	自然植被（杂草）	100	33.9	3	7.72
2014 - 08	SYAQX01CTS_01	自然植被（杂草）	100	32.3	3	6.35
2014 - 09	SYAQX01CTS_01	自然植被（杂草）	100	33.0	3	5.79
2014 - 04	SYAQX01CTS_01	自然植被（杂草）	110	38.5	3	4.75
2014 - 05	SYAQX01CTS_01	自然植被（杂草）	110	37.1	3	4.27
2014 - 06	SYAQX01CTS_01	自然植被（杂草）	110	35.7	3	5.65
2014 - 07	SYAQX01CTS_01	自然植被（杂草）	110	35.8	3	7.09
2014 - 08	SYAQX01CTS_01	自然植被（杂草）	110	35.2	3	8.52
2014 - 09	SYAQX01CTS_01	自然植被（杂草）	110	33.7	3	6.62
2014 - 04	SYAQX01CTS_01	自然植被（杂草）	120	39.5	3	5.27
2014 - 05	SYAQX01CTS_01	自然植被（杂草）	120	38.4	3	5.88
2014 - 06	SYAQX01CTS_01	自然植被（杂草）	120	37.8	3	6.47
2014 - 07	SYAQX01CTS_01	自然植被（杂草）	120	37.3	3	6.53
2014 - 08	SYAQX01CTS_01	自然植被（杂草）	120	35.6	3	7.75
2014 - 09	SYAQX01CTS_01	自然植被（杂草）	120	36.1	3	7.66
2014 - 04	SYAQX01CTS_01	自然植被（杂草）	130	40.1	3	5.04
2014 - 05	SYAQX01CTS_01	自然植被（杂草）	130	38.8	3	5.54
2014 - 06	SYAQX01CTS_01	自然植被（杂草）	130	38.9	3	6.52
2014 - 07	SYAQX01CTS_01	自然植被（杂草）	130	39.8	3	6.68
2014 - 08	SYAQX01CTS_01	自然植被（杂草）	130	36.4	3	7.08
2014 - 09	SYAQX01CTS_01	自然植被（杂草）	130	36.4	3	7.59
2014 - 04	SYAQX01CTS_01	自然植被（杂草）	140	42.6	3	2.04
2014 - 05	SYAQX01CTS_01	自然植被（杂草）	140	41.0	3	3.96

（续）

时间（年-月）	样地代码	作物名称	探测深度/cm	体积含水量/%	重复数	标准差
2014 - 06	SYAQX01CTS_01	自然植被（杂草）	140	41.7	3	5.11
2014 - 07	SYAQX01CTS_01	自然植被（杂草）	140	41.6	3	4.90
2014 - 08	SYAQX01CTS_01	自然植被（杂草）	140	39.5	3	5.97
2014 - 09	SYAQX01CTS_01	自然植被（杂草）	140	39.2	3	6.10
2014 - 04	SYAQX01CTS_01	自然植被（杂草）	150	43.7	3	1.33
2014 - 05	SYAQX01CTS_01	自然植被（杂草）	150	42.3	3	2.22
2014 - 06	SYAQX01CTS_01	自然植被（杂草）	150	42.5	3	3.99
2014 - 07	SYAQX01CTS_01	自然植被（杂草）	150	42.1	3	3.36
2014 - 08	SYAQX01CTS_01	自然植被（杂草）	150	40.3	3	4.37
2014 - 09	SYAQX01CTS_01	自然植被（杂草）	150	40.5	3	4.70
2015 - 05	SYAQX01CTS_01	自然植被（杂草）	10	23.0	3	1.56
2015 - 06	SYAQX01CTS_01	自然植被（杂草）	10	24.3	3	2.24
2015 - 07	SYAQX01CTS_01	自然植被（杂草）	10	23.1	3	2.44
2015 - 08	SYAQX01CTS_01	自然植被（杂草）	10	26.4	3	1.67
2015 - 09	SYAQX01CTS_01	自然植被（杂草）	10	20.6	3	2.62
2015 - 05	SYAQX01CTS_01	自然植被（杂草）	20	24.4	3	2.22
2015 - 06	SYAQX01CTS_01	自然植被（杂草）	20	25.4	3	1.94
2015 - 07	SYAQX01CTS_01	自然植被（杂草）	20	24.5	3	2.03
2015 - 08	SYAQX01CTS_01	自然植被（杂草）	20	27.0	3	1.51
2015 - 09	SYAQX01CTS_01	自然植被（杂草）	20	22.3	3	2.24
2015 - 05	SYAQX01CTS_01	自然植被（杂草）	30	25.5	3	2.68
2015 - 06	SYAQX01CTS_01	自然植被（杂草）	30	27.3	3	2.50
2015 - 07	SYAQX01CTS_01	自然植被（杂草）	30	26.5	3	2.60
2015 - 08	SYAQX01CTS_01	自然植被（杂草）	30	28.3	3	1.57
2015 - 09	SYAQX01CTS_01	自然植被（杂草）	30	24.2	3	2.75
2015 - 05	SYAQX01CTS_01	自然植被（杂草）	40	27.1	3	3.72
2015 - 06	SYAQX01CTS_01	自然植被（杂草）	40	27.9	3	3.14
2015 - 07	SYAQX01CTS_01	自然植被（杂草）	40	26.8	3	2.45
2015 - 08	SYAQX01CTS_01	自然植被（杂草）	40	29.6	3	2.74
2015 - 09	SYAQX01CTS_01	自然植被（杂草）	40	25.3	3	3.20
2015 - 05	SYAQX01CTS_01	自然植被（杂草）	50	29.3	3	5.38
2015 - 06	SYAQX01CTS_01	自然植被（杂草）	50	29.3	3	4.00
2015 - 07	SYAQX01CTS_01	自然植被（杂草）	50	27.8	3	2.99
2015 - 08	SYAQX01CTS_01	自然植被（杂草）	50	30.2	3	2.86

（续）

时间（年-月）	样地代码	作物名称	探测深度/cm	体积含水量/%	重复数	标准差
2015 – 09	SYAQX01CTS_01	自然植被（杂草）	50	26.8	3	3.71
2015 – 05	SYAQX01CTS_01	自然植被（杂草）	60	30.3	3	6.30
2015 – 06	SYAQX01CTS_01	自然植被（杂草）	60	29.9	3	4.99
2015 – 07	SYAQX01CTS_01	自然植被（杂草）	60	28.9	3	3.72
2015 – 08	SYAQX01CTS_01	自然植被（杂草）	60	31.8	3	3.34
2015 – 09	SYAQX01CTS_01	自然植被（杂草）	60	27.8	3	2.97
2015 – 05	SYAQX01CTS_01	自然植被（杂草）	70	31.1	3	6.04
2015 – 06	SYAQX01CTS_01	自然植被（杂草）	70	30.1	3	4.45
2015 – 07	SYAQX01CTS_01	自然植被（杂草）	70	30.2	3	5.41
2015 – 08	SYAQX01CTS_01	自然植被（杂草）	70	33.7	3	4.14
2015 – 09	SYAQX01CTS_01	自然植被（杂草）	70	29.3	3	3.41
2015 – 05	SYAQX01CTS_01	自然植被（杂草）	80	31.5	3	6.05
2015 – 06	SYAQX01CTS_01	自然植被（杂草）	80	31.0	3	4.73
2015 – 07	SYAQX01CTS_01	自然植被（杂草）	80	31.3	3	4.58
2015 – 08	SYAQX01CTS_01	自然植被（杂草）	80	35.6	3	2.51
2015 – 09	SYAQX01CTS_01	自然植被（杂草）	80	32.8	3	4.21
2015 – 05	SYAQX01CTS_01	自然植被（杂草）	90	32.0	3	6.35
2015 – 06	SYAQX01CTS_01	自然植被（杂草）	90	32.7	3	5.36
2015 – 07	SYAQX01CTS_01	自然植被（杂草）	90	32.6	3	5.30
2015 – 08	SYAQX01CTS_01	自然植被（杂草）	90	36.9	3	4.15
2015 – 09	SYAQX01CTS_01	自然植被（杂草）	90	33.8	3	4.45
2015 – 05	SYAQX01CTS_01	自然植被（杂草）	100	33.5	3	6.62
2015 – 06	SYAQX01CTS_01	自然植被（杂草）	100	32.6	3	6.01
2015 – 07	SYAQX01CTS_01	自然植被（杂草）	100	33.5	3	6.18
2015 – 08	SYAQX01CTS_01	自然植被（杂草）	100	39.0	3	4.67
2015 – 09	SYAQX01CTS_01	自然植被（杂草）	100	36.3	3	4.41
2015 – 05	SYAQX01CTS_01	自然植被（杂草）	110	33.0	3	7.50
2015 – 06	SYAQX01CTS_01	自然植被（杂草）	110	32.4	3	5.93
2015 – 07	SYAQX01CTS_01	自然植被（杂草）	110	34.1	3	7.12
2015 – 08	SYAQX01CTS_01	自然植被（杂草）	110	40.3	3	4.42
2015 – 09	SYAQX01CTS_01	自然植被（杂草）	110	37.2	3	4.49
2015 – 05	SYAQX01CTS_01	自然植被（杂草）	120	32.1	3	6.00
2015 – 06	SYAQX01CTS_01	自然植被（杂草）	120	32.9	3	5.59
2015 – 07	SYAQX01CTS_01	自然植被（杂草）	120	34.3	3	5.89

（续）

时间（年-月）	样地代码	作物名称	探测深度/cm	体积含水量/%	重复数	标准差
2015 - 08	SYAQX01CTS_01	自然植被（杂草）	120	40.0	3	5.09
2015 - 09	SYAQX01CTS_01	自然植被（杂草）	120	38.3	3	4.55
2015 - 05	SYAQX01CTS_01	自然植被（杂草）	130	32.5	3	4.44
2015 - 06	SYAQX01CTS_01	自然植被（杂草）	130	33.5	3	5.32
2015 - 07	SYAQX01CTS_01	自然植被（杂草）	130	34.5	3	5.75
2015 - 08	SYAQX01CTS_01	自然植被（杂草）	130	40.8	3	5.93
2015 - 09	SYAQX01CTS_01	自然植被（杂草）	130	39.2	3	4.35
2015 - 05	SYAQX01CTS_01	自然植被（杂草）	140	33.7	3	3.42
2015 - 06	SYAQX01CTS_01	自然植被（杂草）	140	33.7	3	5.20
2015 - 07	SYAQX01CTS_01	自然植被（杂草）	140	34.9	3	7.05
2015 - 08	SYAQX01CTS_01	自然植被（杂草）	140	40.9	3	5.28
2015 - 09	SYAQX01CTS_01	自然植被（杂草）	140	39.6	3	4.65
2015 - 05	SYAQX01CTS_01	自然植被（杂草）	150	33.9	3	2.84
2015 - 06	SYAQX01CTS_01	自然植被（杂草）	150	35.6	3	5.24
2015 - 07	SYAQX01CTS_01	自然植被（杂草）	150	35.9	3	6.66
2015 - 08	SYAQX01CTS_01	自然植被（杂草）	150	40.2	3	5.40
2015 - 09	SYAQX01CTS_01	自然植被（杂草）	150	40.8	3	4.18

（2）土壤质量含水量观测数据

表 3 - 262、表 3 - 263 中为土壤质量含水量观测数据。

表 3 - 262　综合观测场烘干法采样地土壤含水量

时间（年-月）	样地代码	作物名称	采样层次/cm	质量含水量/%	重复数	标准差
2005 - 04	SYAZH01CHG_01	玉米	10	20.5	3	1.28
2005 - 06	SYAZH01CHG_01	玉米	10	23.8	3	0.87
2005 - 08	SYAZH01CHG_01	玉米	10	22.0	3	0.54
2005 - 10	SYAZH01CHG_01	玉米	10	18.5	3	0.13
2005 - 04	SYAZH01CHG_01	玉米	20	22.8	3	1.00
2005 - 06	SYAZH01CHG_01	玉米	20	24.8	3	1.07
2005 - 08	SYAZH01CHG_01	玉米	20	20.8	3	0.85
2005 - 10	SYAZH01CHG_01	玉米	20	18.6	3	0.17
2005 - 04	SYAZH01CHG_01	玉米	30	23.0	3	0.43
2005 - 06	SYAZH01CHG_01	玉米	30	24.4	3	0.47
2005 - 08	SYAZH01CHG_01	玉米	30	20.6	3	0.17
2005 - 10	SYAZH01CHG_01	玉米	30	17.8	3	0.80

（续）

时间（年-月）	样地代码	作物名称	采样层次/cm	质量含水量/%	重复数	标准差
2005 - 04	SYAZH01CHG _ 01	玉米	40	22.3	3	0.63
2005 - 06	SYAZH01CHG _ 01	玉米	40	24.6	3	0.68
2005 - 08	SYAZH01CHG _ 01	玉米	40	20.0	3	0.57
2005 - 10	SYAZH01CHG _ 01	玉米	40	19.3	3	0.11
2005 - 04	SYAZH01CHG _ 01	玉米	50	23.1	3	1.69
2005 - 06	SYAZH01CHG _ 01	玉米	50	26.3	3	0.88
2005 - 08	SYAZH01CHG _ 01	玉米	50	22.0	3	0.83
2005 - 10	SYAZH01CHG _ 01	玉米	50	19.9	3	0.78
2005 - 04	SYAZH01CHG _ 01	玉米	60	24.2	3	0.86
2005 - 06	SYAZH01CHG _ 01	玉米	60	27.3	3	1.56
2005 - 08	SYAZH01CHG _ 01	玉米	60	22.4	3	0.91
2005 - 10	SYAZH01CHG _ 01	玉米	60	19.2	3	0.13
2005 - 04	SYAZH01CHG _ 01	玉米	70	23.7	3	2.17
2005 - 06	SYAZH01CHG _ 01	玉米	70	27.6	3	2.30
2005 - 08	SYAZH01CHG _ 01	玉米	70	22.9	3	0.61
2005 - 10	SYAZH01CHG _ 01	玉米	70	18.6	3	0.15
2005 - 04	SYAZH01CHG _ 01	玉米	80	24.8	3	1.07
2005 - 06	SYAZH01CHG _ 01	玉米	80	27.6	3	2.44
2005 - 08	SYAZH01CHG _ 01	玉米	80	23.5	3	0.34
2005 - 10	SYAZH01CHG _ 01	玉米	80	19.9	3	0.79
2005 - 04	SYAZH01CHG _ 01	玉米	90	22.6	3	1.23
2005 - 06	SYAZH01CHG _ 01	玉米	90	28.3	3	2.68
2005 - 08	SYAZH01CHG _ 01	玉米	90	24.4	3	0.32
2005 - 10	SYAZH01CHG _ 01	玉米	90	20.5	3	0.23
2005 - 04	SYAZH01CHG _ 01	玉米	100	24.2	3	1.65
2005 - 06	SYAZH01CHG _ 01	玉米	100	29.0	3	2.31
2005 - 08	SYAZH01CHG _ 01	玉米	100	24.2	3	0.71
2005 - 10	SYAZH01CHG _ 01	玉米	100	22.1	3	0.60
2005 - 04	SYAZH01CHG _ 01	玉米	110	25.1	3	1.22
2005 - 06	SYAZH01CHG _ 01	玉米	110	28.9	3	2.06
2005 - 08	SYAZH01CHG _ 01	玉米	110	24.8	3	2.04
2005 - 10	SYAZH01CHG _ 01	玉米	110	22.6	3	0.73
2005 - 04	SYAZH01CHG _ 01	玉米	120	24.8	3	1.73

（续）

时间（年-月）	样地代码	作物名称	采样层次/cm	质量含水量/%	重复数	标准差
2005 - 06	SYAZH01CHG_01	玉米	120	27.7	3	1.79
2005 - 08	SYAZH01CHG_01	玉米	120	23.3	3	0.69
2005 - 10	SYAZH01CHG_01	玉米	120	22.0	3	0.44
2005 - 04	SYAZH01CHG_01	玉米	130	24.5	3	2.00
2005 - 06	SYAZH01CHG_01	玉米	130	27.5	3	0.56
2005 - 08	SYAZH01CHG_01	玉米	130	22.1	3	0.73
2005 - 10	SYAZH01CHG_01	玉米	130	22.7	3	0.16
2005 - 04	SYAZH01CHG_01	玉米	140	25.2	3	1.33
2005 - 06	SYAZH01CHG_01	玉米	140	30.1	3	2.58
2005 - 08	SYAZH01CHG_01	玉米	140	22.4	3	0.15
2005 - 10	SYAZH01CHG_01	玉米	140	22.1	3	0.22
2005 - 04	SYAZH01CHG_01	玉米	150	24.2	3	1.92
2005 - 06	SYAZH01CHG_01	玉米	150	29.7	3	2.02
2005 - 08	SYAZH01CHG_01	玉米	150	24.3	3	1.12
2005 - 10	SYAZH01CHG_01	玉米	150	20.6	3	0.34
2006 - 04	SYAZH01CHG_01	玉米	10	18.9	3	0.49
2006 - 06	SYAZH01CHG_01	玉米	10	18.1	3	0.28
2006 - 08	SYAZH01CHG_01	玉米	10	20.5	3	0.46
2006 - 10	SYAZH01CHG_01	玉米	10	20.0	3	0.85
2006 - 04	SYAZH01CHG_01	玉米	20	18.2	3	0.05
2006 - 06	SYAZH01CHG_01	玉米	20	17.7	3	0.12
2006 - 08	SYAZH01CHG_01	玉米	20	20.5	3	0.24
2006 - 10	SYAZH01CHG_01	玉米	20	19.5	3	0.49
2006 - 04	SYAZH01CHG_01	玉米	30	18.5	3	0.54
2006 - 06	SYAZH01CHG_01	玉米	30	18.4	3	0.22
2006 - 08	SYAZH01CHG_01	玉米	30	20.5	3	0.65
2006 - 10	SYAZH01CHG_01	玉米	30	19.6	3	0.78
2006 - 04	SYAZH01CHG_01	玉米	40	19.5	3	0.12
2006 - 06	SYAZH01CHG_01	玉米	40	19.1	3	0.28
2006 - 08	SYAZH01CHG_01	玉米	40	20.5	3	0.37
2006 - 10	SYAZH01CHG_01	玉米	40	20.2	3	1.13
2006 - 04	SYAZH01CHG_01	玉米	50	20.2	3	0.57
2006 - 06	SYAZH01CHG_01	玉米	50	20.0	3	0.41

（续）

时间（年-月）	样地代码	作物名称	采样层次/cm	质量含水量/%	重复数	标准差
2006 - 08	SYAZH01CHG _ 01	玉米	50	21.7	3	0.09
2006 - 10	SYAZH01CHG _ 01	玉米	50	21.1	3	1.08
2006 - 04	SYAZH01CHG _ 01	玉米	60	20.8	3	0.08
2006 - 06	SYAZH01CHG _ 01	玉米	60	20.6	3	0.28
2006 - 08	SYAZH01CHG _ 01	玉米	60	22.2	3	0.33
2006 - 10	SYAZH01CHG _ 01	玉米	60	21.8	3	0.12
2006 - 04	SYAZH01CHG _ 01	玉米	70	21.0	3	0.31
2006 - 06	SYAZH01CHG _ 01	玉米	70	21.1	3	0.33
2006 - 08	SYAZH01CHG _ 01	玉米	70	22.8	3	0.99
2006 - 10	SYAZH01CHG _ 01	玉米	70	22.0	3	0.17
2006 - 04	SYAZH01CHG _ 01	玉米	80	20.9	3	0.26
2006 - 06	SYAZH01CHG _ 01	玉米	80	21.4	3	0.49
2006 - 08	SYAZH01CHG _ 01	玉米	80	22.7	3	0.87
2006 - 10	SYAZH01CHG _ 01	玉米	80	22.0	3	0.16
2006 - 04	SYAZH01CHG _ 01	玉米	90	20.7	3	0.47
2006 - 06	SYAZH01CHG _ 01	玉米	90	21.8	3	0.54
2006 - 08	SYAZH01CHG _ 01	玉米	90	23.9	3	0.85
2006 - 10	SYAZH01CHG _ 01	玉米	90	22.4	3	0.48
2006 - 04	SYAZH01CHG _ 01	玉米	100	20.9	3	0.29
2006 - 06	SYAZH01CHG _ 01	玉米	100	21.8	3	0.53
2006 - 08	SYAZH01CHG _ 01	玉米	100	23.8	3	0.46
2006 - 10	SYAZH01CHG _ 01	玉米	100	22.6	3	0.34
2006 - 04	SYAZH01CHG _ 01	玉米	110	21.0	3	0.50
2006 - 06	SYAZH01CHG _ 01	玉米	110	21.5	3	0.24
2006 - 08	SYAZH01CHG _ 01	玉米	110	23.6	3	1.44
2006 - 10	SYAZH01CHG _ 01	玉米	110	22.3	3	0.70
2006 - 04	SYAZH01CHG _ 01	玉米	120	20.8	3	0.51
2006 - 06	SYAZH01CHG _ 01	玉米	120	21.1	3	0.65
2006 - 08	SYAZH01CHG _ 01	玉米	120	23.0	3	1.23
2006 - 10	SYAZH01CHG _ 01	玉米	120	22.3	3	0.62
2006 - 04	SYAZH01CHG _ 01	玉米	130	21.0	3	0.25
2006 - 06	SYAZH01CHG _ 01	玉米	130	21.9	3	0.31
2006 - 08	SYAZH01CHG _ 01	玉米	130	22.9	3	0.24

（续）

时间（年-月）	样地代码	作物名称	采样层次/cm	质量含水量/%	重复数	标准差
2006 – 10	SYAZH01CHG_01	玉米	130	22.2	3	0.93
2006 – 04	SYAZH01CHG_01	玉米	140	21.1	3	0.25
2006 – 06	SYAZH01CHG_01	玉米	140	22.0	3	0.21
2006 – 08	SYAZH01CHG_01	玉米	140	22.6	3	0.67
2006 – 10	SYAZH01CHG_01	玉米	140	21.7	3	0.05
2006 – 04	SYAZH01CHG_01	玉米	150	22.6	3	0.41
2006 – 06	SYAZH01CHG_01	玉米	150	23.3	3	0.17
2006 – 08	SYAZH01CHG_01	玉米	150	23.8	3	0.12
2006 – 10	SYAZH01CHG_01	玉米	150	24.4	3	0.73
2007 – 04	SYAZH01CHG_01	大豆	10	19.6	3	0.65
2007 – 06	SYAZH01CHG_01	大豆	10	15.0	3	0.45
2007 – 08	SYAZH01CHG_01	大豆	10	23.3	3	0.57
2007 – 09	SYAZH01CHG_01	大豆	10	20.9	3	0.68
2007 – 10	SYAZH01CHG_01	大豆	10	19.9	3	0.11
2007 – 04	SYAZH01CHG_01	大豆	20	19.1	3	0.32
2007 – 06	SYAZH01CHG_01	大豆	20	15.7	3	0.31
2007 – 08	SYAZH01CHG_01	大豆	20	21.6	3	0.74
2007 – 09	SYAZH01CHG_01	大豆	20	20.1	3	0.57
2007 – 10	SYAZH01CHG_01	大豆	20	18.7	3	0.43
2007 – 04	SYAZH01CHG_01	大豆	30	19.7	3	0.50
2007 – 06	SYAZH01CHG_01	大豆	30	17.2	3	0.14
2007 – 08	SYAZH01CHG_01	大豆	30	22.5	3	1.05
2007 – 09	SYAZH01CHG_01	大豆	30	20.1	3	0.66
2007 – 10	SYAZH01CHG_01	大豆	30	19.3	3	0.53
2007 – 04	SYAZH01CHG_01	大豆	40	21.1	3	0.36
2007 – 06	SYAZH01CHG_01	大豆	40	18.5	3	0.40
2007 – 08	SYAZH01CHG_01	大豆	40	20.8	3	0.27
2007 – 09	SYAZH01CHG_01	大豆	40	21.0	3	0.58
2007 – 10	SYAZH01CHG_01	大豆	40	20.7	3	0.24
2007 – 04	SYAZH01CHG_01	大豆	50	21.6	3	0.13
2007 – 06	SYAZH01CHG_01	大豆	50	19.4	3	0.17
2007 – 08	SYAZH01CHG_01	大豆	50	23.8	3	0.58
2007 – 09	SYAZH01CHG_01	大豆	50	22.0	3	0.39

（续）

时间（年-月）	样地代码	作物名称	采样层次/cm	质量含水量/%	重复数	标准差
2007 - 10	SYAZH01CHG _ 01	大豆	50	21.1	3	0.36
2007 - 04	SYAZH01CHG _ 01	大豆	60	21.8	3	0.03
2007 - 06	SYAZH01CHG _ 01	大豆	60	19.9	3	0.34
2007 - 08	SYAZH01CHG _ 01	大豆	60	23.7	3	0.91
2007 - 09	SYAZH01CHG _ 01	大豆	60	22.5	3	0.49
2007 - 10	SYAZH01CHG _ 01	大豆	60	21.5	3	0.17
2007 - 04	SYAZH01CHG _ 01	大豆	70	21.7	3	0.10
2007 - 06	SYAZH01CHG _ 01	大豆	70	20.2	3	0.29
2007 - 08	SYAZH01CHG _ 01	大豆	70	25.8	3	0.81
2007 - 09	SYAZH01CHG _ 01	大豆	70	23.0	3	0.88
2007 - 10	SYAZH01CHG _ 01	大豆	70	21.2	3	0.49
2007 - 04	SYAZH01CHG _ 01	大豆	80	21.8	3	0.18
2007 - 06	SYAZH01CHG _ 01	大豆	80	20.7	3	0.72
2007 - 08	SYAZH01CHG _ 01	大豆	80	24.5	3	0.91
2007 - 09	SYAZH01CHG _ 01	大豆	80	23.2	3	0.35
2007 - 10	SYAZH01CHG _ 01	大豆	80	21.4	3	0.79
2007 - 04	SYAZH01CHG _ 01	大豆	90	21.8	3	0.37
2007 - 06	SYAZH01CHG _ 01	大豆	90	20.7	3	0.69
2007 - 08	SYAZH01CHG _ 01	大豆	90	25.0	3	1.60
2007 - 09	SYAZH01CHG _ 01	大豆	90	24.4	3	0.36
2007 - 10	SYAZH01CHG _ 01	大豆	90	21.4	3	0.59
2007 - 04	SYAZH01CHG _ 01	大豆	100	21.9	3	0.69
2007 - 06	SYAZH01CHG _ 01	大豆	100	21.2	3	0.79
2007 - 08	SYAZH01CHG _ 01	大豆	100	23.8	3	1.39
2007 - 09	SYAZH01CHG _ 01	大豆	100	23.9	3	0.70
2007 - 10	SYAZH01CHG _ 01	大豆	100	21.8	3	0.76
2007 - 04	SYAZH01CHG _ 01	大豆	110	22.5	3	1.14
2007 - 06	SYAZH01CHG _ 01	大豆	110	20.9	3	0.88
2007 - 08	SYAZH01CHG _ 01	大豆	110	24.9	3	0.32
2007 - 09	SYAZH01CHG _ 01	大豆	110	24.0	3	1.77
2007 - 10	SYAZH01CHG _ 01	大豆	110	21.5	3	0.86
2007 - 04	SYAZH01CHG _ 01	大豆	120	21.5	3	0.21
2007 - 06	SYAZH01CHG _ 01	大豆	120	20.5	3	0.58

（续）

时间（年-月）	样地代码	作物名称	采样层次/cm	质量含水量/%	重复数	标准差
2007 - 08	SYAZH01CHG _ 01	大豆	120	22.2	3	0.71
2007 - 09	SYAZH01CHG _ 01	大豆	120	22.9	3	1.53
2007 - 10	SYAZH01CHG _ 01	大豆	120	21.1	3	0.44
2007 - 04	SYAZH01CHG _ 01	大豆	130	22.2	3	0.50
2007 - 06	SYAZH01CHG _ 01	大豆	130	20.9	3	0.49
2007 - 08	SYAZH01CHG _ 01	大豆	130	23.1	3	0.19
2007 - 09	SYAZH01CHG _ 01	大豆	130	22.9	3	1.66
2007 - 10	SYAZH01CHG _ 01	大豆	130	22.4	3	0.87
2007 - 04	SYAZH01CHG _ 01	大豆	140	22.4	3	0.49
2007 - 06	SYAZH01CHG _ 01	大豆	140	21.2	3	0.06
2007 - 08	SYAZH01CHG _ 01	大豆	140	22.3	3	0.75
2007 - 09	SYAZH01CHG _ 01	大豆	140	22.6	3	0.77
2007 - 10	SYAZH01CHG _ 01	大豆	140	22.3	3	0.62
2007 - 04	SYAZH01CHG _ 01	大豆	150	23.1	3	0.65
2007 - 06	SYAZH01CHG _ 01	大豆	150	22.6	3	0.37
2007 - 08	SYAZH01CHG _ 01	大豆	150	23.7	3	0.17
2007 - 09	SYAZH01CHG _ 01	大豆	150	23.9	3	0.93
2007 - 10	SYAZH01CHG _ 01	大豆	150	23.1	3	0.35
2008 - 04	SYAZH01CHG _ 01	玉米	10	26.0	3	0.75
2008 - 06	SYAZH01CHG _ 01	玉米	10	16.5	3	1.27
2008 - 08	SYAZH01CHG _ 01	玉米	10	28.5	3	1.32
2008 - 10	SYAZH01CHG _ 01	玉米	10	20.9	3	0.97
2008 - 04	SYAZH01CHG _ 01	玉米	20	23.7	3	1.21
2008 - 06	SYAZH01CHG _ 01	玉米	20	21.3	3	0.39
2008 - 08	SYAZH01CHG _ 01	玉米	20	25.9	3	0.95
2008 - 10	SYAZH01CHG _ 01	玉米	20	23.8	3	0.31
2008 - 04	SYAZH01CHG _ 01	玉米	30	22.5	3	1.26
2008 - 06	SYAZH01CHG _ 01	玉米	30	22.4	3	0.76
2008 - 08	SYAZH01CHG _ 01	玉米	30	26.5	3	1.31
2008 - 10	SYAZH01CHG _ 01	玉米	30	23.5	3	0.89
2008 - 04	SYAZH01CHG _ 01	玉米	40	23.2	3	0.10
2008 - 06	SYAZH01CHG _ 01	玉米	40	24.2	3	0.50
2008 - 08	SYAZH01CHG _ 01	玉米	40	26.9	3	1.44

（续）

时间（年-月）	样地代码	作物名称	采样层次/cm	质量含水量/%	重复数	标准差
2008－10	SYAZH01CHG_01	玉米	40	23.3	3	1.09
2008－04	SYAZH01CHG_01	玉米	50	24.6	3	0.07
2008－06	SYAZH01CHG_01	玉米	50	25.4	3	0.45
2008－08	SYAZH01CHG_01	玉米	50	28.6	3	1.25
2008－10	SYAZH01CHG_01	玉米	50	25.5	3	0.23
2008－04	SYAZH01CHG_01	玉米	60	24.2	3	0.84
2008－06	SYAZH01CHG_01	玉米	60	26.2	3	0.89
2008－08	SYAZH01CHG_01	玉米	60	30.9	3	1.14
2008－10	SYAZH01CHG_01	玉米	60	26.3	3	0.15
2008－04	SYAZH01CHG_01	玉米	70	26.1	3	0.11
2008－06	SYAZH01CHG_01	玉米	70	26.2	3	0.31
2008－08	SYAZH01CHG_01	玉米	70	32.6	3	0.33
2008－10	SYAZH01CHG_01	玉米	70	26.8	3	0.23
2008－04	SYAZH01CHG_01	玉米	80	25.5	3	0.40
2008－06	SYAZH01CHG_01	玉米	80	26.8	3	0.32
2008－08	SYAZH01CHG_01	玉米	80	32.7	3	0.20
2008－10	SYAZH01CHG_01	玉米	80	27.2	3	0.26
2008－04	SYAZH01CHG_01	玉米	90	26.0	3	1.66
2008－06	SYAZH01CHG_01	玉米	90	27.2	3	0.46
2008－08	SYAZH01CHG_01	玉米	90	33.9	3	1.03
2008－10	SYAZH01CHG_01	玉米	90	27.5	3	0.69
2008－04	SYAZH01CHG_01	玉米	100	26.0	3	0.85
2008－06	SYAZH01CHG_01	玉米	100	26.9	3	0.56
2008－08	SYAZH01CHG_01	玉米	100	32.4	3	0.86
2008－10	SYAZH01CHG_01	玉米	100	27.8	3	0.13
2008－04	SYAZH01CHG_01	玉米	110	27.7	3	1.42
2008－06	SYAZH01CHG_01	玉米	110	27.0	3	1.37
2008－08	SYAZH01CHG_01	玉米	110	33.1	3	0.57
2008－10	SYAZH01CHG_01	玉米	110	27.7	3	0.35
2008－04	SYAZH01CHG_01	玉米	120	25.8	3	1.24
2008－06	SYAZH01CHG_01	玉米	120	25.8	3	1.16
2008－08	SYAZH01CHG_01	玉米	120	30.2	3	1.86
2008－10	SYAZH01CHG_01	玉米	120	27.0	3	0.59

（续）

时间（年-月）	样地代码	作物名称	采样层次/cm	质量含水量/%	重复数	标准差
2008 - 04	SYAZH01CHG＿01	玉米	130	27.5	3	0.18
2008 - 06	SYAZH01CHG＿01	玉米	130	26.5	3	0.48
2008 - 08	SYAZH01CHG＿01	玉米	130	30.2	3	2.06
2008 - 10	SYAZH01CHG＿01	玉米	130	26.7	3	0.60
2008 - 04	SYAZH01CHG＿01	玉米	140	28.8	3	0.29
2008 - 06	SYAZH01CHG＿01	玉米	140	27.1	3	0.93
2008 - 08	SYAZH01CHG＿01	玉米	140	29.3	3	0.47
2008 - 10	SYAZH01CHG＿01	玉米	140	27.2	3	1.12
2008 - 04	SYAZH01CHG＿01	玉米	150	29.3	3	0.73
2008 - 06	SYAZH01CHG＿01	玉米	150	28.3	3	0.29
2008 - 08	SYAZH01CHG＿01	玉米	150	31.4	3	0.22
2008 - 10	SYAZH01CHG＿01	玉米	150	28.8	3	0.56
2009 - 04	SYAZH01CHG＿01	玉米	10	28.3	3	1.02
2009 - 06	SYAZH01CHG＿01	玉米	10	18.1	3	1.11
2009 - 08	SYAZH01CHG＿01	玉米	10	16.3	3	2.99
2009 - 10	SYAZH01CHG＿01	玉米	10	26.6	3	1.99
2009 - 04	SYAZH01CHG＿01	玉米	20	26.2	3	0.59
2009 - 06	SYAZH01CHG＿01	玉米	20	19.9	3	1.43
2009 - 08	SYAZH01CHG＿01	玉米	20	18.1	3	2.67
2009 - 10	SYAZH01CHG＿01	玉米	20	25.3	3	0.79
2009 - 04	SYAZH01CHG＿01	玉米	30	25.8	3	0.88
2009 - 06	SYAZH01CHG＿01	玉米	30	20.6	3	0.65
2009 - 08	SYAZH01CHG＿01	玉米	30	17.2	3	3.93
2009 - 10	SYAZH01CHG＿01	玉米	30	26.0	3	0.87
2009 - 04	SYAZH01CHG＿01	玉米	40	24.7	3	1.25
2009 - 06	SYAZH01CHG＿01	玉米	40	22.6	3	0.30
2009 - 08	SYAZH01CHG＿01	玉米	40	18.5	3	3.83
2009 - 10	SYAZH01CHG＿01	玉米	40	26.4	3	1.34
2009 - 04	SYAZH01CHG＿01	玉米	50	26.9	3	1.80
2009 - 06	SYAZH01CHG＿01	玉米	50	24.2	3	0.18
2009 - 08	SYAZH01CHG＿01	玉米	50	21.8	3	2.83
2009 - 10	SYAZH01CHG＿01	玉米	50	27.5	3	0.82
2009 - 04	SYAZH01CHG＿01	玉米	60	28.5	3	0.90

（续）

时间（年-月）	样地代码	作物名称	采样层次/cm	质量含水量/%	重复数	标准差
2009－06	SYAZH01CHG_01	玉米	60	24.6	3	0.30
2009－08	SYAZH01CHG_01	玉米	60	22.9	3	3.01
2009－10	SYAZH01CHG_01	玉米	60	28.4	3	0.82
2009－04	SYAZH01CHG_01	玉米	70	28.9	3	0.73
2009－06	SYAZH01CHG_01	玉米	70	25.1	3	0.20
2009－08	SYAZH01CHG_01	玉米	70	23.9	3	2.93
2009－10	SYAZH01CHG_01	玉米	70	28.8	3	1.39
2009－04	SYAZH01CHG_01	玉米	80	28.7	3	0.65
2009－06	SYAZH01CHG_01	玉米	80	25.9	3	0.41
2009－08	SYAZH01CHG_01	玉米	80	24.6	3	4.03
2009－10	SYAZH01CHG_01	玉米	80	28.6	3	1.34
2009－04	SYAZH01CHG_01	玉米	90	29.1	3	0.53
2009－06	SYAZH01CHG_01	玉米	90	26.7	3	0.85
2009－08	SYAZH01CHG_01	玉米	90	25.0	3	3.59
2009－10	SYAZH01CHG_01	玉米	90	29.0	3	1.21
2009－04	SYAZH01CHG_01	玉米	100	29.4	3	0.58
2009－06	SYAZH01CHG_01	玉米	100	27.3	3	1.19
2009－08	SYAZH01CHG_01	玉米	100	25.0	3	2.93
2009－10	SYAZH01CHG_01	玉米	100	28.8	3	0.48
2009－04	SYAZH01CHG_01	玉米	110	30.3	3	0.67
2009－06	SYAZH01CHG_01	玉米	110	27.0	3	1.40
2009－08	SYAZH01CHG_01	玉米	110	24.7	3	3.50
2009－10	SYAZH01CHG_01	玉米	110	28.2	3	0.43
2009－04	SYAZH01CHG_01	玉米	120	27.7	3	1.87
2009－06	SYAZH01CHG_01	玉米	120	26.7	3	1.46
2009－08	SYAZH01CHG_01	玉米	120	24.8	3	2.54
2009－10	SYAZH01CHG_01	玉米	120	27.4	3	0.86
2009－04	SYAZH01CHG_01	玉米	130	27.4	3	0.78
2009－06	SYAZH01CHG_01	玉米	130	26.9	3	0.07
2009－08	SYAZH01CHG_01	玉米	130	24.7	3	2.64
2009－10	SYAZH01CHG_01	玉米	130	28.6	3	2.03
2009－04	SYAZH01CHG_01	玉米	140	27.7	3	0.55
2009－06	SYAZH01CHG_01	玉米	140	27.1	3	0.52

（续）

时间（年-月）	样地代码	作物名称	采样层次/cm	质量含水量/%	重复数	标准差
2009 - 08	SYAZH01CHG_01	玉米	140	25.4	3	1.63
2009 - 10	SYAZH01CHG_01	玉米	140	28.8	3	1.21
2009 - 04	SYAZH01CHG_01	玉米	150	28.4	3	0.42
2009 - 06	SYAZH01CHG_01	玉米	150	28.5	3	0.14
2009 - 08	SYAZH01CHG_01	玉米	150	27.9	3	2.02
2009 - 10	SYAZH01CHG_01	玉米	150	29.3	3	0.75
2010 - 04	SYAZH01CHG_01	大豆	10	20.7	3	0.59
2010 - 06	SYAZH01CHG_01	大豆	10	21.4	3	0.47
2010 - 08	SYAZH01CHG_01	大豆	10	33.0	3	1.21
2010 - 10	SYAZH01CHG_01	大豆	10	36.4	3	2.33
2010 - 04	SYAZH01CHG_01	大豆	20	22.2	3	0.79
2010 - 06	SYAZH01CHG_01	大豆	20	22.0	3	0.66
2010 - 08	SYAZH01CHG_01	大豆	20	29.1	3	1.63
2010 - 10	SYAZH01CHG_01	大豆	20	28.6	3	1.28
2010 - 04	SYAZH01CHG_01	大豆	30	23.0	3	0.69
2010 - 06	SYAZH01CHG_01	大豆	30	22.4	3	0.83
2010 - 08	SYAZH01CHG_01	大豆	30	30.8	3	0.69
2010 - 10	SYAZH01CHG_01	大豆	30	29.8	3	2.50
2010 - 04	SYAZH01CHG_01	大豆	40	24.3	3	0.71
2010 - 06	SYAZH01CHG_01	大豆	40	24.6	3	0.30
2010 - 08	SYAZH01CHG_01	大豆	40	30.1	3	0.58
2010 - 10	SYAZH01CHG_01	大豆	40	27.9	3	0.91
2010 - 04	SYAZH01CHG_01	大豆	50	25.6	3	0.83
2010 - 06	SYAZH01CHG_01	大豆	50	27.4	3	0.66
2010 - 08	SYAZH01CHG_01	大豆	50	35.3	3	0.71
2010 - 10	SYAZH01CHG_01	大豆	50	30.8	3	0.48
2010 - 04	SYAZH01CHG_01	大豆	60	27.6	3	0.22
2010 - 06	SYAZH01CHG_01	大豆	60	26.6	3	0.38
2010 - 08	SYAZH01CHG_01	大豆	60	33.3	3	0.97
2010 - 10	SYAZH01CHG_01	大豆	60	32.7	3	1.30
2010 - 04	SYAZH01CHG_01	大豆	70	28.4	3	0.40
2010 - 06	SYAZH01CHG_01	大豆	70	27.2	3	0.31
2010 - 08	SYAZH01CHG_01	大豆	70	33.4	3	0.18

（续）

时间（年-月）	样地代码	作物名称	采样层次/cm	质量含水量/%	重复数	标准差
2010 - 10	SYAZH01CHG _ 01	大豆	70	34.9	3	2.76
2010 - 04	SYAZH01CHG _ 01	大豆	80	28.4	3	0.44
2010 - 06	SYAZH01CHG _ 01	大豆	80	27.9	3	0.72
2010 - 08	SYAZH01CHG _ 01	大豆	80	33.0	3	0.41
2010 - 10	SYAZH01CHG _ 01	大豆	80	32.5	3	1.88
2010 - 04	SYAZH01CHG _ 01	大豆	90	27.9	3	0.59
2010 - 06	SYAZH01CHG _ 01	大豆	90	27.6	3	0.74
2010 - 08	SYAZH01CHG _ 01	大豆	90	34.3	3	0.24
2010 - 10	SYAZH01CHG _ 01	大豆	90	33.9	3	2.42
2010 - 04	SYAZH01CHG _ 01	大豆	100	27.8	3	0.32
2010 - 06	SYAZH01CHG _ 01	大豆	100	28.3	3	1.31
2010 - 08	SYAZH01CHG _ 01	大豆	100	31.4	3	1.23
2010 - 10	SYAZH01CHG _ 01	大豆	100	34.2	3	2.20
2010 - 04	SYAZH01CHG _ 01	大豆	110	27.2	3	0.24
2010 - 06	SYAZH01CHG _ 01	大豆	110	28.1	3	0.56
2010 - 08	SYAZH01CHG _ 01	大豆	110	32.7	3	1.63
2010 - 10	SYAZH01CHG _ 01	大豆	110	32.4	3	0.63
2010 - 04	SYAZH01CHG _ 01	大豆	120	27.4	3	0.24
2010 - 06	SYAZH01CHG _ 01	大豆	120	26.7	3	0.75
2010 - 08	SYAZH01CHG _ 01	大豆	120	30.5	3	0.31
2010 - 10	SYAZH01CHG _ 01	大豆	120	31.7	3	2.67
2010 - 04	SYAZH01CHG _ 01	大豆	130	27.0	3	0.42
2010 - 06	SYAZH01CHG _ 01	大豆	130	29.0	3	0.95
2010 - 08	SYAZH01CHG _ 01	大豆	130	32.0	3	0.74
2010 - 10	SYAZH01CHG _ 01	大豆	130	30.8	3	1.76
2010 - 04	SYAZH01CHG _ 01	大豆	140	27.1	3	0.33
2010 - 06	SYAZH01CHG _ 01	大豆	140	28.8	3	0.71
2010 - 08	SYAZH01CHG _ 01	大豆	140	32.9	3	0.99
2010 - 10	SYAZH01CHG _ 01	大豆	140	31.4	3	0.83
2010 - 04	SYAZH01CHG _ 01	大豆	150	28.5	3	0.46
2010 - 06	SYAZH01CHG _ 01	大豆	150	30.9	3	1.33
2010 - 08	SYAZH01CHG _ 01	大豆	150	32.4	3	0.49
2010 - 10	SYAZH01CHG _ 01	大豆	150	32.0	3	1.26

（续）

时间（年-月）	样地代码	作物名称	采样层次/cm	质量含水量/%	重复数	标准差
2011 - 04	SYAZH01CHG _ 01	玉米	10	24.8	3	1.16
2011 - 06	SYAZH01CHG _ 01	玉米	10	22.7	3	1.56
2011 - 08	SYAZH01CHG _ 01	玉米	10	30.5	3	0.94
2011 - 10	SYAZH01CHG _ 01	玉米	10	25.0	3	0.94
2011 - 04	SYAZH01CHG _ 01	玉米	20	24.1	3	0.67
2011 - 06	SYAZH01CHG _ 01	玉米	20	22.3	3	1.12
2011 - 08	SYAZH01CHG _ 01	玉米	20	27.3	3	0.29
2011 - 10	SYAZH01CHG _ 01	玉米	20	24.2	3	0.79
2011 - 04	SYAZH01CHG _ 01	玉米	30	24.6	3	1.59
2011 - 06	SYAZH01CHG _ 01	玉米	30	22.0	3	1.50
2011 - 08	SYAZH01CHG _ 01	玉米	30	28.8	3	1.35
2011 - 10	SYAZH01CHG _ 01	玉米	30	23.8	3	1.30
2011 - 04	SYAZH01CHG _ 01	玉米	40	26.3	3	1.28
2011 - 06	SYAZH01CHG _ 01	玉米	40	24.1	3	0.76
2011 - 08	SYAZH01CHG _ 01	玉米	40	28.6	3	1.90
2011 - 10	SYAZH01CHG _ 01	玉米	40	25.0	3	1.07
2011 - 04	SYAZH01CHG _ 01	玉米	50	27.7	3	0.78
2011 - 06	SYAZH01CHG _ 01	玉米	50	25.8	3	0.72
2011 - 08	SYAZH01CHG _ 01	玉米	50	30.7	3	3.82
2011 - 10	SYAZH01CHG _ 01	玉米	50	26.1	3	0.92
2011 - 04	SYAZH01CHG _ 01	玉米	60	27.4	3	1.27
2011 - 06	SYAZH01CHG _ 01	玉米	60	26.2	3	0.38
2011 - 08	SYAZH01CHG _ 01	玉米	60	30.4	3	1.36
2011 - 10	SYAZH01CHG _ 01	玉米	60	27.1	3	0.47
2011 - 04	SYAZH01CHG _ 01	玉米	70	26.3	3	0.24
2011 - 06	SYAZH01CHG _ 01	玉米	70	26.7	3	0.66
2011 - 08	SYAZH01CHG _ 01	玉米	70	33.7	3	0.99
2011 - 10	SYAZH01CHG _ 01	玉米	70	27.3	3	1.06
2011 - 04	SYAZH01CHG _ 01	玉米	80	25.7	3	0.42
2011 - 06	SYAZH01CHG _ 01	玉米	80	26.8	3	0.59
2011 - 08	SYAZH01CHG _ 01	玉米	80	32.5	3	0.85
2011 - 10	SYAZH01CHG _ 01	玉米	80	28.4	3	0.35
2011 - 04	SYAZH01CHG _ 01	玉米	90	25.9	3	0.60

（续）

时间（年-月）	样地代码	作物名称	采样层次/cm	质量含水量/%	重复数	标准差
2011 – 06	SYAZH01CHG_01	玉米	90	26.9	3	0.13
2011 – 08	SYAZH01CHG_01	玉米	90	34.7	3	0.04
2011 – 10	SYAZH01CHG_01	玉米	90	28.0	3	0.49
2011 – 04	SYAZH01CHG_01	玉米	100	26.7	3	0.35
2011 – 06	SYAZH01CHG_01	玉米	100	28.5	3	2.21
2011 – 08	SYAZH01CHG_01	玉米	100	33.3	3	2.58
2011 – 10	SYAZH01CHG_01	玉米	100	29.2	3	1.19
2011 – 04	SYAZH01CHG_01	玉米	110	26.1	3	1.04
2011 – 06	SYAZH01CHG_01	玉米	110	28.8	3	2.40
2011 – 08	SYAZH01CHG_01	玉米	110	32.8	3	1.54
2011 – 10	SYAZH01CHG_01	玉米	110	30.9	3	1.86
2011 – 04	SYAZH01CHG_01	玉米	120	26.6	3	0.48
2011 – 06	SYAZH01CHG_01	玉米	120	27.1	3	1.17
2011 – 08	SYAZH01CHG_01	玉米	120	30.5	3	3.11
2011 – 10	SYAZH01CHG_01	玉米	120	29.4	3	2.58
2011 – 04	SYAZH01CHG_01	玉米	130	26.9	3	1.14
2011 – 06	SYAZH01CHG_01	玉米	130	27.1	3	1.02
2011 – 08	SYAZH01CHG_01	玉米	130	30.9	3	0.93
2011 – 10	SYAZH01CHG_01	玉米	130	28.5	3	0.74
2011 – 04	SYAZH01CHG_01	玉米	140	27.8	3	0.90
2011 – 06	SYAZH01CHG_01	玉米	140	28.6	3	0.18
2011 – 08	SYAZH01CHG_01	玉米	140	30.1	3	2.02
2011 – 10	SYAZH01CHG_01	玉米	140	28.9	3	0.38
2011 – 04	SYAZH01CHG_01	玉米	150	28.5	3	0.97
2011 – 06	SYAZH01CHG_01	玉米	150	29.5	3	0.45
2011 – 08	SYAZH01CHG_01	玉米	150	32.9	3	0.66
2011 – 10	SYAZH01CHG_01	玉米	150	30.7	3	1.28
2012 – 04	SYAZH01CHG_01	玉米	10	30.8	3	3.60
2012 – 06	SYAZH01CHG_01	玉米	10	28.6	3	2.09
2012 – 08	SYAZH01CHG_01	玉米	10	28.2	3	0.49
2012 – 10	SYAZH01CHG_01	玉米	10	29.1	3	0.70
2012 – 04	SYAZH01CHG_01	玉米	20	28.7	3	1.78
2012 – 06	SYAZH01CHG_01	玉米	20	27.6	3	0.67

（续）

时间（年-月）	样地代码	作物名称	采样层次/cm	质量含水量/%	重复数	标准差
2012 - 08	SYAZH01CHG _ 01	玉米	20	26.3	3	0.75
2012 - 10	SYAZH01CHG _ 01	玉米	20	28.1	3	0.66
2012 - 04	SYAZH01CHG _ 01	玉米	30	29.5	3	3.92
2012 - 06	SYAZH01CHG _ 01	玉米	30	28.1	3	0.68
2012 - 08	SYAZH01CHG _ 01	玉米	30	25.9	3	0.68
2012 - 10	SYAZH01CHG _ 01	玉米	30	29.7	3	0.84
2012 - 04	SYAZH01CHG _ 01	玉米	40	28.5	3	3.82
2012 - 06	SYAZH01CHG _ 01	玉米	40	28.0	3	1.26
2012 - 08	SYAZH01CHG _ 01	玉米	40	26.4	3	1.16
2012 - 10	SYAZH01CHG _ 01	玉米	40	30.2	3	1.05
2012 - 04	SYAZH01CHG _ 01	玉米	50	30.9	3	3.65
2012 - 06	SYAZH01CHG _ 01	玉米	50	29.3	3	0.61
2012 - 08	SYAZH01CHG _ 01	玉米	50	29.3	3	1.34
2012 - 10	SYAZH01CHG _ 01	玉米	50	32.1	3	3.30
2012 - 04	SYAZH01CHG _ 01	玉米	60	29.2	3	3.29
2012 - 06	SYAZH01CHG _ 01	玉米	60	29.3	3	0.05
2012 - 08	SYAZH01CHG _ 01	玉米	60	31.5	3	0.79
2012 - 10	SYAZH01CHG _ 01	玉米	60	31.2	3	1.22
2012 - 04	SYAZH01CHG _ 01	玉米	70	30.5	3	2.65
2012 - 06	SYAZH01CHG _ 01	玉米	70	29.4	3	0.33
2012 - 08	SYAZH01CHG _ 01	玉米	70	32.1	3	1.49
2012 - 10	SYAZH01CHG _ 01	玉米	70	33.9	3	0.77
2012 - 04	SYAZH01CHG _ 01	玉米	80	29.6	3	3.17
2012 - 06	SYAZH01CHG _ 01	玉米	80	29.4	3	0.54
2012 - 08	SYAZH01CHG _ 01	玉米	80	31.3	3	0.76
2012 - 10	SYAZH01CHG _ 01	玉米	80	32.1	3	0.37
2012 - 04	SYAZH01CHG _ 01	玉米	90	29.9	3	3.72
2012 - 06	SYAZH01CHG _ 01	玉米	90	29.9	3	1.11
2012 - 08	SYAZH01CHG _ 01	玉米	90	30.3	3	1.05
2012 - 10	SYAZH01CHG _ 01	玉米	90	33.2	3	0.72
2012 - 04	SYAZH01CHG _ 01	玉米	100	30.1	3	4.41
2012 - 06	SYAZH01CHG _ 01	玉米	100	29.6	3	1.26
2012 - 08	SYAZH01CHG _ 01	玉米	100	31.7	3	1.01

（续）

时间（年-月）	样地代码	作物名称	采样层次/cm	质量含水量/%	重复数	标准差
2012 - 10	SYAZH01CHG _ 01	玉米	100	32.1	3	1.41
2012 - 04	SYAZH01CHG _ 01	玉米	110	29.1	3	3.89
2012 - 06	SYAZH01CHG _ 01	玉米	110	28.9	3	0.11
2012 - 08	SYAZH01CHG _ 01	玉米	110	29.9	3	1.01
2012 - 10	SYAZH01CHG _ 01	玉米	110	30.6	3	0.96
2012 - 04	SYAZH01CHG _ 01	玉米	120	30.9	3	5.51
2012 - 06	SYAZH01CHG _ 01	玉米	120	29.1	3	0.84
2012 - 08	SYAZH01CHG _ 01	玉米	120	29.2	3	1.06
2012 - 10	SYAZH01CHG _ 01	玉米	120	29.7	3	1.34
2012 - 04	SYAZH01CHG _ 01	玉米	130	29.5	3	4.32
2012 - 06	SYAZH01CHG _ 01	玉米	130	29.6	3	0.86
2012 - 08	SYAZH01CHG _ 01	玉米	130	27.9	3	1.55
2012 - 10	SYAZH01CHG _ 01	玉米	130	31.2	3	0.27
2012 - 04	SYAZH01CHG _ 01	玉米	140	29.6	3	2.74
2012 - 06	SYAZH01CHG _ 01	玉米	140	30.9	3	0.67
2012 - 08	SYAZH01CHG _ 01	玉米	140	29.0	3	1.16
2012 - 10	SYAZH01CHG _ 01	玉米	140	29.8	3	1.62
2012 - 04	SYAZH01CHG _ 01	玉米	150	30.5	3	2.00
2012 - 06	SYAZH01CHG _ 01	玉米	150	31.4	3	0.46
2012 - 08	SYAZH01CHG _ 01	玉米	150	30.5	3	0.68
2012 - 10	SYAZH01CHG _ 01	玉米	150	32.0	3	0.97
2013 - 04	SYAZH01CHG _ 01	大豆	10	26.1	3	1.20
2013 - 06	SYAZH01CHG _ 01	大豆	10	19.8	3	0.79
2013 - 08	SYAZH01CHG _ 01	大豆	10	27.8	3	0.66
2013 - 10	SYAZH01CHG _ 01	大豆	10	26.9	3	0.31
2013 - 04	SYAZH01CHG _ 01	大豆	20	25.5	3	0.47
2013 - 06	SYAZH01CHG _ 01	大豆	20	21.0	3	0.40
2013 - 08	SYAZH01CHG _ 01	大豆	20	26.1	3	0.89
2013 - 10	SYAZH01CHG _ 01	大豆	20	27.7	3	0.49
2013 - 04	SYAZH01CHG _ 01	大豆	30	25.2	3	0.38
2013 - 06	SYAZH01CHG _ 01	大豆	30	20.9	3	0.17
2013 - 08	SYAZH01CHG _ 01	大豆	30	26.1	3	1.78
2013 - 10	SYAZH01CHG _ 01	大豆	30	27.7	3	0.28

（续）

时间（年-月）	样地代码	作物名称	采样层次/cm	质量含水量/%	重复数	标准差
2013 - 04	SYAZH01CHG _ 01	大豆	40	24.8	3	0.75
2013 - 06	SYAZH01CHG _ 01	大豆	40	22.2	3	0.27
2013 - 08	SYAZH01CHG _ 01	大豆	40	26.8	3	0.96
2013 - 10	SYAZH01CHG _ 01	大豆	40	28.3	3	1.28
2013 - 04	SYAZH01CHG _ 01	大豆	50	26.9	3	0.34
2013 - 06	SYAZH01CHG _ 01	大豆	50	24.1	3	0.55
2013 - 08	SYAZH01CHG _ 01	大豆	50	29.3	3	1.06
2013 - 10	SYAZH01CHG _ 01	大豆	50	29.0	3	1.38
2013 - 04	SYAZH01CHG _ 01	大豆	60	27.5	3	0.17
2013 - 06	SYAZH01CHG _ 01	大豆	60	25.1	3	0.49
2013 - 08	SYAZH01CHG _ 01	大豆	60	30.8	3	1.32
2013 - 10	SYAZH01CHG _ 01	大豆	60	31.1	3	1.61
2013 - 04	SYAZH01CHG _ 01	大豆	70	27.7	3	0.27
2013 - 06	SYAZH01CHG _ 01	大豆	70	25.5	3	0.46
2013 - 08	SYAZH01CHG _ 01	大豆	70	31.9	3	1.21
2013 - 10	SYAZH01CHG _ 01	大豆	70	32.6	3	1.67
2013 - 04	SYAZH01CHG _ 01	大豆	80	28.2	3	0.33
2013 - 06	SYAZH01CHG _ 01	大豆	80	26.2	3	0.76
2013 - 08	SYAZH01CHG _ 01	大豆	80	31.4	3	1.53
2013 - 10	SYAZH01CHG _ 01	大豆	80	31.2	3	1.57
2013 - 04	SYAZH01CHG _ 01	大豆	90	27.9	3	0.72
2013 - 06	SYAZH01CHG _ 01	大豆	90	26.7	3	1.07
2013 - 08	SYAZH01CHG _ 01	大豆	90	31.2	3	2.22
2013 - 10	SYAZH01CHG _ 01	大豆	90	32.4	3	1.66
2013 - 04	SYAZH01CHG _ 01	大豆	100	28.2	3	0.50
2013 - 06	SYAZH01CHG _ 01	大豆	100	27.8	3	1.53
2013 - 08	SYAZH01CHG _ 01	大豆	100	31.3	3	1.82
2013 - 10	SYAZH01CHG _ 01	大豆	100	31.3	3	1.50
2013 - 04	SYAZH01CHG _ 01	大豆	110	28.2	3	0.23
2013 - 06	SYAZH01CHG _ 01	大豆	110	27.7	3	1.28
2013 - 08	SYAZH01CHG _ 01	大豆	110	30.9	3	0.66
2013 - 10	SYAZH01CHG _ 01	大豆	110	31.7	3	0.59
2013 - 04	SYAZH01CHG _ 01	大豆	120	26.8	3	0.46

（续）

时间（年-月）	样地代码	作物名称	采样层次/cm	质量含水量/%	重复数	标准差
2013 - 06	SYAZH01CHG _ 01	大豆	120	27.5	3	2.63
2013 - 08	SYAZH01CHG _ 01	大豆	120	29.5	3	1.34
2013 - 10	SYAZH01CHG _ 01	大豆	120	28.3	3	1.23
2013 - 04	SYAZH01CHG _ 01	大豆	130	27.0	3	0.46
2013 - 06	SYAZH01CHG _ 01	大豆	130	28.4	3	2.26
2013 - 08	SYAZH01CHG _ 01	大豆	130	30.6	3	0.77
2013 - 10	SYAZH01CHG _ 01	大豆	130	29.4	3	1.09
2013 - 04	SYAZH01CHG _ 01	大豆	140	28.3	3	0.18
2013 - 06	SYAZH01CHG _ 01	大豆	140	29.6	3	1.19
2013 - 08	SYAZH01CHG _ 01	大豆	140	29.1	3	0.44
2013 - 10	SYAZH01CHG _ 01	大豆	140	31.1	3	1.45
2013 - 04	SYAZH01CHG _ 01	大豆	150	29.0	3	0.62
2013 - 06	SYAZH01CHG _ 01	大豆	150	29.9	3	1.36
2013 - 08	SYAZH01CHG _ 01	大豆	150	30.9	3	0.57
2013 - 10	SYAZH01CHG _ 01	大豆	150	30.8	3	0.70
2014 - 04	SYAZH01CHG _ 01	玉米	10	19.9	3	0.48
2014 - 06	SYAZH01CHG _ 01	玉米	10	18.4	3	4.89
2014 - 08	SYAZH01CHG _ 01	玉米	10	18.9	3	4.42
2014 - 10	SYAZH01CHG _ 01	玉米	10	17.6	3	2.08
2014 - 04	SYAZH01CHG _ 01	玉米	20	22.7	3	0.44
2014 - 06	SYAZH01CHG _ 01	玉米	20	18.7	3	0.85
2014 - 08	SYAZH01CHG _ 01	玉米	20	18.7	3	5.39
2014 - 10	SYAZH01CHG _ 01	玉米	20	20.5	3	1.52
2014 - 04	SYAZH01CHG _ 01	玉米	30	22.3	3	0.62
2014 - 06	SYAZH01CHG _ 01	玉米	30	19.9	3	0.90
2014 - 08	SYAZH01CHG _ 01	玉米	30	18.0	3	5.85
2014 - 10	SYAZH01CHG _ 01	玉米	30	21.1	3	2.40
2014 - 04	SYAZH01CHG _ 01	玉米	40	24.3	3	0.71
2014 - 06	SYAZH01CHG _ 01	玉米	40	22.0	3	1.41
2014 - 08	SYAZH01CHG _ 01	玉米	40	20.1	3	6.28
2014 - 10	SYAZH01CHG _ 01	玉米	40	22.6	3	1.05
2014 - 04	SYAZH01CHG _ 01	玉米	50	25.2	3	0.60
2014 - 06	SYAZH01CHG _ 01	玉米	50	22.9	3	0.56

（续）

时间（年-月）	样地代码	作物名称	采样层次/cm	质量含水量/%	重复数	标准差
2014 - 08	SYAZH01CHG_01	玉米	50	21.4	3	5.72
2014 - 10	SYAZH01CHG_01	玉米	50	23.2	3	0.61
2014 - 04	SYAZH01CHG_01	玉米	60	25.8	3	0.56
2014 - 06	SYAZH01CHG_01	玉米	60	24.4	3	0.34
2014 - 08	SYAZH01CHG_01	玉米	60	23.3	3	6.10
2014 - 10	SYAZH01CHG_01	玉米	60	24.8	3	0.20
2014 - 04	SYAZH01CHG_01	玉米	70	26.1	3	0.45
2014 - 06	SYAZH01CHG_01	玉米	70	24.3	3	0.02
2014 - 08	SYAZH01CHG_01	玉米	70	25.1	3	6.09
2014 - 10	SYAZH01CHG_01	玉米	70	25.6	3	0.90
2014 - 04	SYAZH01CHG_01	玉米	80	26.5	3	0.16
2014 - 06	SYAZH01CHG_01	玉米	80	24.7	3	0.23
2014 - 08	SYAZH01CHG_01	玉米	80	25.3	3	5.37
2014 - 10	SYAZH01CHG_01	玉米	80	26.1	3	1.38
2014 - 04	SYAZH01CHG_01	玉米	90	26.2	3	0.34
2014 - 06	SYAZH01CHG_01	玉米	90	25.3	3	0.51
2014 - 08	SYAZH01CHG_01	玉米	90	27.6	3	5.61
2014 - 10	SYAZH01CHG_01	玉米	90	26.9	3	1.57
2014 - 04	SYAZH01CHG_01	玉米	100	27.0	3	0.89
2014 - 06	SYAZH01CHG_01	玉米	100	26.2	3	1.08
2014 - 08	SYAZH01CHG_01	玉米	100	29.1	3	6.15
2014 - 10	SYAZH01CHG_01	玉米	100	27.9	3	1.16
2014 - 04	SYAZH01CHG_01	玉米	110	25.7	3	0.87
2014 - 06	SYAZH01CHG_01	玉米	110	25.5	3	0.23
2014 - 08	SYAZH01CHG_01	玉米	110	27.9	3	4.09
2014 - 10	SYAZH01CHG_01	玉米	110	26.4	3	1.63
2014 - 04	SYAZH01CHG_01	玉米	120	26.6	3	0.65
2014 - 06	SYAZH01CHG_01	玉米	120	25.9	3	1.16
2014 - 08	SYAZH01CHG_01	玉米	120	26.9	3	3.42
2014 - 10	SYAZH01CHG_01	玉米	120	27.3	3	1.24
2014 - 04	SYAZH01CHG_01	玉米	130	26.8	3	0.63
2014 - 06	SYAZH01CHG_01	玉米	130	26.0	3	0.38
2014 - 08	SYAZH01CHG_01	玉米	130	27.2	3	2.24

（续）

时间（年-月）	样地代码	作物名称	采样层次/cm	质量含水量/%	重复数	标准差
2014 - 10	SYAZH01CHG _ 01	玉米	130	27.2	3	0.48
2014 - 04	SYAZH01CHG _ 01	玉米	140	28.0	3	0.16
2014 - 06	SYAZH01CHG _ 01	玉米	140	27.4	3	0.47
2014 - 08	SYAZH01CHG _ 01	玉米	140	27.7	3	1.12
2014 - 10	SYAZH01CHG _ 01	玉米	140	27.8	3	0.37
2014 - 04	SYAZH01CHG _ 01	玉米	150	28.8	3	0.70
2014 - 06	SYAZH01CHG _ 01	玉米	150	28.1	3	0.62
2014 - 08	SYAZH01CHG _ 01	玉米	150	29.4	3	1.84
2014 - 10	SYAZH01CHG _ 01	玉米	150	27.8	3	1.34
2015 - 04	SYAZH01CHG _ 01	玉米	10	18.0	3	2.26
2015 - 06	SYAZH01CHG _ 01	玉米	10	19.4	3	0.69
2015 - 08	SYAZH01CHG _ 01	玉米	10	22.4	3	4.10
2015 - 10	SYAZH01CHG _ 01	玉米	10	21.8	3	1.46
2015 - 04	SYAZH01CHG _ 01	玉米	20	20.9	3	0.64
2015 - 06	SYAZH01CHG _ 01	玉米	20	23.1	3	0.58
2015 - 08	SYAZH01CHG _ 01	玉米	20	24.3	3	4.25
2015 - 10	SYAZH01CHG _ 01	玉米	20	23.3	3	1.24
2015 - 04	SYAZH01CHG _ 01	玉米	30	21.2	3	0.77
2015 - 06	SYAZH01CHG _ 01	玉米	30	23.5	3	0.47
2015 - 08	SYAZH01CHG _ 01	玉米	30	24.2	3	2.51
2015 - 10	SYAZH01CHG _ 01	玉米	30	24.1	3	0.92
2015 - 04	SYAZH01CHG _ 01	玉米	40	22.0	3	0.58
2015 - 06	SYAZH01CHG _ 01	玉米	40	24.3	3	0.92
2015 - 08	SYAZH01CHG _ 01	玉米	40	24.7	3	1.77
2015 - 10	SYAZH01CHG _ 01	玉米	40	23.9	3	1.12
2015 - 04	SYAZH01CHG _ 01	玉米	50	22.9	3	1.34
2015 - 06	SYAZH01CHG _ 01	玉米	50	26.0	3	1.74
2015 - 08	SYAZH01CHG _ 01	玉米	50	26.7	3	1.41
2015 - 10	SYAZH01CHG _ 01	玉米	50	25.6	3	0.72
2015 - 04	SYAZH01CHG _ 01	玉米	60	24.8	3	0.57
2015 - 06	SYAZH01CHG _ 01	玉米	60	27.7	3	1.70
2015 - 08	SYAZH01CHG _ 01	玉米	60	28.4	3	2.49
2015 - 10	SYAZH01CHG _ 01	玉米	60	26.9	3	0.23

（续）

时间（年-月）	样地代码	作物名称	采样层次/cm	质量含水量/%	重复数	标准差
2015 – 04	SYAZH01CHG _ 01	玉米	70	24.9	3	0.56
2015 – 06	SYAZH01CHG _ 01	玉米	70	28.0	3	1.54
2015 – 08	SYAZH01CHG _ 01	玉米	70	29.0	3	2.10
2015 – 10	SYAZH01CHG _ 01	玉米	70	27.3	3	0.28
2015 – 04	SYAZH01CHG _ 01	玉米	80	25.0	3	0.56
2015 – 06	SYAZH01CHG _ 01	玉米	80	28.4	3	1.48
2015 – 08	SYAZH01CHG _ 01	玉米	80	29.1	3	1.47
2015 – 10	SYAZH01CHG _ 01	玉米	80	27.6	3	0.17
2015 – 04	SYAZH01CHG _ 01	玉米	90	24.5	3	1.14
2015 – 06	SYAZH01CHG _ 01	玉米	90	27.9	3	1.07
2015 – 08	SYAZH01CHG _ 01	玉米	90	30.8	3	2.71
2015 – 10	SYAZH01CHG _ 01	玉米	90	27.8	3	0.41
2015 – 04	SYAZH01CHG _ 01	玉米	100	24.9	3	1.06
2015 – 06	SYAZH01CHG _ 01	玉米	100	29.3	3	1.58
2015 – 08	SYAZH01CHG _ 01	玉米	100	31.8	3	1.72
2015 – 10	SYAZH01CHG _ 01	玉米	100	28.4	3	0.89
2015 – 04	SYAZH01CHG _ 01	玉米	110	24.8	3	1.59
2015 – 06	SYAZH01CHG _ 01	玉米	110	28.5	3	1.63
2015 – 08	SYAZH01CHG _ 01	玉米	110	31.5	3	1.87
2015 – 10	SYAZH01CHG _ 01	玉米	110	27.9	3	0.68
2015 – 04	SYAZH01CHG _ 01	玉米	120	24.1	3	1.44
2015 – 06	SYAZH01CHG _ 01	玉米	120	27.7	3	1.21
2015 – 08	SYAZH01CHG _ 01	玉米	120	28.6	3	1.69
2015 – 10	SYAZH01CHG _ 01	玉米	120	27.4	3	1.31
2015 – 04	SYAZH01CHG _ 01	玉米	130	24.8	3	1.20
2015 – 06	SYAZH01CHG _ 01	玉米	130	27.6	3	2.05
2015 – 08	SYAZH01CHG _ 01	玉米	130	29.0	3	0.36
2015 – 10	SYAZH01CHG _ 01	玉米	130	27.1	3	0.97
2015 – 04	SYAZH01CHG _ 01	玉米	140	24.8	3	0.88
2015 – 06	SYAZH01CHG _ 01	玉米	140	28.2	3	1.07
2015 – 08	SYAZH01CHG _ 01	玉米	140	28.7	3	0.98
2015 – 10	SYAZH01CHG _ 01	玉米	140	27.6	3	0.55
2015 – 04	SYAZH01CHG _ 01	玉米	150	25.9	3	1.31

（续）

时间（年-月）	样地代码	作物名称	采样层次/cm	质量含水量/%	重复数	标准差
2015 - 06	SYAZH01CHG_01	玉米	150	28.7	3	0.85
2015 - 08	SYAZH01CHG_01	玉米	150	30.8	3	0.36
2015 - 10	SYAZH01CHG_01	玉米	150	29.3	3	0.79

表 3 - 263　辅助观测场烘干法采样地土壤含水量

时间（年-月）	样地代码	作物名称	采样层次/cm	质量含水量/%	重复数	标准差
2008 - 04	SYAZH01CHG_02	玉米	10	20.5	3	0.13
2008 - 06	SYAZH01CHG_02	玉米	10	16.7	3	1.77
2008 - 08	SYAZH01CHG_02	玉米	10	26.9	3	1.07
2008 - 10	SYAZH01CHG_02	玉米	10	19.1	3	0.65
2008 - 04	SYAZH01CHG_02	玉米	20	21.9	3	0.31
2008 - 06	SYAZH01CHG_02	玉米	20	20.8	3	0.82
2008 - 08	SYAZH01CHG_02	玉米	20	25.7	3	0.81
2008 - 10	SYAZH01CHG_02	玉米	20	21.8	3	0.63
2008 - 04	SYAZH01CHG_02	玉米	30	22.0	3	0.81
2008 - 06	SYAZH01CHG_02	玉米	30	22.1	3	0.63
2008 - 08	SYAZH01CHG_02	玉米	30	25.6	3	0.19
2008 - 10	SYAZH01CHG_02	玉米	30	22.6	3	0.92
2008 - 04	SYAZH01CHG_02	玉米	40	21.9	3	0.70
2008 - 06	SYAZH01CHG_02	玉米	40	21.5	3	0.35
2008 - 08	SYAZH01CHG_02	玉米	40	23.4	3	0.45
2008 - 10	SYAZH01CHG_02	玉米	40	21.9	3	1.17
2008 - 04	SYAZH01CHG_02	玉米	50	23.8	3	0.68
2008 - 06	SYAZH01CHG_02	玉米	50	23.1	3	0.30
2008 - 08	SYAZH01CHG_02	玉米	50	24.5	3	0.42
2008 - 10	SYAZH01CHG_02	玉米	50	22.2	3	0.86
2008 - 04	SYAZH01CHG_02	玉米	60	24.3	3	0.58
2008 - 06	SYAZH01CHG_02	玉米	60	24.2	3	0.22
2008 - 08	SYAZH01CHG_02	玉米	60	25.4	3	0.59
2008 - 10	SYAZH01CHG_02	玉米	60	23.7	3	0.66
2008 - 04	SYAZH01CHG_02	玉米	70	24.4	3	0.63
2008 - 06	SYAZH01CHG_02	玉米	70	24.1	3	1.26
2008 - 08	SYAZH01CHG_02	玉米	70	26.7	3	0.35

（续）

时间（年-月）	样地代码	作物名称	采样层次/cm	质量含水量/%	重复数	标准差
2008 - 10	SYAZH01CHG_02	玉米	70	24.4	3	0.99
2008 - 04	SYAZH01CHG_02	玉米	80	24.2	3	1.10
2008 - 06	SYAZH01CHG_02	玉米	80	24.6	3	1.03
2008 - 08	SYAZH01CHG_02	玉米	80	26.8	3	1.11
2008 - 10	SYAZH01CHG_02	玉米	80	25.0	3	1.54
2008 - 04	SYAZH01CHG_02	玉米	90	24.1	3	1.15
2008 - 06	SYAZH01CHG_02	玉米	90	24.7	3	1.16
2008 - 08	SYAZH01CHG_02	玉米	90	27.5	3	2.16
2008 - 10	SYAZH01CHG_02	玉米	90	24.7	3	1.64
2008 - 04	SYAZH01CHG_02	玉米	100	23.3	3	1.11
2008 - 06	SYAZH01CHG_02	玉米	100	24.8	3	1.14
2008 - 08	SYAZH01CHG_02	玉米	100	25.9	3	1.24
2008 - 10	SYAZH01CHG_02	玉米	100	24.9	3	1.24
2008 - 04	SYAZH01CHG_02	玉米	110	23.4	3	0.30
2008 - 06	SYAZH01CHG_02	玉米	110	23.4	3	0.66
2008 - 08	SYAZH01CHG_02	玉米	110	25.5	3	0.99
2008 - 10	SYAZH01CHG_02	玉米	110	24.1	3	1.29
2008 - 04	SYAZH01CHG_02	玉米	120	22.9	3	0.64
2008 - 06	SYAZH01CHG_02	玉米	120	23.1	3	0.49
2008 - 08	SYAZH01CHG_02	玉米	120	25.2	3	0.60
2008 - 10	SYAZH01CHG_02	玉米	120	23.6	3	1.08
2008 - 04	SYAZH01CHG_02	玉米	130	24.7	3	0.74
2008 - 06	SYAZH01CHG_02	玉米	130	24.5	3	1.80
2008 - 08	SYAZH01CHG_02	玉米	130	26.3	3	1.56
2008 - 10	SYAZH01CHG_02	玉米	130	24.9	3	0.73
2008 - 04	SYAZH01CHG_02	玉米	140	26.1	3	0.37
2008 - 06	SYAZH01CHG_02	玉米	140	26.6	3	2.02
2008 - 08	SYAZH01CHG_02	玉米	140	27.0	3	0.46
2008 - 10	SYAZH01CHG_02	玉米	140	26.7	3	1.43
2008 - 04	SYAZH01CHG_02	玉米	150	26.9	3	1.06
2008 - 06	SYAZH01CHG_02	玉米	150	26.7	3	0.39
2008 - 08	SYAZH01CHG_02	玉米	150	28.0	3	0.42
2008 - 10	SYAZH01CHG_02	玉米	150	26.7	3	0.80
2009 - 04	SYAZH01CHG_02	玉米	10	26.2	3	0.32

（续）

时间（年-月）	样地代码	作物名称	采样层次/cm	质量含水量/%	重复数	标准差
2009 - 06	SYAZH01CHG _ 02	玉米	10	16.1	3	0.90
2009 - 08	SYAZH01CHG _ 02	玉米	10	14.3	3	3.10
2009 - 10	SYAZH01CHG _ 02	玉米	10	22.5	3	0.74
2009 - 04	SYAZH01CHG _ 02	玉米	20	26.6	3	0.52
2009 - 06	SYAZH01CHG _ 02	玉米	20	18.5	3	0.77
2009 - 08	SYAZH01CHG _ 02	玉米	20	17.0	3	1.73
2009 - 10	SYAZH01CHG _ 02	玉米	20	21.6	3	0.78
2009 - 04	SYAZH01CHG _ 02	玉米	30	27.0	3	0.62
2009 - 06	SYAZH01CHG _ 02	玉米	30	20.7	3	0.39
2009 - 08	SYAZH01CHG _ 02	玉米	30	17.2	3	2.11
2009 - 10	SYAZH01CHG _ 02	玉米	30	22.5	3	1.76
2009 - 04	SYAZH01CHG _ 02	玉米	40	24.1	3	0.94
2009 - 06	SYAZH01CHG _ 02	玉米	40	20.3	3	0.31
2009 - 08	SYAZH01CHG _ 02	玉米	40	17.7	3	1.43
2009 - 10	SYAZH01CHG _ 02	玉米	40	21.8	3	1.68
2009 - 04	SYAZH01CHG _ 02	玉米	50	25.3	3	0.21
2009 - 06	SYAZH01CHG _ 02	玉米	50	21.6	3	0.88
2009 - 08	SYAZH01CHG _ 02	玉米	50	19.9	3	0.97
2009 - 10	SYAZH01CHG _ 02	玉米	50	23.8	3	1.66
2009 - 04	SYAZH01CHG _ 02	玉米	60	26.3	3	0.50
2009 - 06	SYAZH01CHG _ 02	玉米	60	23.7	3	0.52
2009 - 08	SYAZH01CHG _ 02	玉米	60	21.7	3	1.29
2009 - 10	SYAZH01CHG _ 02	玉米	60	24.5	3	1.36
2009 - 04	SYAZH01CHG _ 02	玉米	70	27.4	3	0.72
2009 - 06	SYAZH01CHG _ 02	玉米	70	24.4	3	1.11
2009 - 08	SYAZH01CHG _ 02	玉米	70	21.4	3	1.31
2009 - 10	SYAZH01CHG _ 02	玉米	70	24.1	3	1.35
2009 - 04	SYAZH01CHG _ 02	玉米	80	27.1	3	1.02
2009 - 06	SYAZH01CHG _ 02	玉米	80	25.0	3	2.03
2009 - 08	SYAZH01CHG _ 02	玉米	80	22.5	3	1.65
2009 - 10	SYAZH01CHG _ 02	玉米	80	23.4	3	0.84
2009 - 04	SYAZH01CHG _ 02	玉米	90	29.1	3	0.53
2009 - 06	SYAZH01CHG _ 02	玉米	90	26.7	3	0.85
2009 - 08	SYAZH01CHG _ 02	玉米	90	25.0	3	3.59

（续）

时间（年-月）	样地代码	作物名称	采样层次/cm	质量含水量/%	重复数	标准差
2009-10	SYAZH01CHG_02	玉米	90	29.0	3	1.21
2009-04	SYAZH01CHG_02	玉米	100	29.4	3	0.58
2009-06	SYAZH01CHG_02	玉米	100	27.3	3	1.19
2009-08	SYAZH01CHG_02	玉米	100	25.0	3	2.93
2009-10	SYAZH01CHG_02	玉米	100	28.8	3	0.48
2009-04	SYAZH01CHG_02	玉米	110	26.5	3	1.14
2009-06	SYAZH01CHG_02	玉米	110	25.0	3	1.91
2009-08	SYAZH01CHG_02	玉米	110	22.3	3	1.49
2009-10	SYAZH01CHG_02	玉米	110	22.0	3	0.55
2009-04	SYAZH01CHG_02	玉米	120	25.1	3	0.69
2009-06	SYAZH01CHG_02	玉米	120	24.2	3	1.15
2009-08	SYAZH01CHG_02	玉米	120	22.1	3	1.36
2009-10	SYAZH01CHG_02	玉米	120	21.4	3	1.66
2009-04	SYAZH01CHG_02	玉米	130	26.6	3	1.40
2009-06	SYAZH01CHG_02	玉米	130	26.6	3	0.91
2009-08	SYAZH01CHG_02	玉米	130	23.5	3	2.24
2009-10	SYAZH01CHG_02	玉米	130	23.5	3	0.65
2009-04	SYAZH01CHG_02	玉米	140	26.9	3	1.48
2009-06	SYAZH01CHG_02	玉米	140	27.5	3	1.66
2009-08	SYAZH01CHG_02	玉米	140	25.8	3	2.60
2009-10	SYAZH01CHG_02	玉米	140	26.2	3	0.36
2009-04	SYAZH01CHG_02	玉米	150	29.7	3	1.90
2009-06	SYAZH01CHG_02	玉米	150	27.8	3	0.34
2009-08	SYAZH01CHG_02	玉米	150	25.7	3	1.20
2009-10	SYAZH01CHG_02	玉米	150	26.1	3	0.75
2010-04	SYAZH01CHG_02	大豆	10	25.7	3	0.49
2010-06	SYAZH01CHG_02	大豆	10	18.5	3	1.38
2010-08	SYAZH01CHG_02	大豆	10	33.0	3	1.21
2010-10	SYAZH01CHG_02	大豆	10	30.3	3	2.90
2010-04	SYAZH01CHG_02	大豆	20	25.3	3	0.71
2010-06	SYAZH01CHG_02	大豆	20	19.5	3	0.65
2010-08	SYAZH01CHG_02	大豆	20	29.1	3	1.63
2010-10	SYAZH01CHG_02	大豆	20	28.0	3	1.84
2010-04	SYAZH01CHG_02	大豆	30	24.9	3	0.71

（续）

时间（年-月）	样地代码	作物名称	采样层次/cm	质量含水量/%	重复数	标准差
2010－06	SYAZH01CHG_02	大豆	30	20.0	3	1.12
2010－08	SYAZH01CHG_02	大豆	30	30.8	3	0.69
2010－10	SYAZH01CHG_02	大豆	30	28.4	3	1.48
2010－04	SYAZH01CHG_02	大豆	40	23.8	3	0.86
2010－06	SYAZH01CHG_02	大豆	40	21.2	3	1.06
2010－08	SYAZH01CHG_02	大豆	40	30.1	3	0.58
2010－10	SYAZH01CHG_02	大豆	40	26.2	3	1.28
2010－04	SYAZH01CHG_02	大豆	50	24.5	3	0.97
2010－06	SYAZH01CHG_02	大豆	50	23.3	3	0.51
2010－08	SYAZH01CHG_02	大豆	50	35.3	3	0.71
2010－10	SYAZH01CHG_02	大豆	50	29.4	3	2.21
2010－04	SYAZH01CHG_02	大豆	60	24.7	3	0.85
2010－06	SYAZH01CHG_02	大豆	60	24.1	3	0.80
2010－08	SYAZH01CHG_02	大豆	60	33.3	3	0.97
2010－10	SYAZH01CHG_02	大豆	60	30.8	3	1.22
2010－04	SYAZH01CHG_02	大豆	70	24.2	3	0.77
2010－06	SYAZH01CHG_02	大豆	70	24.7	3	1.08
2010－08	SYAZH01CHG_02	大豆	70	33.4	3	0.18
2010－10	SYAZH01CHG_02	大豆	70	32.1	3	0.85
2010－04	SYAZH01CHG_02	大豆	80	24.0	3	1.21
2010－06	SYAZH01CHG_02	大豆	80	25.2	3	1.70
2010－08	SYAZH01CHG_02	大豆	80	33.0	3	0.41
2010－10	SYAZH01CHG_02	大豆	80	32.9	3	1.27
2010－04	SYAZH01CHG_02	大豆	90	23.0	3	1.72
2010－06	SYAZH01CHG_02	大豆	90	25.3	3	1.94
2010－08	SYAZH01CHG_02	大豆	90	34.3	3	0.24
2010－10	SYAZH01CHG_02	大豆	90	33.4	3	2.11
2010－04	SYAZH01CHG_02	大豆	100	21.9	3	1.58
2010－06	SYAZH01CHG_02	大豆	100	24.8	3	1.59
2010－08	SYAZH01CHG_02	大豆	100	31.4	3	1.23
2010－10	SYAZH01CHG_02	大豆	100	30.0	3	1.76
2010－04	SYAZH01CHG_02	大豆	110	21.1	3	1.07
2010－06	SYAZH01CHG_02	大豆	110	24.6	3	1.25
2010－08	SYAZH01CHG_02	大豆	110	32.7	3	1.63

（续）

时间（年-月）	样地代码	作物名称	采样层次/cm	质量含水量/%	重复数	标准差
2010 - 10	SYAZH01CHG_02	大豆	110	30.7	3	0.19
2010 - 04	SYAZH01CHG_02	大豆	120	19.3	3	0.57
2010 - 06	SYAZH01CHG_02	大豆	120	24.9	3	1.05
2010 - 08	SYAZH01CHG_02	大豆	120	30.5	3	0.31
2010 - 10	SYAZH01CHG_02	大豆	120	30.1	3	0.68
2010 - 04	SYAZH01CHG_02	大豆	130	21.7	3	1.40
2010 - 06	SYAZH01CHG_02	大豆	130	27.7	3	1.10
2010 - 08	SYAZH01CHG_02	大豆	130	32.0	3	0.74
2010 - 10	SYAZH01CHG_02	大豆	130	32.1	3	1.94
2010 - 04	SYAZH01CHG_02	大豆	140	23.4	3	1.25
2010 - 06	SYAZH01CHG_02	大豆	140	27.3	3	1.19
2010 - 08	SYAZH01CHG_02	大豆	140	32.9	3	0.99
2010 - 10	SYAZH01CHG_02	大豆	140	29.9	3	0.58
2010 - 04	SYAZH01CHG_02	大豆	150	25.4	3	0.40
2010 - 06	SYAZH01CHG_02	大豆	150	27.8	3	0.32
2010 - 08	SYAZH01CHG_02	大豆	150	32.4	3	0.49
2010 - 10	SYAZH01CHG_02	大豆	150	30.7	3	1.67
2011 - 04	SYAZH01CHG_02	玉米	10	24.2	3	0.34
2011 - 06	SYAZH01CHG_02	玉米	10	22.2	3	0.97
2011 - 08	SYAZH01CHG_02	玉米	10	23.9	3	0.23
2011 - 10	SYAZH01CHG_02	玉米	10	22.4	3	1.56
2011 - 04	SYAZH01CHG_02	玉米	20	26.5	3	0.40
2011 - 06	SYAZH01CHG_02	玉米	20	22.5	3	0.46
2011 - 08	SYAZH01CHG_02	玉米	20	23.8	3	0.56
2011 - 10	SYAZH01CHG_02	玉米	20	24.2	3	1.01
2011 - 04	SYAZH01CHG_02	玉米	30	26.3	3	0.49
2011 - 06	SYAZH01CHG_02	玉米	30	23.6	3	0.76
2011 - 08	SYAZH01CHG_02	玉米	30	24.8	3	0.36
2011 - 10	SYAZH01CHG_02	玉米	30	24.6	3	0.26
2011 - 04	SYAZH01CHG_02	玉米	40	23.9	3	1.11
2011 - 06	SYAZH01CHG_02	玉米	40	22.5	3	0.43
2011 - 08	SYAZH01CHG_02	玉米	40	23.8	3	0.49
2011 - 10	SYAZH01CHG_02	玉米	40	23.2	3	0.74
2011 - 04	SYAZH01CHG_02	玉米	50	25.6	3	1.04

（续）

时间（年-月）	样地代码	作物名称	采样层次/cm	质量含水量/%	重复数	标准差
2011 - 06	SYAZH01CHG _ 02	玉米	50	24.3	3	0.63
2011 - 08	SYAZH01CHG _ 02	玉米	50	24.7	3	0.59
2011 - 10	SYAZH01CHG _ 02	玉米	50	24.2	3	0.78
2011 - 04	SYAZH01CHG _ 02	玉米	60	27.2	3	1.15
2011 - 06	SYAZH01CHG _ 02	玉米	60	25.1	3	0.56
2011 - 08	SYAZH01CHG _ 02	玉米	60	25.9	3	0.48
2011 - 10	SYAZH01CHG _ 02	玉米	60	25.3	3	0.57
2011 - 04	SYAZH01CHG _ 02	玉米	70	27.4	3	1.27
2011 - 06	SYAZH01CHG _ 02	玉米	70	25.7	3	0.57
2011 - 08	SYAZH01CHG _ 02	玉米	70	27.1	3	0.49
2011 - 10	SYAZH01CHG _ 02	玉米	70	25.8	3	0.69
2011 - 04	SYAZH01CHG _ 02	玉米	80	26.3	3	1.93
2011 - 06	SYAZH01CHG _ 02	玉米	80	26.6	3	1.19
2011 - 08	SYAZH01CHG _ 02	玉米	80	26.5	3	0.32
2011 - 10	SYAZH01CHG _ 02	玉米	80	26.5	3	1.26
2011 - 04	SYAZH01CHG _ 02	玉米	90	25.4	3	1.96
2011 - 06	SYAZH01CHG _ 02	玉米	90	25.8	3	1.08
2011 - 08	SYAZH01CHG _ 02	玉米	90	26.8	3	1.55
2011 - 10	SYAZH01CHG _ 02	玉米	90	26.7	3	1.44
2011 - 04	SYAZH01CHG _ 02	玉米	100	24.8	3	1.08
2011 - 06	SYAZH01CHG _ 02	玉米	100	25.5	3	1.10
2011 - 08	SYAZH01CHG _ 02	玉米	100	27.8	3	1.71
2011 - 10	SYAZH01CHG _ 02	玉米	100	26.6	3	1.92
2011 - 04	SYAZH01CHG _ 02	玉米	110	24.6	3	0.90
2011 - 06	SYAZH01CHG _ 02	玉米	110	24.8	3	0.44
2011 - 08	SYAZH01CHG _ 02	玉米	110	27.0	3	1.79
2011 - 10	SYAZH01CHG _ 02	玉米	110	28.9	3	0.81
2011 - 04	SYAZH01CHG _ 02	玉米	120	23.8	3	0.60
2011 - 06	SYAZH01CHG _ 02	玉米	120	24.4	3	0.65
2011 - 08	SYAZH01CHG _ 02	玉米	120	25.7	3	0.99
2011 - 10	SYAZH01CHG _ 02	玉米	120	27.0	3	1.02
2011 - 04	SYAZH01CHG _ 02	玉米	130	25.9	3	2.11
2011 - 06	SYAZH01CHG _ 02	玉米	130	27.3	3	1.25
2011 - 08	SYAZH01CHG _ 02	玉米	130	28.9	3	0.87

（续）

时间（年-月）	样地代码	作物名称	采样层次/cm	质量含水量/%	重复数	标准差
2011 - 10	SYAZH01CHG _ 02	玉米	130	27.6	3	1.11
2011 - 04	SYAZH01CHG _ 02	玉米	140	27.1	3	1.13
2011 - 06	SYAZH01CHG _ 02	玉米	140	27.3	3	0.89
2011 - 08	SYAZH01CHG _ 02	玉米	140	29.0	3	1.60
2011 - 10	SYAZH01CHG _ 02	玉米	140	27.6	3	1.51
2011 - 04	SYAZH01CHG _ 02	玉米	150	28.5	3	1.15
2011 - 06	SYAZH01CHG _ 02	玉米	150	27.6	3	1.26
2011 - 08	SYAZH01CHG _ 02	玉米	150	30.6	3	1.86
2011 - 10	SYAZH01CHG _ 02	玉米	150	29.1	3	1.12
2012 - 04	SYAZH01CHG _ 02	玉米	10	29.1	3	1.15
2012 - 06	SYAZH01CHG _ 02	玉米	10	25.3	3	0.43
2012 - 08	SYAZH01CHG _ 02	玉米	10	24.2	3	0.19
2012 - 10	SYAZH01CHG _ 02	玉米	10	27.0	3	1.53
2012 - 04	SYAZH01CHG _ 02	玉米	20	27.4	3	0.52
2012 - 06	SYAZH01CHG _ 02	玉米	20	26.7	3	0.10
2012 - 08	SYAZH01CHG _ 02	玉米	20	25.3	3	0.32
2012 - 10	SYAZH01CHG _ 02	玉米	20	26.9	3	0.29
2012 - 04	SYAZH01CHG _ 02	玉米	30	30.5	3	0.31
2012 - 06	SYAZH01CHG _ 02	玉米	30	26.9	3	0.79
2012 - 08	SYAZH01CHG _ 02	玉米	30	25.3	3	0.67
2012 - 10	SYAZH01CHG _ 02	玉米	30	29.2	3	1.72
2012 - 04	SYAZH01CHG _ 02	玉米	40	27.3	3	1.22
2012 - 06	SYAZH01CHG _ 02	玉米	40	25.4	3	0.42
2012 - 08	SYAZH01CHG _ 02	玉米	40	24.1	3	0.66
2012 - 10	SYAZH01CHG _ 02	玉米	40	28.0	3	3.26
2012 - 04	SYAZH01CHG _ 02	玉米	50	27.8	3	1.45
2012 - 06	SYAZH01CHG _ 02	玉米	50	26.9	3	0.26
2012 - 08	SYAZH01CHG _ 02	玉米	50	25.0	3	0.61
2012 - 10	SYAZH01CHG _ 02	玉米	50	29.2	3	2.70
2012 - 04	SYAZH01CHG _ 02	玉米	60	25.8	3	1.09
2012 - 06	SYAZH01CHG _ 02	玉米	60	27.5	3	0.18
2012 - 08	SYAZH01CHG _ 02	玉米	60	27.1	3	0.73
2012 - 10	SYAZH01CHG _ 02	玉米	60	30.6	3	0.94
2012 - 04	SYAZH01CHG _ 02	玉米	70	26.6	3	0.75

（续）

时间（年-月）	样地代码	作物名称	采样层次/cm	质量含水量/%	重复数	标准差
2012 - 06	SYAZH01CHG _ 02	玉米	70	28.0	3	0.34
2012 - 08	SYAZH01CHG _ 02	玉米	70	27.4	3	0.24
2012 - 10	SYAZH01CHG _ 02	玉米	70	33.9	3	0.34
2012 - 04	SYAZH01CHG _ 02	玉米	80	27.7	3	0.81
2012 - 06	SYAZH01CHG _ 02	玉米	80	28.3	3	1.06
2012 - 08	SYAZH01CHG _ 02	玉米	80	27.8	3	0.71
2012 - 10	SYAZH01CHG _ 02	玉米	80	32.2	3	0.65
2012 - 04	SYAZH01CHG _ 02	玉米	90	28.3	3	0.70
2012 - 06	SYAZH01CHG _ 02	玉米	90	28.3	3	1.47
2012 - 08	SYAZH01CHG _ 02	玉米	90	29.9	3	1.96
2012 - 10	SYAZH01CHG _ 02	玉米	90	36.4	3	3.26
2012 - 04	SYAZH01CHG _ 02	玉米	100	28.5	3	1.14
2012 - 06	SYAZH01CHG _ 02	玉米	100	27.9	3	1.61
2012 - 08	SYAZH01CHG _ 02	玉米	100	27.9	3	1.52
2012 - 10	SYAZH01CHG _ 02	玉米	100	30.7	3	1.60
2012 - 04	SYAZH01CHG _ 02	玉米	110	26.0	3	1.40
2012 - 06	SYAZH01CHG _ 02	玉米	110	27.2	3	1.03
2012 - 08	SYAZH01CHG _ 02	玉米	110	28.6	3	1.22
2012 - 10	SYAZH01CHG _ 02	玉米	110	30.8	3	1.97
2012 - 04	SYAZH01CHG _ 02	玉米	120	24.2	3	0.71
2012 - 06	SYAZH01CHG _ 02	玉米	120	26.7	3	0.58
2012 - 08	SYAZH01CHG _ 02	玉米	120	26.5	3	0.16
2012 - 10	SYAZH01CHG _ 02	玉米	120	26.2	3	0.55
2012 - 04	SYAZH01CHG _ 02	玉米	130	27.0	3	1.49
2012 - 06	SYAZH01CHG _ 02	玉米	130	29.0	3	0.44
2012 - 08	SYAZH01CHG _ 02	玉米	130	29.1	3	3.14
2012 - 10	SYAZH01CHG _ 02	玉米	130	32.1	3	0.97
2012 - 04	SYAZH01CHG _ 02	玉米	140	27.2	3	1.43
2012 - 06	SYAZH01CHG _ 02	玉米	140	29.9	3	1.63
2012 - 08	SYAZH01CHG _ 02	玉米	140	27.6	3	3.04
2012 - 10	SYAZH01CHG _ 02	玉米	140	29.4	3	1.85
2012 - 04	SYAZH01CHG _ 02	玉米	150	28.0	3	1.30
2012 - 06	SYAZH01CHG _ 02	玉米	150	29.3	3	1.27
2012 - 08	SYAZH01CHG _ 02	玉米	150	30.5	3	1.10

（续）

时间（年-月）	样地代码	作物名称	采样层次/cm	质量含水量/%	重复数	标准差
2012 - 10	SYAZH01CHG_02	玉米	150	30.1	3	1.85
2013 - 04	SYAZH01CHG_02	大豆	10	27.3	3	0.93
2013 - 06	SYAZH01CHG_02	大豆	10	19.5	3	0.96
2013 - 08	SYAZH01CHG_02	大豆	10	21.3	3	1.10
2013 - 10	SYAZH01CHG_02	大豆	10	22.8	3	0.80
2013 - 04	SYAZH01CHG_02	大豆	20	27.2	3	0.39
2013 - 06	SYAZH01CHG_02	大豆	20	20.2	3	0.93
2013 - 08	SYAZH01CHG_02	大豆	20	21.2	3	1.11
2013 - 10	SYAZH01CHG_02	大豆	20	24.7	3	0.94
2013 - 04	SYAZH01CHG_02	大豆	30	25.8	3	0.96
2013 - 06	SYAZH01CHG_02	大豆	30	20.8	3	0.98
2013 - 08	SYAZH01CHG_02	大豆	30	22.4	3	1.57
2013 - 10	SYAZH01CHG_02	大豆	30	24.4	3	0.71
2013 - 04	SYAZH01CHG_02	大豆	40	24.6	3	0.24
2013 - 06	SYAZH01CHG_02	大豆	40	20.3	3	0.46
2013 - 08	SYAZH01CHG_02	大豆	40	21.6	3	0.44
2013 - 10	SYAZH01CHG_02	大豆	40	23.5	3	0.43
2013 - 04	SYAZH01CHG_02	大豆	50	26.9	3	1.10
2013 - 06	SYAZH01CHG_02	大豆	50	21.6	3	0.56
2013 - 08	SYAZH01CHG_02	大豆	50	22.8	3	1.41
2013 - 10	SYAZH01CHG_02	大豆	50	24.5	3	0.46
2013 - 04	SYAZH01CHG_02	大豆	60	28.5	3	1.47
2013 - 06	SYAZH01CHG_02	大豆	60	23.3	3	0.58
2013 - 08	SYAZH01CHG_02	大豆	60	24.2	3	0.51
2013 - 10	SYAZH01CHG_02	大豆	60	24.8	3	0.70
2013 - 04	SYAZH01CHG_02	大豆	70	26.6	3	0.78
2013 - 06	SYAZH01CHG_02	大豆	70	23.2	3	1.35
2013 - 08	SYAZH01CHG_02	大豆	70	24.8	3	0.78
2013 - 10	SYAZH01CHG_02	大豆	70	25.6	3	0.78
2013 - 04	SYAZH01CHG_02	大豆	80	25.7	3	0.49
2013 - 06	SYAZH01CHG_02	大豆	80	24.5	3	1.01
2013 - 08	SYAZH01CHG_02	大豆	80	25.1	3	0.36
2013 - 10	SYAZH01CHG_02	大豆	80	25.0	3	0.29
2013 - 04	SYAZH01CHG_02	大豆	90	25.8	3	0.98

（续）

时间（年-月）	样地代码	作物名称	采样层次/cm	质量含水量/%	重复数	标准差
2013 - 06	SYAZH01CHG_02	大豆	90	24.7	3	1.45
2013 - 08	SYAZH01CHG_02	大豆	90	26.3	3	0.89
2013 - 10	SYAZH01CHG_02	大豆	90	24.9	3	0.65
2013 - 04	SYAZH01CHG_02	大豆	100	25.7	3	1.49
2013 - 06	SYAZH01CHG_02	大豆	100	23.9	3	0.79
2013 - 08	SYAZH01CHG_02	大豆	100	26.3	3	1.16
2013 - 10	SYAZH01CHG_02	大豆	100	25.3	3	1.21
2013 - 04	SYAZH01CHG_02	大豆	110	25.0	3	0.58
2013 - 06	SYAZH01CHG_02	大豆	110	23.1	3	0.66
2013 - 08	SYAZH01CHG_02	大豆	110	26.2	3	1.27
2013 - 10	SYAZH01CHG_02	大豆	110	25.3	3	0.93
2013 - 04	SYAZH01CHG_02	大豆	120	23.7	3	0.36
2013 - 06	SYAZH01CHG_02	大豆	120	24.1	3	0.81
2013 - 08	SYAZH01CHG_02	大豆	120	25.4	3	1.46
2013 - 10	SYAZH01CHG_02	大豆	120	24.8	3	1.01
2013 - 04	SYAZH01CHG_02	大豆	130	26.7	3	0.27
2013 - 06	SYAZH01CHG_02	大豆	130	27.2	3	1.22
2013 - 08	SYAZH01CHG_02	大豆	130	26.4	3	1.79
2013 - 10	SYAZH01CHG_02	大豆	130	26.6	3	0.73
2013 - 04	SYAZH01CHG_02	大豆	140	28.1	3	1.01
2013 - 06	SYAZH01CHG_02	大豆	140	27.9	3	0.67
2013 - 08	SYAZH01CHG_02	大豆	140	27.4	3	2.33
2013 - 10	SYAZH01CHG_02	大豆	140	27.4	3	1.29
2013 - 04	SYAZH01CHG_02	大豆	150	28.1	3	0.74
2013 - 06	SYAZH01CHG_02	大豆	150	27.8	3	0.47
2013 - 08	SYAZH01CHG_02	大豆	150	29.0	3	1.48
2013 - 10	SYAZH01CHG_02	大豆	150	26.1	3	0.84
2014 - 04	SYAZH01CHG_02	玉米	10	17.2	3	1.04
2014 - 06	SYAZH01CHG_02	玉米	10	14.6	3	2.55
2014 - 08	SYAZH01CHG_02	玉米	10	13.1	3	1.77
2014 - 10	SYAZH01CHG_02	玉米	10	13.2	3	2.24
2014 - 04	SYAZH01CHG_02	玉米	20	20.8	3	0.62
2014 - 06	SYAZH01CHG_02	玉米	20	17.4	3	1.03
2014 - 08	SYAZH01CHG_02	玉米	20	13.5	3	1.56

（续）

时间（年-月）	样地代码	作物名称	采样层次/cm	质量含水量/%	重复数	标准差
2014 - 10	SYAZH01CHG_02	玉米	20	17.1	3	2.33
2014 - 04	SYAZH01CHG_02	玉米	30	20.3	3	0.32
2014 - 06	SYAZH01CHG_02	玉米	30	18.3	3	0.99
2014 - 08	SYAZH01CHG_02	玉米	30	12.8	3	1.50
2014 - 10	SYAZH01CHG_02	玉米	30	17.3	3	3.93
2014 - 04	SYAZH01CHG_02	玉米	40	21.5	3	0.56
2014 - 06	SYAZH01CHG_02	玉米	40	19.6	3	1.10
2014 - 08	SYAZH01CHG_02	玉米	40	13.3	3	2.43
2014 - 10	SYAZH01CHG_02	玉米	40	19.2	3	2.56
2014 - 04	SYAZH01CHG_02	玉米	50	22.3	3	0.44
2014 - 06	SYAZH01CHG_02	玉米	50	23.4	3	2.64
2014 - 08	SYAZH01CHG_02	玉米	50	17.9	3	3.82
2014 - 10	SYAZH01CHG_02	玉米	50	20.4	3	3.27
2014 - 04	SYAZH01CHG_02	玉米	60	23.9	3	0.41
2014 - 06	SYAZH01CHG_02	玉米	60	22.9	3	0.18
2014 - 08	SYAZH01CHG_02	玉米	60	19.5	3	1.81
2014 - 10	SYAZH01CHG_02	玉米	60	21.5	3	1.58
2014 - 04	SYAZH01CHG_02	玉米	70	23.9	3	0.46
2014 - 06	SYAZH01CHG_02	玉米	70	23.6	3	0.64
2014 - 08	SYAZH01CHG_02	玉米	70	21.0	3	1.02
2014 - 10	SYAZH01CHG_02	玉米	70	21.5	3	0.62
2014 - 04	SYAZH01CHG_02	玉米	80	24.3	3	1.12
2014 - 06	SYAZH01CHG_02	玉米	80	23.8	3	1.12
2014 - 08	SYAZH01CHG_02	玉米	80	21.1	3	1.12
2014 - 10	SYAZH01CHG_02	玉米	80	21.7	3	1.09
2014 - 04	SYAZH01CHG_02	玉米	90	24.0	3	1.41
2014 - 06	SYAZH01CHG_02	玉米	90	24.1	3	1.61
2014 - 08	SYAZH01CHG_02	玉米	90	22.1	3	0.78
2014 - 10	SYAZH01CHG_02	玉米	90	21.7	3	0.80
2014 - 04	SYAZH01CHG_02	玉米	100	23.9	3	1.21
2014 - 06	SYAZH01CHG_02	玉米	100	24.5	3	1.62
2014 - 08	SYAZH01CHG_02	玉米	100	21.2	3	0.75
2014 - 10	SYAZH01CHG_02	玉米	100	22.2	3	1.34
2014 - 04	SYAZH01CHG_02	玉米	110	22.8	3	0.95

（续）

时间（年-月）	样地代码	作物名称	采样层次/cm	质量含水量/%	重复数	标准差
2014 - 06	SYAZH01CHG _ 02	玉米	110	23.3	3	1.87
2014 - 08	SYAZH01CHG _ 02	玉米	110	20.6	3	0.75
2014 - 10	SYAZH01CHG _ 02	玉米	110	21.8	3	1.48
2014 - 04	SYAZH01CHG _ 02	玉米	120	23.4	3	0.56
2014 - 06	SYAZH01CHG _ 02	玉米	120	23.4	3	0.55
2014 - 08	SYAZH01CHG _ 02	玉米	120	20.4	3	0.15
2014 - 10	SYAZH01CHG _ 02	玉米	120	22.2	3	3.34
2014 - 04	SYAZH01CHG _ 02	玉米	130	26.1	3	0.96
2014 - 06	SYAZH01CHG _ 02	玉米	130	25.7	3	0.90
2014 - 08	SYAZH01CHG _ 02	玉米	130	22.7	3	0.43
2014 - 10	SYAZH01CHG _ 02	玉米	130	23.7	3	2.83
2014 - 04	SYAZH01CHG _ 02	玉米	140	27.0	3	1.08
2014 - 06	SYAZH01CHG _ 02	玉米	140	27.3	3	2.15
2014 - 08	SYAZH01CHG _ 02	玉米	140	25.6	3	0.49
2014 - 10	SYAZH01CHG _ 02	玉米	140	25.8	3	3.33
2014 - 04	SYAZH01CHG _ 02	玉米	150	27.4	3	1.50
2014 - 06	SYAZH01CHG _ 02	玉米	150	27.2	3	1.19
2014 - 08	SYAZH01CHG _ 02	玉米	150	26.8	3	1.56
2014 - 10	SYAZH01CHG _ 02	玉米	150	27.7	3	3.45
2015 - 04	SYAZH01CHG _ 02	玉米	10	15.7	3	1.15
2015 - 06	SYAZH01CHG _ 02	玉米	10	15.4	3	0.38
2015 - 08	SYAZH01CHG _ 02	玉米	10	14.1	3	5.24
2015 - 10	SYAZH01CHG _ 02	玉米	10	16.1	3	0.60
2015 - 04	SYAZH01CHG _ 02	玉米	20	19.8	3	3.78
2015 - 06	SYAZH01CHG _ 02	玉米	20	21.6	3	3.24
2015 - 08	SYAZH01CHG _ 02	玉米	20	18.1	3	7.79
2015 - 10	SYAZH01CHG _ 02	玉米	20	18.3	3	1.86
2015 - 04	SYAZH01CHG _ 02	玉米	30	20.9	3	3.83
2015 - 06	SYAZH01CHG _ 02	玉米	30	23.2	3	2.47
2015 - 08	SYAZH01CHG _ 02	玉米	30	19.1	3	7.52
2015 - 10	SYAZH01CHG _ 02	玉米	30	18.5	3	0.68
2015 - 04	SYAZH01CHG _ 02	玉米	40	20.2	3	2.73
2015 - 06	SYAZH01CHG _ 02	玉米	40	22.6	3	2.57
2015 - 08	SYAZH01CHG _ 02	玉米	40	18.1	3	6.43

（续）

时间（年-月）	样地代码	作物名称	采样层次/cm	质量含水量/%	重复数	标准差
2015 - 10	SYAZH01CHG_02	玉米	40	16.7	3	0.51
2015 - 04	SYAZH01CHG_02	玉米	50	21.8	3	2.90
2015 - 06	SYAZH01CHG_02	玉米	50	25.5	3	4.49
2015 - 08	SYAZH01CHG_02	玉米	50	19.6	3	6.67
2015 - 10	SYAZH01CHG_02	玉米	50	21.7	3	1.66
2015 - 04	SYAZH01CHG_02	玉米	60	22.5	3	1.94
2015 - 06	SYAZH01CHG_02	玉米	60	25.2	3	1.59
2015 - 08	SYAZH01CHG_02	玉米	60	20.8	3	4.82
2015 - 10	SYAZH01CHG_02	玉米	60	21.4	3	0.50
2015 - 04	SYAZH01CHG_02	玉米	70	22.9	3	0.91
2015 - 06	SYAZH01CHG_02	玉米	70	26.7	3	2.12
2015 - 08	SYAZH01CHG_02	玉米	70	22.6	3	5.13
2015 - 10	SYAZH01CHG_02	玉米	70	21.4	3	0.84
2015 - 04	SYAZH01CHG_02	玉米	80	22.5	3	0.29
2015 - 06	SYAZH01CHG_02	玉米	80	26.0	3	1.18
2015 - 08	SYAZH01CHG_02	玉米	80	21.4	3	2.16
2015 - 10	SYAZH01CHG_02	玉米	80	22.1	3	1.04
2015 - 04	SYAZH01CHG_02	玉米	90	22.1	3	0.90
2015 - 06	SYAZH01CHG_02	玉米	90	25.3	3	0.75
2015 - 08	SYAZH01CHG_02	玉米	90	23.4	3	3.71
2015 - 10	SYAZH01CHG_02	玉米	90	21.3	3	0.47
2015 - 04	SYAZH01CHG_02	玉米	100	21.5	3	0.89
2015 - 06	SYAZH01CHG_02	玉米	100	25.0	3	1.54
2015 - 08	SYAZH01CHG_02	玉米	100	22.6	3	1.94
2015 - 10	SYAZH01CHG_02	玉米	100	20.6	3	0.17
2015 - 04	SYAZH01CHG_02	玉米	110	20.6	3	1.07
2015 - 06	SYAZH01CHG_02	玉米	110	22.5	3	0.74
2015 - 08	SYAZH01CHG_02	玉米	110	23.0	3	4.71
2015 - 10	SYAZH01CHG_02	玉米	110	20.9	3	2.35
2015 - 04	SYAZH01CHG_02	玉米	120	20.7	3	1.51
2015 - 06	SYAZH01CHG_02	玉米	120	23.0	3	1.75
2015 - 08	SYAZH01CHG_02	玉米	120	21.7	3	3.69
2015 - 10	SYAZH01CHG_02	玉米	120	20.9	3	1.26
2015 - 04	SYAZH01CHG_02	玉米	130	20.8	3	1.84

（续）

时间（年-月）	样地代码	作物名称	采样层次/cm	质量含水量/%	重复数	标准差
2015-06	SYAZH01CHG_02	玉米	130	25.3	3	2.55
2015-08	SYAZH01CHG_02	玉米	130	24.3	3	2.27
2015-10	SYAZH01CHG_02	玉米	130	22.9	3	0.70
2015-04	SYAZH01CHG_02	玉米	140	24.2	3	2.87
2015-06	SYAZH01CHG_02	玉米	140	26.7	3	1.87
2015-08	SYAZH01CHG_02	玉米	140	25.6	3	2.18
2015-10	SYAZH01CHG_02	玉米	140	25.1	3	1.42
2015-04	SYAZH01CHG_02	玉米	150	25.3	3	1.35
2015-06	SYAZH01CHG_02	玉米	150	27.5	3	1.40
2015-08	SYAZH01CHG_02	玉米	150	27.3	3	2.78
2015-10	SYAZH01CHG_02	玉米	150	26.6	3	0.61

3.3.2 地表水、地下水水质

3.3.2.1 概述

长期农田生态系统水质观测是农田生态系统水分观测的重要内容，它可以全面地反映生态系统中水质的现状及发展趋势，在农田生态系统水环境管理、污染源控制以及维护水环境健康等方面起着至关重要的作用。根据农田生态系统的特点确定采样地点和水样类型，通过对不同类型的水进行水质分析，全面反映农业生产活动对水质的影响。农田生态系统中由于连年施用化肥和机械翻耕，导致养分淋洗流失进入土壤水，严重的会造成地下水污染和富营养化，所以长期连续地观测水质变化规律可以为我们制定合理的施肥和耕作方案提供数据支撑。沈阳站水质观测类型分为静止地表水水质观测、流动地表水水质观测和地下水水质观测，采样点均分布在站区内。本数据集为沈阳站 2005—2015 年观测的农田生态系统水质数据。

3.3.2.2 数据采集和处理方法

（1）数据采集

沈阳站目前水质观测的一部分指标现场测定（温度、酸碱度、溶解氧），然后采集样品带回实验室后集中测定八大离子，对部分样品进行加酸冷冻处理后集中测定其余指标。数据观测频率：2005—2006年 1 年 2 次，2007 年 1 年 3 次，2008—2015 年 1 年 4 次。

（2）处理方法

水质分析方法采用《水环境要素观测与分析》推荐的方法。详细见表 3-264，数据为每次观测的数据，表格空白为数据缺测，因水质涉及的指标较多，不利于数据的整理，因此进行了拆分处理。

表 3-264　地表水、地下水水质分析方法

指标	单位	小数位数	数据获取方法
水温	℃	2	2005—2013 年玻璃电极法，2014—2015 年便携式多参数水质分析仪测定
pH	无量纲	2	2005—2013 年玻璃电极法，2014—2015 年便携式多参数水质分析仪测定
钙离子（Ca^{2+}）	mg/L	4	EDTA 滴定法

（续）

指标	单位	小数位数	数据获取方法
镁离子（Mg^{2+}）	mg/L	4	EDTA滴定法
钾离子（K^+）	mg/L	4	火焰光度计法
钠离子（Na^+）	mg/L	4	火焰光度计法
碳酸根离子（CO_3^{2-}）	mg/L	4	酸碱滴定法
碳酸氢根离子（HCO_3^-）	mg/L	4	酸碱滴定法
氯化物（Cl^-）	mg/L	4	硝酸银滴定法
硫酸根（SO_4^{2-}）	mg/L	4	EDTA滴定法
磷酸根（PO_4^{3-}）	mg/L	4	磷钼蓝分光光度计测定
硝酸根（NO_3^-）	mg/L	4	酚二磺酸光度法
化学需氧量（高锰酸盐指数）	mg/L	4	酸性高锰酸钾滴定法
水中溶解氧（DO）	mg/L	2	便携式多参数水质分析仪测定
矿化度	mg/L	2	便携式多参数水质分析仪测定
总氮（N）	mg/L	4	碱性过硫酸钾消解-紫外分光光度法
总磷（P）	mg/L	4	钼酸铵分光光度法
电导率	mS/cm	3	便携式多参数水质分析仪测定
电导率与矿化度换算系数	无量纲	4	计算

3.3.2.3　数据质量控制和评估

原始数据质量控制方法：

（1）按照《中国生态系统研究网络（CERN）长期观测质量管理规范丛书：陆地生态系统水环境观测质量保证与质量控制》的相关规定执行，样品采集和运输过程中增加采样空白和运输空白，实验室分析测定时插入国家标准样品进行质控。

（2）采用八大离子加和法、阴阳离子平衡法、电导率校核、pH校核等方法分析数据的正确性。

3.3.2.4　数据使用方法和建议

在数据集中可能有部分数据因为监测人员的变化和监测方法的变化而出现异常波动，欲了解详细原因请联系沈阳站水分监测人员（zdjiang@iae.ac.cn）。

3.3.2.5　地表水、地下水水质观测数据

表3-265至表3-270中为地表水、地下水水质观测数据。

表3-265　地下水水质状况（1）

样地代码	采样日期	水温/℃	pH	Ca^{2+}/(mg/L)	Mg^{2+}/(mg/L)	K^+/(mg/L)	Na^+/(mg/L)	CO_3^{2-}/(mg/L)	HCO_3^-/(mg/L)	Cl^-/(mg/L)
SYAQX01CDX_01	2005-06-08	25.0	7.25	12.020 0	21.150 0	0.176 9	49.369 6	0.000 0	208.700 0	10.640 0
SYAQX01CDX_01	2005-08-30	25.0	7.21	80.160 0	41.330 0	0.000 0	39.256 9	0.000 0	79.320 0	21.270 0
SYAQX01CDX_01	2005-09-22	25.0	7.32	92.180 0	38.900 0	0.000 0	39.477 3	0.000 0	85.430 0	17.730 0
SYAQX01CDX_01	2006-05-31	17.3	7.30	67.018 5	33.751 5	2.543 5	46.417 9	0.000 0	88.499 0	15.778 4
SYAQX01CDX_01	2006-08-28	12.9	7.50	64.515 4	22.527 9	2.034 8	63.400 5	0.000 0	58.910 9	15.727 6
SYAQX01CDX_01	2007-05-13	10.9	7.25	51.205 9	12.357 2	1.491 5	41.630 2	0.000 0	123.000 8	26.725 0
SYAQX01CDX_01	2007-08-29	12.0	7.25	50.162 8	15.740 7	1.516 6	43.401 6	0.000 0	113.108 9	27.291 5
SYAQX01CDX_01	2007-12-05	9.4	6.98	114.729 5	14.904 5	1.516 6	42.540 8	0.000 0	320.094 0	28.324 6

（续）

样地代码	采样日期	水温/℃	pH	Ca^{2+}/(mg/L)	Mg^{2+}/(mg/L)	K^{+}/(mg/L)	Na^{+}/(mg/L)	CO_3^{2-}/(mg/L)	HCO_3^{-}/(mg/L)	Cl^{-}/(mg/L)
SYAQX01CDX_01	2008-03-12	11.0	7.17	109.868 9	13.093 9	2.016 7	35.975 4	0.000 0	279.140 8	29.430 4
SYAQX01CDX_01	2008-05-05	11.3	7.06	103.406 4	12.000 0	2.078 0	39.772 7	0.000 0	273.997 8	30.846 5
SYAQX01CDX_01	2008-08-03	14.2	7.16	49.699 2	13.680 0	0.141 6	38.083 3	0.000 0	148.426 4	20.176 4
SYAQX01CDX_01	2008-12-04	8.8	7.20	107.171 9	13.689 6	2.651 8	36.336 1	0.000 0	268.322 8	32.452 1
SYAQX01CDX_01	2009-03-13	9.5	7.35	41.645 1	10.234 9	1.540 8	18.347 5	0.000 0	89.559 2	9.285 5
SYAQX01CDX_01	2009-05-20	12.5	7.25	55.118 5	10.565 1	1.634 6	26.548 7	0.000 0	121.086 6	20.617 0
SYAQX01CDX_01	2009-08-18	14.4	7.26	55.043 2	11.343 7	2.333 3	22.409 0	0.000 0	97.785 7	22.033 5
SYAQX01CDX_01	2009-12-09	9.5	7.25	98.805 0	16.920 7	1.877 9	24.277 8	0.000 0	267.258 7	27.696 1
SYAQX01CDX_01	2010-03-17	9.4	7.29	90.911 5	12.382 2	1.855 6	26.151 7	0.000 0	227.888 2	30.197 2
SYAQX01CDX_01	2010-05-19	11.7	7.00	50.171 7	12.600 0	1.902 1	26.949 2	0.000 0	90.384 6	21.019 2
SYAQX01CDX_01	2010-08-29	24.4	7.69	31.846 2	1.795 8	8.779 2	6.608 7	0.000 0	113.500 7	3.069 8
SYAQX01CDX_01	2010-12-08	9.8	7.57	46.816 7	15.632 4	0.637 7	6.608 7	0.000 0	95.480 2	13.314 5
SYAQX01CDX_01	2011-03-10	10.2	7.40	80.704 4	18.406 4	1.111 1	22.853 8	0.000 0	227.888 2	14.881 7
SYAQX01CDX_01	2011-05-09	11.2	7.43	77.029 8	15.479 4	1.846 9	24.536 2	0.000 0	179.118 3	16.416 6
SYAQX01CDX_01	2011-08-15	12.6	7.21	37.562 2	15.528 7	0.574 7	23.640 5	0.000 0	82.957 4	17.184 0
SYAQX01CDX_01	2011-12-07	10.9	7.44	47.633 3	16.755 6	0.995 4	23.008 4	0.000 0	106.721 6	16.786 7
SYAQX01CDX_01	2012-03-14	10.5	7.19	77.917 4	17.571 5	1.188 9	23.685 9	0.000 0	227.888 2	22.589 5
SYAQX01CDX_01	2012-05-07	14.5	7.11	46.000 1	13.123 8	0.887 0	24.681 2	0.000 0	99.164 5	20.520 7
SYAQX01CDX_01	2012-08-06	22.7	6.92	34.976 4	11.521 3	0.887 0	12.580 6	0.000 0	77.145 0	5.005 1
SYAQX01CDX_01	2012-12-12	9.9	7.30	37.834 4	12.736 6	0.755 2	21.543 8	0.000 0	104.730 9	10.859 4
SYAQX01CDX_01	2013-03-13	11.0	7.51	67.367 1	17.363 2	0.634 8	22.673 6	0.000 0	186.309 5	20.010 1
SYAQX01CDX_01	2013-05-13	13.2	7.49	45.449 8	12.444 5	0.831 5	20.572 7	0.000 0	96.219 3	18.013 1
SYAQX01CDX_01	2013-08-19	23.3	7.35	30.704 2	12.270 0	0.293 8	15.101 4	0.000 0	70.543 3	9.340 8
SYAQX01CDX_01	2013-12-11	11.2	7.51	34.609 6	13.663 5	0.500 0	21.474 0	0.000 0	93.203 5	11.331 5
SYAQX01CDX_01	2014-03-19	10.9	7.07	65.367 1	16.523 9	4.750 0	20.478 4	0.000 0	182.911 3	17.178 0
SYAQX01CDX_01	2014-05-12	11.7	6.74	39.976 4	10.117 5	2.833 3	23.367 3	0.000 0	96.012 3	20.525 8
SYAQX01CDX_01	2014-08-19	16.0	7.01	52.727 9	14.841 8	3.830 5	20.341 0	0.000 0	211.040 4	25.192 1
SYAQX01CDX_01	2014-12-11	11.3	7.18	69.408 5	10.771 3	5.000 0	25.158 7	0.000 0	193.305 9	24.236 8
SYAQX01CDX_01	2015-03-26	13.2	6.96	64.509 1	8.501 6	3.000 0	21.273 1	0.000 0	156.950 2	24.858 5
SYAQX01CDX_01	2015-05-20	14.2	6.53	35.248 6	6.108 0	1.500 0	22.379 0	0.000 0	60.297 3	22.022 3
SYAQX01CDX_01	2015-08-19	17.0	7.46	53.893 6	15.188 8	1.000 0	15.508 9	0.000 0	180.891 8	18.018 2
SYAQX01CDX_01	2015-12-11	10.0	7.92	68.455 8	10.039 7	2.666 7	22.914 3	0.000 0	193.305 9	14.007 0

表 3-266　地下水水质状况（2）

样地代码	采样日期	SO_4^{2-}/(mg/L)	PO_4^{3-}/(mg/L)	NO_3^-/(mg/L)	矿化度/(mg/L)	COD/(mg/L)	DO/(mg/L)	总氮/(mg/L)	总磷/(mg/L)	电导率/(mS/cm)
SYAQX01CDX_01	2005-06-08	65.330 0	0.037 8	0.176 2						
SYAQX01CDX_01	2005-08-30	172.900 0	0.009 1	0.121 9	278.500 0					
SYAQX01CDX_01	2005-09-22	201.700 0	0.127 9	0.174 0						
SYAQX01CDX_01	2006-05-31	190.756 1	0.059 9	0.669 3	468.000 0	1.180 3	1.770 0	0.142 7	0.047 7	
SYAQX01CDX_01	2006-08-28	205.079 8	0.085 5	4.754 4	435.000 0	1.629 2	4.280 0	0.455 8	0.047 8	
SYAQX01CDX_01	2007-05-13	85.411 6	0.245 7	0.989 4	311.000 0	1.945 6	4.830 0	0.414 4	0.109 1	
SYAQX01CDX_01	2007-08-29	94.900 1	0.210 1	0.886 4	374.000 0	1.005 6	6.810 0	0.257 4	0.120 4	
SYAQX01CDX_01	2007-12-05	89.832 4	0.223 3	0.312 9	462.000 0	1.333 3	2.070 0	0.191 6	0.139 7	
SYAQX01CDX_01	2008-03-12	90.118 0	0.189 4	0.479 0	477.666 7	1.184 5	2.430 0	0.387 4	0.085 7	
SYAQX01CDX_01	2008-05-05	93.133 5	0.254 2	0.603 2	452.666 7	1.507 8	2.680 0	0.209 0	0.126 0	
SYAQX01CDX_01	2008-08-03	92.557 1	0.227 4	0.507 2	385.666 7	0.888 9	3.470 0	0.237 9	0.086 2	
SYAQX01CDX_01	2008-12-04	105.651 9	0.246 7	0.522 0	486.666 7	1.498 7	2.070 0	0.213 8	0.101 1	
SYAQX01CDX_01	2009-03-13	98.624 7	0.201 5	2.356 2	252.000 0	9.441 6	1.280 0	1.744 1	0.111 5	
SYAQX01CDX_01	2009-05-20	93.633 1	0.165 2	1.535 8	337.000 0	1.915 0	6.320 0	0.354 1	0.089 9	
SYAQX01CDX_01	2009-08-18	97.361 1	0.154 5	0.863 8	322.000 0	2.018 0	1.630 0	0.595 5	0.129 6	
SYAQX01CDX_01	2009-12-09	96.243 1	0.121 5	0.866 1	440.000 0	1.985 8	2.970 0	0.448 9	0.102 8	
SYAQX01CDX_01	2010-03-17	91.023 2	0.086 1	1.405 9	406.333 3	2.155 2	3.480 0	0.323 4	0.039 1	
SYAQX01CDX_01	2010-05-19	102.115 6	0.122 8	2.443 1	368.333 3	1.088 8	5.430 0	0.615 8	0.079 2	
SYAQX01CDX_01	2010-08-29	14.681 2	1.133 0	1.291 3	144.000 0	6.626 7	0.640 0	1.080 8	0.547 0	
SYAQX01CDX_01	2010-12-08	78.103 7	0.096 4	2.073 2	339.000 0	1.140 6	3.900 0	0.499 3	0.061 0	
SYAQX01CDX_01	2011-03-10	101.463 1	0.105 5	0.677 2	443.333 3	1.606 4	3.140 0	0.236 5	0.050 5	641.000 0
SYAQX01CDX_01	2011-05-09	94.285 6	0.086 9	1.200 9	420.333 3	1.076 4	3.150 0	0.300 8	0.045 7	611.000 0
SYAQX01CDX_01	2011-08-15	88.172 0	0.110 7	1.237 1	383.000 0	1.718 4	4.590 0	0.292 0	0.043 0	509.000 0
SYAQX01CDX_01	2011-12-07	98.299 5	0.103 1	1.203 2	372.666 7	1.010 6	4.060 0	0.450 7	0.041 0	508.000 0
SYAQX01CDX_01	2012-03-14	72.427 0	0.042 6	0.426 2	416.333 3	2.735 0	2.650 0	0.446 6	0.053 2	630.000 0
SYAQX01CDX_01	2012-05-07	80.909 5	0.047 1	1.484 5	301.333 3	1.137 8	3.120 0	1.190 7	0.036 5	440.000 0
SYAQX01CDX_01	2012-08-06	70.795 8	0.053 3	0.515 7	213.000 0	2.328 6	3.410 0	1.698 4	0.036 1	302.000 0
SYAQX01CDX_01	2012-12-12	73.732 0	0.082 4	1.484 7	284.666 7	1.535 6	4.570 0	0.496 1	0.047 1	423.000 0
SYAQX01CDX_01	2013-03-13	80.802 9	0.044 6	1.339 6	332.333 3	1.870 4	2.670 0	0.381 8	0.048 3	509.000 0
SYAQX01CDX_01	2013-05-13	69.703 4	0.016 5	1.250 6	273.333 3	2.240 7	3.850 0	0.775 5	0.021 7	439.000 0
SYAQX01CDX_01	2013-08-19	67.958 4	0.018 6	0.675 6	220.333 3	1.976 4	4.130 0	0.778 0	0.016 2	421.000 0
SYAQX01CDX_01	2013-12-11	76.880 8	0.020 6	0.233 5	229.333 3	2.253 5	4.460 0	0.183 4	0.019 8	427.000 0
SYAQX01CDX_01	2014-03-19	74.427 0	0.119 6	0.439 2	381.000 0	2.222 2	2.930 0	1.378 8	0.040 1	586.300 0
SYAQX01CDX_01	2014-05-12	64.923 3	0.192 9	0.678 9	280.000 0	2.552 4	1.590 0	1.510 2	0.089 7	431.300 0
SYAQX01CDX_01	2014-08-19	59.050 9	0.056 9	0.367 4	356.000 0	2.782 6	2.280 0	1.605 2	0.033 0	548.400 0
SYAQX01CDX_01	2014-12-11	72.427 0	0.069 6	0.434 8	447.000 0	1.925 9	5.010 0	0.958 2	0.041 6	687.800 0
SYAQX01CDX_01	2015-03-26	72.753 3	0.104 4	0.383 8	340.000 0	1.953 5	1.650 0	0.350 4	0.041 4	531.066 7
SYAQX01CDX_01	2015-05-20	74.384 5	0.030 5	1.373 1	253.000 0	1.333 3	2.970 0	0.775 8	0.020 3	396.033 3

（续）

样地代码	采样日期	SO_4^{2-}/(mg/L)	PO_4^{3-}/(mg/L)	NO_3^-/(mg/L)	矿化度/(mg/L)	COD/(mg/L)	DO/(mg/L)	总氮/(mg/L)	总磷/(mg/L)	电导率/(mS/cm)
SYAQX01CDX_01	2015-08-19	49.915 9	0.013 0	1.816 1	264.000 0	3.312 4	1.490 0	0.487 0	0.035 7	411.400 0
SYAQX01CDX_01	2015-12-11	49.589 7	0.025 1	1.081 9	323.000 0	2.666 7	1.840 0	0.581 4	0.018 9	505.233 3

表 3-267 流动水水质状况（1）

样地代码	采样日期	水温/℃	pH	Ca^{2+}/(mg/L)	Mg^{2+}/(mg/L)	K^+/(mg/L)	Na^+/(mg/L)	CO_3^{2-}/(mg/L)	HCO_3^-/(mg/L)	Cl^-/(mg/L)
SYAFZ11CLB_01	2005-06-08	25.0	7.50	144.300 0	29.170 0	1.005 3	19.787 8	0.000 0	134.200 0	1.773 0
SYAFZ11CLB_01	2005-08-30	25.0	7.94	112.200 0	26.740 0	0.000 0	18.798 1	0.000 0	219.700 0	14.180 0
SYAFZ11CLB_01	2005-09-22	25.0	7.41	116.200 0	31.600 0	0.243 5	20.067 9	0.000 0	219.700 0	14.180 0
SYAFZ11CLB_01	2006-05-31	18.1	7.60	55.714 2	17.844 7	1.017 4	33.964 3	0.000 0	112.381 7	10.248 3
SYAFZ11CLB_01	2006-08-28	16.4	7.60	43.198 7	19.177 0	1.017 4	44.153 6	0.000 0	93.408 2	10.146 9
SYAFZ11CLB_01	2007-05-13	12.5	7.33	45.267 7	10.137 6	1.118 7	28.271 2	0.000 0	215.525 1	10.730 0
SYAFZ11CLB_01	2007-08-29	17.7	7.17	52.616 5	10.730 8	1.184 8	23.174 5	0.000 0	225.379 7	9.463 7
SYAFZ11CLB_01	2007-12-05	10.5	7.17	50.162 8	9.716 8	1.184 8	23.174 5	0.000 0	223.554 8	9.330 4
SYAFZ11CLB_01	2008-03-12	11.7	7.15	56.057 8	11.620 5	1.189 6	23.220 9	0.000 0	216.715 4	9.568 8
SYAFZ11CLB_01	2008-05-05	12.1	7.35	52.825 4	10.208 0	0.926 6	24.257 6	0.000 0	216.183 4	9.285 2
SYAFZ11CLB_01	2008-08-03	17.5	7.15	51.195 5	10.640 0	0.736 5	23.666 7	0.000 0	215.828 7	9.002 2
SYAFZ11CLB_01	2008-12-04	9.8	7.18	52.260 5	10.812 7	0.868 6	26.556 5	0.000 0	216.715 4	9.459 6
SYAFZ11CLB_01	2009-03-13	10.3	7.18	52.124 4	11.155 3	1.410 3	20.353 2	0.000 0	213.700 6	8.970 8
SYAFZ11CLB_01	2009-05-20	12.5	7.30	52.941 0	10.317 5	0.961 5	18.584 1	0.000 0	218.134 2	8.970 8
SYAFZ11CLB_01	2009-08-18	17.5	7.15	50.500 8	10.452 4	1.000 0	17.086 8	0.000 0	217.779 5	9.348 5
SYAFZ11CLB_01	2009-12-09	10.2	7.36	51.443 9	11.390 5	0.892 0	16.777 8	0.000 0	213.700 6	8.967 6
SYAFZ11CLB_01	2010-03-17	8.5	7.47	51.171 7	11.530 8	1.888 9	20.696 7	0.000 0	213.700 6	9.075 8
SYAFZ11CLB_01	2010-05-19	14.1	7.20	51.443 9	11.588 6	0.913 4	17.203 4	0.000 0	215.296 7	9.442 9
SYAFZ11CLB_01	2010-08-29	17.0	7.43	51.852 2	12.008 2	1.220 6	19.217 4	0.000 0	218.134 2	9.509 6
SYAFZ11CLB_01	2010-12-08	10.6	7.35	52.124 4	11.885 7	1.246 4	19.217 4	0.000 0	216.892 8	9.033 7
SYAFZ11CLB_01	2011-03-10	10.7	7.18	53.621 5	11.142 9	1.569 5	19.353 3	0.000 0	216.360 8	9.509 6
SYAFZ11CLB_01	2011-05-09	13.1	7.17	52.532 7	10.812 7	0.900 9	19.691 8	0.000 0	219.020 9	9.676 4
SYAFZ11CLB_01	2011-08-15	15.5	7.27	53.621 5	9.626 0	0.574 7	17.156 9	0.000 0	216.328 3	10.510 6
SYAFZ11CLB_01	2011-12-07	9.6	7.36	53.213 2	10.730 2	0.995 4	19.719 2	0.000 0	215.119 3	9.065 2
SYAFZ11CLB_01	2012-03-14	11.1	7.11	52.396 6	11.473 0	1.033 3	17.596 2	0.000 0	217.247 5	9.509 6
SYAFZ11CLB_01	2012-05-07	12.3	7.14	52.124 4	11.638 1	0.887 0	18.161 3	0.000 0	215.474 0	10.310 4
SYAFZ11CLB_01	2012-08-06	14.4	7.11	52.260 5	11.350 9	0.887 0	16.881 7	0.000 0	219.553 0	10.176 9
SYAFZ11CLB_01	2012-12-12	9.9	7.26	53.077 1	12.050 8	0.887 0	18.489 0	0.000 0	215.474 0	9.442 9
SYAFZ11CLB_01	2013-03-13	10.8	7.12	53.757 6	13.930 7	0.831 5	17.118 1	0.000 0	215.474 0	9.843 3
SYAFZ11CLB_01	2013-05-13	14.5	7.33	54.029 7	10.812 7	0.831 5	19.177 6	0.000 0	215.474 0	11.178 0
SYAFZ11CLB_01	2013-08-19	15.1	7.30	53.485 4	10.771 7	0.689 3	17.427 5	0.000 0	224.341 3	10.510 6
SYAFZ11CLB_01	2013-12-11	10.6	7.45	53.349 3	11.638 1	1.000 0	17.275 5	0.000 0	215.474 0	10.072 4

（续）

样地代码	采样日期	水温/℃	pH	Ca^{2+}/(mg/L)	Mg^{2+}/(mg/L)	K^{+}/(mg/L)	Na^{+}/(mg/L)	CO_3^{2-}/(mg/L)	HCO_3^{-}/(mg/L)	Cl^{-}/(mg/L)
SYAFZ11CLB_01	2014-03-19	12.1	7.26	52.396 6	11.555 6	1.000 0	18.766 3	0.000 0	216.360 8	10.510 6
SYAFZ11CLB_01	2014-05-12	13.0	7.29	53.077 1	10.895 3	1.000 0	18.605 4	0.000 0	215.474 0	10.176 9
SYAFZ11CLB_01	2014-08-19	16.6	7.40	51.035 7	10.948 0	0.689 3	17.118 1	0.000 0	215.474 0	10.677 5
SYAFZ11CLB_01	2014-12-11	14.4	7.51	53.893 6	11.833 5	1.000 0	20.428 8	13.081 4	216.212 1	10.544 6
SYAFZ11CLB_01	2015-03-26	12.0	7.49	55.118 5	10.730 2	1.000 0	19.035 7	0.000 0	214.587 3	9.843 3
SYAFZ11CLB_01	2015-05-20	12.5	7.79	53.077 1	11.473 0	0.500 0	19.475 1	0.000 0	216.360 8	8.508 6
SYAFZ11CLB_01	2015-08-19	20.8	7.21	53.077 1	10.888 4	1.000 0	17.180 5	0.000 0	218.134 2	11.011 1
SYAFZ11CLB_01	2015-12-11	11.2	7.57	53.757 6	11.015 8	1.000 0	19.431 2	0.000 0	219.020 9	9.600 3

表 3-268 流动水水质状况（2）

样地代码	采样日期	SO_4^{2-}/(mg/L)	PO_4^{3-}/(mg/L)	NO_3^{-}/(mg/L)	矿化度/(mg/L)	COD/(mg/L)	DO/(mg/L)	总氮/(mg/L)	总磷/(mg/L)	电导率/(mS/cm)
SYAFZ11CLB_01	2005-06-08	94.150 0	0.136 1	0.449 6						
SYAFZ11CLB_01	2005-08-30	96.070 0	0.004 2	0.365 8	225.000 0					
SYAFZ11CLB_01	2005-09-22	57.640 0	0.063 2	0.248 6						
SYAFZ11CLB_01	2006-05-31	56.326 8	0.055 0	3.195 9	298.000 0	1.453 2	0.860 0	0.274 2	0.044 3	
SYAFZ11CLB_01	2006-08-28	56.133 2	0.098 8	3.987 2	233.000 0	1.582 2	1.690 0	0.344 0	0.043 2	
SYAFZ11CLB_01	2007-05-13	25.385 7	0.220 4	1.257 3	249.000 0	0.705 6	2.250 0	0.446 2	0.098 0	
SYAFZ11CLB_01	2007-08-29	21.573 3	0.220 9	1.126 7	282.000 0	0.485 1	0.770 0	0.431 6	0.080 7	
SYAFZ11CLB_01	2007-12-05	23.174 2	0.222 1	1.002 5	290.000 0	0.816 7	2.470 0	0.314 7	0.109 8	
SYAFZ11CLB_01	2008-03-12	30.877 1	0.229 1	1.214 7	256.333 3	0.647 9	1.890 0	0.288 3	0.097 1	
SYAFZ11CLB_01	2008-05-05	24.340 3	0.229 7	1.054 7	237.333 3	0.642 0	2.430 0	0.249 7	0.095 4	
SYAFZ11CLB_01	2008-08-03	24.916 7	0.235 8	1.162 9	242.333 3	0.579 4	1.960 0	0.275 0	0.081 8	
SYAFZ11CLB_01	2008-12-04	33.277 3	0.247 3	1.197 3	290.000 0	0.860 8	2.470 0	0.295 4	0.091 1	
SYAFZ11CLB_01	2009-03-13	26.687 1	0.130 6	1.253 2	266.000 0	0.692 6	3.980 0	0.293 9	0.043 1	
SYAFZ11CLB_01	2009-05-20	25.447 3	0.077 0	1.106 4	275.000 0	0.723 0	3.800 0	0.266 5	0.051 3	
SYAFZ11CLB_01	2009-08-18	26.582 1	0.051 7	1.120 5	277.000 0	0.828 8	3.540 0	0.254 3	0.050 0	
SYAFZ11CLB_01	2009-12-09	28.709 8	0.055 3	1.066 7	276.000 0	0.880 4	3.470 0	0.243 9	0.040 0	
SYAFZ11CLB_01	2010-03-17	25.969 3	0.054 6	1.563 3	264.000 0	0.612 0	1.890 0	0.370 9	0.026 9	
SYAFZ11CLB_01	2010-05-19	30.014 8	0.045 3	0.975 6	261.666 7	0.504 9	3.900 0	0.226 3	0.035 4	
SYAFZ11CLB_01	2010-08-29	25.773 6	0.072 7	1.428 7	224.333 3	0.517 4	2.880 0	0.389 4	0.038 8	
SYAFZ11CLB_01	2010-12-08	29.492 8	0.046 1	1.609 0	267.666 7	0.706 8	3.550 0	0.398 0	0.031 9	
SYAFZ11CLB_01	2011-03-10	29.362 3	0.061 0	1.446 6	257.666 7	0.562 2	3.750 0	0.372 2	0.026 6	403.000 0
SYAFZ11CLB_01	2011-05-09	24.142 3	0.095 2	1.371 9	258.000 0	0.341 4	2.710 0	0.321 5	0.035 3	391.000 0
SYAFZ11CLB_01	2011-08-15	22.440 2	0.093 3	1.726 1	238.333 3	0.718 4	1.020 0	0.417 2	0.034 1	396.000 0
SYAFZ11CLB_01	2011-12-07	26.426 1	0.082 5	1.317 3	243.000 0	0.670 9	1.250 0	0.313 0	0.031 9	384.000 0
SYAFZ11CLB_01	2012-03-14	25.447 3	0.040 5	1.468 8	244.666 7	0.547 0	1.420 0	0.402 7	0.022 9	384.000 0
SYAFZ11CLB_01	2012-05-07	28.709 8	0.020 7	1.525 8	226.333 3	0.497 8	1.850 0	0.346 3	0.018 9	374.000 0

（续）

样地代码	采样日期	SO_4^{2-}/(mg/L)	PO_4^{3-}/(mg/L)	NO_3^-/(mg/L)	矿化度/(mg/L)	COD/(mg/L)	DO/(mg/L)	总氮/(mg/L)	总磷/(mg/L)	电导率/(mS/cm)
SYAFZ11CLB_01	2012-08-06	28.383 6	0.042 6	1.760 9	209.333 3	0.901 4	1.330 0	0.438 9	0.020 9	377.000 0
SYAFZ11CLB_01	2012-12-12	21.532 4	0.038 8	1.837 2	223.666 7	0.947 1	1.230 0	0.545 5	0.031 5	381.000 0
SYAFZ11CLB_01	2013-03-13	23.702 4	0.062 6	1.401 9	241.666 7	0.574 1	1.180 0	0.352 4	0.037 5	376.000 0
SYAFZ11CLB_01	2013-05-13	23.163 6	0.021 7	1.601 4	223.333 3	0.703 7	1.180 0	0.404 9	0.021 8	375.000 0
SYAFZ11CLB_01	2013-08-19	13.310 9	0.022 0	1.762 0	215.333 3	0.992 9	1.160 0	1.249 3	0.017 3	370.000 0
SYAFZ11CLB_01	2013-12-11	19.936 5	0.026 1	1.420 8	230.666 7	1.032 9	1.750 0	0.648 3	0.018 7	392.000 0
SYAFZ11CLB_01	2014-03-19	19.787 4	0.098 6	1.503 0	257.000 0	0.766 0	5.260 0	1.530 1	0.038 7	395.100 0
SYAFZ11CLB_01	2014-05-12	24.142 3	0.023 5	1.953 4	261.000 0	0.514 3	2.050 0	1.334 6	0.024 7	407.600 0
SYAFZ11CLB_01	2014-08-19	17.617 4	0.029 4	1.340 8	260.000 0	0.830 9	1.630 0	1.580 2	0.047 7	399.400 0
SYAFZ11CLB_01	2014-12-11	20.553 6	0.105 3	1.442 2	268.000 0	1.096 3	4.040 0	0.761 8	0.045 9	411.200 0
SYAFZ11CLB_01	2015-03-26	30.014 8	0.062 2	1.424 9	262.000 0	0.816 5	1.660 0	0.405 6	0.029 6	409.300 0
SYAFZ11CLB_01	2015-05-20	20.879 9	0.033 6	1.632 6	262.000 0	0.560 2	2.190 0	0.594 2	0.020 4	408.433 3
SYAFZ11CLB_01	2015-08-19	28.057 3	0.020 6	1.567 1	297.000 0	1.450 7	5.560 0	0.641 2	0.021 1	460.200 0
SYAFZ11CLB_01	2015-12-11	24.468 6	0.023 0	1.413 1	260.000 0	1.022 5	1.650 0	0.590 3	0.021 8	407.400 0

表3-269　静止地表水质状况（1）

样地代码	采样日期	水温/℃	pH	Ca^{2+}/(mg/L)	Mg^{2+}/(mg/L)	K^+/(mg/L)	Na^+/(mg/L)	CO_3^{2-}/(mg/L)	HCO_3^-/(mg/L)	Cl^-/(mg/L)
SYAFZ10CJB_01	2005-06-08	25.0	7.97	78.960 0	26.740 0	1.163 1	18.643 9	0.000 0	158.600 0	20.560 0
SYAFZ10CJB_01	2005-08-30	25.0	7.57	44.090 0	26.740 0	0.000 0	15.875 4	0.000 0	103.700 0	24.820 0
SYAFZ10CJB_01	2005-09-22	25.0	7.84	64.130 0	41.330 0	0.460 6	18.929 0	0.000 0	122.000 0	21.270 0
SYAFZ10CJB_01	2006-05-31	21.0	9.50	36.133 5	16.633 5	2.034 8	30.567 9	0.000 0	43.519 7	14.966 6
SYAFZ10CJB_01	2006-08-28	25.8	8.60	30.279 4	22.285 7	2.543 5	31.700 0	0.000 0	65.014 2	23.642 2
SYAFZ10CJB_01	2007-05-13	17.3	8.15	43.618 8	18.145 6	2.050 9	28.892 6	3.769 1	138.640 2	23.059 5
SYAFZ10CJB_01	2007-08-29	26.8	7.85	35.168 5	14.500 6	1.848 3	25.308 9	3.769 1	166.981 7	20.227 1
SYAFZ10CJB_01	2007-12-05	2.7	7.86	50.100 8	15.151 6	1.948 3	25.308 9	1.900 0	174.281 5	22.559 7
SYAFZ10CJB_01	2008-03-12	1.9	7.79	18.619 1	3.907 7	0.776 1	5.000 1	0.900 0	55.898 0	6.043 5
SYAFZ10CJB_01	2008-05-05	17.9	7.84	37.541 6	10.320 0	0.926 6	16.136 4	1.002 0	77.854 4	14.919 5
SYAFZ10CJB_01	2008-08-03	25.8	7.54	37.942 4	13.680 0	1.595 8	17.666 7	1.426 8	161.383 8	17.973 0
SYAFZ10CJB_01	2008-12-04	0.8	7.60	44.639 2	17.019 7	2.572 2	20.347 1	2.616 3	157.304 9	20.805 9
SYAFZ10CJB_01	2009-03-13	0.7	7.39	30.211 3	7.923 8	1.312 4	13.333 2	0.000 0	74.484 9	12.590 6
SYAFZ10CJB_01	2009-05-20	21.7	7.67	42.407 2	11.638 1	1.971 2	16.519 2	0.000 0	120.594 5	16.839 9
SYAFZ10CJB_01	2009-08-18	28.8	7.45	42.084 0	14.908 9	1.333 3	18.627 5	0.000 0	186.212 1	21.687 2
SYAFZ10CJB_01	2009-12-09	0.8	7.94	40.148 0	22.783 4	1.549 3	21.916 7	0.000 0	183.552 0	25.335 3
SYAFZ10CJB_01	2010-03-17	0.5	7.84	46.000 1	20.552 6	1.488 9	19.636 7	2.093 0	150.033 8	38.205 3
SYAFZ10CJB_01	2010-05-19	17.6	7.90	29.396 5	8.418 6	1.440 7	10.847 5	7.372 1	77.145 0	11.878 7
SYAFZ10CJB_01	2010-08-29	27.7	7.96	36.609 6	12.085 9	1.877 9	16.173 9	6.687 5	133.363 4	16.850 4
SYAFZ10CJB_01	2010-12-08	4.8	7.82	40.039 2	16.161 3	2.463 8	16.173 9	1.902 3	156.950 2	15.832 6

（续）

样地代码	采样日期	水温/℃	pH	Ca^{2+}/(mg/L)	Mg^{2+}/(mg/L)	K^{+}/(mg/L)	Na^{+}/(mg/L)	CO_3^{2-}/(mg/L)	HCO_3^{-}/(mg/L)	Cl^{-}/(mg/L)
SYAFZ10CJB_01	2011-03-10	2.6	7.45	47.633 3	15.104 8	2.083 4	17.314 7	0.000 0	162.270 6	19.352 9
SYAFZ10CJB_01	2011-05-09	15.8	7.69	37.997 7	14.510 5	2.319 8	17.471 5	4.360 5	105.520 2	16.850 4
SYAFZ10CJB_01	2011-08-15	27.5	7.31	38.923 2	17.226 7	1.540 3	16.993 5	0.000 0	182.665 2	21.521 7
SYAFZ10CJB_01	2011-12-07	1.6	7.41	51.580 0	20.222 3	2.129 7	21.962 8	0.000 0	196.852 8	21.498 4
SYAFZ10CJB_01	2012-03-14	1.6	7.29	65.597 8	23.593 7	2.277 7	25.769 2	0.000 0	208.380 2	35.202 2
SYAFZ10CJB_01	2012-05-07	19.2	7.21	38.378 8	9.409 5	1.678 0	11.158 1	0.000 0	67.213 7	15.015 2
SYAFZ10CJB_01	2012-08-06	27.9	7.66	39.331 5	14.168 1	1.678 0	15.268 8	1.426 8	148.969 7	24.691 6
SYAFZ10CJB_01	2012-12-12	2.4	7.76	45.864 0	14.279 4	1.678 0	17.275 9	1.902 3	154.290 0	23.764 7
SYAFZ10CJB_01	2013-03-13	1.5	7.55	21.230 8	5.721 2	1.224 7	6.875 0	0.000 0	62.957 4	10.510 6
SYAFZ10CJB_01	2013-05-13	22.2	7.52	39.787 1	9.492 1	2.404 5	13.959 8	0.000 0	119.067 1	21.855 4
SYAFZ10CJB_01	2013-08-19	28.0	7.48	41.781 2	17.624 6	2.139 4	15.978 3	0.000 0	198.626 3	22.689 6
SYAFZ10CJB_01	2013-12-11	3.6	7.81	59.201 4	14.857 2	2.500 0	19.482 8	13.081 4	183.552 0	24.236 8
SYAFZ10CJB_01	2014-03-19	4.3	7.47	19.733 8	8.336 5	2.000 0	6.301 1	0.000 0	69.164 5	10.510 6
SYAFZ10CJB_01	2014-05-12	14.1	7.68	49.810 8	19.314 3	4.500 0	22.346 9	0.000 0	175.571 4	29.529 8
SYAFZ10CJB_01	2014-08-19	21.9	7.75	8.574 0	45.129 7	3.853 1	19.755 0	18.313 9	187.985 6	27.361 0
SYAFZ10CJB_01	2014-12-11	1.2	7.66	59.609 6	35.209 3	4.500 0	31.149 9	17.267 4	239.592 9	42.965 3
SYAFZ10CJB_01	2015-03-26	4.0	7.43	23.952 7	9.409 5	5.666 7	11.684 4	0.000 0	73.598 1	15.015 2
SYAFZ10CJB_01	2015-05-20	25.4	8.48	52.674 8	12.828 6	5.000 0	21.314 9	21.000 0	95.766 2	28.195 2
SYAFZ10CJB_01	2015-08-19	32.2	7.66	55.526 8	13.952 8	4.000 0	19.855 2	0.000 0	207.493 5	27.694 6
SYAFZ10CJB_01	2015-12-11	1.8	7.87	63.692 5	18.902 7	4.500 0	27.790 7	0.000 0	258.036 8	33.522 3

表 3-270 静止地表水质状况（2）

样地代码	采样日期	SO_4^{2-}/(mg/L)	PO_4^{3-}/(mg/L)	NO_3^{-}/(mg/L)	矿化度/(mg/L)	COD/(mg/L)	DO/(mg/L)	总氮/(mg/L)	总磷/(mg/L)	电导率/(mS/cm)
SYAFZ10CJB_01	2005-06-08	97.990 0	0.037 8	0.049 2						
SYAFZ10CJB_01	2005-08-30	86.460 0	0.056 5	0.387 0	338.500 0					
SYAFZ10CJB_01	2005-09-22	182.500 0	0.169 8	0.218 7						
SYAFZ10CJB_01	2006-05-31	99.104 1	0.188 6	17.798 3	212.000 0	4.639 5	3.270 0	1.613 5	0.069 4	
SYAFZ10CJB_01	2006-08-28	59.714 1	0.099 6	3.247 4	217.000 0	3.428 7	3.720 0	0.473 9	0.078 5	
SYAFZ10CJB_01	2007-05-13	66.966 7	0.207 0	0.456 0	276.000 0	5.396 4	8.830 0	0.529 5	0.187 7	
SYAFZ10CJB_01	2007-08-29	36.408 4	0.215 9	0.548 4	247.000 0	4.680 4	5.100 0	0.569 5	0.105 6	
SYAFZ10CJB_01	2007-12-05	61.190 2	0.249 6	0.944 3	307.000 0	5.650 0	7.080 0	0.750 6	0.133 4	
SYAFZ10CJB_01	2008-03-12	19.490 5	0.148 9	0.609 4	103.333 3	2.568 5	7.730 0	0.401 9	0.095 9	
SYAFZ10CJB_01	2008-05-05	79.041 8	0.242 1	0.780 5	225.000 0	5.448 6	7.890 0	0.665 4	0.099 1	
SYAFZ10CJB_01	2008-08-03	34.268 5	0.229 0	0.423 6	229.333 3	4.724 3	6.780 0	1.100 0	0.108 9	
SYAFZ10CJB_01	2008-12-04	77.712 2	0.236 3	0.461 6	307.000 0	6.177 2	7.860 0	0.854 6	0.110 4	
SYAFZ10CJB_01	2009-03-13	49.589 7	0.096 6	1.558 6	156.000 0	3.923 8	7.200 0	0.813 0	0.063 4	
SYAFZ10CJB_01	2009-05-20	63.292 1	0.159 4	0.510 6	248.000 0	5.408 5	5.580 0	0.569 1	0.078 6	
SYAFZ10CJB_01	2009-08-18	35.549 6	0.098 6	0.698 2	283.000 0	5.423 4	4.410 0	0.402 3	0.107 1	

（续）

样地代码	采样日期	SO_4^{2-}/(mg/L)	PO_4^{3-}/(mg/L)	NO_3^-/(mg/L)	矿化度/(mg/L)	COD/(mg/L)	DO/(mg/L)	总氮/(mg/L)	总磷/(mg/L)	电导率/(mS/cm)
SYAFZ10CJB_01	2009-12-09	59.116 1	0.055 9	0.765 8	286.000 0	7.054 4	2.360 0	1.103 8	0.042 4	
SYAFZ10CJB_01	2010-03-17	64.597 1	0.078 3	2.154 8	390.666 7	9.617 5	7.200 0	1.078 2	0.095 9	
SYAFZ10CJB_01	2010-05-19	55.462 1	0.047 2	1.113 8	182.666 7	3.424 1	7.230 0	0.859 3	0.057 4	
SYAFZ10CJB_01	2010-08-29	22.908 2	0.076 6	0.533 1	194.333 3	3.631 1	5.090 0	0.736 0	0.062 7	
SYAFZ10CJB_01	2010-12-08	46.522 9	0.031 3	0.826 1	267.333 3	4.944 6	7.700 0	0.314 5	0.032 5	
SYAFZ10CJB_01	2011-03-10	57.419 6	0.049 5	0.679 2	305.000 0	5.124 5	7.590 0	0.215 9	0.039 0	423.000 0
SYAFZ10CJB_01	2011-05-09	64.270 8	0.069 5	0.614 8	261.666 7	5.571 9	4.770 0	0.181 1	0.048 1	366.000 0
SYAFZ10CJB_01	2011-08-15	35.818 0	0.165 8	0.507 5	250.666 7	7.402 2	3.780 0	0.533 4	0.058 7	393.000 0
SYAFZ10CJB_01	2011-12-07	72.867 0	0.106 0	0.478 0	309.000 0	6.666 7	6.600 0	0.591 7	0.042 5	463.000 0
SYAFZ10CJB_01	2012-03-14	76.015 8	0.055 1	1.013 6	451.666 7	9.076 9	4.940 0	0.474 5	0.039 7	667.000 0
SYAFZ10CJB_01	2012-05-07	73.732 0	0.051 7	0.389 2	217.666 7	6.720 0	5.710 0	0.386 7	0.040 9	305.000 0
SYAFZ10CJB_01	2012-08-06	37.388 0	0.080 9	0.411 1	223.666 7	7.436 6	4.250 0	1.553 0	0.052 9	340.000 0
SYAFZ10CJB_01	2012-12-12	35.887 3	0.057 5	0.366 9	236.000 0	5.774 7	5.460 0	0.525 8	0.029 8	376.000 0
SYAFZ10CJB_01	2013-03-13	15.350 5	0.048 5	1.482 2	128.666 7	4.666 7	5.040 0	0.373 2	0.063 9	208.800 0
SYAFZ10CJB_01	2013-05-13	28.539 4	0.039 1	0.500 4	162.333 3	6.333 3	4.260 0	0.488 3	0.032 0	305.000 0
SYAFZ10CJB_01	2013-08-19	15.007 4	0.023 3	0.521 4	189.666 7	8.482 3	2.720 0	1.256 5	0.041 9	385.000 0
SYAFZ10CJB_01	2013-12-11	36.603 2	0.016 4	0.701 8	291.333 3	7.154 9	3.760 0	0.465 3	0.032 3	451.000 0
SYAFZ10CJB_01	2014-03-19	17.617 4	0.150 3	0.596 8	99.000 0	11.205 7	9.620 0	0.333 8	0.097 6	151.600 0
SYAFZ10CJB_01	2014-05-12	64.270 8	0.014 4	1.235 9	311.000 0	7.828 6	6.280 0	1.358 1	0.057 2	478.100 0
SYAFZ10CJB_01	2014-08-19	37.192 3	0.033 0	0.409 9	294.000 0	8.695 7	4.460 0	1.601 0	0.020 4	452.800 0
SYAFZ10CJB_01	2014-12-11	56.114 6	0.090 8	0.462 5	437.000 0	9.451 9	6.240 0	1.308 8	0.064 8	672.900 0
SYAFZ10CJB_01	2015-03-26	48.610 9	0.127 3	0.428 6	149.000 0	8.289 4	1.216 7	0.248 0	0.095 3	232.300 0
SYAFZ10CJB_01	2015-05-20	66.114 6	0.038 4	0.571 0	366.000 0	9.562 1	15.903 3	0.277 3	0.034 8	562.100 0
SYAFZ10CJB_01	2015-08-19	32.298 5	0.035 5	0.437 1	326.000 0	10.163 5	2.750 0	0.435 5	0.031 2	493.300 0
SYAFZ10CJB_01	2015-12-11	31.319 8	0.035 3	0.331 5	347.000 0	8.278 1	3.170 0	0.600 4	0.025 5	537.666 7

3.3.3 雨水水质

3.3.3.1 概述

降水、蒸发和径流是水循环过程的 3 个最重要环节，这 3 个环节构成的水循环决定着全球的水量平衡，也决定着一个地区的水资源总量。大气降水是地表淡水的主要来源。大气降水过程中包含大量物质元素的时空转移，其水质的变化也反映了大气环境的变化，进一步揭示了人类活动对环境的影响，为科学研究环境的可持续发展提供基础数据。本数据集涉及的时间为 2005—2015 年，沈阳站降水观测点在气象观测场内部，样地代码为 SYAQX01。

3.3.3.2 数据采集和处理方法

（1）数据采集

数据观测频率为 1 个月 1 次（以降水量为准）。2005—2013 年为沈阳站测试分析，2014—2015 年为减少实验室间的误差，水分分中心集中测试分析。台站采集样品后冷冻，每年年末以月为单位混合后委托水分分中心测试。受降水时空分布的影响，个别月份没有降水，或者降水量不足，达不到测试需求量，数据为缺失状态。

（2）处理方法

按照水质分析方法采用《水环境要素观测与分析》推荐的方法（表 3 - 271）。

表 3 - 271　雨水水质分析方法

指标	单位	小数位数	数据获取方法
水温	℃	1	2005—2013 年玻璃电极法，2013—2015 年便携式多参数水质分析仪测定
pH	无量纲	2	2005—2013 年玻璃电极法，2014—2015 年便携式多参数水质分析仪测定
矿化度	mg/L	2	2005—2013 年质量法，2014—2015 年便携式多参数水质分析仪测定
硫酸根离子（SO_4^{2-}）	mg/L	4	2005—2014 年 EDTA 滴定法，2014—2015 离子色谱法
非溶性物质总含量	mg/L	2	质量法
电导率	mS/cm	3	便携式多参数水质分析仪测定
电导率与矿化度换算系数	无量纲	4	计算

3.3.3.3　数据质量控制和评估

原始数据质量控制方法：按照《中国生态系统研究网络（CERN）长期观测质量管理规范丛书：陆地生态系统水环境观测质量保证与质量控制》的相关规定执行，样品采集和运输过程中增加采样空白和运输空白，实验室分析测定时插入国家标准样品进行质控。

3.3.3.4　观测数据

表 3 - 272 中为降水水质观测数据。

表 3 - 272　降水水质

时间 （年-月）	样地代码	水温/℃	pH	矿化度/ （mg/L）	SO_4^{2-}/ （mg/L）	非溶性物质 总含量/（mg/L）	电导率/ （mS/cm）
2005 - 04	SYAQX01	25.0	7.37	107.50	38.43	18.50	
2005 - 05	SYAQX01	25.0	7.80	139.50	172.92	28.50	
2005 - 06	SYAQX01	25.0	5.99	86.00	38.42	44.00	
2005 - 07	SYAQX01	25.0	7.52	84.00	38.42	17.50	
2005 - 08	SYAQX01	25.0	7.11	58.00	19.21	15.50	
2005 - 09	SYAQX01	25.0	7.40	98.50	67.24	0.00	
2005 - 10	SYAQX01	25.0	7.25	91.50	76.86	0.01	
2006 - 04	SYAQX01	25.0	6.98	169.99	56.08	316.00	
2006 - 05	SYAQX01	25.0	6.80	135.99	33.63	156.25	
2006 - 06	SYAQX01	25.0	8.38	233.00	30.43	34.66	
2006 - 07	SYAQX01	25.0	7.61	70.00	17.37	14.50	
2006 - 08	SYAQX01	25.0	7.59	54.00	17.37	40.33	
2006 - 09	SYAQX01	25.0	7.07	64.00	25.39	59.55	
2006 - 10	SYAQX01	25.0	6.50	35.00	17.58	20.44	
2007 - 02	SYAQX01	14.9	7.30	196.00	38.56	147.00	
2007 - 03	SYAQX01	20.9	7.46	112.00	26.41	121.00	
2007 - 04	SYAQX01	24.0	7.35	72.00	29.88	391.00	

（续）

时间 （年-月）	样地代码	水温/℃	pH	矿化度/ （mg/L）	SO_4^{2-}/ （mg/L）	非溶性物质 总含量/（mg/L）	电导率/ （mS/cm）
2007 – 05	SYAQX01	24.3	7.30	75.00	18.70	318.00	
2007 – 06	SYAQX01	25.1	6.94	54.00	13.33	77.00	
2007 – 07	SYAQX01	25.5	7.05	67.00	10.65	149.00	
2007 – 08	SYAQX01	28.4	7.10	64.00	12.02	88.00	
2007 – 09	SYAQX01	26.3	7.10	72.00	18.10	80.00	
2007 – 10	SYAQX01	20.5	7.39	66.00	14.83	83.00	
2007 – 11	SYAQX01	17.9	7.38	102.00	22.87	421.00	
2008 – 02	SYAQX01	17.5	7.42	106.00	48.53	201.00	
2008 – 03	SYAQX01	16.2	7.20	96.00	36.76	100.00	
2008 – 04	SYAQX01	21.9	7.57	89.00	22.41	193.00	
2008 – 05	SYAQX01	20.1	7.32	54.00	23.43	182.00	
2008 – 06	SYAQX01	23.4	7.02	71.00	14.86	95.00	
2008 – 07	SYAQX01	21.4	7.11	46.00	7.87	78.00	
2008 – 08	SYAQX01	20.9	7.23	36.00	19.11	75.00	
2008 – 09	SYAQX01	18.7	7.32	90.00	22.57	98.00	
2008 – 10	SYAQX01	18.2	7.11	83.00	22.51	132.00	
2009 – 02	SYAQX01	0.0	6.87	112.00	12.72	156.00	
2009 – 03	SYAQX01	0.0	6.92	90.00	13.65	103.00	
2009 – 04	SYAQX01	6.9	6.87	110.00	15.15	197.00	
2009 – 05	SYAQX01	15.1	7.02	54.00	9.33	87.00	
2009 – 06	SYAQX01	21.3	6.94	53.00	14.73	87.00	
2009 – 07	SYAQX01	21.9	7.14	86.00	17.29	75.00	
2009 – 08	SYAQX01	21.9	7.13	70.00	18.26	79.00	
2009 – 09	SYAQX01	13.2	7.45	84.00	18.92	83.00	
2009 – 10	SYAQX01	6.7	7.45	94.00	19.24	115.00	
2009 – 11	SYAQX01	0.0	7.42	58.00	19.57	148.00	
2009 – 12	SYAQX01	0.0	7.36	69.00	16.96	129.00	
2010 – 02	SYAQX01	0.0	6.87	112.00	25.45	147.00	190.00
2010 – 03	SYAQX01	0.0	6.90	110.00	20.55	119.00	189.60
2010 – 04	SYAQX01	5.2	7.20	68.66	15.33	92.00	88.70
2010 – 05	SYAQX01	12.7	6.90	57.99	5.87	52.00	47.70
2010 – 06	SYAQX01	20.8	7.10	18.33	12.13	64.00	86.30
2010 – 07	SYAQX01	23.7	7.03	29.33	12.00	51.00	70.80

（续）

时间 （年-月）	样地代码	水温/℃	pH	矿化度/ (mg/L)	SO_4^{2-}/ (mg/L)	非溶性物质 总含量/ (mg/L)	电导率/ (mS/cm)
2010 - 08	SYAQX01	21. 0	7. 05	24. 66	12. 20	43. 00	80. 70
2010 - 09	SYAQX01	14. 3	7. 67	34. 00	4. 95	57. 00	48. 90
2010 - 10	SYAQX01	8. 5	7. 02	81. 33	16. 11	89. 00	85. 30
2010 - 11	SYAQX01	0. 0	6. 70	87. 33	16. 93	109. 00	96. 40
2011 - 04	SYAQX01	7. 2	7. 16	54. 66	16. 63	110. 00	110. 80
2011 - 05	SYAQX01	14. 1	7. 23	110. 00	37. 51	128. 00	213. 80
2011 - 06	SYAQX01	18. 7	7. 42	62. 33	26. 75	74. 00	127. 30
2011 - 07	SYAQX01	23. 0	7. 24	55. 00	25. 12	59. 00	96. 30
2011 - 08	SYAQX01	22. 0	7. 18	41. 33	18. 26	50. 00	72. 00
2011 - 09	SYAQX01	12. 2	7. 39	91. 00	49. 91	79. 00	176. 00
2011 - 10	SYAQX01	10. 3	7. 30	84. 99	23. 81	78. 00	139. 20
2011 - 11	SYAQX01	0. 0	7. 23	63. 99	15. 65	77. 00	121. 30
2012 - 04	SYAQX01	8. 9	7. 03	61. 00	23. 00	158. 00	81. 80
2012 - 05	SYAQX01	14. 6	6. 92	96. 50	17. 61	128. 00	108. 70
2012 - 06	SYAQX01	19. 1	7. 12	68. 00	12. 23	110. 00	92. 80
2012 - 07	SYAQX01	23. 8	7. 25	54. 00	4. 89	78. 00	64. 40
2012 - 08	SYAQX01	22. 0	7. 08	52. 00	4. 89	69. 00	88. 60
2012 - 09	SYAQX01	12. 9	7. 30	35. 00	14. 68	58. 00	69. 70
2012 - 10	SYAQX01	4. 6	7. 11	34. 50	5. 38	54. 00	60. 50
2012 - 11	SYAQX01	0. 0	7. 19	105. 00	16. 63	105. 00	125. 00
2013 - 01	SYAQX01	0. 0	6. 95	87. 62	21. 39	174. 80	133. 90
2013 - 02	SYAQX01	0. 0	7. 05	150. 90	41. 03	86. 79	226. 00
2013 - 03	SYAQX01	0. 0	6. 88	148. 30	27. 63	59. 80	221. 90
2013 - 04	SYAQX01	6. 3	7. 07	30. 78	9. 14	25. 80	47. 19
2013 - 05	SYAQX01	13. 5	7. 24	126. 30	44. 48	262. 80	190. 40
2013 - 06	SYAQX01	19. 3	7. 36	90. 14	23. 31	26. 80	138. 20
2013 - 07	SYAQX01	20. 5	7. 62	56. 91	8. 54	318. 80	87. 59
2013 - 08	SYAQX01	21. 7	7. 93	102. 50	20. 01	61. 80	156. 70
2013 - 09	SYAQX01	15. 3	7. 73	66. 25	12. 27	214. 80	101. 50
2013 - 10	SYAQX01	7. 1	7. 42	92. 47	17. 93	115. 17	142. 40
2013 - 11	SYAQX01	0. 0	7. 69	141. 60	39. 62	115. 17	213. 60
2013 - 12	SYAQX01	0. 0	7. 13	140. 30	38. 20	206. 30	211. 80
2014 - 01	SYAQX01	25. 0	7. 27	174. 60	60. 01	9. 90	271. 20

（续）

时间 （年-月）	样地代码	水温/℃	pH	矿化度/ （mg/L）	SO_4^{2-}/ （mg/L）	非溶性物质 总含量/（mg/L）	电导率/ （mS/cm）
2014 - 02	SYAQX01	25.0	7.62	222.70	85.47	72.90	340.10
2014 - 03	SYAQX01	25.0	7.33	53.35	13.30	49.90	84.42
2014 - 05	SYAQX01	25.0	7.15	89.39	19.49	42.90	141.50
2014 - 06	SYAQX01	25.0	7.12	66.48	17.62	22.04	105.20
2014 - 07	SYAQX01	25.0	8.45	62.96	9.68	22.04	97.36
2014 - 08	SYAQX01	25.0	8.44	124.00	28.65	22.04	188.20
2014 - 09	SYAQX01	25.0	9.06	122.80	30.52	22.04	186.30
2014 - 10	SYAQX01	25.0	7.94	108.60	22.15	22.04	166.00
2014 - 11	SYAQX01	25.0	6.79	247.80	92.71	50.86	362.50
2014 - 12	SYAQX01	25.0	6.54	162.90	29.97	16.06	245.00
2015 - 01	SYAQX01	25.0	7.87	205.30	34.28	52.50	306.20
2015 - 02	SYAQX01	25.0	6.89	82.05	27.40	61.67	126.80
2015 - 03	SYAQX01	25.0	7.21	281.80	93.12	30.50	411.10
2015 - 04	SYAQX01	25.0	7.12	125.40	37.15	61.67	190.90
2015 - 05	SYAQX01	25.0	7.35	46.98	7.45	102.20	72.61
2015 - 06	SYAQX01	25.0	7.37	150.50	20.13	5.00	227.10
2015 - 07	SYAQX01	25.0	9.84	88.48	11.57	170.00	136.80
2015 - 08	SYAQX01	25.0	9.55	126.70	20.02	139.80	193.30
2015 - 09	SYAQX01	25.0	7.29	74.41	13.81	139.80	115.20
2015 - 10	SYAQX01	25.0	8.48	66.31	10.14	139.80	103.40
2015 - 11	SYAQX01	25.0	7.58	75.51	19.95	67.75	117.60
2015 - 12	SYAQX01	25.0	7.23	79.40	18.60	182.50	123.70

3.3.4　土壤水分常数

3.3.4.1　概论

　　土壤水分常数是依据土壤水所受的外力及其与作物生长的关系，在规定条件下测得的土壤含水量。它是土壤水分的特征值和土壤水性质的转折点，严格来说，这些特征值应是一个含水量的范围。土壤水分常数受土壤类型和土壤质地影响较大，涉及吸湿系数、凋萎系数、田间最大持水量、土壤完全持水量、土壤孔隙度和容重等相关参数，本数据集是 2005 年、2010 年、2015 年的观测数据，样地为沈阳站综合观测场。

3.3.4.2　数据采集和处理方法

　　（1）数据采集

　　沈阳站土壤水分常数为综合观测场样地数据，数据观测频率为 5 年 1 次，采集期在作物收获后期，样品采集后委托有分析能力的实验室进行测定。

（2）处理方法

其间沈阳站一共采集样品 3 次，均为同一块观测样地，2005 年分析方法为压力膜法，2010 年分析方法为离心机法，2015 年分析方法为压力膜法。2005 年由于实验室条件和人员更换的原因，数据不完整，仅完成部分测试。常数格式详见表 3 - 273。

表 3 - 273　各指标计量单位及数据获取方法

指标	表示方法/单位	小数位数	数据获取方法
土壤完全持水量	%	2	计算
土壤田间持水量	%	2	计算
土壤凋萎含水量	%	2	计算
土壤孔隙度	%	2	计算
容重	g/cm³	2	测定
水分特征曲线方程			拟合方法

3.3.4.3　数据质量控制和评估

执行《中国生态系统研究网络（CERN）长期观测质量管理规范丛书：陆地生态系统水环境观测质量保证与质量》的相关规定执行，每个样地取 1 个剖面 3 个点平行测定。

3.3.4.4　观测数据

表 3 - 274 中为土壤水分常数。

表 3 - 274　土壤水分常数

时间（年-月）	样地代码	取样层次/cm	土壤类型	土壤质地	土壤完全持水量/%	土壤田间持水量/%	土壤凋萎含水量/%	土壤孔隙度/%	容重/(g/cm³)	水分特征曲线方程
2005 - 06	SYAZH01	10	潮棕壤	壤土		36.70		53.36	1.23	
2005 - 06	SYAZH01	20	潮棕壤	壤土		32.14		48.41	1.38	
2005 - 06	SYAZH01	30	潮棕壤	壤土		30.85		45.44	1.47	
2005 - 06	SYAZH01	40	潮棕壤	壤土		31.81		46.43	1.44	
2005 - 06	SYAZH01	50	潮棕壤	壤土		31.57		45.11	1.48	
2005 - 06	SYAZH01	60	潮棕壤	壤土		30.65		46.10	1.45	
2005 - 06	SYAZH01	80	潮棕壤	壤土		32.58		47.75	1.40	
2005 - 06	SYAZH01	100	潮棕壤	壤土		35.32		47.09	1.42	
2005 - 06	SYAZH01	110	潮棕壤	壤土		36.21		46.10	1.45	
2005 - 06	SYAZH01	150	潮棕壤	壤土		34.58		45.11	1.48	
2010 - 11	SYAZH01	10	潮棕壤	壤土	32.63	25.53	14.56	50.74	1.31	$\theta(S)=21.974\times S^{-0.1375}$
2010 - 11	SYAZH01	20	潮棕壤	壤土	34.20	23.44	13.81	45.16	1.42	$\theta(S)=20.894\times S^{-0.1381}$
2010 - 11	SYAZH01	30	潮棕壤	壤土	38.06	25.99	16.42	49.05	1.38	$\theta(S)=23.44\times S^{-0.1189}$
2010 - 11	SYAZH01	40	潮棕壤	壤土	34.61	26.85	17.78	46.39	1.40	$\theta(S)=23.533\times S^{-0.0936}$
2010 - 11	SYAZH01	50	潮棕壤	壤土	35.31	26.34	19.08	49.19	1.39	$\theta(S)=24.404\times S^{-0.0822}$
2010 - 11	SYAZH01	60	潮棕壤	壤土	42.07	29.68	20.22	46.32	1.41	$\theta(S)=26.787\times S^{-0.0938}$
2010 - 11	SYAZH01	70	潮棕壤	壤土	32.96	25.09	19.65	45.44	1.41	$\theta(S)=25.212\times S^{-0.0832}$
2010 - 11	SYAZH01	80	潮棕壤	壤土	33.09	29.35	21.06	48.69	1.37	$\theta(S)=27.017\times S^{-0.0832}$

（续）

时间（年-月）	样地代码	取样层次/cm	土壤类型	土壤质地	土壤完全持水量/%	土壤田间持水量/%	土壤凋萎含水量/%	土壤孔隙度/%	容重/（g/cm³）	水分特征曲线方程
2010-11	SYAZH01	90	潮棕壤	壤土	38.11	31.93	25.87	49.42	1.40	$\theta(S)=30.977\times S^{-0.0602}$
2010-11	SYAZH01	100	潮棕壤	壤土	35.64	30.15	23.74	48.17	1.39	$\theta(S)=28.702\times S^{-0.0633}$
2010-11	SYAZH01	110	潮棕壤	壤土	35.99	32.98	26.79	46.63	1.41	$\theta(S)=31.314\times S^{-0.0521}$
2010-11	SYAZH01	120	潮棕壤	壤土	36.83	33.02	28.07	50.09	1.38	$\theta(S)=31.825\times S^{-0.0419}$
2010-11	SYAZH01	130	潮棕壤	壤土	39.97	32.97	28.22	49.58	1.36	$\theta(S)=32.207\times S^{-0.0441}$
2010-11	SYAZH01	140	潮棕壤	壤土	35.05	30.6	25.10	50.02	1.40	$\theta(S)=29.293\times S^{-0.0516}$
2010-11	SYAZH01	150	潮棕壤	壤土	32.55	28.36	18.48	47.32	1.43	$\theta(S)=23.903\times S^{-0.086}$
2015-10	SYAZH01	10	潮棕壤	壤土	40.76	23.57	17.77	51.12	1.30	$\theta(S)=21.718\times S^{-0.074}$
2015-10	SYAZH01	20	潮棕壤	壤土	29.37	23.47	20.38	47.36	1.39	$\theta(S)=22.536\times S^{-0.037}$
2015-10	SYAZH01	30	潮棕壤	壤土	32.85	25.55	21.60	49.05	1.35	$\theta(S)=24.33\times S^{-0.044}$
2015-10	SYAZH01	40	潮棕壤	壤土	37.23	28.40	23.29	47.72	1.39	$\theta(S)=26.809\times S^{-0.052}$
2015-10	SYAZH01	50	潮棕壤	壤土	42.82	29.93	23.89	50.11	1.32	$\theta(S)=28.033\times S^{-0.059}$
2015-10	SYAZH01	60	潮棕壤	壤土	44.41	29.54	24.50	47.38	1.39	$\theta(S)=27.982\times S^{-0.049}$
2015-10	SYAZH01	70	潮棕壤	壤土	38.75	29.18	25.63	49.02	1.35	$\theta(S)=28.101\times S^{-0.034}$
2015-10	SYAZH01	80	潮棕壤	壤土	40.28	29.60	25.21	50.16	1.32	$\theta(S)=28.252\times S^{-0.042}$
2015-10	SYAZH01	90	潮棕壤	壤土	40.66	29.88	25.65	49.87	1.33	$\theta(S)=28.582\times S^{-0.04}$
2015-10	SYAZH01	100	潮棕壤	壤土	39.93	30.59	26.06	48.11	1.38	$\theta(S)=29.194\times S^{-0.042}$
2015-10	SYAZH01	110	潮棕壤	壤土	39.49	32.21	28.73	47.95	1.38	$\theta(S)=31.158\times S^{-0.03}$
2015-10	SYAZH01	120	潮棕壤	壤土	37.55	31.84	29.39	50.07	1.32	$\theta(S)=31.111\times S^{-0.021}$
2015-10	SYAZH01	130	潮棕壤	壤土	35.17	29.43	26.65	49.20	1.35	$\theta(S)=28.594\times S^{-0.026}$
2015-10	SYAZH01	140	潮棕壤	壤土	34.93	30.91	28.21	47.11	1.40	$\theta(S)=30.101\times S^{-0.024}$
2015-10	SYAZH01	150	潮棕壤	壤土	36.39	32.15	29.67	44.90	1.46	$\theta(S)=31.411\times S^{-0.021}$

3.3.5 蒸发量

3.3.5.1 概述

蒸发、降水、径流是水循环的 3 个主要环节，其中蒸发起着承上启下的作用，水面蒸发是农田生态系统水分循环观测的重要组成部分。蒸发是水由液态或固态转变成气态、逸入大气中的过程。蒸发量是指在一定时段内，水分经蒸发而散布到空中的量，通常用蒸发掉的水层厚度（mm）表示，水面或土壤的水分蒸发量，一般温度越高、湿度越小、风速越大、气压越低，蒸发量就越大，反之蒸发量就越小。水面蒸发量的测定，在农业生产和水文工作上非常重要，掌握它们的变化规律对农田水分管理有重要的意义。

3.3.5.2 数据采集和处理方法

（1）数据采集

水面蒸发采用 E601 水面蒸发器进行观测，观测时先调整测针尖使其与水面恰好相接，然后从游标尺上读出水面高度。读数方法：通过游尺零线所对标尺的刻度，即可读出整数；再从游尺刻度线上找出一根与标尺上某一刻度线相吻合的刻度线，游尺上这根刻度线的数字，就是小数读数。如果调整过度，使针尖伸入水面之下，此时必须将针尖退出水面，重新调好后方能读数，该数据集为月数据。

（2）方法处理

蒸发量＝前一天水面高度＋降水量（以雨量器观测值为准）－测量时水面高度，数据备注：由于北方农田生态类型受气候影响，冬季无法观测，为了保证数据的完整性，在冰冻期内数据为气象小蒸发数据，仅供参考，标注 1，E601 原始数据整理备注 0。

3.3.5.3　数据质量控制和评估

水面蒸发观测后应立即调整蒸发桶内的水面高度，水面如低（高）于水面指示针尖 1 cm，则需加（汲）水，使水面恰与针尖齐平。每次加水或汲水后，均应用测针测量器中的水面高度值，记入观测簿次日的蒸发"原量"栏，作为次日观测器内水面高度的起算点。如因降水，蒸发器内有水流入溢流桶，应测出其量，并从蒸发量中减去此值。

蒸发用水的要求：应尽可能用代表当地自然水体（江、河、湖）的水。在取自然水有困难的地区，也可使用饮用水（井水、自来水）。器内水要保持清洁，水面无漂浮物，水中无小虫及悬浮污物，无青苔，水色无显著改变。如不合此要求，应及时换水。蒸发器换水时，换入水的温度应与原有水的温度接近。要经常清除掉入器内的蛙、虫、杂物。

3.3.5.4　观测数据

表 3 - 275 中为蒸发量数据。

表 3 - 275　蒸发量

时间（年-月）	样地代码	月蒸发量/mm	水温/℃	数据备注
2005 - 07	SYAQX01CZF _ 01	101.2	24.8	1
2005 - 08	SYAQX01CZF _ 01	116.8	24.2	1
2005 - 09	SYAQX01CZF _ 01	137.7	19.9	1
2005 - 10	SYAQX01CZF _ 01	119.5	14.1	1
2005 - 11	SYAQX01CZF _ 01	50.5	2.7	0
2005 - 12	SYAQX01CZF _ 01	16.6	−13.6	0
2006 - 01	SYAQX01CZF _ 01	22.2	−12.1	0
2006 - 02	SYAQX01CZF _ 01	39.1	−7.8	0
2006 - 03	SYAQX01CZF _ 01	105.7	1.1	0
2006 - 04	SYAQX01CZF _ 01	152.5	8.4	0
2006 - 05	SYAQX01CZF _ 01	227.3	17.1	1
2006 - 06	SYAQX01CZF _ 01	186.7	22.2	1
2006 - 07	SYAQX01CZF _ 01	99.4	25.9	1
2006 - 08	SYAQX01CZF _ 01	102.1	25.8	1
2006 - 09	SYAQX01CZF _ 01	119.1	19.9	1
2006 - 10	SYAQX01CZF _ 01	154.5	13.1	1
2006 - 11	SYAQX01CZF _ 01	54.9	7.5	0
2006 - 12	SYAQX01CZF _ 01	31.1	−6.0	0
2007 - 01	SYAQX01CZF _ 01	18.6	−8.6	0
2007 - 02	SYAQX01CZF _ 01	67.1	−4.8	0

（续）

时间（年-月）	样地代码	月蒸发量/mm	水温/℃	数据备注
2007 - 03	SYAQX01CZF _ 01	80.9	0.8	0
2007 - 04	SYAQX01CZF _ 01	258.3	9.5	1
2007 - 05	SYAQX01CZF _ 01	243.9	17.7	1
2007 - 06	SYAQX01CZF _ 01	197.1	23.4	1
2007 - 07	SYAQX01CZF _ 01	138.6	26.0	1
2007 - 08	SYAQX01CZF _ 01	128.8	25.6	1
2007 - 09	SYAQX01CZF _ 01	96.9	20.8	1
2007 - 10	SYAQX01CZF _ 01	134.9	11.4	1
2007 - 11	SYAQX01CZF _ 01	52.8	0.3	0
2007 - 12	SYAQX01CZF _ 01	18.8	−6.8	0
2008 - 01	SYAQX01CZF _ 01	23.8	−11.6	0
2008 - 02	SYAQX01CZF _ 01	47.0	−7.3	0
2008 - 03	SYAQX01CZF _ 01	95.0	4.2	0
2008 - 04	SYAQX01CZF _ 01	127.1	9.6	1
2008 - 05	SYAQX01CZF _ 01	161.1	15.6	1
2008 - 06	SYAQX01CZF _ 01	103.0	21.0	1
2008 - 07	SYAQX01CZF _ 01	103.5	25.5	1
2008 - 08	SYAQX01CZF _ 01	106.9	24.9	1
2008 - 09	SYAQX01CZF _ 01	103.2	19.3	1
2008 - 10	SYAQX01CZF _ 01	115.6	11.9	1
2008 - 11	SYAQX01CZF _ 01	54.2	6.0	1
2008 - 12	SYAQX01CZF _ 01	34.1	−6.0	0
2009 - 01	SYAQX01CZF _ 01	21.6	−10.0	0
2009 - 02	SYAQX01CZF _ 01	36.9	−6.7	0
2009 - 03	SYAQX01CZF _ 01	96.6	1.0	0
2009 - 04	SYAQX01CZF _ 01	101.9	9.3	1
2009 - 05	SYAQX01CZF _ 01	135.9	17.5	1
2009 - 06	SYAQX01CZF _ 01	115.3	21.8	1
2009 - 07	SYAQX01CZF _ 01	96.9	25.2	1
2009 - 08	SYAQX01CZF _ 01	107.3	25.7	1
2009 - 09	SYAQX01CZF _ 01	103.4	18.6	1
2009 - 10	SYAQX01CZF _ 01	87.6	11.1	1
2009 - 11	SYAQX01CZF _ 01	66.3	−2.7	0
2009 - 12	SYAQX01CZF _ 01	23.7	−9.8	0

（续）

时间（年-月）	样地代码	月蒸发量/mm	水温/℃	数据备注
2010 - 01	SYAQX01CZF_01	21.3	−11.9	0
2010 - 02	SYAQX01CZF_01	26.5	−7.4	0
2010 - 03	SYAQX01CZF_01	62.6	−1.1	0
2010 - 04	SYAQX01CZF_01	83.5	5.0	1
2010 - 05	SYAQX01CZF_01	102.5	13.9	1
2010 - 06	SYAQX01CZF_01	108.4	21.9	1
2010 - 07	SYAQX01CZF_01	73.5	24.9	1
2010 - 08	SYAQX01CZF_01	78.7	23.9	1
2010 - 09	SYAQX01CZF_01	69.3	19.4	1
2010 - 10	SYAQX01CZF_01	60.5	10.2	1
2010 - 11	SYAQX01CZF_01	50.4	2.3	0
2010 - 12	SYAQX01CZF_01	21.0	−8.5	0
2011 - 01	SYAQX01CZF_01	20.2	−16.1	0
2011 - 02	SYAQX01CZF_01	36.6	−4.6	0
2011 - 03	SYAQX01CZF_01	101.9	1.1	0
2011 - 04	SYAQX01CZF_01	66.2	9.6	1
2011 - 05	SYAQX01CZF_01	159.1	16.1	1
2011 - 06	SYAQX01CZF_01	104.2	24.7	1
2011 - 07	SYAQX01CZF_01	113.9	26.5	1
2011 - 08	SYAQX01CZF_01	99.0	26.5	1
2011 - 09	SYAQX01CZF_01	111.0	19.0	1
2011 - 10	SYAQX01CZF_01	66.0	12.0	1
2011 - 11	SYAQX01CZF_01	54.4	8.2	1
2011 - 12	SYAQX01CZF_01	28.9	−13.1	0
2012 - 01	SYAQX01CZF_01	22.5	−13.1	0
2012 - 02	SYAQX01CZF_01	47.8	−8.5	0
2012 - 03	SYAQX01CZF_01	84.6	−0.1	0
2012 - 04	SYAQX01CZF_01	79.4	8.7	1
2012 - 05	SYAQX01CZF_01	140.6	17.4	1
2012 - 06	SYAQX01CZF_01	98.4	21.5	1
2012 - 07	SYAQX01CZF_01	111.4	25.1	1
2012 - 08	SYAQX01CZF_01	102.7	24.1	1
2012 - 09	SYAQX01CZF_01	90.9	19.2	1
2012 - 10	SYAQX01CZF_01	72.9	10.9	1

（续）

时间（年-月）	样地代码	月蒸发量/mm	水温/℃	数据备注
2012 – 11	SYAQX01CZF _ 01	29.5	0.2	0
2012 – 12	SYAQX01CZF _ 01	16.6	−13.2	0
2013 – 01	SYAQX01CZF _ 01	16.1	−14.5	0
2013 – 02	SYAQX01CZF _ 01	37.0	−8.2	0
2013 – 03	SYAQX01CZF _ 01	80.2	−0.5	0
2013 – 04	SYAQX01CZF _ 01	128.0	6.5	0
2013 – 05	SYAQX01CZF _ 01	158.0	17.5	1
2013 – 06	SYAQX01CZF _ 01	124.9	22.8	1
2013 – 07	SYAQX01CZF _ 01	88.4	26.7	1
2013 – 08	SYAQX01CZF _ 01	115.2	25.0	1
2013 – 09	SYAQX01CZF _ 01	85.8	19.6	1
2013 – 10	SYAQX01CZF _ 01	55.4	11.7	1
2013 – 11	SYAQX01CZF _ 01	52.2	2.2	0
2013 – 12	SYAQX01CZF _ 01	21.1	−7.4	0
2014 – 01	SYAQX01CZF _ 01	30.4	−7.9	0
2014 – 02	SYAQX01CZF _ 01	44.8	−5.3	0
2014 – 03	SYAQX01CZF _ 01	96.3	3.6	0
2014 – 04	SYAQX01CZF _ 01	144.1	11.7	0
2014 – 05	SYAQX01CZF _ 01	137.0	18.0	0
2014 – 06	SYAQX01CZF _ 01	130.8	24.5	0
2014 – 07	SYAQX01CZF _ 01	143.0	25.7	0
2014 – 08	SYAQX01CZF _ 01	122.5	26.4	0
2014 – 09	SYAQX01CZF _ 01	72.3	17.6	0
2014 – 10	SYAQX01CZF _ 01	92.2	10.9	0
2014 – 11	SYAQX01CZF _ 01	61.7	2.7	1
2014 – 12	SYAQX01CZF _ 01	23.1	−10.3	1
2015 – 01	SYAQX01CZF _ 01	22.0	−10.3	1
2015 – 02	SYAQX01CZF _ 01	38.2	−5.1	1
2015 – 03	SYAQX01CZF _ 01	103.1	2.9	1
2015 – 04	SYAQX01CZF _ 01	254.2	11.4	1
2015 – 05	SYAQX01CZF _ 01	165.5	18.2	0
2015 – 06	SYAQX01CZF _ 01	122.7	24.5	0
2015 – 07	SYAQX01CZF _ 01	163.4	28.1	0
2015 – 08	SYAQX01CZF _ 01	115.0	27.0	0

（续）

时间（年-月）	样地代码	月蒸发量/mm	水温/℃	数据备注
2015 - 09	SYAQX01CZF _ 01	108.9	20.5	0
2015 - 10	SYAQX01CZF _ 01	108.0	10.6	0
2015 - 11	SYAQX01CZF _ 01	41.8	−1.0	1
2015 - 12	SYAQX01CZF _ 01	21.8	−4.9	1

3.3.6　地下水位

3.3.6.1　概述

地下水位是指地下水面相对于基准面的高程，地下水的表面有潜水面和承压水面两种类型。潜水面是潜水的自由水面；承压水面则是指承压水揭露后的稳定水面，亦即水井打穿承压含水层顶板后，井中水位稳定以后的井水面，我们所观测的一般是潜水面。地下水的水面变化表征补给区向排泄区流动的过程和状态，是水文循环系统的一部分。

地下水水位的变化主要原因有两种：①人为因素（人类活动的过分开采）；②自然因素（地震地势变化、地下河道变化、河流改道、气候变迁等）。对地下水位的长期动态监测为科研活动和科学决策提供了理论依据，指导农业、工业以及生活合理用水，避免了对地下水的过量使用，本数据集中是沈阳站 2005—2015 年的观测数据。

3.3.6.2　数据采集和处理方法

（1）数据采集

沈阳站的地下水水位观测井位于气象观测场内。数据获取方法：人工观测和自动观测，2005—2013 年，用人工方法观测，2014 年开始，地下水位是用压力式传感器自动测量的，2014 年原井塌陷，更换新井；原始数据观测频率：2005—2014 年 5 d 1 次，2014 年每天 24 次；观测点高程为41 m。

（2）处理方法

人工观测是用刻度软尺测量，软尺下方有一下沉坠，当下沉坠下沉到水面以下时，提出软尺，观察软尺的没水刻度，作差计算地下水水位。自动观测是根据水位压差计算淹没深度，在传感器所在的深度，作差计算地下水水位，选取每天固定（8∶00）时间的水位作为当天水位。根据质控后的数据按样地的观测点计算月平均数据，作为本数据集的结果。

3.3.6.3　数据质量控制和评估

原观测井水位季节变化比较明显，下方塌方对数据影响较大，建议对多年的数据进行比对，删除异常值或标注说明，详细情况请联系沈阳站水分负责人（zdjiang@iae.ac.cn）。

3.3.6.4　观测数据

表 3 - 276 中为地下水位数据。

表 3 - 276　地下水位

时间（年-月）	样地代码	采样地名称	植被名称	地下水埋深/m	标准差	有效数据/条
2005 - 04	SYAQX01CDX _ 01	气象观测场地下水水质、水位长期监测采样地	自然植被	8.51	0.28	6
2005 - 05	SYAQX01CDX _ 01	气象观测场地下水水质、水位长期监测采样地	自然植被	9.87	0.90	9
2005 - 06	SYAQX01CDX _ 01	气象观测场地下水水质、水位长期监测采样地	自然植被	11.22	0.09	2

（续）

时间 （年-月）	样地 代码	采样地名称	植被名称	地下水埋深/m	标准差	有效数据/条
2005-07	SYAQX01CDX_01	气象观测场地下水水质、水位长期监测采样地	自然植被	6.29	1.90	7
2005-08	SYAQX01CDX_01	气象观测场地下水水质、水位长期监测采样地	自然植被	3.42	0.54	6
2005-09	SYAQX01CDX_01	气象观测场地下水水质、水位长期监测采样地	自然植被	3.78	0.30	7
2005-10	SYAQX01CDX_01	气象观测场地下水水质、水位长期监测采样地	自然植被	4.64	0.40	6
2005-11	SYAQX01CDX_01	气象观测场地下水水质、水位长期监测采样地	自然植被	5.60	0.24	6
2005-12	SYAQX01CDX_01	气象观测场地下水水质、水位长期监测采样地	自然植被	6.55	0.46	6
2006-01	SYAQX01CDX_01	气象观测场地下水水质、水位长期监测采样地	自然植被	7.55	0.23	5
2006-02	SYAQX01CDX_01	气象观测场地下水水质、水位长期监测采样地	自然植被	8.07	0.08	6
2006-03	SYAQX01CDX_01	气象观测场地下水水质、水位长期监测采样地	自然植被	8.27	0.38	6
2006-04	SYAQX01CDX_01	气象观测场地下水水质、水位长期监测采样地	自然植被	8.18	0.19	6
2006-05	SYAQX01CDX_01	气象观测场地下水水质、水位长期监测采样地	自然植被	10.48	1.52	6
2006-06	SYAQX01CDX_01	气象观测场地下水水质、水位长期监测采样地	自然植被	14.55	1.78	2
2006-07	SYAQX01CDX_01	气象观测场地下水水质、水位长期监测采样地	自然植被	12.55	0.25	2
2006-08	SYAQX01CDX_01	气象观测场地下水水质、水位长期监测采样地	自然植被	9.18	1.76	6
2006-09	SYAQX01CDX_01	气象观测场地下水水质、水位长期监测采样地	自然植被	9.20	1.41	6
2006-10	SYAQX01CDX_01	气象观测场地下水水质、水位长期监测采样地	自然植被	6.25	0.25	5
2006-11	SYAQX01CDX_01	气象观测场地下水水质、水位长期监测采样地	自然植被	5.53	0.17	6
2006-12	SYAQX01CDX_01	气象观测场地下水水质、水位长期监测采样地	自然植被	5.82	0.10	6
2007-01	SYAQX01CDX_01	气象观测场地下水水质、水位长期监测采样地	自然植被	6.84	0.28	6
2007-02	SYAQX01CDX_01	气象观测场地下水水质、水位长期监测采样地	自然植被	7.44	0.09	6
2007-03	SYAQX01CDX_01	气象观测场地下水水质、水位长期监测采样地	自然植被	6.34	0.57	6
2007-04	SYAQX01CDX_01	气象观测场地下水水质、水位长期监测采样地	自然植被	6.48	0.56	6
2007-05	SYAQX01CDX_01	气象观测场地下水水质、水位长期监测采样地	自然植被	11.48	2.57	6
2007-06	SYAQX01CDX_01	气象观测场地下水水质、水位长期监测采样地	自然植被	17.67	1.53	6
2007-07	SYAQX01CDX_01	气象观测场地下水水质、水位长期监测采样地	自然植被	13.95	1.24	6
2007-08	SYAQX01CDX_01	气象观测场地下水水质、水位长期监测采样地	自然植被	9.25	2.23	7
2007-09	SYAQX01CDX_01	气象观测场地下水水质、水位长期监测采样地	自然植被	9.75	1.24	6
2007-10	SYAQX01CDX_01	气象观测场地下水水质、水位长期监测采样地	自然植被	7.02	0.42	6
2007-11	SYAQX01CDX_01	气象观测场地下水水质、水位长期监测采样地	自然植被	7.19	0.17	6
2007-12	SYAQX01CDX_01	气象观测场地下水水质、水位长期监测采样地	自然植被	7.47	0.07	6
2008-01	SYAQX01CDX_01	气象观测场地下水水质、水位长期监测采样地	自然植被	7.92	0.21	6
2008-02	SYAQX01CDX_01	气象观测场地下水水质、水位长期监测采样地	自然植被	8.64	0.09	6
2008-03	SYAQX01CDX_01	气象观测场地下水水质、水位长期监测采样地	自然植被	8.71	0.18	6

（续）

时间 （年-月）	样地 代码	采样地名称	植被名称	地下水埋深/m	标准差	有效数据/条
2008 - 04	SYAQX01CDX_01	气象观测场地下水水质、水位长期监测采样地	自然植被	8.88	0.36	6
2008 - 05	SYAQX01CDX_01	气象观测场地下水水质、水位长期监测采样地	自然植被	12.22	2.45	6
2008 - 06	SYAQX01CDX_01	气象观测场地下水水质、水位长期监测采样地	自然植被	14.57	1.42	6
2008 - 07	SYAQX01CDX_01	气象观测场地下水水质、水位长期监测采样地	自然植被	13.03	1.41	6
2008 - 08	SYAQX01CDX_01	气象观测场地下水水质、水位长期监测采样地	自然植被	9.19	0.88	6
2008 - 09	SYAQX01CDX_01	气象观测场地下水水质、水位长期监测采样地	自然植被	6.59	0.82	6
2008 - 10	SYAQX01CDX_01	气象观测场地下水水质、水位长期监测采样地	自然植被	6.20	0.19	6
2008 - 11	SYAQX01CDX_01	气象观测场地下水水质、水位长期监测采样地	自然植被	6.97	0.21	6
2008 - 12	SYAQX01CDX_01	气象观测场地下水水质、水位长期监测采样地	自然植被	7.43	0.11	6
2009 - 01	SYAQX01CDX_01	气象观测场地下水水质、水位长期监测采样地	自然植被	7.67	0.09	6
2009 - 02	SYAQX01CDX_01	气象观测场地下水水质、水位长期监测采样地	自然植被	7.79	0.09	6
2009 - 03	SYAQX01CDX_01	气象观测场地下水水质、水位长期监测采样地	自然植被	7.76	0.14	6
2009 - 04	SYAQX01CDX_01	气象观测场地下水水质、水位长期监测采样地	自然植被	7.73	0.58	6
2009 - 05	SYAQX01CDX_01	气象观测场地下水水质、水位长期监测采样地	自然植被	10.75	3.58	6
2009 - 06	SYAQX01CDX_01	气象观测场地下水水质、水位长期监测采样地	自然植被	14.61	0.50	6
2009 - 07	SYAQX01CDX_01	气象观测场地下水水质、水位长期监测采样地	自然植被	14.12	0.39	6
2009 - 08	SYAQX01CDX_01	气象观测场地下水水质、水位长期监测采样地	自然植被	14.63	0.28	6
2009 - 09	SYAQX01CDX_01	气象观测场地下水水质、水位长期监测采样地	自然植被	12.45	2.06	6
2009 - 10	SYAQX01CDX_01	气象观测场地下水水质、水位长期监测采样地	自然植被	9.11	0.66	6
2009 - 11	SYAQX01CDX_01	气象观测场地下水水质、水位长期监测采样地	自然植被	7.64	0.39	6
2009 - 12	SYAQX01CDX_01	气象观测场地下水水质、水位长期监测采样地	自然植被	7.91	0.17	6
2010 - 01	SYAQX01CDX_01	气象观测场地下水水质、水位长期监测采样地	自然植被	7.38	0.18	6
2010 - 02	SYAQX01CDX_01	气象观测场地下水水质、水位长期监测采样地	自然植被	7.96	0.11	6
2010 - 03	SYAQX01CDX_01	气象观测场地下水水质、水位长期监测采样地	自然植被	7.96	0.08	6
2010 - 04	SYAQX01CDX_01	气象观测场地下水水质、水位长期监测采样地	自然植被	8.56	0.38	6
2010 - 05	SYAQX01CDX_01	气象观测场地下水水质、水位长期监测采样地	自然植被	8.45	1.40	6
2010 - 06	SYAQX01CDX_01	气象观测场地下水水质、水位长期监测采样地	自然植被	13.28	0.57	6
2010 - 07	SYAQX01CDX_01	气象观测场地下水水质、水位长期监测采样地	自然植被	11.46	2.10	6
2010 - 08	SYAQX01CDX_01	气象观测场地下水水质、水位长期监测采样地	自然植被	4.81	0.12	6
2010 - 09	SYAQX01CDX_01	气象观测场地下水水质、水位长期监测采样地	自然植被	0.69	0.12	6
2010 - 10	SYAQX01CDX_01	气象观测场地下水水质、水位长期监测采样地	自然植被	0.43	0.12	6
2010 - 11	SYAQX01CDX_01	气象观测场地下水水质、水位长期监测采样地	自然植被	0.85	0.07	6
2010 - 12	SYAQX01CDX_01	气象观测场地下水水质、水位长期监测采样地	自然植被	2.53	0.07	6

（续）

时间（年-月）	样地代码	采样地名称	植被名称	地下水埋深/m	标准差	有效数据/条
2011-01	SYAQX01CDX_01	气象观测场地下水水质、水位长期监测采样地	自然植被	4.52	0.36	7
2011-02	SYAQX01CDX_01	气象观测场地下水水质、水位长期监测采样地	自然植被	5.43	0.25	6
2011-03	SYAQX01CDX_01	气象观测场地下水水质、水位长期监测采样地	自然植被	6.09	0.12	6
2011-04	SYAQX01CDX_01	气象观测场地下水水质、水位长期监测采样地	自然植被	6.55	0.29	6
2011-05	SYAQX01CDX_01	气象观测场地下水水质、水位长期监测采样地	自然植被	12.57	3.15	6
2011-06	SYAQX01CDX_01	气象观测场地下水水质、水位长期监测采样地	自然植被	14.11	1.22	6
2011-07	SYAQX01CDX_01	气象观测场地下水水质、水位长期监测采样地	自然植被	11.85	2.27	6
2011-08	SYAQX01CDX_01	气象观测场地下水水质、水位长期监测采样地	自然植被	7.84	0.74	6
2011-09	SYAQX01CDX_01	气象观测场地下水水质、水位长期监测采样地	自然植被	6.43	0.58	6
2011-10	SYAQX01CDX_01	气象观测场地下水水质、水位长期监测采样地	自然植被	5.55	0.29	6
2011-11	SYAQX01CDX_01	气象观测场地下水水质、水位长期监测采样地	自然植被	5.76	0.14	6
2011-12	SYAQX01CDX_01	气象观测场地下水水质、水位长期监测采样地	自然植被	5.42	0.56	6
2012-01	SYAQX01CDX_01	气象观测场地下水水质、水位长期监测采样地	自然植被	4.29	0.41	7
2012-02	SYAQX01CDX_01	气象观测场地下水水质、水位长期监测采样地	自然植被	5.32	0.17	6
2012-03	SYAQX01CDX_01	气象观测场地下水水质、水位长期监测采样地	自然植被	5.57	0.06	6
2012-04	SYAQX01CDX_01	气象观测场地下水水质、水位长期监测采样地	自然植被	6.20	0.44	6
2012-05	SYAQX01CDX_01	气象观测场地下水水质、水位长期监测采样地	自然植被	10.65	2.44	6
2012-06	SYAQX01CDX_01	气象观测场地下水水质、水位长期监测采样地	自然植被	9.32	1.36	6
2012-07	SYAQX01CDX_01	气象观测场地下水水质、水位长期监测采样地	自然植被	6.47	1.50	6
2012-08	SYAQX01CDX_01	气象观测场地下水水质、水位长期监测采样地	自然植被	1.28	0.89	6
2012-09	SYAQX01CDX_01	气象观测场地下水水质、水位长期监测采样地	自然植被	0.52	0.41	6
2012-10	SYAQX01CDX_01	气象观测场地下水水质、水位长期监测采样地	自然植被	1.53	0.07	6
2012-11	SYAQX01CDX_01	气象观测场地下水水质、水位长期监测采样地	自然植被	1.05	0.22	6
2012-12	SYAQX01CDX_01	气象观测场地下水水质、水位长期监测采样地	自然植被	2.11	0.42	6
2013-01	SYAQX01CDX_01	气象观测场地下水水质、水位长期监测采样地	自然植被	4.09	0.39	7
2013-02	SYAQX01CDX_01	气象观测场地下水水质、水位长期监测采样地	自然植被	4.76	0.24	6
2013-03	SYAQX01CDX_01	气象观测场地下水水质、水位长期监测采样地	自然植被	5.35	0.16	6
2013-04	SYAQX01CDX_01	气象观测场地下水水质、水位长期监测采样地	自然植被	4.96	0.45	6
2013-05	SYAQX01CDX_01	气象观测场地下水水质、水位长期监测采样地	自然植被	7.02	1.90	11
2013-06	SYAQX01CDX_01	气象观测场地下水水质、水位长期监测采样地	自然植被	12.86	0.76	6
2013-07	SYAQX01CDX_01	气象观测场地下水水质、水位长期监测采样地	自然植被	6.28	3.09	6
2013-08	SYAQX01CDX_01	气象观测场地下水水质、水位长期监测采样地	自然植被	4.53	0.39	7
2013-09	SYAQX01CDX_01	气象观测场地下水水质、水位长期监测采样地	自然植被	4.11	0.80	8

（续）

时间 （年-月）	样地 代码	采样地名称	植被名称	地下水埋深/m	标准差	有效数据/条
2013 - 10	SYAQX01CDX_01	气象观测场地下水水质、水位长期监测采样地	自然植被	1.65	1.01	9
2013 - 11	SYAQX01CDX_01	气象观测场地下水水质、水位长期监测采样地	自然植被	0.62	0.21	11
2013 - 12	SYAQX01CDX_01	气象观测场地下水水质、水位长期监测采样地	自然植被	1.78	0.79	9
2014 - 01	SYAQX01CDX_01	气象观测场地下水水质、水位长期监测采样地	自然植被	5.05	0.42	7
2014 - 02	SYAQX01CDX_01	气象观测场地下水水质、水位长期监测采样地	自然植被	5.54	0.15	6
2014 - 03	SYAQX01CDX_01	气象观测场地下水水质、水位长期监测采样地	自然植被	6.15	0.12	6
2014 - 04	SYAQX01CDX_01	气象观测场地下水水质、水位长期监测采样地	自然植被	7.18	0.58	6
2014 - 05	SYAQX01CDX_01	气象观测场地下水水质、水位长期监测采样地	自然植被	12.36	1.67	10
2014 - 06	SYAQX01CDX_01	气象观测场地下水水质、水位长期监测采样地	自然植被	11.79	0.92	15
2014 - 07	SYAQX01CDX_01	气象观测场地下水水质、水位长期监测采样地	自然植被	11.55	0.88	31
2014 - 08	SYAQX01CDX_01	气象观测场地下水水质、水位长期监测采样地	自然植被	12.80	0.65	31
2014 - 09	SYAQX01CDX_01	气象观测场地下水水质、水位长期监测采样地	自然植被	10.82	1.70	30
2014 - 10	SYAQX01CDX_01	气象观测场地下水水质、水位长期监测采样地	自然植被	8.28	0.17	31
2014 - 11	SYAQX01CDX_01	气象观测场地下水水质、水位长期监测采样地	自然植被	8.42	0.05	30
2014 - 12	SYAQX01CDX_01	气象观测场地下水水质、水位长期监测采样地	自然植被	8.46	0.03	31
2015 - 01	SYAQX01CDX_01	气象观测场地下水水质、水位长期监测采样地	自然植被	8.42	0.04	31
2015 - 02	SYAQX01CDX_01	气象观测场地下水水质、水位长期监测采样地	自然植被	8.49	0.08	28
2015 - 03	SYAQX01CDX_01	气象观测场地下水水质、水位长期监测采样地	自然植被	8.57	0.11	31
2015 - 04	SYAQX01CDX_01	气象观测场地下水水质、水位长期监测采样地	自然植被	9.11	0.40	30
2015 - 05	SYAQX01CDX_01	气象观测场地下水水质、水位长期监测采样地	自然植被	13.03	1.56	31
2015 - 06	SYAQX01CDX_01	气象观测场地下水水质、水位长期监测采样地	自然植被	13.40	0.68	30
2015 - 07	SYAQX01CDX_01	气象观测场地下水水质、水位长期监测采样地	自然植被	13.20	0.61	31
2015 - 08	SYAQX01CDX_01	气象观测场地下水水质、水位长期监测采样地	自然植被	12.11	0.66	31
2015 - 09	SYAQX01CDX_01	气象观测场地下水水质、水位长期监测采样地	自然植被	11.47	1.08	30
2015 - 10	SYAQX01CDX_01	气象观测场地下水水质、水位长期监测采样地	自然植被	9.49	0.18	31
2015 - 11	SYAQX01CDX_01	气象观测场地下水水质、水位长期监测采样地	自然植被	9.17	0.06	20
2015 - 12	SYAQX01CDX_01	气象观测场地下水水质、水位长期监测采样地	自然植被	9.15	0.04	31

3.4 气象观测数据

本数据集包括 2005—2015 年的数据，数据采集地为沈阳站气象观测场，内容包含人工气象观测要素和自动气象观测要素两部分，人工观测要素是自动观测的有效补充。人工观测时段为每天 3 次，自动观测为全天候观测。受野外台站观测平台建设项目支持，沈阳站 2004 年 10 月，启用芬兰 VAISALA 公司的 MILOS520 自动监测系统，在使用过程中不断优化采集程序，数据质量达到优良级别。

由于设备已经达到使用年限，在野外台站观测平台建设二期项目的支持下，于 2015 年更换了芬兰
VAISALA 的 MAWS301 自动监测系统，数据质量稳定，在此，感谢大气分中心的技术支持。

自动设备观测项目有气温、最高气温、最低气温、相对湿度、最小湿度、露点温度、水气压、大
气压、气压最大、气压最小、海平面气压、10 min 平均风向、10 min 平均风速、1 h 极大风向、1 h
极大风速、降水、地表温度、土壤温度（5 cm、10 cm、15 cm、20 cm、40 cm、60 cm、100 cm）等
气象环境要素。辐射要素有总辐射辐照度、反射辐射辐照度、紫外辐射辐照度、净辐射辐照度、光量
子通量、光通量密度、紫外、净辐射、光通量、热通量及日照时数等辐射环境要素。

用"生态气象工作站"对观测到的原始数据进行处理，数据处理程序将对观测数据进行质量审
核，按照观测规范最终编制观测报表文件。软件按照 Milos520 和 MAWS301 数据采集器的各要素观
测的顺序，分别制成气象数据报表和辐射数据报表，简称 M 报表，在这个报表中进行质量审核和日
统计处理部分工作。M 报表最终审核处理完成，日观测的数据得到正确处理和确认，即可把 M 报表
转换成规范气象数据报表（A），简称 A 报表，在 A 报表中进行旬、候、月的各要素统计处理，A 报
表最后达到观测规范的要求，数据处理完成后按照月份及时上报大气分中心，出现数据质量问题及时
反馈解决。

本部分只包括月尺度数据，如果想获得小时尺度数据和日尺度数据，可以登录网址http：//sya.
cern. ac. cn/，注册信息后申请使用数据，后台处理订单后发放申请的数据包。

3.4.1 气象人工观测要素

本数据集包括 2005—2015 年的人工监测数据，采集地为沈阳站气象观测场，主要监测项目为气
压、风速、风向，湿球温度、干球温度、最高温度、最低温度、地表温度、地表最高温、地表最低
温、相对湿度、降水量、日照等。人工记录每天 3 次，分别为 8：00、14：00、20：00。降水和日照
项目监测为每天 1 次。

数据采集和整理总体要求：

（1）观测人一般应在正点前 30 min 左右巡视观测场和仪器设备。

（2）日照观测项目一般应在日落后进行，并在观测纸上描绘观测曲线。

（3）结合自动数据报表处理程序处理数据，数据包含在 A 报表内，统计和数据阈值处理方法结
合自动数据阈值比较，剔除异常数据。

3.4.1.1 气压

（1）概述

气压是作用在单位面积上的大气压力，等于单位面积上向上延伸到大气上界的垂直空气柱的重
量。气压以百帕（hPa）为单位，取一位小数。本数据集包括 2005—2015 年的数据，采集地为沈阳
站气象观测场，人工采集所有数据，每天采集 3 次。

（2）数据采集和处理方法

a. 数据采集

沈阳站人工气压观测采用空盒气压计，空盒气压计是用金属膜盒作为感应元件的气压表，盒内近
乎真空。利用弹性应力与大气压力相平衡的原理，以它形变的位移测定气压。其优点是便于携带和安
装。观测时打开盖子，用手轻轻击打表盘，读数时视线正对表盘，垂直于指针观测读数，避免视觉误
差。观察读数要进行读数订正，包括器差订正、温度订正、补充订正。把读数订正为本站气压。气压
表要放置于百叶箱内，避免阳光直晒、磁场干扰和潮湿。数据获取方法：空盒气压表观测，数据观测
频率为每天 3 次（北京时间 8：00、14：00、20：00）。

b. 处理方法

对每天质控后的 3 个时次的观测数据进行平均，计算日平均值；再用日均值合计值除以天数获得

月平均值；一天中定时记录缺测 1 次或 1 次以上时，不做日平均；1 个月中日均值缺测 7 次或 7 次以上时，该月不做月统计，按缺测处理。

（3）数据质量控制和评估

超出气候学界限值域 300~1 100 hPa 的数据为错误数据；海拔大于 0 m 时，台站气压小于海平面气压，海拔等于 0 m 时，台站气压等于海平面气压，海拔小于 0 m 时，台站气压大于海平面气压；24 h 变压的绝对值小于 50 hPa。

（4）观测数据

表 3-277 中为气压观测数据。

表 3-277　气　　压

时间（年-月）	气压/hPa	有效数据/条
2005 - 01	1 017.5	31
2005 - 02	1 019.3	28
2005 - 03	1 011.9	31
2005 - 04	1 002.7	30
2005 - 05	1 000.8	31
2005 - 06	993.2	30
2005 - 07	1 089.9	31
2005 - 08	977.1	31
2005 - 09	1 007.3	30
2005 - 10	1 011.2	31
2005 - 11	1 010.3	30
2005 - 12	1 016.8	31
2006 - 01	1 017.8	31
2006 - 02	1 016.7	28
2006 - 03	1 006.7	31
2006 - 04	1 002.6	30
2006 - 05	1 001.6	31
2006 - 06	995.0	30
2006 - 07	995.8	31
2006 - 08	999.6	31
2006 - 09	1 005.5	30
2006 - 10	1 009.0	31
2006 - 11	1 011.2	30
2006 - 12	1 016.5	31
2007 - 01	1 018.0	31

（续）

时间（年-月）	气压/hPa	有效数据/条
2007 - 02	1 010.7	28
2007 - 03	1 008.6	31
2007 - 04	1 005.2	30
2007 - 05	997.9	31
2007 - 06	999.2	30
2007 - 07	998.7	31
2007 - 08	1 001.5	31
2007 - 09	1 009.6	30
2007 - 10	1 016.9	31
2007 - 11	1 021.9	30
2007 - 12	1 021.4	31
2008 - 01	1 029.0	31
2008 - 02	1 024.3	28
2008 - 03	1 013.9	31
2008 - 04	1 005.7	30
2008 - 05	997.7	31
2008 - 06	996.3	30
2008 - 07	992.5	31
2008 - 08	993.5	31
2008 - 09	997.1	30
2008 - 10	1 000.5	31
2008 - 11	1 005.4	30
2008 - 12	1 008.2	31
2009 - 01	1 011.9	31
2009 - 02	1 006.9	28
2009 - 03	1 003.4	31
2009 - 04	995.2	30
2009 - 05	988.0	31
2009 - 06	974.5	30
2009 - 07	973.3	31
2009 - 08	977.7	31
2009 - 09	981.8	30
2009 - 10	984.8	31
2009 - 11	994.8	30

（续）

时间（年-月）	气压/hPa	有效数据/条
2009 - 12	994.5	31
2010 - 01	996.8	31
2010 - 02	995.6	28
2010 - 03	993.0	31
2010 - 04	986.6	30
2010 - 05	977.5	31
2010 - 06	971.5	30
2010 - 07	963.6	31
2010 - 08	966.0	31
2010 - 09	970.1	30
2010 - 10	976.2	31
2010 - 11	977.0	30
2010 - 12	978.0	31
2011 - 01	987.6	31
2011 - 02	979.9	28
2011 - 03	974.4	31
2011 - 04	963.8	30
2011 - 05	955.7	31
2011 - 06	947.7	30
2011 - 07	943.9	31
2011 - 08	945.3	31
2011 - 09	952.3	30
2011 - 10	956.8	31
2011 - 11	962.8	30
2011 - 12	970.6	31
2012 - 01	968.1	31
2012 - 02	961.8	28
2012 - 03	955.8	31
2012 - 04	944.6	30
2012 - 05	939.4	31
2012 - 06	931.6	30
2012 - 07	927.5	31
2012 - 08	930.9	31
2012 - 09	934.8	30

（续）

时间（年-月）	气压/hPa	有效数据/条
2012 - 10	939.4	31
2012 - 11	942.5	30
2012 - 12	950.6	31
2013 - 01	950.3	31
2013 - 02	948.2	28
2013 - 03	938.1	31
2013 - 04	932.7	30
2013 - 05	924.7	31
2013 - 06	919.0	30
2013 - 07	911.7	31
2013 - 08	913.4	31
2013 - 09	922.8	30
2013 - 10	930.9	31
2013 - 11	930.8	30
2013 - 12	935.9	31
2014 - 01	940.6	31
2014 - 02	988.5	28
2014 - 03	1 010.5	31
2014 - 04	1 001.3	30
2014 - 05	989.1	31
2014 - 06	989.8	30
2014 - 07	995.7	31
2014 - 08	997.6	31
2014 - 09	1 005.5	30
2014 - 10	1 012.1	31
2014 - 11	1 018.2	30
2014 - 12	1 028.0	31
2015 - 01	1 026.5	31
2015 - 02	1 020.9	28
2015 - 03	1 017.8	31
2015 - 04	1 006.1	30
2015 - 05	992.8	31
2015 - 06	985.8	30
2015 - 07	984.0	31

（续）

时间（年-月）	气压/hPa	有效数据/条
2015 - 08	984.3	31
2015 - 09	992.2	30
2015 - 10	998.7	31
2015 - 11	1 015.3	30
2015 - 12	1 016.4	31

3.4.1.2　风速

（1）概述

空气运动产生的气流称为风，它是由许多在时空上随机变化的小尺度脉动叠加在大尺度规则气流上的一种三维矢量。地面气象观测中测量的风是两维矢量（水平运动），用风向和风速表示。风向是指风的来向，最多风向是指在规定时间段内出现频数最多的风向。人工观测，风向用十六方位法。风速是指单位时间内空气移动的水平距离。风速以米/秒（m/s）为单位，取一位小数。人工观测时，测量平均风速和最多风向，配有自记仪器的要做风向风速的连续记录并进行整理。沈阳站测量风的仪器是 EL 型电接风向风速计。本数据集包括 2005—2015 年的数据，采集地为沈阳站气象观测场，所有数据人工采集。

（2）数据采集和处理方法

a. 数据采集

用 EL 型电接风向风速计，它是由感应器、指示器、记录器组成的有线遥测仪器。感应器由风向和风速两部分组成，风向部分由风标、风向方位块、导电环、接触簧片等组成；风速部分由风杯、交流发电机、涡轮等组成。指示器由电源、瞬时风向指示盘、瞬时风速指示盘等组成。记录器由 8 个风向电磁铁、1 个风速电磁铁、自记钟、自记笔、笔挡、充放电线路等组成。数据观测频率为每天 3 次（北京时间 8：00、14：00、20：00）。观测层次为 10 m 风杆。

b. 处理方法

参照 3.4.1.1 气压的数据处理方法。

（3）数据质量控制和评估

定期维护 EL 型电接风向风速计，维护注意事项：

①因感应器与指示器是配套检定的，所以在撤换仪器时二者应成套撤换。

②电源（串联的干电池）电压如已低于 8.5 V（测量电压时，要切断交流电源，打开风向扳键开关），就不能保证仪器正常工作，应全部调换新电池。干电池与整流电源并联使用时，要经常检查干电池。如锌壳发软或者有微量糊状物冒出，应立即更换以免腐蚀仪器。如经常发生这种情况，可能是由电源电压太高或短路造成的，应检查原因。如是由电源电压太高造成的，应改换电源变压器的输出接头。如仍不见效，就不宜将干电池和整流电源并联使用。

③如风向划线后笔尖复位超越基线过多，可能造成判断错误，应向里调节笔杆上的压力调整螺钉，以加大笔尖压力。如划线后回不到基线上、有起伏，就应调节螺钉减小笔尖压力。

④风向方位块应每年清洁一次。如发现风向指示灯泡严重闪烁，或时明时暗时灭，应及时检查感应器内风向接触簧片的压力和清洁方位块表面。

⑤更换风向灯泡时，应从八灯盘后面拧下正中的一个大螺钉，再把装灯泡的底板连同后半个胶木壳一起拔出来。换好灯泡后，重新放回时，应注意使前后两胶木壳的色点对准，否则灯泡相应的方位会错乱。调换风向指示灯泡时，要用同样规格（6.0～8.0 V，0.15 A）的灯泡，不可使用超过 0.15

A 的灯泡。

⑥5 个笔尖不在同一时间线上时，应首先调好风速笔尖在笔杆上的位置，然后将风向笔尖沿笔杆移动与风速笔尖对齐。移动、清洗或调换笔尖时，均应注意勿使笔杆变形；感到难于拨动时，可先将笔杆拆下来，再小心处理。

⑦自记钟的走时有较大误差时，应调整快慢针。若偏慢较多，应检查套在钟轴上的双片大齿轮上、下齿轮有无相对转动角度，检查钟机内的 2.5min 自动开关对双凸轮的压力是否过大，并加以调节。若无效，应进行检修。超出气候学值域 0～75 m/s 的数据为错误数据。

（4）观测数据

表 3-278 中为风速观测数据。

表 3-278　风　　速

时间（年-月）	风速/（m/s）	有效数据/条
2005-06	1.8	30
2005-07	2.1	31
2005-08	1.5	31
2005-09	3.3	30
2005-10	1.9	31
2005-11	1.0	30
2005-12	0.8	31
2006-01	2.7	31
2006-02	2.5	28
2006-03	3.7	31
2006-04	3.0	30
2006-05	2.3	31
2006-06	1.9	30
2006-07	2.0	31
2006-08	1.7	31
2006-09	2.8	30
2006-10	2.6	31
2006-11	1.7	30
2006-12	0.7	31
2007-01	2.2	31
2007-02	2.9	28
2007-03	3.1	31
2007-04	3.2	30
2007-05	3.2	31

（续）

时间（年-月）	风速/（m/s）	有效数据/条
2007 – 06	1.7	30
2007 – 07	1.9	31
2007 – 08	1.2	31
2007 – 09	1.8	30
2007 – 10	2.0	31
2007 – 11	1.3	30
2007 – 12	1.4	31
2008 – 01	1.8	31
2008 – 02	2.6	28
2008 – 03	3.7	31
2008 – 04	3.2	30
2008 – 05	2.3	31
2008 – 06	1.8	30
2008 – 07	1.4	31
2008 – 08	2.0	31
2008 – 09	2.2	30
2008 – 10	2.5	31
2008 – 11	2.3	30
2008 – 12	0.8	31
2009 – 01	1.6	31
2009 – 02	2.0	28
2009 – 03	2.2	31
2009 – 04	1.9	30
2009 – 05	2.3	31
2009 – 06	1.8	30
2009 – 07	1.4	31
2009 – 08	1.7	31
2009 – 09	2.1	30
2009 – 10	3.2	31
2009 – 11	1.3	30
2009 – 12	1.8	31
2010 – 01	1.8	31
2010 – 02	2.1	28
2010 – 03	2.3	31

（续）

时间（年-月）	风速/（m/s）	有效数据/条
2010 - 04	2.3	30
2010 - 05	1.2	31
2010 - 06	1.6	30
2010 - 07	1.3	31
2010 - 08	1.4	31
2010 - 09	1.4	30
2010 - 10	2.2	31
2010 - 11	2.0	30
2010 - 12	0.8	31
2011 - 01	2.0	31
2011 - 02	2.4	28
2011 - 03	3.7	31
2011 - 04	3.6	30
2011 - 05	2.8	31
2011 - 06	1.8	30
2011 - 07	1.0	31
2011 - 08	1.9	31
2011 - 09	1.9	30
2011 - 10	2.1	31
2011 - 11	1.2	30
2011 - 12	1.0	31
2012 - 01	1.9	31
2012 - 02	1.7	28
2012 - 03	2.9	31
2012 - 04	2.1	30
2012 - 05	2.0	31
2012 - 06	0.9	30
2012 - 07	0.7	31
2012 - 08	0.9	31
2012 - 09	1.4	30
2012 - 10	1.2	31
2012 - 11	0.6	30
2012 - 12	0.7	31
2013 - 01	1.2	31

（续）

时间（年-月）	风速/（m/s）	有效数据/条
2013 - 02	1.9	28
2013 - 03	1.6	31
2013 - 04	2.2	30
2013 - 05	1.7	31
2013 - 06	0.9	30
2013 - 07	1.2	31
2013 - 08	0.9	31
2013 - 09	0.8	30
2013 - 10	1.0	31
2013 - 11	0.9	30
2015 - 03	3.2	31
2015 - 04	4.1	30
2015 - 05	2.2	31
2015 - 06	1.3	30
2015 - 07	1.2	31
2015 - 08	1.5	31
2015 - 09	2.1	30
2015 - 10	1.5	31
2015 - 11	1.2	30

3.4.1.3 气温

（1）概述

空气温度简称气温，是表示空气冷热程度的物理量，分为干球温度和湿球温度，一般指的是干球温度。观测项目及其单位：定时气温，日最高、日最低气温，以摄氏度（℃）为单位，取一位小数。本数据集包括 2005—2015 年的数据，采集地为沈阳站气象观测场。

（2）数据采集和处理方法

a. 数据采集

按照大气观测人工观测的有关规定，将温度计放置在百叶箱内，一天观测 3 次（8：00、14：00、20：00），读数时应注意细节温度，温度计要及时维护，出现问题及时更换，并做好记录，观测位置：1.5 m。

b. 处理方法

为了和气象局的数据统一，对数据做出如下处理：将当天最低气温和前一天 20：00 气温的平均值作为 2：00 的插补气温。若当天最低气温或前一天 20：00 的气温也缺测，则 2：00 的气温用8：00 的气温记录代替。其他参照 3.4.1.1 气压的处理方法。

（3）数据质量控制和评估

①超出气候学值域−80～60 ℃的数据为错误数据。

②气温大于等于露点温度。

③24 h气温变化范围小于50 ℃。

④利用与台站下垫面及周围环境相似的一个或多个邻近站的气温数据计算本台站气温值，比较台站观测值和计算值，如果超出阈值即认为观测数据可疑。

（4）观测数据

表3-279中为气温的观测数据。

表 3-279　气　温

时间（年-月）	气温/℃	有效数据/条
2005-01	-10.6	31
2005-02	-10.6	28
2005-03	1.1	31
2005-04	11.8	30
2005-05	17.0	31
2005-06	22.8	30
2005-07	25.7	31
2005-08	24.1	31
2005-09	19.5	30
2005-10	11.8	31
2005-11	3.3	30
2005-12	-12.8	31
2006-01	-11.9	31
2006-02	-7.3	28
2006-03	1.9	31
2006-04	8.8	30
2006-05	19.6	31
2006-06	26.6	30
2006-07	25.0	31
2006-08	24.7	31
2006-09	21.7	30
2006-10	13.3	31
2006-11	1.8	30
2006-12	-5.1	31
2007-01	-8.7	31
2007-02	-0.6	28
2007-03	1.8	31
2007-04	10.7	30

（续）

时间（年-月）	气温/℃	有效数据/条
2007 - 05	19.6	31
2007 - 06	25.3	30
2007 - 07	24.8	31
2007 - 08	24.1	31
2007 - 09	19.8	30
2007 - 10	10.4	31
2007 - 11	0.9	30
2007 - 12	−6.3	31
2008 - 01	−10.9	31
2008 - 02	−6.2	28
2008 - 03	5.1	31
2008 - 04	13.4	30
2008 - 05	17.7	31
2008 - 06	22.3	30
2008 - 07	25.2	31
2008 - 08	24.2	31
2008 - 09	18.9	30
2008 - 10	12.6	31
2008 - 11	2.1	30
2008 - 12	−5.7	31
2009 - 01	−9.4	31
2009 - 02	−6.0	28
2009 - 03	1.7	31
2009 - 04	13.0	30
2009 - 05	20.7	31
2009 - 06	22.4	30
2009 - 07	24.4	31
2009 - 08	24.6	31
2009 - 09	18.7	30
2009 - 10	11.5	31
2009 - 11	−2.1	30
2009 - 12	−9.5	31
2010 - 01	−12.2	31

（续）

时间（年-月）	气温/℃	有效数据/条
2010 - 02	−7.6	28
2010 - 03	−1.1	31
2010 - 04	6.4	30
2010 - 05	16.6	31
2010 - 06	23.1	30
2010 - 07	24.6	31
2010 - 08	22.9	31
2010 - 09	17.6	30
2010 - 10	8.9	31
2010 - 11	1.6	30
2010 - 12	−9.2	31
2011 - 01	−16.8	31
2011 - 02	−4.7	28
2011 - 03	1.2	31
2011 - 04	9.2	30
2011 - 05	17.6	31
2011 - 06	21.7	30
2011 - 07	25.0	31
2011 - 08	24.2	31
2011 - 09	16.6	30
2011 - 10	11.1	31
2011 - 11	0.8	30
2011 - 12	−9.1	31
2012 - 01	−13.2	31
2012 - 02	−8.7	28
2012 - 03	0.0	31
2012 - 04	10.7	30
2012 - 05	19.0	31
2012 - 06	21.9	30
2012 - 07	24.6	31
2012 - 08	23.2	31
2012 - 09	17.8	30
2012 - 10	9.8	31

（续）

时间（年-月）	气温/℃	有效数据/条
2012 - 11	−0.1	30
2012 - 12	−13.6	31
2013 - 01	−14.8	31
2013 - 02	−8.5	28
2013 - 03	−0.4	31
2013 - 04	6.4	30
2013 - 05	19.3	31
2013 - 06	22.7	30
2013 - 07	24.9	31
2013 - 08	24.5	31
2013 - 09	17.9	30
2013 - 10	9.9	31
2013 - 11	2.1	30
2013 - 12	−7.4	31
2014 - 01	−8.1	31
2014 - 02	−5.4	28
2014 - 03	3.8	31
2014 - 04	13.5	30
2014 - 05	17.8	31
2014 - 06	22.5	30
2014 - 07	24.9	31
2014 - 08	23.7	31
2014 - 09	17.2	30
2014 - 10	11.2	31
2014 - 11	2.6	30
2014 - 12	−10.6	31
2015 - 01	−10.8	31
2015 - 02	−5.1	28
2015 - 03	2.9	31
2015 - 04	12.3	30
2015 - 05	18.4	31
2015 - 06	22.1	30
2015 - 07	24.6	31

（续）

时间（年-月）	气温/℃	有效数据/条
2015 - 08	23.9	31
2015 - 09	18.8	30
2015 - 10	10.1	31
2015 - 11	−1.3	30
2015 - 12	−5.2	31

3.4.1.4 相对湿度

（1）概述

空气湿度（简称湿度）是表示空气中的水汽含量和潮湿程度的物理量。使用毛发湿度表观测，地面观测中测定的是离地面 1.50 m 处的湿度。本数据集包括 2005—2015 年的数据，采集地为沈阳站气象观测场，所有数据人工采集。

（2）数据采集和处理方法

a. 数据采集

非结冰期采用干球温度表和湿球温度表，结冰期采用毛发湿度表观测，以百分数（%）表示，取整数。原始数据观测频率：每天 3 次（北京时间 8：00、14：00、20：00），观测层次：1.50 m。

b. 处理方法

参照 3.4.1.3 气温的处理方法。

（3）数据质量控制和评估

①相对湿度介于 0～100%。

②干球温度大于等于湿球温度（结冰期除外）。

③依据毛发湿度表使用说明进行数据订正。

（4）观测数据

表 3 - 280 中为相对湿度观测数据。

表 3 - 280 相对湿度

时间（年-月）	相对湿度/%	有效数据/条
2005 - 01	74	31
2005 - 02	68	28
2005 - 03	53	31
2005 - 04	56	30
2005 - 05	63	31
2005 - 06	76	30
2005 - 07	81	31
2005 - 08	80	31
2005 - 09	72	30
2005 - 10	64	31
2005 - 11	68	30

（续）

时间（年-月）	相对湿度/%	有效数据/条
2005 – 12	75	31
2006 – 01	76	31
2006 – 02	69	28
2006 – 03	59	31
2006 – 04	59	30
2006 – 05	56	31
2006 – 06	73	30
2006 – 07	80	31
2006 – 08	81	31
2006 – 09	75	30
2006 – 10	71	31
2006 – 11	69	30
2006 – 12	71	31
2007 – 01	78	31
2007 – 02	65	28
2007 – 03	69	31
2007 – 04	59	30
2007 – 05	55	31
2007 – 06	64	30
2007 – 07	82	31
2007 – 08	85	31
2007 – 09	78	30
2007 – 10	71	31
2007 – 11	72	30
2007 – 12	82	31
2008 – 01	68	31
2008 – 02	57	28
2008 – 03	63	31
2008 – 04	56	30
2008 – 05	63	31
2008 – 06	74	30
2008 – 07	84	31
2008 – 08	82	31
2008 – 09	71	30

（续）

时间（年-月）	相对湿度/%	有效数据/条
2008 - 10	66	31
2008 - 11	69	30
2008 - 12	68	31
2009 - 01	73	31
2009 - 02	70	28
2009 - 03	66	31
2009 - 04	62	30
2009 - 05	60	31
2009 - 06	76	30
2009 - 07	86	31
2009 - 08	81	31
2009 - 09	79	30
2009 - 10	71	31
2009 - 11	78	30
2009 - 12	82	31
2010 - 01	82	31
2010 - 02	75	28
2010 - 03	72	31
2010 - 04	73	30
2010 - 05	80	31
2010 - 06	81	30
2010 - 07	94	31
2010 - 08	93	31
2010 - 09	89	30
2010 - 10	83	31
2010 - 11	83	30
2010 - 12	83	31
2011 - 01	89	31
2011 - 02	86	28
2011 - 03	74	31
2011 - 04	61	30
2011 - 05	53	31
2011 - 06	72	30
2011 - 07	80	31

（续）

时间（年-月）	相对湿度/%	有效数据/条
2011 – 08	84	31
2011 – 09	69	30
2011 – 10	70	31
2011 – 11	73	30
2011 – 12	66	31
2012 – 01	69	31
2012 – 02	55	28
2012 – 03	64	31
2012 – 04	57	30
2012 – 05	55	31
2012 – 06	76	30
2012 – 07	84	31
2012 – 08	84	31
2012 – 09	77	30
2012 – 10	68	31
2012 – 11	74	30
2012 – 12	76	31
2013 – 01	80	31
2013 – 02	70	28
2013 – 03	66	31
2013 – 04	67	30
2013 – 05	58	31
2013 – 06	72	30
2013 – 07	85	31
2013 – 08	85	31
2013 – 09	78	30
2013 – 10	77	31
2013 – 11	74	30
2013 – 12	78	31
2014 – 01	67	31
2014 – 02	58	28
2014 – 03	60	31
2014 – 04	48	30
2014 – 05	64	31

（续）

时间（年-月）	相对湿度/%	有效数据/条
2014 – 06	82	30
2014 – 07	83	31
2014 – 08	84	31
2014 – 09	77	30
2014 – 10	67	31
2014 – 11	68	30
2014 – 12	77	31
2015 – 01	83	31
2015 – 02	78	28
2015 – 03	64	31
2015 – 04	60	30
2015 – 05	69	31
2015 – 06	88	30
2015 – 07	88	31
2015 – 08	87	31
2015 – 09	80	30
2015 – 10	80	31
2015 – 11	91	30
2015 – 12	83	31

3.4.1.5　地表温度

（1）概述

下垫面温度和不同深度的土壤温度统称地温。下垫面温度包括裸露土壤表面的地面温度、草面（或雪面）温度及最高、最低温度。浅层地温包括离地面 5 cm、10 cm、15 cm、20 cm 深度的地中温度。沈阳站人工地温仅包含地表温度，不涉及地下层次温度，本数据集包括 2005—2015 年的数据，采集地为沈阳站气象观测场，所有数据人工采集。

（2）数据采集和处理方法

a. 数据采集

用水银地温表观测，0 cm 地温、地面最高、最低温度表于每天 8：00、14：00、20：00 观测，最高和最低温度 20：00 调整。观测时，要踏在踏板上，按 0 cm、最低、最高地温的顺序读数。观测地面温度时，应俯视读数。

b. 处理方法

参照 3.4.1.3 气温的处理方法。

（3）数据质量控制和评估

①超出气候学值域 −90～90 ℃ 的数据为错误数据。

②地表温度 24 h 变化范围小于 60 ℃。

③依据温度计使用说明进行数据订正。

（4）观测数据

表 3 - 281 中为地表温度观测数据。

表 3 - 281　地表温度

时间（年-月）	地表温度/℃	有效数据/条
2005 - 01	−7.8	31
2005 - 02	−5.5	28
2005 - 03		31
2005 - 04	11.8	30
2005 - 05	19.0	31
2005 - 06	25.4	30
2005 - 07	28.3	31
2005 - 08	26.0	31
2005 - 09	21.3	30
2005 - 10	11.5	31
2005 - 11	2.2	30
2005 - 12	−10.3	31
2006 - 01	−10.0	31
2006 - 02	−5.7	28
2006 - 03	2.1	31
2006 - 04	9.6	30
2006 - 05	22.6	31
2006 - 06	24.6	30
2006 - 07	26.8	31
2006 - 08	27.4	31
2006 - 09	20.4	30
2006 - 10	13.3	31
2006 - 11	2.7	30
2006 - 12	−3.4	31
2007 - 01	−5.9	31
2007 - 02	1.1	28
2007 - 03	2.9	31
2007 - 04	11.8	30
2007 - 05	21.0	31
2007 - 06	28.9	30

(续)

时间（年-月）	地表温度/℃	有效数据/条
2007 - 07	27.2	31
2007 - 08	26.5	31
2007 - 09	22.3	30
2007 - 10	12.2	31
2007 - 11	2.5	30
2007 - 12	−3.7	31
2008 - 01	−8.2	31
2008 - 02	−3.9	28
2008 - 03	5.7	31
2008 - 04	13.5	30
2008 - 05	18.6	31
2008 - 06	25.1	30
2008 - 07	28.4	31
2008 - 08	27.2	31
2008 - 09	20.9	30
2008 - 10	12.7	31
2008 - 11	2.4	30
2008 - 12	−3.7	31
2009 - 01	−6.8	31
2009 - 02	−3.3	28
2009 - 03	3.6	31
2009 - 04	13.5	30
2009 - 05	21.0	31
2009 - 06	26.0	30
2009 - 07	27.3	31
2009 - 08	26.9	31
2009 - 09	20.5	30
2009 - 10	11.9	31
2009 - 11	−0.5	30
2009 - 12	−6.0	31
2010 - 01	−8.6	31
2010 - 02	−5.8	28
2010 - 03	0.8	31
2010 - 04	6.6	30

（续）

时间（年-月）	地表温度/℃	有效数据/条
2010 - 05	17.2	31
2010 - 06	24.5	30
2010 - 07	26.4	31
2010 - 08	25.3	31
2010 - 09	19.5	30
2010 - 10	9.5	31
2010 - 11	2.0	30
2010 - 12	−5.9	31
2011 - 01	−13.3	31
2011 - 02	−3.7	28
2011 - 03	1.6	31
2011 - 04	10.2	30
2011 - 05	18.2	31
2011 - 06	22.9	30
2011 - 07	26.6	31
2011 - 08	26.7	31
2011 - 09	19.6	30
2011 - 10	12.0	31
2011 - 11	2.3	30
2011 - 12	−7.9	31
2012 - 01	−10.5	31
2012 - 02	−6.7	28
2012 - 03	1.6	31
2012 - 04	10.1	30
2012 - 05	19.9	31
2012 - 06	23.6	30
2012 - 07	26.5	31
2012 - 08	25.3	31
2012 - 09	19.2	30
2012 - 10	10.4	31
2012 - 11	0.9	30
2012 - 12	−9.7	31
2013 - 01	−11.6	31
2013 - 02	−6.4	28

（续）

时间（年-月）	地表温度/℃	有效数据/条
2013 - 03	1.0	31
2013 - 04	8.2	30
2013 - 05	20.7	31
2013 - 06	25.2	30
2013 - 07	27.1	31
2013 - 08	25.9	31
2013 - 09	19.0	30
2013 - 10	10.6	31
2013 - 11	2.5	30
2013 - 12	−5.8	31
2014 - 01	−8.2	31
2014 - 02	−6.0	28
2014 - 03	3.5	31
2014 - 04	13.6	30
2014 - 05	19.2	31
2014 - 06	26.3	30
2014 - 07	26.6	31
2014 - 08	25.5	31
2014 - 09	19.0	30
2014 - 10	11.3	31
2014 - 11	2.3	30
2014 - 12	−10.0	31
2015 - 01	−9.7	31
2015 - 02	−4.4	28
2015 - 03	3.0	31
2015 - 04	11.6	30
2015 - 05	19.3	31
2015 - 06	24.4	30
2015 - 07	28.0	31
2015 - 08	26.8	31
2015 - 09	21.4	30
2015 - 10	10.4	31
2015 - 11	1.3	30
2015 - 12	−4.5	31

3.4.1.6　降水量

（1）概述

降水、蒸发和径流是水循环过程的3个最重要环节，这3个环节构成的水循环决定着全球的水量平衡，也决定着一个地区的水资源总量。大气降水是地表淡水的主要来源。降水量是指某一时段内的未经蒸发、渗透、流失的降水在水平面上积累的深度。以毫米（mm）为单位，取一位小数。本数据集包括2005—2015年的数据，采集地为沈阳站气象观测场，冬季降水量需要使用承雪口收集降雪，通过室内融化雪来测量。

（2）数据采集和处理方法

a. 数据采集

沈阳站降水观测点在气象观测场内部，观测场代码为SYAQX01，根据实际情况8：00和20：00取样，降水量大时，应分数次量取，求其总和。冬季降雪时，须将承雨器取下，换上承雪口，取走储水器，直接用承雪口和外筒接收降雪。观测时，将已有固体降水的外筒用备份的外筒换下，盖上筒盖后，带回室内，待降雪融化后，用量杯量取。不足0.05 mm的降水量记为0.00，距地面高度为70 cm，冬季积雪超过30 cm时提升距地面高度至1.0～1.2 m。

b. 处理方法

降水量的日总量由当天降水量各时值累加获得。一天中定时记录缺测一次，另一定时记录未缺测时，按实有记录做日合计，全天缺测时不做日合计。月累计降水量由日总量累加而得。一月中降水量缺测7 d或7 d以上时，该月不做月合计，按缺测处理。

（3）数据质量控制和评估

确保在降水后及时地采集样品，并做好记录，经常用蒸馏水冲洗样品采集瓶，保持样品采集瓶的清洁，避免引入杂物；样品采集后及时地进行冷冻处理。

（4）观测数据

表3-282中为降水量观测数据。

表3-282　降水量

时间（年-月）	月累计降水量/mm	有效数据/条
2005 - 04	55.6	30
2005 - 05	130.0	31
2005 - 06	120.5	30
2005 - 07	124.5	31
2005 - 08	182.5	31
2005 - 09	38.8	30
2005 - 10	26.9	31
2005 - 11	4.8	30
2005 - 12	7.2	31
2006 - 01	7.2	31
2006 - 02	12.5	28
2006 - 03	2.7	31
2006 - 04	32.0	30

（续）

时间（年-月）	月累计降水量/mm	有效数据/条
2006 - 05	48.8	31
2006 - 06	97.8	30
2006 - 07	102.0	31
2006 - 08	147.2	31
2006 - 09	41.8	30
2006 - 10	78.5	31
2006 - 11	25.7	30
2006 - 12	0.6	31
2007 - 01	4.1	31
2007 - 02	12.4	28
2007 - 03	32.2	31
2007 - 04	8.9	30
2007 - 05	53.8	31
2007 - 06	54.1	30
2007 - 07	158.2	31
2007 - 08	122.6	31
2007 - 09	46.9	30
2007 - 10	39.0	31
2007 - 11	24.0	30
2007 - 12	9.7	31
2008 - 01	0.0	31
2008 - 02	0.3	28
2008 - 03	33.9	31
2008 - 04	62.5	30
2008 - 05	59.6	31
2008 - 06	93.7	30
2008 - 07	195.5	31
2008 - 08	135.3	31
2008 - 09	49.0	30
2008 - 10	15.6	31
2008 - 11	10.4	30
2008 - 12	17.0	31
2009 - 01	7.2	31
2009 - 02	33.2	28

（续）

时间（年-月）	月累计降水量/mm	有效数据/条
2009 - 03	12.0	31
2009 - 04	103.2	30
2009 - 05	49.0	31
2009 - 06	73.8	30
2009 - 07	62.1	31
2009 - 08	80.7	31
2009 - 09	36.4	30
2009 - 10	69.0	31
2009 - 11	14.2	30
2009 - 12	16.4	31
2010 - 01	4.8	31
2010 - 02	17.6	28
2010 - 03	23.1	31
2010 - 04	69.3	30
2010 - 05	155.5	31
2010 - 06	63.8	30
2010 - 07	206.5	31
2010 - 08	342.3	31
2010 - 09	67.4	30
2010 - 10	41.4	31
2010 - 11	63.2	30
2010 - 12	20.5	31
2011 - 01	0.0	31
2011 - 02	0.0	28
2011 - 03	3.6	31
2011 - 04	34.1	30
2011 - 05	39.3	31
2011 - 06	79.9	30
2011 - 07	175.6	31
2011 - 08	197.1	31
2011 - 09	30.0	30
2011 - 10	47.3	31
2011 - 11	35.7	30
2011 - 12	2.0	31

（续）

时间（年-月）	月累计降水量/mm	有效数据/条
2012 - 01	0.5	31
2012 - 02	7.5	28
2012 - 03	24.3	31
2012 - 04	50.2	30
2012 - 05	36.9	31
2012 - 06	161.2	30
2012 - 07	111.7	31
2012 - 08	315.2	31
2012 - 09	56.6	30
2012 - 10	86.2	31
2012 - 11	32.0	30
2012 - 12	27.4	31
2013 - 01	6.2	31
2013 - 02	18.9	28
2013 - 03	20.0	31
2013 - 04	44.1	30
2013 - 05	15.4	31
2013 - 06	73.7	30
2013 - 07	228.1	31
2013 - 08	84.7	31
2013 - 09	67.7	30
2013 - 10	98.9	31
2013 - 11	29.7	30
2013 - 12	6.6	31
2014 - 01	3.2	31
2014 - 02	3.5	28
2014 - 03	10.2	31
2014 - 04	0.0	30
2014 - 05	87.0	31
2014 - 06	92.7	30
2014 - 07	77.7	31
2014 - 08	39.9	31
2014 - 09	48.1	30
2014 - 10	24.5	31

（续）

时间（年-月）	月累计降水量/mm	有效数据/条
2014 - 11	7.5	30
2014 - 12	14.7	31
2015 - 01	7.3	31
2015 - 02	27.6	28
2015 - 03	17.2	31
2015 - 04	42.7	30
2015 - 05	71.9	31
2015 - 06	135.9	30
2015 - 07	121.0	31
2015 - 08	91.3	31
2015 - 09	10.3	30
2015 - 10	53.4	31
2015 - 11	28.4	30
2015 - 12	21.5	31

3.4.2　气象自动观测要素

本数据集包括 2005—2015 年的数据，采集地为沈阳站气象观测场，自动观测为全天候观测。受野外台站观测平台建设项目支持，沈阳站 2004 年 10 月启用芬兰 VAISALA 公司的 MILOS520 自动监测系统，在使用过程中不断优化采集程序，数据质量达到优良级别。由于设备已经达到使用年限，在野外台站观测平台建设二期项目的支持下，于 2015 年更换为芬兰 VAISALA 的 MAWS301 自动监测系统，数据质量稳定，在此，感谢大气分中心的技术支持。

自动设备观测项目有气温、最高气温、最低气温、相对湿度、最小湿度、露点温度、水气压、大气压、气压最大、气压最小、海平面气压、10 min 平均风向、10 min 平均风速、1 h 极大风向、1 h 极大风速、降水、地表温度、土壤温度（5 cm、10 cm、15 cm、20 cm、40 cm、60 cm、100 cm）等气象环境要素。辐射要素有总辐射辐照度、反射辐射辐照度、紫外辐射辐照度、净辐射辐照度、光量子通量、光通量密度、紫外、净辐射、光通量、热通量及日照时数等辐射环境要素，本数据集主要涉及气压、气温，湿度、风速、土壤温度、辐射等环境要素。

3.4.2.1　气压

（1）概述

气压是作用在单位面积上的大气压力，等于单位面积上向上延伸到大气上界的垂直空气柱的重量。气压以百帕（hPa）为单位，取一位小数。本数据集包括 2005—2015 年的数据，采集地为沈阳站气象观测场，使用芬兰 VAISALA 生产的 MILOS520 和 MAWS301 自动监测系统。

（2）数据采集和处理方法

a. 数据采集

数据的收集由芬兰 VAISALA 生产的 MILOS520 和 MAWS 自动气象站采集，由中国生态系统研究网络气象报表自动生成的报表（简称 M 报表）、规范气象数据报表（简称 A 报表）和数据质量控制表（简称 B2 表）组成。数据报表编制打开"生态气象工作站"，启动数据处理程序，数据处理程序将对观测数据进行自动处理、质量审核，按照观测规范最终编制出观测报表文件。气压使用 DPA501 数字气压表观测，每 10 s 采测 1 个气压值，每分钟采测 6 个气压值，去除一个最大值和一个最小值后取平均值，作为每分钟的气压值，正点时采测气压值作为正点数据存储。

b. 方法处理

一天中若 24 次定时观测记录有缺测，当天按照 2：00、8：00、14：00、20：00 4 次定时记录做日平均，若 4 次定时记录缺测 1 次或 1 次以上，但当天各定时记录缺测 5 次或 5 次以下，按实有记录做日统计，缺测 6 次或 6 次以上时，不做日平均。某一定时缺测时，用前、后两定时数据内插求得，按正常数据统计，若连续两个或两个以上定时数据缺测，不能内插，仍按缺测处理。用质控后的日均值合计值除以天数获得月平均值。日平均值缺测 6 次或者 6 次以上时，不做月统计。

（3）数据质量控制和评估

按 CERN 监测规范的要求，自动观测采用 MILOS520 和 MAWS301 自动气象站，产生的数据采取三级质量控制，数据质量优良。

数据质量控制：

①超出气候学值域 300～1 100 hPa 的数据为错误数据。

②所观测的气压不小于日最低气压且不大于日最高气压，海拔高度大于 0 m 时，台站气压小于海平面气压，海拔高度等于 0 m 时，台站气压等于海平面气压，海拔高度小于 0 m 时，台站气压大于海平面气压。

③ 24 h 变压的绝对值小于 50 hPa。

④ 1 min 内允许的最大变化值为 1.0 hPa，1 h 内变化幅度的最小值为 0.1 hPa。

（4）观测数据

表 3-283 中为气压观测数据。

表 3-283　气　　压

时间（年-月）	气压/hPa	有效数据/条
2005-06	998.4	30
2005-07	1 000.0	31
2005-08	1 003.2	31
2005-09	1 011.6	30
2005-10	1 016.0	31
2005-11	1 015.9	30
2005-12	1 023.7	31
2006-01	1 024.1	31
2006-02	1 022.6	28
2006-03	1 011.7	31
2006-04	1 006.9	29
2006-05	1 006.4	31
2006-06	999.8	30
2006-07	1 000.4	31
2006-08	1 003.9	31

（续）

时间（年-月）	气压/hPa	有效数据/条
2006 – 09	1 011.2	30
2006 – 10	1 014.8	31
2006 – 11	1 016.8	30
2006 – 12	1 023.9	31
2007 – 01	1 024.1	31
2007 – 02	1 018.1	16
2007 – 03	1 014.7	31
2007 – 04	1 010.3	30
2007 – 05	1 001.4	29
2007 – 06	1 002.5	30
2007 – 07	999.2	31
2007 – 08	1 002.8	31
2007 – 09	1 009.7	30
2007 – 10	1 016.6	31
2007 – 11	1 020.8	30
2007 – 12	1 019.9	31
2008 – 01	1 026.7	31
2008 – 02	1 022.4	28
2008 – 03	1 013.6	31
2008 – 04	1 009.0	28
2008 – 05	1 003.7	28
2008 – 06	1 003.5	30
2008 – 07	1 000.6	31
2008 – 08	1 003.4	31
2008 – 09	1 009.6	30
2008 – 10	1 013.9	31
2008 – 11	1 018.2	30
2008 – 12	1 019.6	31
2009 – 01	1 022.6	31
2009 – 02	1 017.6	28
2009 – 03	1 015.1	31
2009 – 04	1 009.7	30
2009 – 05	1 005.9	31

（续）

时间（年-月）	气压/hPa	有效数据/条
2009 - 06	997.8	30
2009 - 07	999.6	31
2009 - 08	1 004.3	31
2009 - 09	1 009.7	30
2009 - 10	1 012.3	31
2009 - 11	1 027.1	30
2009 - 12	1 020.8	31
2010 - 01	1 022.1	31
2010 - 02	1 020.1	28
2010 - 03	1 017.3	31
2010 - 04	1 012.3	30
2010 - 05	1 004.0	31
2010 - 06	1 004.9	30
2010 - 07	1 001.1	31
2010 - 08	1 004.6	31
2010 - 09	1 010.2	30
2010 - 10	1 016.5	31
2010 - 11	1 016.0	30
2010 - 12	1 014.7	31
2011 - 01	1 026.2	31
2011 - 02	1 020.0	28
2011 - 03	1 016.9	31
2011 - 04	1 009.1	30
2011 - 05	1 003.9	31
2011 - 06	1 000.6	30
2011 - 07	999.8	31
2011 - 08	1 003.6	31
2011 - 09	1 010.8	30
2011 - 10	1 015.8	31
2011 - 11	1 021.1	30
2011 - 12	1 026.1	31
2012 - 01	1 025.3	31
2012 - 02	1 021.0	28

（续）

时间（年-月）	气压/hPa	有效数据/条
2012 - 03	1 016.6	31
2012 - 04	1 006.8	30
2012 - 05	1 005.3	31
2012 - 06	1 001.1	30
2012 - 07	999.5	31
2012 - 08	1 004.7	31
2012 - 09	1 009.9	30
2012 - 10	1 014.0	31
2012 - 11	1 015.4	30
2012 - 12	1 022.9	31
2013 - 01	1 023.7	31
2013 - 02	1 022.1	28
2013 - 03	1 014.3	31
2013 - 04	1 008.9	30
2013 - 05	1 004.3	31
2013 - 06	1 002.5	30
2013 - 07	997.6	31
2013 - 08	1 000.6	31
2013 - 09	1 010.8	30
2013 - 10	1 017.2	31
2013 - 11	1 015.8	30
2013 - 12	1 020.0	31
2014 - 01	1 021.6	31
2014 - 02	1 024.2	28
2014 - 03	1 015.4	31
2014 - 04	1 011.9	30
2014 - 05	1 002.8	31
2014 - 06	1 001.4	30
2014 - 07	1 000.9	31
2014 - 08	1 004.2	31
2014 - 09	1 010.3	30
2014 - 10	1 015.8	31
2014 - 11	1 017.8	30

(续)

时间（年-月）	气压/hPa	有效数据/条
2014 - 12	1 021.0	31
2015 - 01	1 022.9	31
2015 - 02	1 019.0	28
2015 - 03	1 016.5	31
2015 - 04	1 010.6	30
2015 - 05	1 002.5	31
2015 - 06	1 000.9	30
2015 - 07	1 001.5	31
2015 - 08	1 003.1	31
2015 - 09	1 010.8	30
2015 - 10	1 014.3	31
2015 - 11	1 023.7	30
2015 - 12	1 022.4	31

3.4.2.2　风速

（1）概述

空气运动产生的气流称为风，它是由许多在时空上随机变化的小尺度脉动叠加在大尺度规则气流上的一种三维矢量。地面气象观测中测量的风是两维矢量（水平运动），用风向和风速表示。风向是指风的来向，最多风向是指在规定时间段内出现频数最多的风向。风速是指单位时间内空气移动的水平距离。风速以米/秒（m/s）为单位，取一位小数。最大风速是指在某个时段内出现的最大 10 min平均风速值。极大风速（阵风）是指某个时段内出现的最大瞬时风速值。瞬时风速是指 3 s 的平均风速。风的平均量是指在规定时间段的平均值，有 3 s、2 min 和 10 min 的平均值。本数据集包括 2009—2015 年的 10 min 平均风速数据。

（2）数据采集和处理方法

a. 数据采集

数据采集参见 3.4.2.1 中气压的数据采集和报表处理介绍。风速风向采用 WAA151 或者 WAC151 风速传感器观测，每秒采测 1 次风速数据，以 1 s 为步长求 3 s 滑动平均风速，以 3 s 为步长求 1 min 滑动平均风速，然后以 1 min 为步长求 10 min 滑动平均风速。正点时存储 00 min 的 10 min平均风速值。观测层次：10 m 风杆。

b. 处理方法

参照 3.4.2.1气压的数据处理方法。

（3）数据质量控制和评估

按 CERN 监测规范的要求，采取三级质量控制，数据质量优良。数据质量控制：①超出气候学值域 0～75 m/s 的数据为错误数据；②10 min 平均风速小于最大风速。

（4）观测数据

表 3 - 284 中为 10 min 风速观测数据。

表 3 - 284　10 min 风速

时间（年-月）	10 min 风速/（m/s）	有效数据/条
2005 - 06	2. 3	30
2005 - 07	1. 7	31
2005 - 08	1. 6	31
2005 - 09	1. 5	30
2005 - 10	2. 4	31
2005 - 11	1. 9	30
2005 - 12	1. 5	31
2006 - 01	1. 4	31
2006 - 02	2. 7	28
2006 - 03	2. 6	31
2006 - 04	2. 9	29
2006 - 05	2. 7	31
2006 - 06	2. 2	30
2006 - 07	1. 6	31
2006 - 08	1. 5	31
2006 - 09	1. 5	30
2006 - 10	2. 1	31
2006 - 11	2. 0	30
2006 - 12	1. 8	31
2007 - 01	1. 2	31
2007 - 02		16
2007 - 03	2. 4	31
2007 - 04	2. 7	30
2007 - 05	2. 4	29
2007 - 06	2. 6	30
2007 - 07	1. 6	31
2007 - 08	1. 5	31
2007 - 09	1. 2	30
2007 - 10	1. 6	31
2007 - 11	1. 9	30
2007 - 12	1. 4	31
2008 - 01	1. 5	31
2008 - 02	1. 9	28

（续）

时间（年-月）	10 min 风速/（m/s）	有效数据/条
2008 - 03	2.2	31
2008 - 04	2.9	28
2008 - 05	2.4	28
2008 - 06	1.8	30
2008 - 07	1.5	31
2008 - 08	1.2	31
2008 - 09	1.6	30
2008 - 10	1.7	31
2008 - 11	2.1	30
2008 - 12	2.4	31
2009 - 01	1.6	31
2009 - 02	2.0	28
2009 - 03	2.3	31
2009 - 04	2.8	30
2009 - 05	2.5	31
2009 - 06	2.1	30
2009 - 07	1.6	31
2009 - 08	1.3	31
2009 - 09	1.6	30
2009 - 10	1.8	31
2009 - 11	2.7	30
2009 - 12	1.4	31
2010 - 01	1.8	31
2010 - 02	2.3	28
2010 - 03	2.5	31
2010 - 04	2.8	30
2010 - 05	2.5	31
2010 - 06	1.6	30
2010 - 07	1.5	31
2010 - 08	1.2	31
2010 - 09	1.3	30
2010 - 10	1.7	31
2010 - 11	2.1	30

（续）

时间（年-月）	10 min 风速/（m/s）	有效数据/条
2010 - 12	1.9	31
2011 - 01	1.1	31
2011 - 02	2.0	28
2011 - 03	2.3	31
2011 - 04	2.8	30
2011 - 05	2.8	31
2011 - 06	2.3	30
2011 - 07	1.5	31
2011 - 08	1.1	31
2011 - 09	1.6	30
2011 - 10	1.9	31
2011 - 11	1.9	30
2011 - 12	1.4	31
2012 - 01	1.2	31
2012 - 02	2.1	28
2012 - 03	2.0	31
2012 - 04	2.9	30
2012 - 05	2.0	31
2012 - 06	2.0	30
2012 - 07	1.5	31
2012 - 08	1.3	31
2012 - 09	1.5	30
2012 - 10	1.6	31
2012 - 11	1.6	30
2012 - 12	1.3	31
2013 - 01	1.2	31
2013 - 02	2.1	28
2013 - 03	2.3	31
2013 - 04	2.4	30
2013 - 05	2.8	31
2013 - 06	2.0	30
2013 - 07	1.4	31
2013 - 08	1.7	31

（续）

时间（年-月）	10 min 风速/（m/s）	有效数据/条
2013 - 09	1.4	30
2013 - 10	1.5	31
2013 - 11	1.9	30
2013 - 12	1.4	31
2014 - 01	1.9	31
2014 - 02	2.0	28
2014 - 03	1.8	31
2014 - 04	2.5	30
2014 - 05	2.3	31
2014 - 06	1.5	30
2014 - 07	1.4	31
2014 - 08	0.8	31
2014 - 09	1.0	30
2014 - 10	2.0	31
2014 - 11	1.7	30
2014 - 12	1.3	31
2015 - 01	1.2	31
2015 - 02	1.6	28
2015 - 03	2.2	31
2015 - 04	2.6	30
2015 - 05	2.9	31
2015 - 06	1.8	30
2015 - 07	1.0	31
2015 - 08	1.0	31
2015 - 09	1.1	30
2015 - 10	1.7	31
2015 - 11	2.0	30
2015 - 12	1.4	31

3.4.2.3 气温

（1）概述

空气温度（简称气温，下同）是表示空气冷热程度的物理量。观测项目及其单位：定时气温，日最高、日最低气温，以摄氏度（℃）为单位，取一位小数。本数据集包括 2005—2015 年的数据，采集地为沈阳站气象观测场。

（2）数据采集和处理方法

a. 数据采集

数据采集参见 3.4.2.1 中气压数据的采集和报表处理介绍。采集器为 HMP45D 温度传感器，每 10 s 采测 1 个温度值，每分钟采测 6 个温度值，去除一个最大值和一个最小值后取平均值，作为每分钟的温度值存储。正点时采测 00 min 的温度值作为正点数据存储获得原始数据。

b. 处理方法

参照 3.4.2.1 气压的数据处理方法。

（3）数据质量控制和评估

按 CERN 监测规范的要求，采取三级质量控制，数据质量优良。数据质量控制：①超出气候学值域－80～60 ℃的数据为错误数据；②1 min 内允许的最大变化值为 3 ℃，1 h 内变化幅度的最小值为 0.1 ℃；③定时气温大于等于日最低地温且小于等于日最高气温；④气温大于等于露点温度；⑤24 h 气温变化范围小于 50 ℃；⑥利用与台站下垫面及周围环境相似的一个或多个邻近站观测数据计算本站气温值，比较台站观测值和计算值，如果超出阈值即认为观测数据可疑。

（4）观测数据

表 3 - 285 中为气温的观测数据。

表 3 - 285　气　　温

时间（年-月）	气温/℃	有效数据/条
2005 - 06	22.21	30
2005 - 07	24.97	31
2005 - 08	23.67	31
2005 - 09	18.23	30
2005 - 10	10.98	31
2005 - 11	2.71	30
2005 - 12	－13.57	31
2006 - 01	－12.05	31
2006 - 02	－7.77	28
2006 - 03	1.04	31
2006 - 04	7.66	29
2006 - 05	18.19	31
2006 - 06	21.92	30
2006 - 07	24.17	31
2006 - 08	24.18	31
2006 - 09	17.67	30
2006 - 10	12.05	31
2006 - 11	1.32	30

（续）

时间（年-月）	气温/℃	有效数据/条
2006 – 12	−5.94	31
2007 – 01	−8.60	31
2007 – 02		16
2007 – 03	0.79	31
2007 – 04	9.49	30
2007 – 05	18.31	29
2007 – 06	24.24	30
2007 – 07	24.24	31
2007 – 08	23.64	31
2007 – 09	18.57	30
2007 – 10	9.67	31
2007 – 11	0.34	30
2007 – 12	−6.80	31
2008 – 01	−11.63	31
2008 – 02	−7.30	28
2008 – 03	4.21	31
2008 – 04	12.24	28
2008 – 05	16.97	28
2008 – 06	21.52	30
2008 – 07	24.78	31
2008 – 08	23.40	31
2008 – 09	17.98	30
2008 – 10	11.61	31
2008 – 11	1.29	30
2008 – 12	−5.99	31
2009 – 01	−10.00	31
2009 – 02	−6.67	28
2009 – 03	1.02	31
2009 – 04	11.57	30
2009 – 05	19.52	31
2009 – 06	21.48	30
2009 – 07	23.59	31
2009 – 08	23.73	31
2009 – 09	17.52	30

（续）

时间（年-月）	气温/℃	有效数据/条
2009 - 10	10.39	31
2009 - 11	−2.68	30
2009 - 12	−9.81	31
2010 - 01	−11.87	31
2010 - 02	−7.41	28
2010 - 03	−1.13	31
2010 - 04	6.49	30
2010 - 05	16.70	31
2010 - 06	23.12	30
2010 - 07	24.72	31
2010 - 08	23.08	31
2010 - 09	17.89	30
2010 - 10	9.02	31
2010 - 11	1.92	30
2010 - 12	−8.46	31
2011 - 01	−16.13	31
2011 - 02	−4.61	28
2011 - 03	1.10	31
2011 - 04	9.25	30
2011 - 05	17.74	31
2011 - 06	21.69	30
2011 - 07	24.99	31
2011 - 08	24.18	31
2011 - 09	16.61	30
2011 - 10	11.10	31
2011 - 11	1.36	30
2011 - 12	−8.90	31
2012 - 01	−13.06	31
2012 - 02	−8.46	28
2012 - 03	−0.07	31
2012 - 04	10.60	30
2012 - 05	18.90	31
2012 - 06	21.8	30
2012 - 07	24.70	31

（续）

时间（年-月）	气温/℃	有效数据/条
2012 - 08	23.05	31
2012 - 09	17.86	30
2012 - 10	9.75	31
2012 - 11	0.05	30
2012 - 12	−13.21	31
2013 - 01	−14.48	31
2013 - 02	−8.19	28
2013 - 03	−0.50	31
2013 - 04	6.24	30
2013 - 05	19.02	31
2013 - 06	22.41	30
2013 - 07	24.84	31
2013 - 08	24.19	31
2013 - 09	17.71	30
2013 - 10	9.85	31
2013 - 11	2.18	30
2013 - 12	−7.43	31
2014 - 01	−7.95	31
2014 - 02	−5.29	28
2014 - 03	3.60	31
2014 - 04	13.25	30
2014 - 05	17.64	31
2014 - 06	22.36	30
2014 - 07	24.69	31
2014 - 08	23.61	31
2014 - 09	16.84	30
2014 - 10	11.31	31
2014 - 11	2.81	30
2014 - 12	−10.35	31
2015 - 01	−10.34	31
2015 - 02	−5.07	28
2015 - 03	2.94	31
2015 - 04	11.92	30
2015 - 05	18.35	31

（续）

时间（年-月）	气温/℃	有效数据/条
2015 - 06	22.07	30
2015 - 07	24.47	31
2015 - 08	23.88	31
2015 - 09	18.53	30
2015 - 10	10.18	31
2015 - 11	−1.04	30
2015 - 12	−4.89	31

3.4.2.4 相对湿度

（1）概述

空气湿度（简称湿度，下同）是表示空气中的水汽含量和潮湿程度的物理量。地面观测中测定的是离地面 1.50 m 处的湿度。相对湿度是空气中实际水汽压与当时气温下的饱和水汽压之比，以百分数（%）表示，取整数。本数据集包括 2009—2015 年的数据，采集地为气象观测场。

（2）数据采集和处理方法

a. 数据采集

数据采集参见 3.4.2.1 中气压数据的采集和报表处理介绍。采集器为 HMP45D 湿度传感器，每 10 s 采测 1 个湿度值，每分钟采测 6 个湿度值，去除 1 个最大值和 1 个最小值后取平均值，作为每分钟的湿度值存储。正点时采测 00 min 的湿度值作为正点数据存储，获得原始数据。

b. 方法处理

参照 3.4.2.1 气压的处理方法。

（3）数据质量控制和评估

按 CERN 监测规范的要求，采取三级质量控制，数据质量优良。数据质量控制：①相对湿度为于 0～100%；②定时相对湿度大于等于日最小相对湿度；③干球温度大于等于湿球温度（结冰期除外）。

（4）观测数据

表 3-286 中为相对湿度的观测数据。

表 3-286 相对湿度

时间（年-月）	相对湿度/%	有效数据/条
2005 - 06	74	30
2005 - 07	80	31
2005 - 08	81	31
2005 - 09	73	30
2005 - 10	63	31
2005 - 11	63	30
2005 - 12	68	31
2006 - 01	68	31

（续）

时间（年-月）	相对湿度/%	有效数据/条
2006 - 02	61	28
2006 - 03	56	31
2006 - 04	59	29
2006 - 05	53	31
2006 - 06	69	30
2006 - 07	78	31
2006 - 08	80	31
2006 - 09	74	30
2006 - 10	67	31
2006 - 11	64	30
2006 - 12	65	31
2007 - 01	70	31
2007 - 02	56	16
2007 - 03	66	31
2007 - 04	56	30
2007 - 05	48	29
2007 - 06	57	30
2007 - 07	76	31
2007 - 08	79	31
2007 - 09	75	30
2007 - 10	67	31
2007 - 11	64	30
2007 - 12	71	31
2008 - 01	56	31
2008 - 02	46	28
2008 - 03	59	31
2008 - 04	53	28
2008 - 05	60	28
2008 - 06	69	30
2008 - 07	78	31
2008 - 08	79	31
2008 - 09	69	30
2008 - 10	64	31

（续）

时间（年-月）	相对湿度/%	有效数据/条
2008 - 11	63	30
2008 - 12	60	31
2009 - 01	63	31
2009 - 02	63	28
2009 - 03	59	31
2009 - 04	57	30
2009 - 05	55	31
2009 - 06	72	30
2009 - 07	84	31
2009 - 08	77	31
2009 - 09	73	30
2009 - 10	68	31
2009 - 11	67	30
2009 - 12	71	31
2010 - 01	67	31
2010 - 02	63	28
2010 - 03	62	31
2010 - 04	64	30
2010 - 05	69	31
2010 - 06	67	30
2010 - 07	86	31
2010 - 08	86	31
2010 - 09	81	30
2010 - 10	71	31
2010 - 11	67	30
2010 - 12	64	31
2011 - 01	63	31
2011 - 02	63	28
2011 - 03	48	31
2011 - 04	52	30
2011 - 05	49	31
2011 - 06	71	30
2011 - 07	81	31

（续）

时间（年-月）	相对湿度/%	有效数据/条
2011 - 08	86	31
2011 - 09	72	30
2011 - 10	71	31
2011 - 11	70	30
2011 - 12	59	31
2012 - 01	59	31
2012 - 02	47	28
2012 - 03	60	31
2012 - 04	53	30
2012 - 05	49	31
2012 - 06	75	30
2012 - 07	82	31
2012 - 08	83	31
2012 - 09	70	30
2012 - 10	28	31
2012 - 11	66	30
2012 - 12	72	31
2013 - 01	73	31
2013 - 02	65	28
2013 - 03	64	31
2013 - 04	63	30
2013 - 05	55	31
2013 - 06	62	30
2013 - 07	58	31
2013 - 08	66	31
2013 - 09	68	30
2013 - 10	72	31
2013 - 11	65	30
2013 - 12	69	31
2014 - 01	56	31
2014 - 02	48	28
2014 - 03	54	31
2014 - 04	40	30

（续）

时间（年-月）	相对湿度/%	有效数据/条
2014 - 05	57	31
2014 - 06	73	30
2014 - 07	75	31
2014 - 08	77	31
2014 - 09	72	30
2014 - 10	59	31
2014 - 11	59	30
2014 - 12	66	31
2015 - 01	69	31
2015 - 02	67	28
2015 - 03	55	31
2015 - 04	50	30
2015 - 05	49	31
2015 - 06	70	30
2015 - 07	76	31
2015 - 08	81	31
2015 - 09	71	30
2015 - 10	63	31
2015 - 11	69	30
2015 - 12	73	31

3.4.2.5　土壤温度

（1）概述

下垫面温度和不同深度的土壤温度统称地温。下垫面温度包括裸露土壤表面的地面温度，浅层地温包括离地面 5 cm、10 cm、15 cm、20 cm 深度的地中温度。深层地温包括离地面 40 cm、80 cm、100 cm 深度的地中温度，包括最高温度和最低温度及其时间。地温以摄氏度（℃）为单位，取 1 位小数。本数据集包括 2005—2015 年的数据，采集地为沈阳站气象观测场，设备使用芬兰 VAISALA 生产的 M520 和 MAWS301 自动监测系统。

（2）数据采集和处理方法

a. 数据采集

数据采集参见 3.4.2.1 中气压数据的采集和报表处理介绍。地温采用 QMT110 地温传感器采集。每 10 s 采测 1 次地表温度值，每分钟采测 6 次，去除 1 个最大值和 1 个最小值后取平均值，作为每分钟的地表温度值存储。正点时采测 00 min 的地表温度值作为正点数据存储。观测层次：地表（0 cm）、5 cm、10 cm、15 cm、20 cm、40 cm、60 cm、100 cm 处。

b. 处理方法

参照 3.4.2.1 气压的数据处理方法。

（3）数据质量控制和评估

按 CERN 监测规范的要求，沈阳站自动观测采用 MILOS520 自动气象站，从 2004 年 11 月运行至 2015 年 5 月，系统稳定性较好，数据质量也较好，2015 年 5 月以后采用 MAWS 自动观测站，数据质量优良。

数据质量控制：①超出气候学值域−90～90 ℃的数据为错误数据；②1 min 内允许的最大变化值为 5 ℃，1 h 内变化幅度的最小值为 0.1 ℃；③定时观测地表温度大于等于日地表最低温度且小于等于日地表最高温度；④地表温度 24 h 变化范围小于 60 ℃。

（4）观测数据

表 3-287 至表 3-294 中为土壤温度观测数据。

表 3-287　地表温度（0 cm）

时间（年-月）	地表温度（0 cm）/℃	有效数据/条
2005-06	22.15	30
2005-07	25.72	31
2005-08	24.06	31
2005-09	18.59	30
2005-10	10.30	31
2005-11	2.51	30
2005-12	−1.72	28
2006-01	−4.31	31
2006-02	−3.46	28
2006-03	0.17	31
2006-04	6.51	29
2006-05	17.36	31
2006-06	23.37	30
2006-07	29.71	31
2006-08	32.69	31
2006-09	31.81	30
2006-10	21.71	31
2006-11	13.73	30
2006-12	3.41	31
2007-01	−2.04	31
2007-02	−1.37	16
2007-03	2.73	31
2007-04	13.86	30
2007-05	20.41	29
2007-06	23.73	30

（续）

时间（年-月）	地表温度（0 cm）/℃	有效数据/条
2007 - 07	25.98	31
2007 - 08	25.10	31
2007 - 09	19.84	30
2007 - 10	11.01	31
2007 - 11	3.28	30
2007 - 12	−1.34	31
2008 - 01	−6.22	31
2008 - 02	−5.24	28
2008 - 03	1.73	31
2008 - 04	9.23	28
2008 - 05	16.42	28
2008 - 06	22.44	30
2008 - 07	27.72	31
2008 - 08	29.07	31
2008 - 09	21.16	30
2008 - 10	13.82	31
2008 - 11	5.60	30
2008 - 12	1.05	31
2009 - 01	−3.09	31
2009 - 02	−0.21	28
2009 - 03	2.24	31
2009 - 04	10.60	30
2009 - 05	19.06	31
2009 - 06	24.04	30
2009 - 07	27.13	31
2009 - 08	26.92	31
2009 - 09	20.28	30
2009 - 10	13.05	31
2009 - 11	4.05	30
2009 - 12	−2.78	31
2010 - 01	−4.61	31
2010 - 02	−4.48	28
2010 - 03	0.30	31
2010 - 04	6.18	30

（续）

时间（年-月）	地表温度（0 cm）/℃	有效数据/条
2010 - 05	16.42	31
2010 - 06	24.52	30
2010 - 07	29.55	31
2010 - 08	29.98	31
2010 - 09	19.18	30
2010 - 10	9.48	31
2010 - 11	2.65	30
2010 - 12	−1.13	31
2011 - 01	−2.88	31
2011 - 02	−2.95	28
2011 - 03	−0.52	31
2011 - 04	5.66	30
2011 - 05	14.92	31
2011 - 06	20.04	30
2011 - 07	24.54	31
2011 - 08	24.10	31
2011 - 09	17.66	30
2011 - 10	11.15	31
2011 - 11	4.84	30
2011 - 12	−2.93	31
2012 - 01	−6.83	31
2012 - 02	−5.70	28
2012 - 03	−1.05	31
2012 - 04	3.28	30
2012 - 05	12.59	31
2012 - 06	19.11	30
2012 - 07	23.38	31
2012 - 08	23.53	31
2012 - 09	19.14	30
2012 - 10	10.74	31
2012 - 11	2.96	30
2012 - 12	−0.51	31
2013 - 01	−1.11	31
2013 - 02	−1.54	28

（续）

时间（年-月）	地表温度（0 cm）/℃	有效数据/条
2013 - 03	−0.45	31
2013 - 04	2.86	30
2013 - 05	14.68	31
2013 - 06	20.79	30
2013 - 07	24.44	31
2013 - 08	24.27	31
2013 - 09	18.09	30
2013 - 10	11.25	31
2013 - 11	4.40	30
2013 - 12	−1.23	31
2014 - 01	−3.96	31
2014 - 02	−3.42	28
2014 - 03	−0.11	31
2014 - 04	7.31	30
2014 - 05	16.70	31
2014 - 06	25.35	30
2014 - 07	27.18	31
2014 - 08	26.51	31
2014 - 09	19.00	30
2014 - 10	11.14	31
2014 - 11	2.67	30
2014 - 12	−3.44	31
2015 - 01	−3.63	31
2015 - 02	−2.32	28
2015 - 03	2.59	31
2015 - 04	11.07	30
2015 - 05	18.92	31
2015 - 06	24.11	30
2015 - 07	28.20	31
2015 - 08	26.12	31
2015 - 09	20.13	30
2015 - 10	11.24	31
2015 - 11	2.36	30
2015 - 12	−2.07	31

表 3 - 288　土壤温度（5 cm）

时间（年-月）	土壤温度（5 cm）/℃	有效数据/条
2005 - 06	21.67	30
2005 - 07	25.33	31
2005 - 08	23.86	31
2005 - 09	18.75	30
2005 - 10	15.10	31
2005 - 11	2.96	30
2005 - 12	−1.72	28
2006 - 01	−4.34	31
2006 - 02	−3.44	28
2006 - 03	−0.27	31
2006 - 04	5.20	29
2006 - 05	15.47	31
2006 - 06	20.71	30
2006 - 07	24.12	31
2006 - 08	24.58	31
2006 - 09	18.42	30
2006 - 10	12.26	31
2006 - 11	3.47	30
2006 - 12	−2.22	31
2007 - 01	−4.13	31
2007 - 02	−2.93	16
2007 - 03	0.50	31
2007 - 04	6.83	30
2007 - 05	15.61	29
2007 - 06	22.81	30
2007 - 07	24.67	31
2007 - 08	24.10	31
2007 - 09	19.22	30
2007 - 10	10.76	31
2007 - 11	3.06	30
2007 - 12	−1.53	31
2008 - 01	−6.29	31
2008 - 02	−5.63	28

（续）

时间（年-月）	土壤温度（5 cm）/℃	有效数据/条
2008 - 03	0.55	31
2008 - 04	8.20	28
2008 - 05	15.06	28
2008 - 06	20.79	30
2008 - 07	24.97	31
2008 - 08	24.94	31
2008 - 09	18.72	30
2008 - 10	11.66	31
2008 - 11	3.02	30
2008 - 12	−1.57	31
2009 - 01	−5.43	31
2009 - 02	−2.78	28
2009 - 03	−0.13	31
2009 - 04	7.66	30
2009 - 05	16.86	31
2009 - 06	21.55	30
2009 - 07	24.25	31
2009 - 08	24.61	31
2009 - 09	18.08	30
2009 - 10	10.98	31
2009 - 11	2.14	30
2009 - 12	−4.27	31
2010 - 01	−6.11	31
2010 - 02	−5.65	28
2010 - 03	−0.91	31
2010 - 04	4.42	30
2010 - 05	15.11	31
2010 - 06	22.63	30
2010 - 07	25.05	31
2010 - 08	24.28	31
2010 - 09	19.51	30
2010 - 10	10.11	31
2010 - 11	3.25	30

（续）

时间（年-月）	土壤温度（5 cm）/℃	有效数据/条
2010 – 12	−0.56	31
2011 – 01	−2.33	31
2011 – 02	−2.49	28
2011 – 03	−0.53	31
2011 – 04	5.21	30
2011 – 05	14.56	31
2011 – 06	19.87	30
2011 – 07	24.31	31
2011 – 08	24.01	31
2011 – 09	17.95	30
2011 – 10	11.50	31
2011 – 11	5.40	30
2011 – 12	−2.22	31
212 – 01	−6.28	31
2012 – 02	−5.39	28
2012 – 03	−0.94	31
2012 – 04	2.80	30
2012 – 05	12.18	31
2012 – 06	18.80	30
2012 – 07	23.15	31
2012 – 08	23.47	31
2012 – 09	19.34	30
2012 – 10	11.19	31
2012 – 11	3.54	30
2012 – 12	−0.02	31
2013 – 01	−0.71	31
2013 – 02	−1.15	28
2013 – 03	−0.27	31
2013 – 04	2.60	30
2013 – 05	14.26	31
2013 – 06	20.40	30

（续）

时间（年-月）	土壤温度（5 cm）/℃	有效数据/条
2013 - 07	24.22	31
2013 - 08	24.30	31
2013 - 09	18.36	30
2013 - 10	11.73	31
2013 - 11	4.99	30
2013 - 12	−0.60	31
2014 - 01	3.43	31
2014 - 02	−3.05	28
2014 - 03	−0.15	31
2014 - 04	7.03	30
2014 - 05	15.74	31
2014 - 06	24.04	30
2014 - 07	26.16	31
2014 - 08	25.68	31
2014 - 09	19.26	30
2014 - 10	11.72	31
2014 - 11	3.61	30
2014 - 12	−2.44	31
2015 - 01	−2.97	31
2015 - 02	−2.03	28
2015 - 03	2.22	31
2015 - 04	10.39	30
2015 - 05	18.07	31
2015 - 06	23.56	30
2015 - 07	27.25	31
2015 - 08	25.88	31
2015 - 09	20.20	30
2015 - 10	11.55	31
2015 - 11	2.89	30
2015 - 12	−1.56	31

表 3 - 289　土壤温度（10 cm）

时间（年-月）	土壤温度（10 cm）/℃	有效数据/条
2005 - 06	21.02	30
2005 - 07	24.72	31
2005 - 08	23.58	31
2005 - 09	18.84	30
2005 - 10	11.26	31
2005 - 11	3.72	30
2005 - 12	−1.02	28
2006 - 01	−3.75	31
2006 - 02	−3.12	28
2006 - 03	−0.54	31
2006 - 04	4.39	29
2006 - 05	14.60	31
2006 - 06	20.11	30
2006 - 07	23.53	31
2006 - 08	24.25	31
2006 - 09	18.55	30
2006 - 10	12.65	31
2006 - 11	4.16	30
2006 - 12	−1.43	31
2007 - 01	−3.52	31
2007 - 02	−2.72	16
2007 - 03	0.13	31
2007 - 04	6.19	30
2007 - 05	14.98	29
2007 - 06	22.15	30
2007 - 07	24.15	31
2007 - 08	23.82	31
2007 - 09	19.36	30
2007 - 10	10.76	31
2007 - 11	3.75	30
2007 - 12	−0.95	31
2008 - 01	−5.53	31
2008 - 02	−5.32	28

（续）

时间（年-月）	土壤温度（10 cm）/℃	有效数据/条
2008 - 03	0.06	31
2008 - 04	7.46	28
2008 - 05	14.44	28
2008 - 06	20.12	30
2008 - 07	24.31	31
2008 - 08	24.61	31
2008 - 09	18.85	30
2008 - 10	12.07	31
2008 - 11	3.75	30
2008 - 12	−0.82	31
2009 - 01	−4.81	31
2009 - 02	−2.53	28
2009 - 03	−0.33	31
2009 - 04	6.85	30
2009 - 05	16.02	31
2009 - 06	20.72	30
2009 - 07	23.57	31
2009 - 08	24.16	31
2009 - 09	18.11	30
2009 - 10	11.40	31
2009 - 11	2.85	30
2009 - 12	−3.41	31
2010 - 01	−5.57	31
2010 - 02	−5.34	28
2010 - 03	−0.98	31
2010 - 04	3.65	30
2010 - 05	14.33	31
2010 - 06	21.65	30
2010 - 07	24.42	31
2010 - 08	23.91	31
2010 - 09	19.59	30
2010 - 10	10.60	31
2010 - 11	3.83	30
2010 - 12	0.08	31

（续）

时间（年-月）	土壤温度（10 cm）/℃	有效数据/条
2011 - 01	−1.65	31
2011 - 02	−2.06	28
2011 - 03	−0.65	31
2011 - 04	4.37	30
2011 - 05	13.89	31
2011 - 06	19.28	30
2011 - 07	23.70	31
2011 - 08	23.67	31
2011 - 09	18.10	30
2011 - 10	11.74	31
2011 - 11	5.88	30
2011 - 12	−1.48	31
2012 - 01	−5.69	31
2012 - 02	−5.16	28
2012 - 03	−1.04	31
2012 - 04	2.00	30
2012 - 05	11.37	31
2012 - 06	18.16	30
2012 - 07	22.62	31
2012 - 08	23.14	31
2012 - 09	19.35	30
2012 - 10	11.54	31
2012 - 11	4.04	30
2012 - 12	0.38	31
2013 - 01	−0.41	31
2013 - 02	−0.89	28
2013 - 03	−0.28	31
2013 - 04	2.15	30
2013 - 05	13.55	31
2013 - 06	19.67	30
2013 - 07	23.70	31
2013 - 08	24.03	31
2013 - 09	18.42	30
2013 - 10	12.08	31

（续）

时间（年-月）	土壤温度（10 cm）/℃	有效数据/条
2013 - 11	5.48	30
2013 - 12	0.00	31
2014 - 01	−2.90	31
2014 - 02	−2.80	28
2014 - 03	−0.41	31
2014 - 04	6.36	30
2014 - 05	15.15	31
2014 - 06	23.49	30
2014 - 07	25.77	31
2014 - 08	25.26	31
2014 - 09	19.23	30
2014 - 10	11.83	31
2014 - 11	4.03	30
2014 - 12	−1.92	31
2015 - 01	−2.58	31
2015 - 02	−1.85	28
2015 - 03	1.86	31
2015 - 04	9.86	30
2015 - 05	17.38	31
2015 - 06	23.00	30
2015 - 07	26.65	31
2015 - 08	25.63	31
2015 - 09	20.12	30
2015 - 10	11.75	31
2015 - 11	3.25	30
2015 - 12	−1.27	31

表 3 - 290　土壤温度（15 cm）

时间（年-月）	土壤温度（15 cm）/℃	有效数据/条
2005 - 06	20.54	30
2005 - 07	24.26	31
2005 - 08	23.36	31
2005 - 09	18.88	30
2005 - 10	11.62	31

（续）

时间（年-月）	土壤温度（15 cm）/℃	有效数据/条
2005 - 11	4.26	30
2005 - 12	−0.48	28
2006 - 01	−3.29	31
2006 - 02	−2.88	28
2006 - 03	−0.60	31
2006 - 04	3.88	29
2006 - 05	14.00	31
2006 - 06	19.64	30
2006 - 07	23.08	31
2006 - 08	23.97	31
2006 - 09	18.61	30
2006 - 10	12.91	31
2006 - 11	4.67	30
2006 - 12	−0.88	31
2007 - 01	−3.07	31
2007 - 02	−2.53	16
2007 - 03	−0.05	31
2007 - 04	5.77	30
2007 - 05	14.47	29
2007 - 06	21.54	30
2007 - 07	23.73	31
2007 - 08	23.58	31
2007 - 09	19.41	30
2007 - 10	11.64	31
2007 - 11	4.25	30
2007 - 12	−0.49	31
2008 - 01	−4.90	31
2008 - 02	−5.03	28
2008 - 03	−0.19	31
2008 - 04	6.90	28
2008 - 05	13.97	28
2008 - 06	19.60	30
2008 - 07	23.81	31
2008 - 08	24.34	31

（续）

时间（年-月）	土壤温度（15 cm）/℃	有效数据/条
2008 - 09	18.94	30
2008 - 10	12.38	31
2008 - 11	4.32	30
2008 - 12	−0.23	31
2009 - 01	−4.28	31
2009 - 02	−2.29	28
2009 - 03	−0.38	31
2009 - 04	6.29	30
2009 - 05	15.44	31
2009 - 06	20.10	30
2009 - 07	23.04	31
2009 - 08	23.81	31
2009 - 09	18.12	30
2009 - 10	11.70	31
2009 - 11	3.39	30
2009 - 12	−2.71	31
2010 - 01	−5.09	31
2010 - 02	−5.05	28
2010 - 03	−0.93	31
2010 - 04	3.13	30
2010 - 05	13.78	31
2010 - 06	20.95	30
2010 - 07	23.94	31
2010 - 08	23.63	31
2010 - 09	19.66	30
2010 - 10	10.99	31
2010 - 11	4.30	30
2010 - 12	0.54	31
2011 - 01	−1.16	31
2011 - 02	−1.74	28
2011 - 03	−0.60	31
2011 - 04	3.90	30
2011 - 05	13.41	31
2011 - 06	18.79	30

（续）

时间（年-月）	土壤温度（15 cm）/℃	有效数据/条
2011 - 07	23.20	31
2011 - 08	23.38	31
2011 - 09	18.19	30
2011 - 10	11.95	31
2011 - 11	6.28	30
2011 - 12	−0.84	31
2012 - 01	−5.14	31
2012 - 02	−4.89	28
2012 - 03	−1.05	31
2012 - 04	1.50	30
2012 - 05	10.78	31
2012 - 06	17.64	30
2012 - 07	22.18	31
2012 - 08	22.87	31
2012 - 09	19.35	30
2012 - 10	11.84	31
2012 - 11	4.48	30
2012 - 12	0.75	31
2013 - 01	−0.13	31
2013 - 02	−0.64	28
2013 - 03	−0.23	31
2013 - 04	1.93	30
2013 - 05	13.01	31
2013 - 06	19.07	30
2013 - 07	23.26	31
2013 - 08	23.80	31
2013 - 09	18.46	30
2013 - 10	12.37	31
2013 - 11	5.90	30
2013 - 12	0.49	31
2014 - 01	−2.42	31
2014 - 02	−2.53	28
2014 - 03	−0.51	31
2014 - 04	5.88	30

（续）

时间（年-月）	土壤温度（15 cm）/℃	有效数据/条
2014 - 05	14.67	31
2014 - 06	23.03	30
2014 - 07	25.43	31
2014 - 08	24.91	31
2014 - 09	19.30	30
2014 - 10	12.09	31
2014 - 11	4.56	30
2014 - 12	−1.27	31
2015 - 01	−2.06	31
2015 - 02	−1.51	28
2015 - 03	1.64	31
2015 - 04	9.47	30
2015 - 05	16.86	31
2015 - 06	22.55	30
2015 - 07	26.12	31
2015 - 08	25.44	31
2015 - 09	20.19	30
2015 - 10	12.06	31
2015 - 11	3.73	30
2015 - 12	−0.69	31

表 3 - 291　土壤温度（20 cm）

时间（年-月）	土壤温度（20 cm）/℃	有效数据/条
2005 - 06	20.24	30
2005 - 07	24.03	31
2005 - 08	23.30	31
2005 - 09	19.05	30
2005 - 10	12.02	31
2005 - 11	4.80	30
2005 - 12	0.00	28
2006 - 01	−2.89	31
2006 - 02	−2.63	28
2006 - 03	−0.54	31

（续）

时间（年-月）	土壤温度（20 cm）/℃	有效数据/条
2006 - 04	3.55	29
2006 - 05	13.65	31
2006 - 06	19.38	30
2006 - 07	22.86	31
2006 - 08	23.89	31
2006 - 09	18.79	30
2006 - 10	13.24	31
2006 - 11	5.17	30
2006 - 12	−0.37	31
2007 - 01	−2.65	31
2007 - 02	−2.31	16
2007 - 03	−0.07	31
2007 - 04	5.59	30
2007 - 05	14.20	29
2007 - 06	21.17	30
2007 - 07	23.51	31
2007 - 08	23.52	31
2007 - 09	19.56	30
2007 - 10	12.04	31
2007 - 11	4.75	30
2007 - 12	−0.05	31
2008 - 01	−4.33	31
2008 - 02	−4.72	28
2008 - 03	−0.27	31
2008 - 04	6.57	28
2008 - 05	13.72	28
2008 - 06	19.34	30
2008 - 07	23.54	31
2008 - 08	24.26	31
2008 - 09	19.13	30
2008 - 10	12.73	31
2008 - 11	4.85	30
2008 - 12	0.34	31

（续）

时间（年-月）	土壤温度（20 cm）/℃	有效数据/条
2009 - 01	−3.73	31
2009 - 02	−2.03	28
2009 - 03	−0.33	31
2009 - 04	5.99	30
2009 - 05	15.13	31
2009 - 06	19.77	30
2009 - 07	22.77	31
2009 - 08	23.67	31
2009 - 09	18.26	30
2009 - 10	12.06	31
2009 - 11	3.90	30
2009 - 12	−2.03	31
2010 - 01	−4.62	31
2010 - 02	−4.70	28
2010 - 03	−0.85	31
2010 - 04	2.89	30
2010 - 05	13.48	31
2010 - 06	20.56	30
2010 - 07	23.69	31
2010 - 08	23.52	31
2010 - 09	19.82	30
2010 - 10	11.40	31
2010 - 11	4.77	30
2010 - 12	0.96	31
2011 - 01	−0.72	31
2011 - 02	−1.46	28
2011 - 03	−0.48	31
2011 - 04	3.67	30
2011 - 05	13.09	31
2011 - 06	18.45	30
2011 - 07	22.88	31
2011 - 08	23.28	31
2011 - 09	18.38	30

（续）

时间（年-月）	土壤温度（20 cm）/℃	有效数据/条
2011 - 10	12.22	31
2011 - 11	6.68	30
2011 - 12	−0.25	31
2012 - 01	−4.60	31
2012 - 02	−4.60	28
2012 - 03	−0.99	31
2012 - 04	1.21	30
2012 - 05	10.42	31
2012 - 06	17.35	30
2012 - 07	21.97	31
2012 - 08	22.78	31
2012 - 09	19.47	30
2012 - 10	12.18	31
2012 - 11	4.92	30
2012 - 12	1.14	31
2013 - 01	0.18	31
2013 - 02	−0.38	28
2013 - 03	−0.13	31
2013 - 04	1.89	30
2013 - 05	12.69	31
2013 - 06	18.69	30
2013 - 07	23.03	31
2013 - 08	23.73	31
2013 - 09	18.60	30
2013 - 10	12.68	31
2013 - 11	6.31	30
2013 - 12	0.96	31
2014 - 01	−1.94	31
2014 - 02	−2.25	28
2014 - 03	−0.47	31
2014 - 04	5.57	30
2014 - 05	14.28	31
2014 - 06	22.51	30

（续）

时间（年-月）	土壤温度（20 cm）/℃	有效数据/条
2014 – 07	24.99	31
2014 – 08	24.50	31
2014 – 09	19.33	30
2014 – 10	12.31	31
2014 – 11	5.03	30
2014 – 12	−0.73	31
2015 – 01	−1.63	31
2015 – 02	−1.25	28
2015 – 03	1.37	31
2015 – 04	9.04	30
2015 – 05	16.32	31
2015 – 06	22.04	30
2015 – 07	25.58	31
2015 – 08	25.17	31
2015 – 09	20.21	30
2015 – 10	12.35	31
2015 – 11	4.18	30
2015 – 12	−0.22	31

表 3 - 292　土壤温度（40 cm）

时间（年-月）	土壤温度（40 cm）/℃	有效数据/条
2005 – 06	18.09	30
2005 – 07	22.04	31
2005 – 08	22.22	31
2005 – 09	19.05	30
2005 – 10	13.28	31
2005 – 11	6.83	30
2005 – 12	2.08	28
2006 – 01	−0.85	31
2006 – 02	−1.57	28
2006 – 03	−0.53	31
2006 – 04	2.09	29
2006 – 05	11.47	31

（续）

时间（年-月）	土壤温度（40 cm）/℃	有效数据/条
2006 - 06	17.32	30
2006 - 07	20.95	31
2006 - 08	22.55	31
2006 - 09	18.81	30
2006 - 10	14.12	31
2006 - 11	7.03	30
2006 - 12	1.74	31
2007 - 01	−0.67	31
2007 - 02	−1.32	16
2007 - 03	−0.18	31
2007 - 04	4.26	30
2007 - 05	12.17	29
2007 - 06	18.55	30
2007 - 07	21.61	31
2007 - 08	22.33	31
2007 - 09	19.43	30
2007 - 10	13.26	31
2007 - 11	6.63	30
2007 - 12	1.86	31
2008 - 01	−1.58	31
2008 - 02	−3.31	28
2008 - 03	−0.62	31
2008 - 04	4.38	28
2008 - 05	11.81	28
2008 - 06	17.22	30
2008 - 07	21.43	31
2008 - 08	22.98	31
2008 - 09	19.23	30
2008 - 10	13.70	31
2008 - 11	6.87	30
2008 - 12	2.42	31
2009 - 01	−1.57	31
2009 - 02	−1.17	28

（续）

时间（年-月）	土壤温度（40 cm）/℃	有效数据/条
2009 - 03	−0.38	31
2009 - 04	4.34	30
2009 - 05	12.99	31
2009 - 06	17.48	30
2009 - 07	20.67	31
2009 - 08	22.13	31
2009 - 09	18.12	30
2009 - 10	13.06	31
2009 - 11	5.95	30
2009 - 12	0.64	31
2010 - 01	−2.58	31
2010 - 02	−3.31	28
2010 - 03	−0.74	31
2010 - 04	1.39	30
2010 - 05	11.33	31
2010 - 06	17.91	30
2010 - 07	21.60	31
2010 - 08	22.25	31
2010 - 09	19.81	30
2010 - 10	12.67	31
2010 - 11	6.44	30
2010 - 12	2.50	31
2011 - 01	0.90	31
2011 - 02	−0.29	28
2011 - 03	−0.22	31
2011 - 04	2.74	30
2011 - 05	11.18	31
2011 - 06	16.31	30
2011 - 07	20.64	31
2011 - 08	21.98	31
2011 - 09	18.49	30
2011 - 10	12.99	31
2011 - 11	8.13	30

（续）

时间（年-月）	土壤温度（40 cm）/℃	有效数据/条
2011 - 12	2.12	31
2012 - 01	−2.11	31
2012 - 02	−3.30	28
2012 - 03	−0.99	31
2012 - 04	−0.12	30
2012 - 05	8.07	31
2012 - 06	15.10	30
2012 - 07	20.00	31
2012 - 08	21.49	31
2012 - 09	19.25	30
2012 - 10	13.21	31
2012 - 11	6.62	30
2012 - 12	2.60	31
2013 - 01	1.40	31
2013 - 02	0.64	28
2013 - 03	0.32	31
2013 - 04	1.72	30
2013 - 05	10.66	31
2013 - 06	16.26	30
2013 - 07	21.01	31
2013 - 08	22.47	31
2013 - 09	18.57	30
2013 - 10	13.62	31
2013 - 11	7.87	30
2013 - 12	2.75	31
2014 - 01	0.02	31
2014 - 02	−1.08	28
2014 - 03	−0.38	31
2014 - 04	3.92	30
2014 - 05	12.10	31
2014 - 06	19.64	30
2014 - 07	22.44	31
2014 - 08	22.60	31

（续）

时间（年-月）	土壤温度（40 cm）/℃	有效数据/条
2014 - 09	19.41	30
2014 - 10	13.58	31
2014 - 11	7.61	30
2014 - 12	2.04	31
2015 - 01	0.35	31
2015 - 02	−0.22	28
2015 - 03	1.04	31
2015 - 04	7.41	30
2015 - 05	13.86	31
2015 - 06	19.24	30
2015 - 07	22.87	31
2015 - 08	23.77	31
2015 - 09	20.33	30
2015 - 10	14.13	31
2015 - 11	6.85	30
2015 - 12	2.37	31

表 3 - 293　土壤温度（60 cm）

时间（年-月）	土壤温度（60 cm）/℃	有效数据/条
2005 - 06	16.43	30
2005 - 07	20.54	31
2005 - 08	21.47	31
2005 - 09	19.16	30
2005 - 10	14.39	31
2005 - 11	8.66	30
2005 - 12	3.99	28
2006 - 01	1.03	31
2006 - 02	−0.37	28
2006 - 03	−0.03	31
2006 - 04	1.98	29
2006 - 05	10.01	31
2006 - 06	15.70	30
2006 - 07	19.45	31

（续）

时间（年-月）	土壤温度（60 cm）/℃	有效数据/条
2006 - 08	21.51	31
2006 - 09	18.90	30
2006 - 10	14.99	31
2006 - 11	8.77	30
2006 - 12	3.70	31
2007 - 01	1.17	31
2007 - 02	0.02	16
2007 - 03	0.43	31
2007 - 04	3.92	30
2007 - 05	10.84	29
2007 - 06	16.70	30
2007 - 07	20.12	31
2007 - 08	21.40	31
2007 - 09	19.39	30
2007 - 10	14.39	31
2007 - 11	8.43	30
2007 - 12	3.74	31
2008 - 01	0.76	31
2008 - 02	−1.66	28
2008 - 03	−0.39	31
2008 - 04	3.37	28
2008 - 05	10.49	28
2008 - 06	15.63	30
2008 - 07	19.83	31
2008 - 08	22.06	31
2008 - 09	19.37	30
2008 - 10	14.63	31
2008 - 11	8.73	30
2008 - 12	4.31	31
2009 - 01	0.45	31
2009 - 02	−0.15	28
2009 - 03	0.11	31
2009 - 04	3.92	30

（续）

时间（年-月）	土壤温度（60 cm）/℃	有效数据/条
2009 - 05	11.51	31
2009 - 06	15.92	30
2009 - 07	19.20	31
2009 - 08	20.99	31
2009 - 09	18.15	30
2009 - 10	13.98	31
2009 - 11	7.94	30
2009 - 12	2.92	31
2010 - 01	−0.52	31
2010 - 02	−1.63	28
2010 - 03	−0.39	31
2010 - 04	1.06	30
2010 - 05	9.84	31
2010 - 06	16.03	30
2010 - 07	19.95	31
2010 - 08	21.36	31
2010 - 09	19.83	30
2010 - 10	13.83	31
2010 - 11	8.02	30
2010 - 12	4.08	31
2011 - 01	2.34	31
2011 - 02	0.98	28
2011 - 03	0.70	31
2011 - 04	2.82	30
2011 - 05	9.92	31
2011 - 06	14.86	30
2011 - 07	19.03	31
2011 - 08	21.08	31
2011 - 09	18.66	30
2011 - 10	13.85	31
2011 - 11	9.53	30
2011 - 12	4.13	31
2012 - 01	0.18	31

（续）

时间（年-月）	土壤温度（60 cm）/℃	有效数据/条
2012 - 02	−1.82	28
2012 - 03	−0.63	31
2012 - 04	−0.15	30
2012 - 05	6.57	31
2012 - 06	13.46	30
2012 - 07	18.51	31
2012 - 08	20.54	31
2012 - 09	19.15	30
2012 - 10	14.20	31
2012 - 11	8.22	30
2012 - 12	4.13	31
2013 - 01	2.71	31
2013 - 02	1.75	28
2013 - 03	1.14	31
2013 - 04	2.02	30
2013 - 05	9.33	31
2013 - 06	14.66	30
2013 - 07	19.42	31
2013 - 08	21.54	31
2013 - 09	18.68	30
2013 - 10	14.50	31
2013 - 11	9.31	30
2013 - 12	4.48	31
2014 - 01	1.74	31
2014 - 02	0.28	28
2014 - 03	0.32	31
2014 - 04	3.56	30
2014 - 05	10.81	31
2014 - 06	17.80	30
2014 - 07	20.81	31
2014 - 08	21.50	31
2014 - 09	19.30	30
2014 - 10	14.28	31

（续）

时间（年-月）	土壤温度（60 cm）/℃	有效数据/条
2014 - 11	9.03	30
2014 - 12	3.81	31
2015 - 01	1.75	31
2015 - 02	0.83	28
2015 - 03	1.50	31
2015 - 04	6.64	30
2015 - 05	12.51	31
2015 - 06	17.59	30
2015 - 07	21.25	31
2015 - 08	22.87	31
2015 - 09	20.23	30
2015 - 10	15.03	31
2015 - 11	8.43	30
2015 - 12	3.94	31

表 3 - 294　土壤温度（100 cm）

时间（年-月）	土壤温度（100 cm）/℃	有效数据/条
2005 - 06	13.93	30
2005 - 07	18.01	31
2005 - 08	19.80	31
2005 - 09	18.57	30
2005 - 10	15.10	31
2005 - 11	10.43	30
2005 - 12	6.09	28
2006 - 01	3.16	31
2006 - 02	1.38	28
2006 - 03	1.18	31
2006 - 04	2.15	29
2006 - 05	8.05	31
2006 - 06	13.19	30
2006 - 07	16.94	31
2006 - 08	19.47	31
2006 - 09	18.30	30

（续）

时间（年-月）	土壤温度（100 cm）/℃	有效数据/条
2006 - 10	15.42	31
2006 - 11	10.45	30
2006 - 12	5.84	31
2007 - 01	3.21	31
2007 - 02	1.92	16
2007 - 03	1.39	31
2007 - 04	1.39	30
2007 - 05	8.96	29
2007 - 06	13.99	30
2007 - 07	17.63	31
2007 - 08	19.47	31
2007 - 09	18.62	30
2007 - 10	15.13	31
2007 - 11	10.21	30
2007 - 12	5.82	31
2008 - 01	3.05	31
2008 - 02	0.44	28
2008 - 03	0.36	31
2008 - 04	2.83	28
2008 - 05	8.60	28
2008 - 06	13.24	30
2008 - 07	17.26	31
2008 - 08	20.11	31
2008 - 09	18.78	30
2008 - 10	15.16	31
2008 - 11	10.54	30
2008 - 12	6.36	31
2009 - 01	2.84	31
2009 - 02	1.56	28
2009 - 03	1.13	31
2009 - 04	3.49	30
2009 - 05	9.44	31
2009 - 06	13.59	30

（续）

时间（年-月）	土壤温度（100 cm）/℃	有效数据/条
2009 - 07	16.82	31
2009 - 08	18.91	31
2009 - 09	17.53	30
2009 - 10	14.47	31
2009 - 11	9.81	30
2009 - 12	5.34	31
2010 - 01	1.83	31
2010 - 02	0.29	28
2010 - 03	0.34	31
2010 - 04	1.32	30
2010 - 05	7.79	31
2010 - 06	13.33	30
2010 - 07	17.26	31
2010 - 08	19.56	31
2010 - 09	19.05	30
2010 - 10	14.66	31
2010 - 11	9.57	30
2010 - 12	5.78	31
2011 - 01	3.90	31
2011 - 02	2.43	28
2011 - 03	1.80	31
2011 - 04	2.84	30
2011 - 05	8.18	31
2011 - 06	12.65	30
2011 - 07	16.50	31
2011 - 08	19.27	31
2011 - 09	18.16	30
2011 - 10	14.40	31
2011 - 11	10.82	30
2011 - 12	6.23	31
2012 - 01	2.61	31
2012 - 02	0.23	28
2012 - 03	0.12	31

（续）

时间（年-月）	土壤温度（100 cm）/℃	有效数据/条
2012 - 04	0.49	30
2012 - 05	4.97	31
2012 - 06	11.07	30
2012 - 07	16.06	31
2012 - 08	18.68	31
2012 - 09	18.30	30
2012 - 10	14.75	31
2012 - 11	9.77	30
2012 - 12	5.80	31
2013 - 01	4.10	31
2013 - 02	2.93	28
2013 - 03	2.00	31
2013 - 04	2.37	30
2013 - 05	7.52	31
2013 - 06	12.35	30
2013 - 07	16.82	31
2013 - 08	19.56	31
2013 - 09	18.13	30
2013 - 10	14.97	31
2013 - 11	10.65	30
2013 - 12	6.33	31
2014 - 01	3.63	31
2014 - 02	1.99	28
2014 - 03	1.55	31
2014 - 04	3.22	30
2014 - 05	8.55	31
2014 - 06	13.66	30
2014 - 07	16.98	31
2014 - 08	18.73	31
2014 - 09	18.45	30
2014 - 10	15.29	31
2014 - 11	11.59	30
2014 - 12	7.34	31

（续）

时间（年-月）	土壤温度（100 cm）/℃	有效数据/条
2015 - 01	4.75	31
2015 - 02	3.28	28
2015 - 03	2.95	31
2015 - 04	5.45	30
2015 - 05	9.77	31
2015 - 06	13.93	30
2015 - 07	17.53	31
2015 - 08	20.32	31
2015 - 09	19.43	30
2015 - 10	16.28	31
2015 - 11	11.49	30
2015 - 12	7.28	31

3.4.2.6　总辐射量

（1）概述

太阳辐射是指太阳以电磁波的形式向外传递能量，是太阳向宇宙空间发射的电磁波和粒子流。太阳辐射总量是指在特定时间内水平面上太阳辐射的累计值，常用的统计值有日总量、月总量、年总量。采用总辐射表观测数值，是用来测量水平面上在 2π 立体角内接收到的太阳直接辐射和散射太阳辐射之和的总辐射（短波）。本数据集包括 2005—2015 年的月总量值数据，采集地为沈阳站气象观测场，下垫面为自然植被（杂草）。采用芬兰 VAISALA 生产的 MILOS520 和 MAWS301 自动监测系统收集数据。

（2）数据采集和处理方法

a. 数据采集

数据采集参见 3.4.2.1 中气压数据的采集和报表处理介绍，观测采用 CM11 型号总辐射表，数据获取方法：每 10 s 采测 1 次，每分钟采测 6 次辐照度（瞬时值），去除 1 个最大值和 1 个最小值后取平均值。正点（地方平均太阳时）00 min 采集存储辐照度，同时计存储曝辐量（累积值），获得原始数据。

b. 处理方法

参照 3.4.2.1 气压的数据处理方法。

（3）数据质量控制和评估

①总辐射最大值不能超过气候学界限值 2 000 W/m²。

②当前瞬时值与前一次值的差异小于最大变幅 800 W/m²。

③小时总辐射量大于等于小时净辐射、反射辐射和紫外辐射；除阴天、雨天和雪天外总辐射一般在中午前后出现极大值。

④小时总辐射累积值应小于同一地理位置大气层顶的辐射总量，小时总辐射累积值可以稍微大于同一地理位置在大气具有很大透过率和非常晴朗的状态下的小时总辐射累积值，所有夜间观测的小时总辐射累积值小于 0 时用 0 代替。

（4）观测数据

表 3 - 295 中为总辐射量观测数据。

表 3 - 295　总辐射量

时间（年-月）	月累计总辐射/（MJ/m²）	有效数据/条
2005 - 06	522.638	30
2005 - 07	561.437	31
2005 - 08	460.137	31
2005 - 09	466.538	30
2005 - 10	391.545	31
2005 - 11	269.139	30
2005 - 12	314.970	30
2006 - 01	288.304	31
2006 - 02	286.478	28
2006 - 03	442.372	31
2006 - 04	453.241	30
2006 - 05	612.537	31
2006 - 06	539.518	30
2006 - 07	532.309	31
2006 - 08	494.885	31
2006 - 09	454.820	30
2006 - 10	339.930	31
2006 - 11	245.362	30
2006 - 12	195.760	31
2007 - 01	193.745	30
2007 - 02	143.365	28
2007 - 03	435.027	31
2007 - 04	535.752	16
2007 - 05	638.357	31
2007 - 06	652.416	30
2007 - 07	557.308	31
2007 - 08	516.142	30
2007 - 09	464.947	31
2007 - 10	333.703	31
2007 - 11	230.028	30

（续）

时间（年-月）	月累计总辐射/（MJ/m²）	有效数据/条
2007 - 12	182.567	31
2008 - 01	246.479	31
2008 - 02	325.158	28
2008 - 03	400.782	31
2008 - 04	478.341	30
2008 - 05	549.342	31
2008 - 06	531.492	30
2008 - 07	541.705	31
2008 - 08	551.168	31
2008 - 09	481.542	30
2008 - 10	349.919	31
2008 - 11	262.730	30
2008 - 12	205.203	31
2009 - 01	242.378	31
2009 - 02	307.385	28
2009 - 03	474.001	31
2009 - 04	512.069	30
2009 - 05	641.790	31
2009 - 06	601.233	30
2009 - 07	588.049	31
2009 - 08	588.386	31
2009 - 09	423.299	30
2009 - 10	331.857	31
2009 - 11	214.546	30
2009 - 12	180.417	31
2010 - 01	247.376	31
2010 - 02	281.618	28
2010 - 03	447.363	31
2010 - 04	444.847	30
2010 - 05	509.771	31
2010 - 06	634.449	30
2010 - 07	467.898	31
2010 - 08	475.491	31

（续）

时间（年-月）	月累计总辐射/（MJ/m²）	有效数据/条
2010 - 09	398.285	30
2010 - 10	319.032	31
2010 - 11	226.468	30
2010 - 12	183.497	31
2011 - 01	291.043	31
2011 - 02	283.826	28
2011 - 03	523.298	31
2011 - 04	526.124	30
2011 - 05	600.481	31
2011 - 06	538.825	30
2011 - 07	553.729	31
2011 - 08	504.510	31
2011 - 09	479.339	30
2011 - 10	341.692	31
2011 - 11	229.628	30
2011 - 12	235.736	31
2012 - 01	245.569	31
2012 - 02	320.262	28
2012 - 03	448.367	31
2012 - 04	511.007	30
2012 - 05	670.351	31
2012 - 06	514.438	30
2012 - 07	546.803	31
2012 - 08	524.751	31
2012 - 09	421.618	30
2012 - 10	362.820	31
2012 - 11	218.233	30
2012 - 12	185.506	31
2013 - 01	217.357	31
2013 - 02	312.123	28
2013 - 03	430.528	31
2013 - 04	515.247	30
2013 - 05	631.806	31

（续）

时间（年-月）	月累计总辐射/（MJ/m²）	有效数据/条
2013 - 06	583.863	30
2013 - 07	577.677	31
2013 - 08	489.949	31
2013 - 09	454.031	30
2013 - 10	307.385	31
2013 - 11	235.257	30
2013 - 12	199.517	31
2014 - 01	234.418	31
2014 - 02	279.807	28
2014 - 03	467.868	31
2014 - 04	545.411	30
2014 - 05	597.714	31
2014 - 06	566.701	30
2014 - 07	603.877	31
2014 - 08	580.055	31
2014 - 09	487.874	30
2014 - 10	323.198	31
2014 - 11	241.189	30
2014 - 12	196.110	31
2015 - 01	225.144	31
2015 - 02	288.306	28
2015 - 03	451.106	31
2015 - 04	510.739	30
2015 - 05	639.542	31
2015 - 06	590.046	30
2015 - 07	604.477	31
2015 - 08	533.180	31
2015 - 09	472.972	30
2015 - 10	356.222	31
2015 - 11	166.420	30
2015 - 12	172.270	31

3.4.2.7　净辐射

（1）概述

太阳净辐射是由天空（包括太阳和大气）向下投射的和由地表（包括土壤、植物、水面）向上投射的全波段辐射量之差，又称净全辐射，用净全辐射表测量，净全辐射表是测量一个水平面的上下两面源于 2π 立体角的辐射总量差额的仪器。本数据集包括 2005—2015 年的月总量值数据，采集地为沈阳站气象观测场，下垫面为自然植被（杂草）。采用芬兰 VAISALA 生产的 MILOS520 和 MAWS301 自动监测系统收集数据。

（2）数据采集和处理方法

a. 数据采集

参照 3.4.2.1 中气压数据的采集方法和报表处理介绍。采集器为净辐射表 QMN101，每 10 s 采测 1 次，每分钟采测 6 次辐照度（瞬时值），去除 1 个最大值和 1 个最小值后取平均值。正点（地方平均太阳时）00 min 采集存储辐照度，同时计算存储曝辐量（累积值），获得原始数据。

b. 处理方法

参照 3.4.2.1 气压的数据处理方法。

（3）数据质量控制和评估

①净辐射最大值不能超过气候学界限值 2 000 W/m²。

②净辐射应小于同时间的总辐射。

③地面反射率与净辐射有很大的关系，是净辐射的主要影响因子，其次是太阳高度、大气透明度、云层、地温和气温等。

（4）观测数据

表 3 - 296 中为净辐射观测数据。

表 3 - 296　净辐射

时间（年-月）	月累计净辐射/（MJ/m²）	有效数据/条
2005 - 06	282.697	30
2005 - 07	336.519	31
2005 - 08	226.702	31
2005 - 09	211.559	30
2005 - 10	109.997	31
2005 - 11	18.409	30
2005 - 12	51.732	30
2006 - 01	−23.112	31
2006 - 02	30.370	28
2006 - 03	151.234	31
2006 - 04	187.619	30
2006 - 05	286.566	31
2006 - 06	268.236	30
2006 - 07	297.916	31
2006 - 08	257.032	31
2006 - 09	210.111	30
2006 - 10	112.067	31

（续）

时间（年-月）	月累计净辐射/（MJ/m²）	有效数据/条
2006 - 11	26.496	30
2006 - 12	2.401	31
2007 - 01	8.942	30
2007 - 02	36.007	28
2007 - 03	124.864	31
2007 - 04	217.871	16
2007 - 05	282.235	31
2007 - 06	310.143	30
2007 - 07	286.129	31
2007 - 08	261.680	30
2007 - 09	204.696	31
2007 - 10	97.065	31
2007 - 11	16.448	30
2007 - 12	5.895	31
2008 - 01	29.554	31
2008 - 02	95.493	28
2008 - 03	146.386	31
2008 - 04	189.868	30
2008 - 05	240.200	31
2008 - 06	246.260	30
2008 - 07	282.103	31
2008 - 08	269.674	31
2008 - 09	206.733	30
2008 - 10	100.004	31
2008 - 11	24.466	30
2008 - 12	27.481	31
2009 - 01	9.430	31
2009 - 02	12.167	28
2009 - 03	167.590	31
2009 - 04	216.651	30
2009 - 05	319.538	31
2009 - 06	306.027	30
2009 - 07	320.618	31

（续）

时间（年-月）	月累计净辐射/（MJ/m²）	有效数据/条
2009 - 08	306.407	31
2009 - 09	188.656	30
2009 - 10	101.636	31
2009 - 11	7.449	30
2009 - 12	34.508	31
2010 - 01	11.261	31
2010 - 02	64.570	28
2010 - 03	164.458	31
2010 - 04	178.126	30
2010 - 05	232.209	31
2010 - 06	339.928	30
2010 - 07	238.309	31
2010 - 08	248.079	31
2010 - 09	182.406	30
2010 - 10	97.483	31
2010 - 11	9.974	30
2010 - 12	37.727	31
2011 - 01	27.284	31
2011 - 02	62.860	28
2011 - 03	222.547	31
2011 - 04	235.369	30
2011 - 05	288.345	31
2011 - 06	286.148	30
2011 - 07	317.705	31
2011 - 08	267.086	31
2011 - 09	216.665	30
2011 - 10	113.354	31
2011 - 11	16.640	30
2011 - 12	13.147	31
2012 - 01	29.195	31
2012 - 02	72.891	28
2012 - 03	153.891	31
2012 - 04	223.841	30

（续）

时间（年-月）	月累计净辐射/（MJ/m²）	有效数据/条
2012 - 05	334.444	31
2012 - 06	260.078	30
2012 - 07	309.931	31
2012 - 08	283.576	31
2012 - 09	197.834	30
2012 - 10	126.887	31
2012 - 11	22.631	30
2012 - 12	32.282	31
2013 - 01	19.631	31
2013 - 02	40.906	28
2013 - 03	157.647	31
2013 - 04	239.580	30
2013 - 05	304.322	31
2013 - 06	302.706	30
2013 - 07	315.554	31
2013 - 08	264.779	31
2013 - 09	219.536	30
2013 - 10	108.443	31
2013 - 11	42.761	30
2013 - 12	10.464	31
2014 - 01	36.163	31
2014 - 02	83.732	28
2014 - 03	185.162	31
2014 - 04	245.744	30
2014 - 05	285.650	31
2014 - 06	300.821	30
2014 - 07	334.706	31
2014 - 08	307.151	31
2014 - 09	223.829	30
2014 - 10	95.426	31
2014 - 11	25.793	30
2014 - 12	25.578	31
2015 - 01	－23.046	31

（续）

时间（年-月）	月累计净辐射/（MJ/m²）	有效数据/条
2015 - 02	52.433	28
2015 - 03	161.918	31
2015 - 04	221.114	30
2015 - 05	301.378	31
2015 - 06	305.633	30
2015 - 07	337.226	31
2015 - 08	291.797	31
2015 - 09	227.442	30
2015 - 10	113.225	31
2015 - 11	9.728	30
2015 - 12	−5.903	31

3.4.2.8　反射辐射

（1）概述

地表反射辐射为太阳辐射被地表返回的、不改变其单色组成的辐射，地表反射辐射的大小取决于地面的反射能力，即大地反照率，大地反照率是反射辐射与总辐射的比值。本数据集包括 2005—2015 年的月总量值数据，采集地为沈阳站气象观测场，下垫面为自然植被（杂草）。采用芬兰 VAIS-ALA 生产的 MILOS520 和 MAWS301 自动监测系统收集数据。

（2）数据采集和处理方法

a. 数据采集

参照 3.4.2.1 中气压数据的采集方法和报表处理介绍。采集设备：反射辐射观测表 CM6B。每 10 s 采测 1 次，每分钟采测 6 次辐照度（瞬时值），去除一个最大值和一个最小值后取平均值。正点（地方平均太阳时）00 min 采集存储辐照度，同时计算存储曝辐量（累积值），获得原始数据。

b. 处理方法

参照 3.4.2.1 气压的处理方法。

（3）数据质量控制和评估

①反射辐射最大值不能超过气候学界限值 2 000 W/m²。

②反射辐射值不能大于总辐射值。

③反射辐射是通过地表反射率来实现数据质量控制的，大小与太阳高度角和地面特征有很大的关系。

（4）观测数据

表 3 - 297 中为反射辐射观测数据。

表 3 - 297　反射辐射

时间（年-月）	月累计反射辐射/（MJ/m²）	有效数据/条
2005 - 06	92.267	30
2005 - 07	110.374	31
2005 - 08	94.072	31

（续）

时间（年-月）	月累计反射辐射/（MJ/m²）	有效数据/条
2005 – 09	79.387	30
2005 – 10	77.242	31
2005 – 11	54.636	30
2005 – 12	201.857	30
2006 – 01	122.219	31
2006 – 02	120.633	28
2006 – 03	101.620	31
2006 – 04	75.054	30
2006 – 05	108.824	31
2006 – 06	89.301	30
2006 – 07	83.396	31
2006 – 08	88.222	31
2006 – 09	87.805	30
2006 – 10	70.596	31
2006 – 11	58.383	30
2006 – 12	46.731	31
2007 – 01	56.348	30
2007 – 02	30.584	28
2007 – 03	140.829	31
2007 – 04	87.613	16
2007 – 05	112.978	31
2007 – 06	112.739	30
2007 – 07	99.715	31
2007 – 08	92.867	30
2007 – 09	83.042	31
2007 – 10	65.673	31
2007 – 11	66.529	30
2007 – 12	64.961	31
2008 – 01	51.683	31
2008 – 02	57.044	28
2008 – 03	66.681	31
2008 – 04	79.629	30
2008 – 05	97.892	31

（续）

时间（年-月）	月累计反射辐射/（MJ/m²）	有效数据/条
2008 – 06	91.903	30
2008 – 07	96.434	31
2008 – 08	102.441	31
2008 – 09	92.627	30
2008 – 10	75.453	31
2008 – 11	81.648	30
2008 – 12	87.738	31
2009 – 01	95.263	31
2009 – 02	182.344	28
2009 – 03	101.430	31
2009 – 04	94.496	30
2009 – 05	118.559	31
2009 – 06	98.899	30
2009 – 07	98.167	31
2009 – 08	101.669	31
2009 – 09	83.820	30
2009 – 10	70.470	31
2009 – 11	105.175	30
2009 – 12	94.436	31
2010 – 01	125.140	31
2010 – 02	63.938	28
2010 – 03	87.949	31
2010 – 04	73.690	30
2010 – 05	88.078	31
2010 – 06	113.939	30
2010 – 07	89.106	31
2010 – 08	82.803	31
2010 – 09	71.449	30
2010 – 10	69.218	31
2010 – 11	63.058	30
2010 – 12	113.256	31
2011 – 01	174.769	31
2011 – 02	62.096	28

（续）

时间（年-月）	月累计反射辐射/（MJ/m²）	有效数据/条
2011 - 03	90.077	31
2011 - 04	96.940	30
2011 - 05	128.214	31
2011 - 06	97.146	30
2011 - 07	101.208	31
2011 - 08	107.135	31
2011 - 09	90.860	30
2011 - 10	75.239	31
2011 - 11	88.673	30
2011 - 12	61.435	31
2012 - 01	63.705	31
2012 - 02	113.175	28
2012 - 03	112.052	31
2012 - 04	99.775	30
2012 - 05	131.376	31
2012 - 06	98.067	30
2012 - 07	91.064	31
2012 - 08	95.918	31
2012 - 09	86.672	30
2012 - 10	85.821	31
2012 - 11	62.775	30
2012 - 12	144.889	31
2013 - 01	153.050	31
2013 - 02	148.446	28
2013 - 03	93.247	31
2013 - 04	82.433	30
2013 - 05	113.541	31
2013 - 06	105.132	30
2013 - 07	103.101	31
2013 - 08	99.898	31
2013 - 09	100.036	30
2013 - 10	68.532	31
2013 - 11	55.799	30

(续)

时间（年-月）	月累计反射辐射/（MJ/m²）	有效数据/条
2013 - 12	67.086	31
2014 - 01	54.470	31
2014 - 02	52.883	28
2014 - 03	93.476	31
2014 - 04	97.685	30
2014 - 05	110.658	31
2014 - 06	94.277	30
2014 - 07	111.440	31
2014 - 08	112.369	31
2014 - 09	95.499	30
2014 - 10	63.470	31
2014 - 11	49.198	30
2014 - 12	119.825	31
2015 - 01	149.576	31
2015 - 02	94.858	28
2015 - 03	83.576	31
2015 - 04	89.361	30
2015 - 05	113.244	31
2015 - 06	102.370	30
2015 - 07	112.812	31
2015 - 08	108.336	31
2015 - 09	85.765	30
2015 - 10	77.011	31
2015 - 11	53.344	30
2015 - 12	48.710	31

3.4.2.9　光合有效辐射

（1）概述

绿色植物在进行光合作用的过程中，吸收的太阳辐射中使叶绿素分子呈激发状态的那部分光谱能量（波长为 380～710 nm）称为光合有效辐射，简称 PAR，在植物学研究中通常测量的是光量子通量密度，以 PFD 表示。光合有效辐射是植物生命活动、有机物质合成和产量形成的能量来源，本数据集包括 2005—2015 年的月总量值数据，采集地为沈阳站气象观测场，下垫面为自然植被（杂草）。采用芬兰 VAISALA 生产的 MILOS520 和 MAWS301 自动监测系统收集数据。

（2）数据采集和处理方法

a. 数据采集

参照 3.4.2.1 中气压数据的采集方法和报表处理介绍。采集设备：光量子表 LI‐190SZ。每 10 s 采测 1 次，每分钟采测 6 次光量子通量值（瞬时值），去除 1 个最大值和 1 个最小值后取平均值。正点（地方平均太阳时）00 min 采集存储光通量值，同时计算存储累积值，获得原始数据。

b. 处理方法

参照 3.4.2.1 气压的处理方法。

（3）数据质量控制和评估

①光合有效辐射最大值不能超过气候学界限值 5 000 $\mu mol/$ （m² · s）。

②光量子通量在数值上大约是总辐射度的 2.0～2.5 倍。

③在量值上与总辐射量有较好的相关性，是参考的最佳判断标准。

④除阴天、雨天和雪天外光合有效辐射一般在中午前后出现极大值。

（4）观测数据

表 3‐298 中为光合有效辐射。

表 3‐298　光合有效辐射

时间（年‐月）	月累计光和有效辐射/［$\mu mol/$ （m² · s）］	有效数据/条
2005 ‐ 06	1 008.495	30
2005 ‐ 07	1 079.070	31
2005 ‐ 08	863.372	31
2005 ‐ 09	830.926	30
2005 ‐ 10	651.851	31
2005 ‐ 11	365.515	30
2005 ‐ 12	318.079	30
2006 ‐ 01	150.733	31
2006 ‐ 02	452.782	28
2006 ‐ 03	702.755	31
2006 ‐ 04	784.940	30
2006 ‐ 05	1 116.016	31
2006 ‐ 06	1 015.873	30
2006 ‐ 07	1 054.736	31
2006 ‐ 08	974.504	31
2006 ‐ 09	850.174	30
2006 ‐ 10	603.144	31
2006 ‐ 11	421.619	30
2006 ‐ 12	299.760	31
2007 ‐ 03	711.259	31
2007 ‐ 04	932.079	16
2007 ‐ 05	1 140.251	31
2007 ‐ 06	1 199.226	30

（续）

时间（年-月）	月累计光和有效辐射/［μmol/（m² · s）］	有效数据/条
2007 - 07	1 033.528	31
2007 - 08	988.726	30
2007 - 09	871.477	31
2007 - 10	595.309	31
2007 - 11	389.123	30
2007 - 12	317.425	31
2007 - 01	261.211	30
2007 - 02	202.476	28
2008 - 01	418.042	31
2008 - 02	516.793	28
2008 - 03	681.066	31
2008 - 04	845.608	30
2008 - 05	1 040.316	31
2008 - 06	1 097.954	30
2008 - 07	1 071.247	31
2008 - 08	1 056.127	31
2008 - 09	880.749	30
2008 - 10	619.547	31
2008 - 11	467.172	30
2008 - 12	367.323	31
2009 - 01	420.541	31
2009 - 02	539.638	28
2009 - 03	813.321	31
2009 - 04	924.139	30
2009 - 05	1 201.418	31
2009 - 06	1 136.797	30
2009 - 07	1 107.779	31
2009 - 08	1 084.921	31
2009 - 09	766.864	30
2009 - 10	587.871	31
2009 - 11	352.538	30
2009 - 12	300.815	31
2010 - 01	371.733	31

（续）

时间（年-月）	月累计光和有效辐射/［μmol/（m²·s）］	有效数据/条
2010 - 02	413.902	28
2010 - 03	715.452	31
2010 - 04	767.297	30
2010 - 05	945.499	31
2010 - 06	1 176.369	30
2010 - 07	868.610	31
2010 - 08	853.324	31
2010 - 09	691.188	30
2010 - 10	586.749	31
2010 - 11	414.650	30
2010 - 12	342.745	31
2011 - 01	529.271	31
2011 - 02	499.179	28
2011 - 03	896.733	31
2011 - 04	981.883	30
2011 - 05	1 179.082	31
2011 - 06	1 092.245	30
2011 - 07	1 084.664	31
2011 - 08	928.645	31
2011 - 09	822.272	30
2011 - 10	581.219	31
2011 - 11	402.604	30
2011 - 12	354.909	31
2012 - 01	397.660	31
2012 - 02	573.787	28
2012 - 03	802.147	31
2012 - 04	953.788	30
2012 - 05	1 229.013	31
2012 - 06	1 032.354	30
2012 - 07	1 107.313	31
2012 - 08	1 045.031	31
2012 - 09	822.636	30
2012 - 10	663.409	31

（续）

时间（年-月）	月累计光和有效辐射/ [μmol/ (m² · s)]	有效数据/条
2012 - 11	346.115	30
2012 - 12	340.891	31
2013 - 01	390.153	31
2013 - 02	564.641	28
2013 - 03	712.575	31
2013 - 04	902.931	30
2013 - 05	1 206.137	31
2013 - 06	1 129.313	30
2013 - 07	1 090.276	31
2013 - 08	892.349	31
2013 - 09	783.236	30
2013 - 10	488.036	31
2013 - 11	342.035	30
2013 - 12	282.121	31
2014 - 01	327.827	31
2014 - 02	410.442	28
2014 - 03	738.774	31
2014 - 04	899.914	30
2014 - 05	1 116.953	31
2014 - 06	1 129.275	30
2014 - 07	1 156.575	31
2014 - 08	1 120.276	31
2014 - 09	931.448	30
2014 - 10	560.182	31
2014 - 11	397.421	30
2014 - 12	324.872	31
2015 - 01	354.744	31
2015 - 02	441.704	28
2015 - 03	728.077	31
2015 - 04	894.630	30
2015 - 05	1 155.593	31
2015 - 06	1 100.789	30
2015 - 07	1 164.932	31

（续）

时间（年-月）	月累计光和有效辐射/［μmol/（m² · s）］	有效数据/条
2015 - 08	1 024.639	31
2015 - 09	882.483	30
2015 - 10	639.148	31
2015 - 11	291.958	30
2015 - 12	277.240	31

3.4.2.10　紫外辐射

（1）概述

紫外辐射的波长范围为 10～400 nm，由于只有波长大于 200 nm 的紫外辐射才能在空气中传播，所以人们通常讨论的紫外辐射效应及其应用，只涉及 200～400 nm 的紫外辐射。为方便研究和应用，科学家们把紫外辐射划分为 A 波段（400～315 nm）、B 波段（315～280 nm）和 C 波段（280～200 nm），并分别称之为 UVA、UVB 和 UVC。C 波段几乎全部被大气中的臭氧吸收，紫外辐射可以帮助产生维生素 D，但是也可以灼烧皮肤并使皮肤产生癌变、黑色素瘤以及白内障。对人类皮肤产生影响的紫外辐射叫作红斑响应紫外辐射，即 UVE。也可以计算全球太阳紫外指数 UVI，为公众提供健康信息。生态站主要测量 UVA 和 UVB。数据集包括 2005—2015 年的月累计数据，采集地为沈阳站气象观测场，下垫面为自然植被（杂草）。采用芬兰 VAISALA 生产的 MILOS520 和 MAWS301 自动监测系统收集数据。

（2）数据采集和处理方法

a. 数据采集

参照 3.4.2.1 中气压数据的采集方法和报表处理介绍。数据采集器为 CUV5 宽波段紫外辐射表，每 10 s 采测 1 次，每分钟采测 6 个紫外值（瞬时值），去除 1 个最大值和 1 个最小值后取平均值。正点（地方平均太阳时）00 min 采集存通量值，同时计算存储累计值，获得原始数据。

b. 处理方法

参照 3.4.2.1 气压的处理方法。

（3）数据质量控制和评估

①紫外辐射最大值不能超过气候学界限值 200 W/m²。

②在量值上与总辐射量有较好的相关性，是参考的最佳判断标准，极大值不超过总辐射的 8%，在数值上大约是总辐射度的 6%。

③除阴天、雨天和雪天外紫外辐射一般在中午前后出现极大值。

（4）观测数据

表 3 - 299 中为紫外辐射观测数据。

表 3 - 299　紫外辐射

时间（年-月）	月累计紫外辐射/［μmol/（m² · s）］	有效数据/条
2005 - 06	21.488	30
2005 - 07	23.383	31
2005 - 08	18.998	31
2005 - 09	17.020	30
2005 - 10	13.528	31

（续）

时间（年-月）	月累计紫外辐射/［μmol/（m^2·s）］	有效数据/条
2005-11	9.977	30
2005-12	14.497	30
2006-01	8.566	31
2006-02	9.418	28
2006-03	13.562	31
2006-04	14.798	30
2006-05	21.106	31
2006-06	20.029	30
2006-07	22.147	31
2006-08	20.651	31
2006-09	17.087	30
2006-10	11.698	31
2006-11	8.012	30
2006-12	5.829	31
2007-03	15.275	31
2007-04	19.172	16
2007-05	24.572	31
2007-06	25.083	30
2007-07	22.725	31
2007-08	21.551	30
2007-09	18.182	31
2007-10	11.864	31
2007-11	7.170	30
2007-12	5.824	31
2007-01	5.806	30
2007-02	4.500	28
2008-01	8.037	31
2008-02	10.180	28
2008-03	13.587	31
2008-04	16.632	30
2008-05	20.532	31
2008-06	21.847	30
2008-07	24.016	31

（续）

时间（年-月）	月累计紫外辐射/［µmol/（m²·s）］	有效数据/条
2008 - 08	22.965	31
2008 - 09	18.630	30
2008 - 10	12.328	31
2008 - 11	8.626	30
2008 - 12	6.769	31
2009 - 01	7.418	31
2009 - 02	10.649	28
2009 - 03	16.321	31
2009 - 04	19.017	30
2009 - 05	24.613	31
2009 - 06	25.938	30
2009 - 07	25.258	31
2009 - 08	24.092	31
2009 - 09	16.768	30
2009 - 10	11.871	31
2009 - 11	7.216	30
2009 - 12	5.961	31
2010 - 01	8.074	31
2010 - 02	9.159	28
2010 - 03	15.606	31
2010 - 04	16.502	30
2010 - 05	20.763	31
2010 - 06	25.578	30
2010 - 07	20.699	31
2010 - 08	20.473	31
2010 - 09	15.977	30
2010 - 10	11.210	31
2010 - 11	7.110	30
2010 - 12	5.884	31
2011 - 01	8.720	31
2011 - 02	8.312	28
2011 - 03	17.075	31
2011 - 04	18.623	30

(续)

时间（年-月）	月累计紫外辐射/ [μmol/ (m² · s)]	有效数据/条
2011 - 05	22.146	31
2011 - 06	22.449	30
2011 - 07	23.394	31
2011 - 08	21.476	31
2011 - 09	18.497	30
2011 - 10	11.764	31
2011 - 11	7.470	30
2011 - 12	6.870	31
2012 - 01	6.914	31
2012 - 02	10.204	28
2012 - 03	15.675	31
2012 - 04	18.220	30
2012 - 05	24.831	31
2012 - 06	21.367	30
2012 - 07	23.670	31
2012 - 08	22.278	31
2012 - 09	16.636	30
2012 - 10	12.941	31
2012 - 11	7.269	30
2012 - 12	6.825	31
2013 - 01	7.396	31
2013 - 02	10.941	28
2013 - 03	15.116	31
2013 - 04	19.224	30
2013 - 05	24.277	31
2013 - 06	24.045	30
2013 - 07	24.956	31
2013 - 08	20.647	31
2013 - 09	17.924	30
2013 - 10	10.766	31
2013 - 11	7.858	30
2013 - 12	6.469	31
2014 - 01	6.884	31

（续）

时间（年-月）	月累计紫外辐射/［μmol/（m² · s）］	有效数据/条
2014 - 02	8.062	28
2014 - 03	15.597	31
2014 - 04	18.477	30
2014 - 05	24.396	31
2014 - 06	25.956	30
2014 - 07	26.966	31
2014 - 08	25.740	31
2014 - 09	20.874	30
2014 - 10	12.255	31
2014 - 11	8.616	30
2014 - 12	7.406	31
2015 - 01	8.414	31
2015 - 02	11.066	28
2015 - 03	17.397	31
2015 - 04	20.730	30
2015 - 05	28.177	31
2015 - 06	27.443	30
2015 - 07	27.375	31
2015 - 08	24.932	31
2015 - 09	20.927	30
2015 - 10	13.974	31
2015 - 11	6.388	30
2015 - 12	6.293	31

第4章

台站特色研究数据

　　沈阳生态站的台站特色研究数据主要是与已正式发表的学术论文关联，并经系统加工整编形成的数据。

4.1　不同施肥制度对土壤固定态铵含量的影响

4.1.1　引言

　　固定态铵是存在于2∶1型黏土矿物层间不能被中性盐替换出来的那部分铵离子，其在土壤中含量高且有效性较强，是土壤氮素的重要储存库和供给源。中国耕层土壤固定态铵含量为35～73 mg/kg，平均可占土壤全氮的17.6%。Mengel等研究发现，作物生长季内固定态铵库释放的氮量相当于作物总吸氮量的50%～80%，因而固定态铵被视为土壤有效氮的潜在储库。土壤中铵离子的矿物固定可以在很短的时间内完成，但固定态铵的释放却是一个相对缓慢的过程，这一"固定-释放"过程有利于减少氮素损失、提高养分利用效率，但这一过程也受土壤矿物组成、钾素水平、水分含量、有机质含量及生物活动等因素的影响。一般认为，施用铵态氮肥或酰胺态氮肥后固定态铵的含量会随之提高，而后逐渐释放供作物吸收，其间固定态铵的含量甚至降到低于播种前的水平，至作物收获后，固定态铵含量往往又有所回升。同时，被黏土矿物新固定的氮素在较长时间内仍然有效，Lu等研究发现，矿物固定的肥料氮在随后的3个生长季中均有释放，其比例分别为81.0%、7.1%和2.3%。但在更长时间尺度上考察不同施肥模式对固定态铵含量的影响及其变化过程的研究还较少。因此，除关注固定态铵的当季有效性外，长期养分管理措施对固定态铵库的影响亦应受到充分重视。本研究旨在依托长期定位试验，分析不同施肥模式对土壤固定态铵库容的影响，探明固定态铵的变化规律，为确定合理的施肥模式提供参考。

4.1.2　数据采集和处理方法

4.1.2.1　试验处理

　　本研究选取长期定位试验中的6个处理：不施肥（CK）；施循环猪圈肥（M）；施氮、磷化肥（NP）；施氮、磷、钾化肥（NPK）；施氮、磷、钾化肥＋循环猪圈肥（NPK＋M）；施磷、钾化肥（PK）。各处理设3次重复，小区规格为18 m×9 m，轮作方式为大豆—玉米—玉米，每年一季。所施氮、磷、钾肥料分别为尿素、重过磷酸钙、硫酸钾，用量分别为氮150 kg/hm²、磷25 kg/hm²、钾60 kg/hm²，循环猪圈肥为相应处理每年收获作物籽实的80%喂猪，全部大豆秸秆和50%玉米秸秆粉碎后垫圈，翌年春猪圈肥经堆腐后返回相应处理，故猪圈肥用量及其养分含量取决于相应处理前一年的作物和秸秆产量。本次研究中的产量及固定态铵的含量均为种植玉米小区的平均值。

4.1.2.2　样品采集

　　每年作物收获季节采集植株样品和0～20 cm土层样品。选取试验过程中的5个年份（1990年、

1993 年、1999 年、2005 年、2011 年），测定当年植物样品与土壤样品。植株样品只包括籽实与秸秆两部分（秸秆为籽实之外的其他收获部分）。把收获的籽实和秸秆分别烘干、粉碎、混匀，取样装瓶保存。每年秋季采集各处理表层土壤样品（0～20 cm），剔除石砾、细根及其他生物残体后风干装瓶储存。

4.1.2.3 测定方法

固定态铵的测定采用 Silva-Bremner 法（Silva et al.，1966），称取 1 g 过 0.149 mm 筛的干土，加入 20 mL 次溴酸钾溶液，摇匀后静置 2 h。然后加 60 mL 蒸馏水，并在电热板上煮沸 5 min，煮后冷却静置隔夜。第二天弃去上层清液，用 0.5 mol/L KCl 将残余物洗入离心管中，摇匀，离心 10 min（1 100 r/min）。离心后弃去上层清液，再加入 0.5 mol/L KCl 摇匀，离心，以上过程共重复 3 次。之后加入 20 mL 5 mol/L HF－1 mol/L HCl 混合酸，振荡 24 h 以释放矿物固定的 NH_4^+，最后用凯氏法蒸馏定氮，用标准酸滴定，测定氮含量。植物全氮含量用凯氏法测定。

4.1.2.4 统计分析方法

数据经 Excel 2007 整理，用 SPSS 16.0 进行方差分析，用 Duncan 新复极差法进行多重比较。

4.1.3 不同施肥年份土壤固定态铵含量变化数据

不同施肥年份土壤固定态铵含量变化数据见表 4－1。

表 4－1 不同施肥年份土壤固定态铵含量变化数据（mg/kg）

年份	处理					
	CK	M	NP	NPK	NPK＋M	PK
1990	194.1±10.8Abc	184.9±8.0Acd	203.0±7.7Aab	202.2±6.9 Aab	207.7±7.4Aa	176.6±8.6Bd
1993	182.2±6.0Bc	185.9±5.1Ab	173.3±1.2Bc	202.7±4.8Aa	209.3±8.6Aa	189.0±2.8Ab
1999	137.7±11.1Cd	140.6±7.2Bcd	146.9±1.9Cbc	152.3±3.8Bab	160.8±4.3Ba	159.2±5.0Ca
2005	126.5±6.4CDd	123.5±7.1Cd	120.6±3.3Dd	134.2±3.3Cc	158.9±6.3 Ba	142.4±6.3Db
2011	124.1±3.8Dd	124.8±5.1Cd	124.5±2.8Dd	135.3±4.3Cc	157.8±3.7 Ba	144.7±6.6Db
降幅	36.1%	32.5%	38.7%	33.1%	24%	18%

注：降幅指的是 2011 年的数据与 1990 年的数据比较的降幅；表中数值为平均值±标准差，$n=6$；同一列数据后不同大写字母表示年份间差异显著，同一行数据后不同小写字母表示处理间差异显著（$P<0.05$）。

4.2 长期施肥对潮棕壤有机氮组分的影响

4.2.1 引言

土壤有机氮是土壤氮素的主要组成部分，约占土壤氮素的 85%～90%，其形态与土壤氮素有效性密切相关，也是土壤供氮能力的决定性因素。自 Bremner 提出将土壤有机氮分为酸解有机氮（酸解铵态氮、氨基酸态氮、氨基糖态氮、酸解未知氮）和非酸解氮后，学者们开始了对土壤有机氮及其矿化特性的一系列研究。大量研究结果表明，土壤有机氮受植被、耕作方式、灌溉和施肥等农业措施的显著影响。在农业生产中，施肥是补充土壤肥力的重要手段，也是土壤有机氮的主要补给源，不同肥料的输入对有机氮的含量及组分有重要影响。研究显示，肥料的输入会迅速转化为氨基酸态氮和酸解未知氮，但王岩等指出，土壤中残留的化肥氮主要转化为氨基酸态氮和酸解未知氮，有机肥料则主要转化为酸解铵态氮和氨基糖态氮；巨晓棠等发现，长期施用化肥和有机肥能显著改变土壤有机氮各组分的含量，其中氨基酸态氮提升最明显；肖伟伟等对潮土的研究结果表明，施用化肥对土壤酸解有机氮几乎无影响；Kwon 等通过对美国玉米田土壤有机氮的分析发现，施用有机肥土壤的酸解有机氮比不施有机肥土壤增加了 403～1 345 mg/kg，说明施用有机肥对提高土壤有机氮组分含量效果显著；李萌等发现，施用猪粪能不同程度地增加酸解有机氮及各组分和非酸解氮的含量，表现为非酸解氮＞氨基酸态氮＞酸解铵态氮＞酸解未知氮＞氨基糖态氮；张旭东等发现，施用猪粪能显著提高氨基酸态氮的含量。宗海英等对红壤水稻土的研究发现，长期配施有机无机肥对土壤有机氮的影响最显著，其中酸解有机氮及氨基酸态氮与不施肥处理相比提高幅度达 38.8％和 71.1％。综上，关于施肥对土壤有机氮组分的研究较多，但有关长期施肥条件下潮棕壤有机氮组分变化的研究却不多。本文以长期定位试验为平台，研究长期不同施肥处理对土壤有机氮组分的影响及其时空变异特征，探索潮棕壤的氮素演变规律，以期为调整施肥模式、提高土壤肥力和氮肥经济效益提供理论依据和技术支撑。

4.2.2　数据采集和处理方法

4.2.2.1　试验处理

该试验为长期定位试验，开始于 1990 年，本试验样品分别取 6 个年份（1990 年、1991 年、1997 年、2003 年、2009 年、2015 年）的耕层土壤样品，共包括 4 个处理：①不施肥（CK）；②单施循环猪圈肥（M）；③施用化学氮、磷、钾肥（NPK）；④化学氮、磷、钾肥和猪圈肥配施（NPK＋M）。各处理均设 3 次重复，小区规格为 18 m×9 m，轮作方式为大豆—玉米—玉米，每年一季。施用化肥种类分别为尿素、重过磷酸钙和硫酸钾，施用量分别为氮 150 kg/hm²、磷 25 kg/hm²、钾 60 kg/hm²。循环猪圈肥为相应处理每年收获作物籽实的 80％喂猪，全部大豆秸秆和 50％玉米秸秆粉碎后垫圈，翌年春经堆腐后返回相应处理，完成了"施肥-作物吸收-喂饲-堆腐-制成堆肥-回田"这一循环过程，故猪圈肥的养分含量取决于前一年作物及秸秆产量，其氮、磷、钾养分含量分别为 30.2 g/kg、6.4 g/kg 和 15.4 g/kg。

4.2.2.2　测定方法

全氮用凯氏定氮法测定。有机氮组分测定采用改良 Bremner 法。称取约含 10 mg 氮的土壤样品（过 0.149 mm 筛）于水解瓶中，加入正辛醇 2 滴和 6 mol/L HCl 20 mL，置于电热板上，（120±3）℃回流水解 24 h，趁热过滤后多次冲洗水解瓶及残渣至过滤液少于 60 mL，碎冰浴下调节 pH 为 6.5±0.2，定容至 100 mL，此为酸解液。取 5 mL 酸解液用凯氏蒸馏法测定酸解有机氮，取 5 mL 酸解液用茚三酮氧化/磷酸-硼酸缓冲液蒸馏法测定氨基酸态氮，取 10 mL 酸解液用磷酸-硼酸缓冲液蒸馏法测定酸解铵态氮和氨基糖态氮的总量，取 10 mL 酸解液用氧化镁蒸馏法测定酸解铵态氮。另外，非酸解氮、氨基糖态氮、酸解未知氮含量均用差减法获得。

4.2.2.3　计算方法

非酸解氮含量＝凯氏全氮含量－酸解有机氮氨基糖态氮含量，（氨基糖态氮含量＝氨基糖态氮和酸解铵态氮总量－酸解铵态氮含量）×1.4，酸解未知氮含量＝酸解有机氮含量－酸解铵态氮含量－氨基酸态氮含量－氨基糖态氮含量。

4.2.2.4　数据处理

数据用 Excel 2003 软件进行整理，用 SPSS 19.0 软件进行方差分析，用 Duncan 新复极差法进行多重比较（$\alpha=0.05$）。

4.2.3　不同施肥处理耕层土壤有机氮各组分含量数据

不同施肥处理耕层土壤有机氮各组分含量数据见表 4-2。

表 4-2　1990—2015 年不同施肥处理耕层土壤有机氮各组分含量平均值（mg/kg）

处理	酸解有机氮					非酸解氮
	酸解铵态氮	氨基糖态氮	氨基酸态氮	酸解未知氮	总和	
CK	162.99±14.27c	53.84±5.23a	145.84±34.81c	205.99±17.89c	594.29±28.42c	335.50±31.56a
M	198.79±19.08b	63.37±12.10a	238.45±25.63a	230.03±31.93bc	701.24±30.70b	339.52±41.28a
NPK	213.67±29.07b	58.45±3.13a	121.79±15.86c	258.50±22.16b	666.72±33.80b	341.61±33.32a
NPK+M	251.02±36.90a	62.83±8.21a	195.65±16.22b	307.43±34.40a	768.68±41.98a	390.46±58.56a

注：表中同列数据后不同小写字母表示处理间差异显著（$P<0.05$）。

4.3　水田土壤氮转化相关因子对多年施用缓控释尿素的响应

4.3.1　引言

化学肥料，特别是氮肥对水稻增产具有十分显著的作用，水稻栽培施用的氮肥大概占全球氮肥产量的 20%，水稻生产中氮肥的投入水平不断提高，但是氮肥的利用率却一直较低，只有 20%～50%，主要是由大量施用普通氮素肥料造成的。水田中氮素的损失途径主要是 NH_3 的挥发和硝化、反硝化作用，氮素的损失和低利用率不但造成资源浪费、成本增加，而且会导致地下水硝酸盐含量提高、湖泊水体富营养化和大气温室效应。进入 21 世纪后，新型肥料技术发展迅速，各种新型氮素肥料被不断研制出来，主要有添加生化抑制剂和包膜肥料等的缓/控释肥。研究结果显示，缓/控释肥料养分释放较为缓慢，氮素损失较少，氮肥利用率较高，其中脲酶抑制剂能够抑制尿素的水解，延长尿素的肥效，在抑制氮肥分解、提高氮肥利用率、促进水稻增产等方面表现出良好的效果。硝化抑制剂的施用能明显降低硝酸盐的淋溶损失。树脂包膜和硫包膜尿素等包膜肥料也能够控制尿素的养分释放，有利于水稻对氮素的吸收，提高尿素的利用率和作物产量。目前对缓/控释氮肥在水稻上的应用的研究主要集中在当季施用缓/控释氮素肥料的增产效果、肥料利用率、温室气体排放等方面。而对持续施用缓/控释氮素肥料水田土壤的基本理化性质和土壤生物学活性特征的研究相对较少，偶见报道的都是以前施用缓/控释氮素肥料对水田土壤基本理化性质或土壤生物学活性影响的研究，缓/控释氮素肥料对土壤基本理化性质和土壤生物学活性影响的研究已滞后于其对产量的影响和对利用率的提高的研究，长期定位试验是研究施肥、耕作管理、气候等因素对土壤和农业生态系统长期影响的主要手段，随着缓/控释肥料的大量推广应用，研究长期施用缓/控释肥料的土壤环境效应，对缓/控释肥料的大面积应用具有现实意义。本试验针对棕壤水田 7 年持续施用不同种缓/控释尿素肥料条件下土壤的基本化学性质、与氮转化相关酶的活性以及微生物量的变化特征进行研究，旨在为不同种缓/控释尿素肥料的长期持续施用提供科学依据。

4.3.2　数据采集和处理方法

4.3.2.1　试验处理

自 2007 年春季开始长期施用缓/控释尿素肥料进行定位试验研究，截至 2013 年已持续 7 年，采用水稻连作的耕作制度。试验设 10 个处理。进行土壤基本化学性质分析时，以 7 年前试验开始时土壤本底值的分析结果作为对照。试验处理分别为添加脲酶抑制剂 N-丁基硫代磷酰三胺（NBPT）、氢醌（HQ）、硝化抑制剂 3,4-二甲基吡唑磷酸盐（DMPP）、双氰胺（DCD）制成的不同种缓释尿素肥料以及硫包膜尿素（SCU）和树脂包膜尿素肥料（PCU）。10 个处理分别为：①不施肥；②普通大颗粒尿素 U（CK）；③1% HQ+U；④0.5% NBPT+U；⑤3% DCD+U；⑥1% DMPP+U；⑦1% HQ+3% DCD+U；⑧0.5% NBPT+1% DMPP+U；⑨SCU（释放期 120 d）；⑩PCU（释放期

120 d）。每个处理设 3 次重复，试验小区面积为 30 m²，随机区组排列，每个小区施纯养分量相同。肥料施用量以当地施肥水平为依据，肥料施用量分别为每年施纯氮 180 kg/hm²，施磷（P₂O₅）120 kg/hm²，施钾（K₂O）150 kg/hm²，在春季插秧之前作基肥一次性施入土壤，不再进行追肥，按照当地常规水稻栽培方式进行田间管理。

4.3.2.2　样品采集

土壤样品采集在水稻收获之后进行，采集 0～20 cm 耕层土壤，每个小区分 9 点取样，然后混合均匀作为代表样，所取土样去除杂物、细根，部分鲜土样于 4 ℃条件下保存，用于土壤生物学活性的测定，另一部分风干用于基本化学性质的测定。

4.3.2.3　测定方法

土壤 NH_4^+ - N、NO_3^- - N 在取样后立即用 2 mol/L KCl 浸提，用 3 - AA3 型流动分析仪测定；脲酶活性采用尿素残留法测定，硝酸还原酶活性采用 Kandeler 法测定，硝化作用潜势采用氯酸盐抑制法测定，微生物量碳和微生物量氮采用氯仿熏蒸浸提法- TOC 仪测定，其余基本理化性质采用常规方法测定。

4.3.2.4　统计分析

数据采用 Excel 2007 和 SPSS 19.0 进行统计分析，采用 Duncan 最小显著极差法进行多重比较分析。

4.3.3　不同处理土壤养分含量数据

不同处理土壤养分含量数据见表 4 - 3。

表 4 - 3　不同处理土壤养分含量数据

处理	有机质/(g/kg)	全氮/(g/kg)	全磷/(g/kg)	全钾/(g/kg)	速效氮/(mg/kg)	有效磷/(mg/kg)	速效钾/(mg/kg)	pH
7 年前土壤	23.76±1.72a	1.25±0.02a	0.58±0.03a	25.36±1.24ab	112.75±0.00a	19.31±1.64a	70.28±2.14bc	6.20±0.09f
不施肥	19.06±0.24cd	1.03±0.02bc	0.53±0.03abc	24.96±1.06ab	86.40±7.03abc	11.67±2.40bc	69.01±2.26c	6.67±0.09 de
U	19.40±1.32bcd	1.05±0.09bc	0.40±0.03c	24.33±1.7ab	49.79±2.12 dc	10.34±3.67bc	79.43±5.97abc	6.87±0.12b
HQ+U	20.07±1.33bcd	1.12±0.13abc	0.45±0.05abc	23.63±2.70b	35.15±9.53e	15.20±6.92abc	84.64±8.13ab	7.03±0.04a
NBPT+U	18.77±1.74 d	1.01±0.07c	0.45±0.06abc	23.94±1.17ab	30.76±1.39e	13.00±4.26abc	82.03±10.33abc	6.53±0.06e
DCD+U	21.34±1.54b	1.07±0.08bc	0.48±0.08abc	26.06±2.52ab	70.27±8.76bcd	13.62±5.19abc	74.22±3.91bc	6.71±0.07cd
DMPP+U	20.36±0.36bcd	1.09±0.01bc	0.55±0.15ab	27.15±3.03ab	58.90±8.86cde	10.59±3.41bc	80.73±5.96abc	6.84±0.04bc
HQ+DCD+U	20.58±0.61bcd	1.12±0.026abc	0.47±0.03abc	25.67±3.79ab	60.22±15.62cde	12.39±0.95abc	76.82±8.13abc	6.66±0.11 de
NBPT+ DMPP+U	21.25±0.44bc	1.10±0.04bc	0.46±0.09abc	23.71±1.08b	61.89±12.97bcde	17.30±4.20	83.33±12.56abc	6.63±0.08 de
SCU	21.61±0.39b	1.16±0.14ab	0.54±0.09abc	25.67±2.94ab	104.85±24.14a	14.66±3.80abc	80.73±4.51abc	6.64±0.08 de
PCU	21.59±1.53b	1.1±0.07bc	0.43±0.10bc	28.56±3.29a	92.16±39.36ab	8.50±2.98c	89.8±11.72a	6.76±0.09bcd

注：表中同列数据后不同小写字母表示处理间差异显著（P<0.05）。

4.4　增施氮肥能够缓解麦田土壤线虫群落对 O_3 浓度升高的响应

4.4.1　引言

近地层臭氧（O_3）作为一种主要的空气污染物，主要来源于大气光化学过程，即在太阳光照射下，当氮氧化物（NO_x）气体存在时，有机挥发物（VOCs）和一氧化碳（CO）被光化学氧化产生。近几十年来，由于工业发展、化石燃料的燃烧以及汽车尾气的大量排放，大气中 NO_x 和 VOCs 急剧增加，进而导致大气 O_3 浓度持续升高。有研究结果显示，地面 O_3 浓度每年大概升高 0.5%～2.5%，

O_3 浓度的升高势必对生态系统造成严重影响。近年来，关于 O_3 浓度升高对地上生态系统影响的研究已取得了一定进展。朱新开等利用 FACE 研究平台发现，O_3 浓度升高显著降低小麦籽实产量，不同品种的平均降幅为 19.74%。O_3 浓度升高不仅能对植物生长产生显著影响，还能改变植物群落组成及碳在地下生态系统中的分配，进而影响整个地下生态过程。王曙光等研究发现 O_3 浓度增加使作物生长后期根区土壤微生物数量减少，丛枝菌根数量下降。低、高浓度 O_3 分别使 AM 外生菌丝量比自然浓度时下降 48.7% 和 85.6%。地下生态系统的响应也能够对地上生态系统产生正或负的反馈作用。李全胜等研究发现，近地层 O_3 浓度升高条件下，稻田土壤氮素转化因水稻对氮素的吸收增强而加快，土壤氨氧化细菌和反硝化细菌的数量增多，但其生理代谢活性下降。陈展等研究发现，O_3 浓度升高后小麦根系生物量及根冠比都降低，根系活力显著低于对照。氮肥作为作物生长的重要营养元素，其施入量的改变能够对作物生长产生影响。增施氮肥在一定程度上能够增加植物的生物量、产量，从而缓解 O_3 对植物的危害。陈娟等研究发现增施氮肥可以增加小麦灌浆期可溶性蛋白的含量，缓解 O_3 对小麦光合作用和产量的影响。Watanabe 等研究发现，O_3 浓度增加显著降低长果锥（*Castanopsis sieboldii*）幼苗的光合速率和总干重，而增施氮肥后，幼苗的光合速率和总干重均显著增加。综上所述，O_3 浓度升高和不同氮肥施用水平对生态系统影响的研究多集中于地上部分，而对地下生态过程的研究仍鲜有报道。罗克菊在中国稻麦轮作开放式臭氧浓度升高平台（FAOE）的研究结果表明增施氮肥可以减轻 O_3 对两种不同 O_3 耐受品种水稻 SY63 和 YD6 的净光合速率（Pn）的影响，且前期增施氮肥效果更显著。陈娟等的研究结果表明，O_3 胁迫下，正常氮水平下小麦根、叶和穗干物质重以及根冠比与对照相比均显著降低，而增施氮肥后，小麦根、叶、穗干物质重及根冠比与正常氮水平下相比均显著增加，增幅分别为 60.5%、23.2%、10.7%、43.6%。以往的研究仅是针对不同 O_3 耐受品种开展的土壤线虫群落对 O_3 浓度升高的单一胁迫响应，关于 O_3 浓度升高和不同氮肥施用水平的交互作用的研究较少。土壤线虫作为土壤中最丰富的后生动物，在土壤碳、氮循环中起着重要的调节作用，是农田生态系统腐屑食物网的重要组成部分，能够灵敏地反映环境状况等的变化。本节利用开顶式气室（open-top chamber，OTC）平台，开展 O_3 浓度升高和不同氮肥施用水平对土壤线虫群落结构的影响研究，探明土壤腐屑食物网分解通路的变化特征，从而有助于揭示大气 O_3 浓度升高和不同氮肥施用水平对地下生态过程的影响机理。

4.4.2　数据采集和处理方法

4.4.2.1　试验处理

采用 6 个结构和性能完全相同的开顶式气室 OTC（直径为 300 cm，高 280 cm）进行试验，OTC 系统于 2010 年开始运行通气，研究 O_3 浓度升高和不同氮肥施用水平单一和复合作用对土壤线虫群落结构的影响。试验为裂区设计，设两个主处理，分别为 O_3 对照处理，自然 O_3（浓度约为 0.04 μL/L）和 O_3 浓度升高处理（O_3 浓度为 0.06 μL/L），每天通气 7 h；每个主处理的 OTC 内分别设置两个不同氮肥水平的副处理，该地常规施氮水平为 150 kg/hm²，该水平也是本试验的低氮水平，高氮水平（225 kg/hm²）在常规水平的基础上增施氮肥 75 kg/hm²，增施氮肥占总施肥量的 50%，施入尿素和磷酸二铵肥，以基肥的形式一次施入。每个处理设 3 次重复。本试验于 2010 年 5 月 14 日开始通气，小麦收获后通气结束，O_3 每天通气 7h（9：00—18：00，雨天停止通气），试验期内气体浓度由计算机自动控制。各处理其他农田管理措施均相同，无病虫害及杂草的影响。试验作物为春小麦，品种为辽春 10，2011 年 4 月 2 日播种，行距为 25 cm，基本苗 225 万株/hm²，施入磷肥（P_2O_5）40 kg/hm²，钾肥（K_2O）60 kg/hm²。分别于小麦灌浆期（2011 年 6 月 20 日）、小麦成熟期（2011 年 7 月 11 日）取样，在小麦根际，使用直径为 2.5 cm 的土钻在每个样地上采用 5 点法取样，混合后装入样袋中，取样深度为 0~15 cm。将采取的土壤样品在塑料袋中混匀后，带回实验室放置于 4 ℃冰箱中保存，随后对采集土壤样品进行分析测定。

4.4.2.2　测定方法

（1）土壤理化指标的测定

土壤 pH 采用电位法测定（土水比为 $1:2.5$）；水溶性有机碳采用 0.5 mol/L 的 K_2SO_4 按土水比为 $1:10$ 浸提，利用 TOC 分析仪测定；微生物生物量碳氮采用氯仿熏蒸法-K_2SO_4 浸提法测定，用 MicroC/N 分析仪进行测定，微生物生物量碳、氮的转化系数分别为 0.38 和 0.54。土壤 NH_4^+-N、NO_3^--N 利用连续流动分析仪测定。

（2）土壤线虫的提取与鉴定

土壤线虫的分离提取采用浅盘法，$60\ ℃$ 温热杀死后，用 4% 福尔马林固定，线虫总数通过解剖镜直接测定，然后按测得的土壤水分，折算成 100g 干土中土壤线虫的数量。从每个样品中随机抽取 100 条线虫（不足 100 条的全部鉴定），在光学显微镜下进行科属鉴定。根据线虫的取食习性和食道特征将其划分为 4 个营养类群：食细菌线虫、食真菌线虫、植物寄生线虫和捕食/杂食线虫。

（3）生态指数的计算

①丰富度指数 $SR=(S-1)/\ln N$，式中，S 为鉴定分类单元的数目，N 为线虫的个体总数。②线虫通路比值 $NCR=B/(B+F)$，式中，B 和 F 分别为食细菌线虫和食真菌线虫数量占线虫总数的相对多度。③线虫成熟度指数包括自由生活线虫成熟度指数 MI、植物寄生线虫成熟度指数 PPI。$MI=\sum v(i)\,f(i)$，式中，$v(i)$ 为第 i 种线虫的 cp 值，$f(i)$ 为第 i 种线虫的个体数占总个体数的比例；PPI 的计算公式同 MI，为植物寄生线虫的成熟度指数。④Ferris 等在线虫功能团划分的基础上提出了线虫区系分析的方法用来反映土壤食物网结构、土壤养分富集状况和分解途径等信息。富集指数：$EI=100\times[e/(e+b)]$，结构指数：$SI=100\times[s/(b+s)]$，基础指数：$BI=100\times[b/(e+b+s)]$ 式中，b（basal）代表食物网中的基础成分，主要指 Ba2 和 Fu2 这两个类群（即食细菌线虫和食真菌线虫中 cp 值为 2 的类群）；e 代表食物网中的富集成分，主要指 Ba1 和 Fu2 这两个类群（即食细菌线虫中 cp 值为 1 和食真菌线虫中 cp 值为 2 的类群）；s 代表食物网中的结构成分，分别为食细菌线虫、食真菌线虫和杂食线虫中 cp 值为 $3\sim5$ 的类群以及捕食线虫中 cp 值为 $2\sim5$ 的类群，b、e 和 s 对应的值分别为 $\sum k_b n_b$、$\sum k_e n_e$ 和 $\sum k_s n_s$，其中 k_b、k_e 和 k_s 为各类群所对应的加权数（其值在 $0.8\sim5.0$），而 n_b、n_e 和 n_s 则为各类群的相对多度。

4.4.2.3　统计分析

土壤理化指标和土壤线虫均以平均数±标准误的形式表示；土壤线虫数量先进行对数转换：$y=\ln(x+1)$，然后用统计软件 SPSS16.0 进行不同采样时期的裂区方差分析。

4.4.3　数据表

O_3 浓度升高和不同氮肥施用水平对土壤理化指标及线虫功能团和营养类群的影响见表 4-4、表 4-5、表 4-6。

表 4-4　O_3 浓度升高和不同氮肥施用水平对土壤理化指标的影响

指标	采样时期	处理				效应		
		低氮		高氮		O_3	氮	$O_3\times$氮
		O_3	CK	O_3	CK			
pH	灌浆期	7.03 ± 0.11	7.01 ± 0.22	6.89 ± 0.06	7.36 ± 0.09	ns	ns	ns
	成熟期	6.94 ± 0.17	7.06 ± 0.22	6.83 ± 0.10	7.18 ± 0.19	ns	ns	ns
MBC/（mg/kg）	灌浆期	132.62 ± 5.24	199.34 ± 24.13	136.11 ± 11.47	124.57 ± 11.00	*	ns	ns
	成熟期	116.82 ± 11.13	182.12 ± 14.88	212.61 ± 3.82	187.53 ± 10.97	ns	*	*

（续）

指标	采样时期	处理				效应		
		低氮		高氮		O_3	氮	$O_3 \times$氮
		O_3	CK	O_3	CK			
MBN/（mg/kg）	灌浆期	19.20±4.23	24.70±3.60	24.29±2.86	18.46±0.84	ns	ns	ns
	成熟期	10.78±2.06	20.92±0.39	24.25±0.00	18.67±1.62	ns	*	* *
DOC/（mg/kg）	灌浆期	45.51±3.21	45.39±2.53	54.18±1.40	48.27±2.01	ns	ns	ns
	成熟期	48.66±2.42	60.69±0.52	58.12±1.40	52.68±3.28	ns	ns	*
$NO_3^- - N$/（mg/kg）	灌浆期	21.43±0.48	21.27±3.68	44.00±5.22	35.91±4.57	ns	*	ns
	成熟期	25.35±3.95	20.70±3.19	49.17±9.56	36.23±7.10	ns	ns	ns
$NH_4^+ - N$/（mg/kg）	灌浆期	7.21±0.21	8.19±0.30	8.26±0.91	7.08±0.08	ns	ns	ns
	成熟期	9.27±0.60	10.39±0.72	9.06±0.95	10.12±0.97	ns	ns	ns
地上部生物量	灌浆期	8.49±1.24	15.09±2.92	10.44±3.44	14.45±2.02	ns	ns	ns
	成熟期	13.59±1.87	16.38±3.38	13.13±1.51	18.11±3.06	ns	ns	ns
地下部生物量	灌浆期	0.39±0.02	0.66±0.24	0.45±0.12	0.81±0.10	ns	ns	ns
	成熟期	0.49±0.08	0.61±0.09	0.25±0.03	0.64±0.10	*	ns	ns

注：* * 和 * 分别表示显著水平为 $P<0.01$ 和 $P<0.05$；ns 表示无显著性差异；MBC 为土壤微生物生物量碳（microbial bio-mass carbon），MBN 为土壤微生物生物量氮（microbial biomass nitrogen），DOC 为水溶性有机碳（dissolved organic carbon）；$NO_3^- - N$ 为硝态氮；$NH_4^+ - N$ 为氨态氮。

表 4 - 5　O_3 浓度升高和不同氮肥施用水平对线虫功能团和营养类群的影响

功能团及营养类群	采样时期	处理				效应		
		低氮		高氮		O_3	氮	$O_3 \times$氮
		O_3	CK	O_3	CK			
Ba1	灌浆期	68±30	31±16	61±50	24±11	ns	ns	ns
	成熟期	63±40	87±58	76±25	52±17	ns	ns	ns
Ba2	灌浆期	124±8	95±50	168±3	154±15	ns	ns	ns
	成熟期	258±51	229±51	225±34	214±70	ns	ns	ns
Ba3	灌浆期	5±3	5±3	8±1	4±4	ns	ns	ns
	成熟期	5±3	8±8	8±8	4±4	ns	ns	ns
Ba4	灌浆期	2±2	21±10	2±2	5±0	*	ns	ns
	成熟期	5±2	24±17	11±7	10±6	ns	ns	ns
食细菌线虫	灌浆期	199±23	152±56	239±51	188±17	ns	ns	ns
	成熟期	331±68	349±115	279±73	321±60	ns	ns	ns
Fu2	灌浆期	64±10	51±25	81±23	65±11	ns	ns	ns
	成熟期	84±8	76±14	132±54	95±6	ns	ns	ns
Fu4	灌浆期	48±17	59±14	132±54	24±10	ns	ns	* *
	成熟期	59±20	58±41	70±16	72±45	ns	ns	ns
食真菌线虫	灌浆期	112±23	110±37	193±64	89±1	ns	ns	ns
	成熟期	143±19	134±54	151±39	167±41	*	ns	ns
H2	灌浆期	64±39	99±84	122±53	52±31	ns	ns	ns
	成熟期	70±40	656±618	155±37	148±125	ns	ns	ns

（续）

功能团及营养类群	采样时期	处理				效应		
		低氮		高氮		O_3	氮	$O_3 \times$氮
		O_3	CK	O_3	CK			
H3	灌浆期	220±175	160±22	112±37	108±28	ns	ns	ns
	成熟期	126±175	300±22	143±46	158±99	ns	ns	ns
植物寄生线虫	灌浆期	284±98	259±65	233±86	161±4	ns	ns	ns
	成熟期	196±93	271±84	299±140	306±129	ns	ns	ns
Ca2	灌浆期	0±0	0±0	0±0	0±0	ns	ns	ns
	成熟期	1±1	0±0	0±0	0±0	ns	ns	ns
Ca4	灌浆期	31±10	37±14	27±10	32±5	ns	ns	ns
	成熟期	28±17	32±2	47±9	67±33	ns	ns	ns
Om5	灌浆期	5±3	5±5	0±0	2±2	ns	ns	ns
	成熟期	0±0	0±0	4±4	0±0	ns	ns	ns
捕食-杂食线虫	灌浆期	36±7	42±19	27±10	33±7	ns	ns	ns
	成熟期	29±16	32±2	52±11	67±33	ns	ns	ns

表 4-6　O_3 浓度升高和不同氮肥施用水平对线虫生态指数的影响

功能团及营养类群	采样时期	处理				效应		
		低氮		高氮		O_3	氮	$O_3 \times$氮
		O_3	CK	O_3	CK			
丰富度	灌浆期	3.55±0.32	3.85±0.32	3.26±0.13	3.69±0.33	*	ns	ns
	成熟期	3.69±0.22	3.26±0.43	3.76±0.32	2.97±0.07	ns	ns	ns
线虫通路比值	灌浆期	0.65±0.03	0.56±0.04	0.57±0.03	0.68±0.02	ns	ns	*
	成熟期	0.69±0.02	0.71±0.07	0.69±0.02	0.62±0.01	ns	ns	ns
成熟度指数	灌浆期	2.34±0.07	2.79±0.09	2.58±0.11	2.36±0.08	ns	ns	*
	成熟期	2.24±0.02	2.26±0.13	2.39±0.00	2.42±0.18	ns	ns	ns
植物寄生线虫成熟度指数	灌浆期	2.70±0.17	2.72±0.21	2.55±0.12	2.68±0.19	ns	ns	ns
	成熟期	2.71±0.12	2.66±0.24	2.62±0.16	2.60±0.23	ns	ns	ns
结构指数	灌浆期	65.59±3.04	79.89±4.35	69.84±9.03	54.47±4.81	ns	ns	*
	成熟期	49.40±8.05	59.41±3.17	63.84±3.05	56.85±16.10	ns	ns	ns
富集指数	灌浆期	58.44±12.09	53.13±11.17	45.15±14.57	40.54±6.49	ns	ns	ns
	成熟期	45.59±10.20	54.40±14.30	53.61±6.16	49.37±7.36	ns	ns	ns
基础指数	灌浆期	23.00±5.08	16.40±4.00	24.76±8.45	34.28±3.39	ns	* *	*
	成熟期	36.39±7.77	26.18±5.18	25.65±3.43	30.14±9.45	ns	ns	ns

4.5　长期不同施磷条件下玉米产量、养分吸收及土壤养分平衡状况

4.5.1　引言

磷是植物生长发育所必需的大量营养元素之一，它以多种方式参与植物体内的各种生物化学过程，对促进植物的生长发育和新陈代谢起着非常重要的作用。因此，磷在农业生态系统的物质循环中的作用不容忽视。土壤是植物磷吸收的主要来源，近几十年来，为了保证粮食的高产稳产以及随着工业技术的发展，磷肥在农业中的用量不断增加。由于磷在土壤中特定的理化性状及化学行为，作物对磷肥的当季利用率很低，大多数在 $10\%\sim25\%$，那么大约有 $75\%\sim90\%$ 的磷被固定在土壤中，这部分磷被称为土壤残余磷，可以随时间变化而少量转化为植物可利用态的磷，这个过程被称为磷肥残效作用。有研究表明，这个过程主要受施用磷肥量、施用频率、土壤性质、作物类型、磷肥种类等因素的影响。考虑磷肥的残效作用，磷的累计利用率可以达到 $10\%\sim40\%$，但是仍然有大部分磷被固定于土壤中而不能被利用。磷肥在农业生产中的长期盲目施用导致农田土壤磷大量积累，这不仅造成了直接的经济损失，在一定条件下，磷还会随地表径流由陆地生态系统向水生生态系统迁移，也会加速水体的富营养化，还可能对人们赖以生存的环境产生不良后果。鉴于此，针对如何科学合理地施用磷肥的研究是极其有必要的。土壤生态系统中养分的平衡协调状况是影响农业生产的持续性、土壤肥力水平、投入和产出效益、环境和健康等问题的主要原因，研究土壤养分供应量和作物吸收养分的规律进而进行平衡施肥，对改善高投入低产出的农业生产现状具有重要意义。因此，在科学施磷研究的基础上，进一步开展针对农业生态系统中养分平衡状态的研究同样有着重要的价值。长期肥料定位监测试验具有时间上反复证明、信息量极为丰富、数据准确可靠、解释能力强、在生产上可提供决策性建议等优点，本试验以长期肥料定位监测试验为依托，开展针对以上问题的研究，为粮食增产、培肥土壤、节约资源、减少环境污染提供了科学依据，以达到发展生态农业的目的。

4.5.2　数据采集和处理方法

4.5.2.1　试验处理

长期定位试验从 1997 年开始，每 6 年设置为 1 个周期，即 1997—2002 年、2003—2008 年共两个施肥周期。试验布置 18 个小区，每个小区规格为 $1\ m\times1\ m$，小区边缘高出地面 10 cm，供试作物为富友 1 号玉米，每个小区内种植 4 株玉米，大约在每年的 5 月初播种，每年 9 月末至 10 月初采样，玉米籽实产量和玉米地上部生物量分小区单收、单晒、单称分别计算重量。同时用四分法采集土壤样本，风干过筛保存。试验设置 6 种不同的施肥处理：不施肥对照（T_1）、只施用氮肥（T_2）、每年施磷肥 25 kg/hm²（T_3）、每 6 年一次性施磷肥 75 kg/hm²（T_4）、每年施磷肥 150 kg/hm²（T_5）以及每 6 年一次性施磷肥 450 kg/hm²（T_6）。供试磷肥选用三料磷肥（P_2O_5 的含量为 20%），除不施肥处理（T_1）外，其余处理均在每年玉米拔节期追施氮肥 150 kg/hm²（尿素，氮含量为 40%）。

4.5.2.2　测定方法

本试验选取 1997 年、2000 年、2002 年、2003 年、2006 年、2008 年的玉米和土壤样品（$0\sim20$ cm）进行分析测定。土壤植物样品全磷用 $H_2SO_4 - H_2O_2$ 消解-钼锑抗比色法测定，土壤全磷用 $H_2SO_4 - HClO_4$ 消解-钼锑抗比色法测定，土壤 Olsen 磷用 0.5 mol/L NaHCO₃ 浸提-钼锑抗比色法测定，全氮用浓 H_2SO_4-催化剂消解-凯氏定氮法测定，碱解氮用碱解扩散法测定，速效钾用 NH₄OAc 浸提-火焰光度法测定，全钾用三酸（HF - HClO₄ - HCl）消解-火焰光度法测定（鲁如坤，1999）。

4.5.2.3　数据处理

将数据用 Excel 整理后，利用 SAS9.2 软件进行均值和方差的分析，对不同处理条件下的玉米产量、

玉米地上生物量、养分吸收量以及土壤养分含量进行单因素方差分析（one-way ANOVA），不同施肥处理间进行多重比较，对施磷肥量、施氮肥量和养分吸收量以及土壤养分含量进行相关性分析。

4.5.3　数据表

长期不同施磷条件下玉米产量、养分吸收及土壤养分平衡状况见表 4-7 至表 4-10。

表 4-7　长期不同施磷条件下玉米产量和玉米地上生物量方差分析

处理	玉米产量/（kg/hm²）	玉米产量占 T₁ 的百分比/%	地上生物量/（kg/hm²）	地上生物量占 T₁ 的百分比/%
T_1	7 488.9b	100	7 924.3b	100
T_2	10 891.7a	145	9 734.5a	123
T_3	10 818.5a	144	10 103.6a	127
T_4	11 147.2a	150	9 134.3a	115
T_5	11 237.0a	152	9 804.1a	124
T_6	10 812.2a	144	10 380.6a	131

注：表中同列不同小写字母表示处理间差异显著（$P<0.05$）。

表 4-8　长期不同施磷条件下的养分吸收量（kg/hm²）

处理	磷总吸收量			氮总吸收量			钾总吸收量		
	籽实	地上生物量	总量	籽实	地上生物量	总量	籽实	地上生物量	总量
T_1	293.2c	128.6c	421.8 d	531.0b	267.4b	798.3b	231.7b	456.1b	687.8b
T_2	385.1b	136.0c	521.0c	799.6a	369.1a	1 168.7a	316.8a	479.1ab	799.9a
T_3	420.1ab	166.1bc	586.0bc	849.0a	391.7a	1 240.7a	320.0a	480.7ab	800.4a
T_4	428.9ab	161.5bc	590.4abc	874.7a	372.4a	1 247.1a	337.0a	508.9ab	845.9a
T_5	468.0a	189.1ab	657.2ab	902.4a	389.7a	1 292.1a	357.4a	532.4ab	889.8a
T_6	464.2a	203.5a	667.6a	883.2a	376.8a	1 260.0a	349.7a	553.0a	902.6a

注：表中同列不同小写字母表示处理间差异显著（$P<0.05$）；此处大量营养元素的总量由平均数乘以 12 计算而来。

表 4-9　长期不同施磷条件下土壤养分平衡状况（kg/hm²）

处理	养分总施入量			养分平衡		
	磷	氮	钾	磷	氮	钾
T_1	0	0	0	（−421.8）c	（−798.3）b	（−687.8）a
T_2	0	1 800	0	（−521.0）d	631.35a	（−799.9）b
T_3	300	1 800	0	（−286.0）b	559.4a	（−800.4）b
T_4	300	1 800	0	（−290.4）b	553.0a	（−845.9）b
T_5	900	1 800	0	242.8a	508.0a	（−889.8）b
T_6	900	1 800	0	232.4a	540.1a	（−902.6）b

注：表中同列不同小写字母表示处理间差异显著（$P<0.05$）；此处大量营养元素的总量由平均数乘以 12 计算而来。

表 4-10　长期不同施磷条件下耕层土壤养分状况

处理	全磷/ (g/kg)	速效磷/ (mg/kg)	全氮/ (g/kg)	碱解氮/ (mg/kg)	全钾/ (g/kg)	速效钾/ (mg/kg)
T$_1$	0.4c	6.56d	0.99b	80.63b	20.03a	102.63a
T$_2$	0.4c	7.85d	1.05a	88.14a	19.59b	101.39a
T$_3$	0.41bc	11.28d	1.04a	87.42a	19.47b	100.87a
T$_4$	0.41bc	17.50c	1.04a	87.40a	19.09b	100.37a
T$_5$	0.42ab	22.40b	1.03a	86.31a	19.06b	99.30a
T$_6$	0.42a	36.45a	1.04a	87.23a	19.01b	98.44a

注：表中同列不同小写字母表示处理间差异显著（$P < 0.05$）。

参　考　文　献

崔亚兰，李东坡，武志杰，等，2015. 水田土壤氮转化相关因子对多年施用缓/控释尿素的响应 [J]. 土壤通报，46
　　(5)：1208-1215.

范绍博，马强，姜春明，等，2006. 不同施肥制度对土壤固定态铵含量的影响 [J]. 生态学杂志，35 (5)：
　　1212-1218.

黄莹，赵牧秋，王永壮，等，2014. 长期不同施磷条件下玉米产量、养分吸收及土壤养分平衡状况 [J]. 生态学杂
　　志，33 (3)：694-701.

任金凤，周桦，马强，等，2017. 长期施肥对潮棕壤有机氮组分的影响 [J]. 应用生态学报，28 (5)：1661-1667.

杨悦，鲍雪莲，鲁彩艳，等，2015. 增施氮肥能够缓解麦田土壤线虫群落对 O_3 浓度升高的响应 [J]. 生态学报，35
　　(8)：2494-2501.

Bongers T，1990. The maturity index：An ecological measure of environmental disturbance based on nematode species
　　composition [J]. Oecologia，83 (1)：14-19.

Bongers T，Bonggers M，1998. Functional diversity of nematodes [J]. Applied Soil Ecology，10 (3)：239-251.

图书在版编目(CIP)数据

中国生态系统定位观测与研究数据集.农田生态系统卷.辽宁沈阳站:2005-2015 / 陈宜瑜总主编;郑立臣,何红波,陈欣主编.—北京:中国农业出版社,2022.6
ISBN 978-7-109-29473-8

Ⅰ.①中… Ⅱ.①陈… ②郑… ③何… ④陈… Ⅲ.①生态系—统计数据—中国②农田—生态系—统计数据—沈阳—2005-2015 Ⅳ.①Q147②S181

中国版本图书馆 CIP 数据核字(2022)第 092274 号

ZHONGGUO SHENGTAI XITONG DINGWEI GUANCE YU YANJIU SHUJUJI

中国农业出版社出版
地址:北京市朝阳区麦子店街 18 号楼
邮编:100125
责任编辑:李昕昱   文字编辑:郝小青
版式设计:李 文   责任校对:周丽芳
印刷:中农印务有限公司
版次:2022 年 6 月第 1 版
印次:2022 年 6 月北京第 1 次印刷
发行:新华书店北京发行所
开本:889mm×1194mm 1/16
印张:25
字数:720 千字
定价:118.00 元